中国当代小城镇
规划建设管理丛书

小城镇
基础设施工程规划
（上册）

汤铭潭 主编

中国建筑工业出版社

图书在版编目（CIP）数据

小城镇基础设施工程规划/汤铭潭主编. —北京：中国建筑工业出版社，2007
（中国当代小城镇规划建设管理丛书）
ISBN 978-7-112-09546-9

Ⅰ. 小... Ⅱ. 汤... Ⅲ. 城镇-基础设施-城市规划 Ⅳ. TU984.11

中国版本图书馆 CIP 数据核字（2007）第 135955 号

中国当代小城镇规划建设管理丛书
小城镇基础设施工程规划
汤铭潭　主编

*

中国建筑工业出版社出版、发行（北京西郊百万庄）
各地新华书店、建筑书店经销
北京嘉泰利德公司制版
北京建筑工业印刷厂印刷

*

开本：850×1168毫米　1/32　印张：37$\frac{1}{8}$　插页：26　字数：1045千字
2007年11月第一版　　2007年11月第一次印刷
印数：1—2,500册　定价：**90.00元**（上、下册）
ISBN 978-7-112-09546-9
　　　(16210)

版权所有　翻印必究
如有印装质量问题，可寄本社退换
（邮政编码 100037）

本书为"中国当代小城镇规划建设管理丛书"的小城镇基础设施工程规划卷和专著。集中了小城镇基础设施工程交通道路等10个方面的规划导则，11个专项规划的理论、方法与实践研究；反映了小城镇相关规划领域的最新科研、教学成果及理论、实践总结。

全书分上、下两册。上册包括小城镇基础设施工程规划理论基础、规划导则、道路交通工程、给水工程、排水工程、电力工程、通信工程7个部分；下册包括供热工程、燃气工程、环境卫生工程、综合防灾工程、工程管线综合、竖向工程、规划案例和导则应用示范及例图共9个部分。

全书不但涉及知识面广、资料翔实、内容丰富，而且集系统性、先进性、实用性、可读性于一体。本书可同时作为从事小城镇规划、建设、管理的技术人员、研究人员、行政管理人员，以及建制镇与乡镇领导学习工作的指导参考用书，也可作为大专院校的教学参考用书和城市规划建设领域的相关培训教材，也可作为城乡统筹规划建设研究的参考资料。

责任编辑：姚荣华　胡明安
责任设计：崔兰萍
责任校对：王　爽　王金珠

中国当代小城镇规划建设管理丛书

编审委员会

主 任 委 员：王士兰
副主任委员：白明华　单德启
委　　　员：王士兰　王　跃　白明华　刘仁根
　　　　　　汤铭潭　张惠珍　单德启　周静海
　　　　　　蔡运龙

编写委员会

主 任 委 员：刘仁根（主编）
副主任委员：汤铭潭（常务主编）　王士兰（主编）
委　　　员：王士兰　白明华　冯国会　刘仁根
　　　　　　刘亚臣　汤铭潭　李永洁　宋劲松
　　　　　　单德启　张文奇　谢映霞　蔡运龙
　　　　　　蔡　瀛

序 一

从历史的长河看,城市总是由小到大的。从世界的城市看,既有荷兰那样的中小城市为主的国家,也有墨西哥那样人口偏集于大城市的国家;当然也有像德国等大、中、小城市比较均匀分布的国家。从我国的国情看,城市发展的历史久矣,今后多发展些大城市、还是多发展些中城市、抑或小城市,虽有不同主张,但从现实的眼光看,由于自然特点、资源条件和历史基础,小城市在中国是不可能消失的,大概总会有一定的比例,在有些地区还可能有相当的比例。所以,走小城市(镇)与大、中城市协调发展的中国特色的城镇化道路是比较实际和大家所能接受的。

《中共中央关于制定国民经济和社会发展第十个五年计划的建议》提出:"要积极稳妥地推进城镇化","发展小城镇是推进城镇化的重要途径"。"发展小城镇是带动农村经济和社会发展的一个大战略"。应该讲是正确和全面的。

当前我国小城镇正处在快速发展时期,小城镇建设取得了较大成绩,不用说在沿海发达地区的小城镇普遍地繁荣昌盛,即使是西部、东北部地区的小城镇也有了相当的建设,有一些看起来还是很不错的。但确实也还有一些小城镇经济不景气、发展很困难,暴露出不少不容忽视的问题。

党的"十五大"提出要搞好小城镇规划建设以来,小城镇规划建设问题受到各级人民政府和社会各方面的前所未有的重视。如何按中央提出的城乡统筹和科学发展观指导、解决当前小城镇面临急需解决的问题,是我们城乡规划界面临需要完成的重要任务之一。小城镇的规划建设问题,不仅涉及社会经济方面的一些理论问题,还涉及规划标准、政策法规、城镇和用地布局、生态、人居环境、产业结构、基础设施、公共设施、防灾减灾、规划编制与规划管理以及规划实施监督等方方面面。

从总体上看,我国小城镇规划研究的基础还比较薄弱。近年来虽然列了一些小城镇的研究课题。有了一些研究成果,但总的来看还是不够的。特别是成果的出版发行还很不够。中国建筑工业出版社拟在2004年重点推出中国当代小城镇规划建设管理这套大型丛书,无疑是一件很有意义的工作。

这套丛书由我国高校和国家城市规划设计科研机构的一批专家、教授共同编写。在大量调查分析和借鉴国外小城镇建设经验的基础上,针对我国各类不同小城镇规划建设的实际应用,论述我国小城镇规划、建设与管理的理论、方法和实践,内容是比较丰富的。反映了近年来中国城市规划设计研究院、清华大学、北京大学、浙江大学、华中科技大学等科研和教学研究最新成果。也是我国产、学、研结合,及时将科研教研成果转化为生产力,繁荣学术与经济的又一成功尝试。虽然丛书中有的概念和提法尚不够严谨,有待进一步商榷、研究与完善,但总的来说,仍不失为一套适用的技术指导参考丛书。可以相信这套丛书的出版对于我国小城镇健康、快速、可持续发展,将起到很好的作用。

中国科学院院士
中国工程院院士
中国城市科学研究会理事长

序　二

　　我国的小城镇，到 2003 年底，根据统计有 20300 个。如果加上一部分较大的乡镇，数量就更多了。在这些小城镇中，居住着 1 亿多城镇人口，主要集中在镇区。因此，它们是我国城镇体系中一个重要的组成部分。小城镇多数处在大中城市和农村交错的地区，与农村、农业和农民存在着密切的联系。在当前以至今后中国城镇化快速发展的历史时期内，小城镇将发挥吸纳农村富余劳动力和农户迁移的重要作用，为解决我国的"三农"问题作出贡献。近年来，大量农村富余劳动力流向沿海大城市打工，形成一股"大潮"。但多数打工农民并没有"定居"大城市。原因之一是：大城市的"门槛"过高。因此，有的农民工虽往返打工 10 余年而不定居，他们从大城市挣了钱，开了眼界，学了技术和知识，回家乡买房创业，以图发展。小城镇，是这部分农民长居久安，施展才能的理想基地。有的人从小城镇得到了发展，再打回大城市。这是一幅城乡"交流"的图景。其实，小城镇的发展潜力和模式是多种多样的。上面说的仅仅是其中一种形式而已。

　　中央提出包括城乡统筹在内的"五个统筹"和可持续发展的科学发展观，对我国小城镇的发展将会产生新的观念和推动力。在小城镇的经济社会得到进一步发展的基础上，城镇规划、设计、建设、环境保护、建设管理等都将提到重要的议事日程上来。2003 年，国家重要科研成果《小城镇规划标准研究》已正式出版。现在将要陆续出版的《中国当代小城镇规划建设管理丛书》则是另一部适应小城镇发展建设需要的大型书籍。《丛书》内容包括小城镇发展建设概论、规划的编制理论与方法、基础设施工程规划、城市设计、建筑设计、生态环境规划、规划建设科学管理等。由有关的科研院所、高等院校的专家、教授撰写。

小城镇的规划、建设、管理与大、中城市虽有共性的一面,但是由于城镇的职能、发展的动力机制、规模的大小、居住生活方式的差异,以及管理运作模式等很多方面的不同,而具有其自身的特点和某些特有的规律。现在所谓"千城一面"的问题中就包含着大中小城市和小城镇"一个样"的缺点。这套"丛书"结合小城镇的特点,全面涉及其建设、规划、设计、管理等多个方面,可以为从事小城镇发展建设的领导者、管理者和广大科技人员提供重要的参考。

希望中国的小城镇发展迎来新的春天。

中国工程院院士
中国城市规划学会副理事长
原中国城市规划设计研究院院长
邹德慈

丛书前言

两年前,中国城市规划设计研究院等单位完成了科技部下达的《小城镇规划标准研究》课题,通过了科技部和建设部组织的专家验收和鉴定。为了落实两部应尽快宣传推广的意见,其成果及时由中国建筑工业出版社出版发行。同时,为了适应新的形势,进一步做好小城镇的规划建设管理工作,中国建筑工业出版社提出并与中国城市规划设计研究院共同负责策划、组织这套《中国当代小城镇规划建设管理丛书》的编写工作,经过两年多的努力,这套丛书现在终于陆续与大家见面了。

一

对于小城镇概念,目前尚无统一的定义。不同的国度、不同的区域、不同的历史时期、不同的学科和不同的工作角度,会有不同的理解。也应当允许有不同的理解,不必也不可能强求一律。仅从城乡划分的角度看,目前至少有七八种说法。就中国的现实而言,小城镇一般是介于设市城市与农村居民点之间的过渡型居民点;其基本主体是建制镇;也可视需要适当上下延伸(上至20万人口以下的设市城市,下至集镇)。建国以来,特别是改革开放以来,我国小城镇和所有城镇一样,有了长足的发展。据统计,1978年,全国设市城市只有191个,建制镇2173个,市镇人口比重只有12.50%。2002年底,全国设市城市达660个,其中人口在20万以下设市城市有325个。建制镇数量达到20021个(其中县城关镇1646个,县城关镇以外的建制镇18375个);集镇22612个。建制镇人口13663.56万人(不含县城关镇),其中非农业人口6008.13万人;集镇人口

5174.21万人，其中非农业人口1401.50万人。建制镇的现状用地面积2032391hm^2（不含县城关镇），集镇的现状用地面积79144hm^2。

党和国家历来十分重视农业和农村工作，十分重视小城镇发展。特别是党的"十五"大以来，国家为此召开了许多会议，颁发过许多文件，党和国家领导人作过许多重要讲话，提出了一系列重要方针、原则和新的要求。主要有：

——发展小城镇，是带动农村经济和社会发展的一个大战略，必须充分认识发展小城镇的重大战略意义；

——发展小城镇，要贯彻既要积极又要稳妥的方针，循序渐进，防止一哄而起；

——发展小城镇，必须遵循"尊重规律、循序渐进；因地制宜、科学规划；深化改革、创新机制；统筹兼顾、协调发展"的原则；

——发展小城镇的目标，力争经过10年左右的努力，将一部分基础较好的小城镇建设成为规模适度、规划科学、功能健全、环境整洁、具有较强辐射能力的农村区域性经济文化中心，其中少数具备条件的小城镇要发展成为带动能力更强的小城市，使全国城镇化水平有一个明显的提高；

——现阶段小城镇发展的重点是县城和少数有基础、有潜力的建制镇；

——大力发展乡镇企业，繁荣小城镇经济、吸纳农村剩余劳动力；乡镇企业要合理布局，逐步向小城镇和工业小区集中；

——编制小城镇规划，要注重经济社会和环境的全面发展，合理确定人口规模与用地规模，既要坚持建设标准，又要防止贪大求洋和乱铺摊子；

——编制小城镇规划，要严格执行有关法律法规，切实做好与土地利用总体规划以及交通网络、环境保护、社会发展等各方面规划的衔接和协调；

——编制小城镇规划，要做到集约用地和保护耕地，要通过改造旧镇区，积极开展迁村并点，土地整理，开发利用基地和废弃地，解决小城镇的建设用地，防止乱占耕地；

——小城镇规划的调整要按法定程序办理；

——要重视完善小城镇的基础设施建设，国家和地方各级政府要在基础设施、公用设施和公益事业建设上给予支持；

——小城镇建设要各具特色，切忌千篇一律，要注意保护文物古迹和文化自然景观；

——要制定促进小城镇发展的投资政策、土地政策和户籍政策。

……

上述这些方针政策对做好小城镇的规划建设管理工作有着十分重要的现实意义。

在新的历史时期，小城镇已经成为农村经济和社会进步的重要载体，成为带动一定区域农村经济社会发展的中心。乡镇企业的崛起和迅速发展，农、工、商等各业并举和繁荣，形成了农村新的产业格局。大批农民走进小城镇务工经商，推动了小城镇的发展，促进了人流、物流、信息流向小城镇的集聚，带动了小城镇各项基础设施的建设，改善了小城镇生产、生活和投资环境。

发展小城镇，是从中国的国情出发，借鉴国外城市化发展趋势作出的战略选择。发展小城镇，对带动农村经济，推动社会进步，促进城乡与大中小城镇协调发展都具有重要的现实意义和深远的历史意义。

二

在我国的经济与社会发展中，小城镇越来越发挥着重要作用。但是，小城镇在规划建设管理中还存在着一些值得注意的问题。主要是：

（一）城镇体系结构不够完善。从市域、县域角度看，不少地方小城镇经济发展的水平不高，层次较低，辐射功能薄弱。不同规模等级小城镇之间纵向分工不明确,职能雷同,缺乏联系,缺少特色。在空间结构方面,由于缺乏统一规划,或规划后缺乏应有的管理体制和机制,区域内重要的交通、能源、水利等基础设施和公共服务设施缺乏有序联系和协调,有的地方则重复建设,造成浪费。

(二)城镇规模偏小。据统计,全国建制镇(不含县城关镇)平均人口规模不足1万人,西部地区不足5000人。在县城以外的建制镇中,镇区人口规模在0.3~0.6万人等级的小城镇占多数,其次为0.6~1.0万人,再次为0.3万人以下。以浙江省为例,全省城镇人口规模在1万人以下的建制镇占80%,0.5万人以下的占50%以上。从用地规模看,据国家体改委小城镇课题组对18个省市1035个建制镇(含县城关镇)的随机抽样调查表明,建成区平均面积为176hm^2,占镇域总面积的2.77%,平均人均占有土地面积为108m^2。

(三)缺乏科学的规划设计和规划管理。首先是认识片面,在规划指导思想上出现偏差。对"推进城市化"、"高起点"、"高标准"、"超前性"等等缺乏全面准确的理解。从全局看,这些提法无可非议。但是不同地区、不同类型、不同层次、不同水平的小城镇发展基础和发展条件千差万别,如何"推进"、如何"发展"、如何"超前","起点"高到什么程度,不应一个模式、一个标准。由于存在认识上的问题,有的地方对城镇规划提出要"五十年不落后"的要求,甚至提出"拉大架子、膨胀规模"的口号。在学习外国、外地的经验时往往不顾国情、市情、县情、镇情,盲目照抄照搬。建大广场、大马路、大建筑,搞不切实际的形象工程,占地过多,标准过高,规模过大,求变过急,造成资金的大量浪费,与现有人口规模和经济发展水平极不适应。

针对小城镇规划建设管理工作存在的问题,当前和今后一个时期,应当牢固树立全面协调和可持续的科学发展观,将城乡发展、区域发展、经济社会发展、人与自然和谐发展与国内发展和对外开放统筹起来，使我国的大中小城镇协调发展。以国家的方针政策为指引，以推动农村全面建设小康社会为中心，以解决"三农"问题服务为目标，充分运用市场机制，加快重点镇和城郊小城镇的建设与发展，全面提高小城镇规划建设管理总体水平。要突出小城镇发展的重点，积极引导农村富余劳动力、富裕农民和非农产业加快向重点镇、中心镇聚集；要注意保护资源和生态环境，特别是要把合理用地、节约用地、保护耕地置于首位；要不断满足小城镇广大居民的需要，为他们提供安全、方便、舒适、优美的人居环境；要坚持以制度创新为动力，逐步建立健全小城镇规划建设管理的各项制度，提高小城镇建设工作的规范化、制度化水平；要坚持因地制宜，量力而行，从实际需要出发，尊重客观发展规律，尊重各地对小城镇发展模式的不同探索，科学规划，合理布局，量力而行，逐步实施。

三

近年来，小城镇的规划建设管理工作面临新形势，出现了许多新情况和新问题。如何把小城镇规划好、建设好、管理好，是摆在我们面前的一个重要课题。许多大专院校、科研设计单位对此进行了大量的理论探讨和设计实践活动。这套丛书正是在这样的背景下编制完成的。

这套丛书由丛书主编负责提出丛书各卷编写大纲和编写要求，组织与协调丛书全过程编写，并由中国城市规划设计研究院、浙江大学、清华大学、华中科技大学、沈阳建筑大学、北京大学、广东省建设厅、广东省城市发展研究中心、广东省城乡规划设计研究院、中山大学、辽宁省城乡规划设计研究院、广州市城市规划勘察设计研究院等单位长期从事城镇规划设计、教学和科研工作、具有丰富的理论与实践经验的教授、专家撰写。由丛书编审委员会负责集中编审，如果没有他们崇高的敬业精神和强烈的责任感、没有他们不计报酬的品德和付出的辛勤劳动，没有他们的经验、理论和社会实践，就不会有这套丛书的出版。

这套丛书从历史与现实、中国与外国、理论与实践、传统与现代、建设与保护、法规与创新的角度，对小城镇的发展、规划编制、基础设施、城市设计、住区与公建设计、生态环境以及小城镇规划管理方面进行了全面系统的论述，有理论、有观点、有方法、有案例，深入浅出，内容丰富，资料翔实，图文并茂，可供小城镇研究人员、不同专业设计人员、管理人员以及大专院校相关专业师生参阅。

这套丛书的各卷之间既相互联系又相对独立，不强求统一。由于角度不同，在论述上个别地方多少有些差异和重复。由于条件的局限和作者学科的局限，有些地方不够全面、不够深入，有些提法还值得商榷，欢迎广大读者和同行朋友们批评指正。但不管怎么说，这套丛书能够出版发行，本身是一件好事，值得庆幸。值此谨向丛书编审委员会表示深深的谢意，向中国建筑工业出版社的张惠珍副总编和王跃、姚荣华、胡明安三位编审表示深深的谢意，向关心、支持和帮助过这套丛书的专家、领导表示深深的谢意。

中国城市规划设计研究院副院长

刘仁根

前　言

本书是"中国当代小城镇规划建设管理丛书"小城镇基础设施工程规划卷。全书分上、下两册，涵盖了小城镇交通道路工程等 10 个方面的小城镇基础设施规划导则和 11 个小城镇基础设施工程专项规划的理论、方法与实践研究；反映了近年来国家科研院所和高校联合完成的小城镇规划相关国家攻关课题的最新科研成果和规划、教学理论、实践总结。

基础设施是城镇生存和发展必须具备的工程基础设施和社会基础设施的总称。通常主要指工程基础设施。小城镇建设与发展首先要抓基础设施建设，而规划又是建设的龙头。因此，小城镇基础设施工程规划不能不说是相当重要的。道路交通、水、电、通信等工程设施水平或促进或制约小城镇发展，而道路网又是用地布局的骨架，在小城镇规划编制中，本身就占有十分重要的位置。

我国小城镇量大面广，不同地区、不同类别小城镇经济发展条件和基础的差别很大。小城镇基础设施有其明显的分散性、差异性，有其规划布局和各项系统工程规划的特殊性，也有其不同的配置经济性和合理性；另一方面，我国小城镇基础设施规划基础薄弱，相关研究不多，规划中较普遍存在的盲目套用城市基础设施规划方法、技术指标，每个镇基础设施规划各自求全，各自为政，重复建设等问题亟待纠正。因此，**研究不同地区、不同类别、不同规模小城镇基础设施的合理水平和定量化规划技术指标**，研究适合不同分布形态小城镇的不同工程系统及其不同的规划理论方法，研究不同小城镇基础设施的综合布局、合理配置规划导则、标准，以及跨镇区域基础设施的统筹规划、联建共享是编写好本书的十分重要的基础。体现上述

研究成果，解决上述问题是本书编著的目标，也是本书的主要特色。

  本书编写基于中国城市规划设计研究院和沈阳建筑大学、华南理工大学、辽宁省城乡建设规划设计研究院、广东省城乡规划设计研究院、北京工业大学、哈尔滨工业大学等合作完成的若干国家小城镇攻关课题和相关规划、教学理论、方法与实践研究。由于本书涉及的规划导则、标准、技术指标有一个全国范围意见广泛征询和试点示范应用、实践印证的过程也即遵循理论——实践——理论的不断完善过程，本书初稿自2004年通过杭州编审会议审查以后，又经历了两年的稿件修改和最后定稿工作。值此出版之际，除丛书前言提及的感谢外，同时应特别感谢科技部牵头的六部委小城镇发展重大项目联合办公室建设部城乡规划司、科技司、湖北省建设厅、广东省建设厅、广州市规划局、上海市规划局、上海市城市规划设计研究院、重庆市规划局、安徽省建设厅、安徽省铜陵市规划局、吉林省建设厅、吉林省城乡规划设计研究院、青海省建设厅、青海省城乡规划设计研究院、青海省西宁城乡规划设计院、山东青岛市规划局、江苏省南京市规划局、辽宁省大连市规划局、大连市城乡规划设计研究院、北京市规委昌平分局、浙江省城乡规划设计研究院、河南省建设厅、河南省城乡规划设计研究院、河南省信阳市规划局、河南省信阳市城市规划设计研究院、福建省建设厅、福建省城乡规划设计研究院、福建省泉州市规划局、河北省唐山市规划局、四川省城乡规划设计研究院、四川省村镇规划设计研究院、四川省绵阳市规划局、广东省城乡规划设计研究院、江苏省徐州市规划局、湖北省城乡规划设计研究院、湖北省武汉市规划局等部门和单位对小城镇规划标准导则意见征询和反馈工作，以及课题成果专家论证、试点应用工作的大力支持！同时也特别感谢科技部、建设部、信息产业部、清华大学、北京大学、北京市城市规划设计研究院、哈尔滨工业大学、北京工业大学、中国水利水电科学院、唐山市燃气规划设计院的专家、领导对相关工程规划标准、技术指标的论证与审查工作的支持！并应特别感谢丛书编审委员周静海教授和编写委员冯国会教授对本书编写组织工作的全力支持！本书规划案例同时收录了一些兄弟单位完成的相关规划，在此也向有关同仁深表感谢！

本书由主编负责全书编写策划和主要章节编写，多次提出与反馈整个编写过程的修改意见，并负责整体协调，完成部分修改和全书统校及定稿。编写人员组成与分工附后。

本书涉及专业面很广，内容也很多，限于作者学识，书中纰漏、偏颇之处在所难免，期盼读者指正，以便进一步修改完善。

汤铭潭

编写人员组成及分工

主 编：汤铭潭（中国城市规划设计研究院 教授）
   1 规划理论基础
编 写：汤铭潭
   2 小城镇基础设施工程规划导则
编 写：汤铭潭
参 编：张肖宁（华南理工大学 博导 教授）
   靳文舟（华南理工大学 博导 教授）
   张 全（华南理工大学 讲师）
   全 波（中国城市规划设计研究院 高级工程师）
   赵玉华（沈阳建筑大学 教授）
   蒋白懿（沈阳建筑大学 教授）
   唐叔湛（信息产业部中京邮电设计院 教授）
   叶载霞（信息产业部中京邮电设计院 高级顾问 教授）
   赵立华（华南理工大学 副教授）
   焦文玲（哈尔滨工业大学 教授）
   吴建军（唐山市燃气规划设计院 教授级高工）
   马冬辉（北京工业大学 副教授）
   3 小城镇道路交通工程规划
编 写：汤铭潭
   张 全
参 编：张肖宁

靳文舟
全　波
4　小城镇给水工程规划
编　写：赵玉华
参　编：汤铭潭
5　小城镇排水工程规划
编　写：蒋白懿
参　编：汤铭潭
6　小城镇电力工程规划
编　写：汤铭潭
7　小城镇通信工程规划
编　写：汤铭潭
参　编：唐叔湛
8　小城镇供热工程规划
编　写：王思平（沈阳建筑大学　教授）
9　小城镇燃气工程规划
编　写：胡俊生（沈阳建筑大学　副教授）
10　小城镇环境卫生工程规划
编　写：蒋白懿
参　编：汤铭潭
11　小城镇防灾减灾工程规划
编　写：汤铭潭
蒋白懿
王庆力（沈阳建筑大学　教授）
12　小城镇工程管线综合规划
编　写：刘　颖（辽宁省城乡建设规划院　教授级高工）

　　　　　苏　君（辽宁省城乡建设规划院　高级工程师）
　　　　　贾宝秋（沈阳建筑大学　教授）
　　　　13　小城镇用地竖向规划
编　写：马　青（沈阳建筑大学　副教授）
　　　　14　小城镇基础设施规划案例及分析
编　写：汤铭潭
参　编：苏　君
　　　　刘　颖
　　　　15　小城镇基础设施规划导则综合示范应用分析
编　写：汤铭潭
参　编：黄高辉（广东省城乡规划设计研究院　高级城市规划师）
　　　　16　小城镇基础设施规划例图
汇　编：汤铭潭
　　　　刘　颖
　　　　苏　君
　　　　黄高辉

目 录

1 规划理论基础 ·· 1
  1.1 小城镇基础设施及其基础设施工程规划 ············ 1
  1.2 小城镇基础设施的主要特点和基本作用 ············ 2
    1.2.1 小城镇基础设施的主要特点 ·················· 2
    1.2.2 基础设施在小城镇经济社会发展中的基本作用 ············ 4
  1.3 我国小城镇基础设施现状剖析及其若干规划建设
     重点 ·· 7
    1.3.1 我国小城镇基础设施的规划建设现状整体评估 ············ 7
    1.3.2 我国小城镇若干工程基础设施的现状和规划建设重点分析 ····· 8
  1.4 小城镇基础设施的区域统筹规划及其优化配置与
     联建共享 ··· 15
    1.4.1 不同空间分布形态的小城镇发展依托基础设施条件
        相关分析 ···································· 15
    1.4.2 小城镇基础设施统筹规划的区域范围与适宜共享范围 ······ 17
    1.4.3 小城镇基础设施区域统筹规划与联建共享案例分析 ······· 27
  1.5 小城镇基础设施规划建设的合理水平及规划的主要
     技术指标 ·· 53
    1.5.1 选择和确定小城镇基础设施合理水平和技术指标的
        相关因素 ···································· 53
    1.5.2 选择和确定小城镇基础设施合理水平和技术指标的
        小城镇分级 ·································· 54
    1.5.3 小城镇基础设施合理水平和主要定量化规划技术指标 ······ 55

2 小城镇基础设施工程规划导则 ······················ 79
  2.1 小城镇区域基础设施配置导则 ···················· 79

  2.1.1　总则 ·· 79
  2.1.2　小城镇区域性公路设施配置导则 ···································· 81
  2.1.3　小城镇区域性给水设施配置导则 ···································· 84
  2.1.4　小城镇区域性排水系统设施配置导则 ····························· 87
  2.1.5　小城镇区域性供热系统设施配置导则 ····························· 90
  2.1.6　小城镇区域性燃气系统设施配置导则 ····························· 92
  2.1.7　小城镇区域性电力系统设施配置导则 ····························· 93
  2.1.8　小城镇区域性通信系统设施配置导则 ····························· 95
 2.2　小城镇基础设施综合布局与统筹规划导则 ··························· 97
  2.2.1　总则 ·· 97
  2.2.2　小城镇道路交通系统规划优化导则 ······························· 101
  2.2.3　小城镇给水系统规划设计优化导则 ······························· 115
  2.2.4　小城镇排水系统规划设计优化导则 ······························· 128
  2.2.5　小城镇供热管网系统规划优化导则 ······························· 144
  2.2.6　小城镇燃气管网系统规划优化导则 ······························· 154
  2.2.7　小城镇电力网电力线路规划优化导则 ··························· 165
  2.2.8　小城镇通信网通信线路规划优化导则 ··························· 173
  2.2.9　小城镇环境卫生工程规划优化导则 ······························· 186
  2.2.10　小城镇综合防灾工程规划优化导则 ····························· 201
  2.2.11　小城镇工程管线综合规划优化导则 ····························· 221
3　小城镇道路交通工程规划 ·· 228
 3.1　道路交通的作用特点和道路分类分级 ································· 228
  3.1.1　道路交通的作用与特点 ·· 228
  3.1.2　小城镇镇域、镇区涉及的道路分类与分级 ····················· 231
 3.2　小城镇及相关区域的不同道路交通工程规划
   编制要求 ·· 233
  3.2.1　县（市）域城镇体系规划中的道路交通工程规划 ·········· 233
  3.2.2　镇域规划中道路交通工程规划 ······································ 233
  3.2.3　镇区总体规划道路交通工程规划 ·································· 234

3.2.4 控制性详细规划道路交通工程规划 ………………… 234
　　3.2.5 修建性详细规划道路交通工程规划 ………………… 235
3.3 交通需求分析与需求预测 …………………………………… 235
　　3.3.1 交通需求分析 ………………………………………… 235
　　3.3.2 交通量预测方法 ……………………………………… 240
3.4 道路交通规划及优化 ………………………………………… 242
　　3.4.1 交通组织及优化 ……………………………………… 242
　　3.4.2 道路系统规划及优化 ………………………………… 246
3.5 公共交通规划 ………………………………………………… 275
　　3.5.1 公共交通系统 ………………………………………… 275
　　3.5.2 公共交通线路网规划要求 …………………………… 276
　　3.5.3 公共交通站场规划要求 ……………………………… 276
3.6 道路交通设施规划 …………………………………………… 277
　　3.6.1 公共停车场规划 ……………………………………… 277
　　3.6.2 公共运输站场规划要求 ……………………………… 288
　　3.6.3 公共加油站规划要求 ………………………………… 288
3.7 交通管理设施规划 …………………………………………… 289
　　3.7.1 主要交通管理设施 …………………………………… 289
　　3.7.2 交通管理设施规划要求 ……………………………… 290

4 小城镇给水工程规划 ……………………………………………… 294
4.1 规划原则 ……………………………………………………… 294
4.2 规划内容与步骤 ……………………………………………… 296
　　4.2.1 小城镇给水工程总体规划的内容与步骤 …………… 297
　　4.2.2 小城镇给水工程详细规划的内容与步骤 …………… 297
4.3 用水量预测与给水工程规模确定 …………………………… 298
　　4.3.1 小城镇用水分类 ……………………………………… 298
　　4.3.2 水质标准 ……………………………………………… 298
　　4.3.3 用水量计算 …………………………………………… 299
　　4.3.4 给水工程规划规模确定 ……………………………… 303

4.4 小城镇给水系统各部分设计流量 … 303
4.4.1 取水构筑物、一级泵站、原水输水管、处理构筑物 … 303
4.4.2 二级泵站、水塔（高地水池）和配水管网 … 304

4.5 小城镇给水系统规划 … 306
4.5.1 小城镇给水系统区域统筹规划 … 306
4.5.2 小城镇给水系统规划 … 315

4.6 水源选择、配置与保护 … 315
4.6.1 水源分类与特点 … 315
4.6.2 水源选择 … 316
4.6.3 水源配置 … 322
4.6.4 水源保护 … 322

4.7 净水工程规划 … 322
4.7.1 水厂厂址选择 … 322
4.7.2 水厂处理工艺选择 … 323
4.7.3 水厂用地规划 … 324
4.7.4 水厂总体设计 … 325
4.7.5 水厂附属建筑物 … 326

4.8 给水管网布置与水力计算 … 326
4.8.1 输配水系统规划的内容与步骤 … 326
4.8.2 输水干管布置 … 327
4.8.3 配水管网布置 … 327
4.8.4 管段流量、管径和水头损失 … 328
4.8.5 管网水力计算基础方程 … 336
4.8.6 管网水力计算 … 337

4.9 规划案例例解 … 343

5 小城镇排水工程规划 … 350
5.1 小城镇排水工程规划的基本原则 … 351
5.2 小城镇排水工程规划内容、步骤与方法 … 353
5.2.1 小城镇排水工程规划的内容 … 353

5.2.2 小城镇排水工程规划的步骤与方法 ·············· 355
5.3 小城镇排水体制及选择 ···················· 358
　5.3.1 合流制排水系统 ······················ 358
　5.3.2 分流制排水系统 ······················ 360
　5.3.3 排水体制的选择 ······················ 361
5.4 小城镇排水系统的组成与布置 ················ 363
　5.4.1 小城镇排水系统的组成 ·················· 363
　5.4.2 小城镇排水系统布置 ··················· 364
5.5 小城镇排水量的预测与计算 ·················· 369
　5.5.1 污水量的预测与计算 ··················· 369
　5.5.2 雨水量计算 ······················· 375
　5.5.3 合流水量计算 ······················ 379
5.6 小城镇污水管网系统规划与水力计算 ············· 381
　5.6.1 污水管网系统的规划内容 ················· 381
　5.6.2 确定排水区界并划分排水流域 ·············· 381
　5.6.3 污水管网平面布置 ···················· 382
　5.6.4 污水管道在街道上的位置 ················· 385
　5.6.5 污水管网的水力计算 ··················· 385
　5.6.6 污水管道设计计算举例 ·················· 396
5.7 小城镇雨水管网系统规划与水力计算 ············· 404
　5.7.1 雨水管网系统规划内容 ·················· 404
　5.7.2 雨水管渠布置 ······················ 404
　5.7.3 雨水管渠水力计算 ···················· 407
5.8 小城镇合流制管网系统规划与水力计算 ············ 414
　5.8.1 合流制管网系统的使用条件 ················ 414
　5.8.2 合流制管网系统的布置 ·················· 415
　5.8.3 合流制排水管网水力计算 ················· 415
　5.8.4 小城镇旧合流制排水管网系统的改造 ············ 416
5.9 排水泵站、管渠材料及管道附属构筑物 ············ 418

25

  5.9.1　排水泵站 …………………………………………… 418
  5.9.2　排水管渠材料 ……………………………………… 419
  5.9.3　常用附属构筑物 …………………………………… 421
 5.10　小城镇污水处理规划 ……………………………………… 424
  5.10.1　小城镇污水的性质 ………………………………… 424
  5.10.2　小城镇污水处理与利用的基本方法简介 ………… 427
  5.10.3　小城镇污水处理方案的选择 ……………………… 431
 5.11　小城镇污水处理厂规划 …………………………………… 437
  5.11.1　污水处理厂厂址选择 ……………………………… 437
  5.11.2　污水处理厂的用地面积 …………………………… 438
  5.11.3　污水处理厂的平面布置 …………………………… 439
  5.11.4　污水处理厂的高程布置 …………………………… 440
 5.12　小城镇雨水资源和污水处理综合利用及优化规划 … 441
  5.12.1　雨水利用 …………………………………………… 442
  5.12.2　污水的综合利用 …………………………………… 443
  5.12.3　污水系统的优化规划 ……………………………… 444
  5.12.4　污水系统规划案例例解 …………………………… 446

6　小城镇电力工程规划 …………………………………………… 450
 6.1　规划原则 ……………………………………………………… 450
 6.2　规划内容、深度、方法与步骤 ……………………………… 451
  6.2.1　电力工程总体规划内容、深度、方法与步骤 ……… 451
  6.2.2　电力工程详细规划内容、深度、方法与步骤 ……… 454
 6.3　用电负荷预测 ………………………………………………… 455
  6.3.1　增长率方法预测 ……………………………………… 456
  6.3.2　相关分析回归法预测 ………………………………… 460
  6.3.3　按用地分类综合用电指标法预测 …………………… 464
  6.3.4　负荷密度法预测 ……………………………………… 467
 6.4　电源规划 ……………………………………………………… 468
  6.4.1　小城镇供电电源分类与方案选择比较 ……………… 468

- 6.4.2 电力电量平衡 ……………………………………… 470
- 6.4.3 发电厂与变电站选址与规划技术指标 ………… 471

6.5 电力网规划 ……………………………………………… 479
- 6.5.1 电力网规划应考虑的运行方式与联网 ………… 479
- 6.5.2 电力网电压等级的选择与确定 ………………… 479
- 6.5.3 容载比及其选择 ………………………………… 483
- 6.5.4 小城镇一次送电网规划 ………………………… 484
- 6.5.5 小城镇高压配电网规划 ………………………… 485
- 6.5.6 小城镇中、低压配电网规划 …………………… 489

6.6 小城镇主要供电设施规划的相关要求 ………………… 493
- 6.6.1 35~220kV 变电站规划的相关要求 …………… 493
- 6.6.2 架空高压送、配电线路相关要求 ……………… 494
- 6.6.3 10（6）kV 变配电站与中低压配电线路规划的相关要求 ……………………………………………… 496

6.7 附录 ……………………………………………………… 498
- 6.7.1 附录1 …………………………………………… 498
- 6.7.2 附录2 …………………………………………… 498
- 6.7.3 附录3 电力变压器型号说明 …………………… 499
- 6.7.4 附录4 6kV标准与非标准容量系列变压器技术参数 ……………………………………………… 500
- 6.7.5 附录5 10kV标准与非标准容量系列变压器技术参数 ……………………………………………… 502
- 6.7.6 附录6 35kV标准与非标准容量系列变压器技术参数 ……………………………………………… 504
- 6.7.7 附录7 110kV标准与非标准容量系列变压器技术参数 ……………………………………………… 507
- 6.7.8 附录8 0.22~35kV主干电力电缆截面 ………… 511
- 6.7.9 附录9 不同电压等级导线与地面的最小距离 … 511
- 6.7.10 附录10 电力线路边导线与建筑物之间的最小安全距离 …………………………………………… 511

  6.7.11　附录11　电力架空线与房屋建筑的间距 …… 512
  6.7.12　附录12　中、低压电力直埋电缆与各种设施的
       最小净距 …………………………………… 512
  6.7.13　附录13　电力架空线与树木的最小垂直距离 …… 513
  6.7.14　附录14　电力架空线与树木间最小净距 ………… 513
  6.7.15　附录15　电力架空线与街道行道树、果树、经济作
       物林、城镇灌木间的最小垂直距离 ……… 513
  6.7.16　附录16　架空电力线路与电视差转台、转播台的防护
       间距 ………………………………………… 514
  6.7.17　附录17　架空电力线路对机场导航台、定向台的防护
       间距 ………………………………………… 514

7　小城镇通信工程规划 …………………………………… 516
7.1　概述 ……………………………………………………… 516
  7.1.1　城镇通信发展与通信工程规划 ……………………… 516
  7.1.2　小城镇通信规划内容与要求 ………………………… 520
7.2　用户预测 ………………………………………………… 522
  7.2.1　电信预测基础 ………………………………………… 522
  7.2.2　宏观预测方法 ………………………………………… 529
  7.2.3　微观预测方法 ………………………………………… 535
  7.2.4　小区预测方法 ………………………………………… 536
7.3　小城镇相关本地网规划 ………………………………… 547
  7.3.1　本地网的类型 ………………………………………… 547
  7.3.2　本地网规划 …………………………………………… 549
7.4　小城镇局所规划 ………………………………………… 551
  7.4.1　规划内容和相关资料的收集 ………………………… 551
  7.4.2　最经济局所容量 ……………………………………… 552
  7.4.3　计算机辅助局所规划 ………………………………… 559
  7.4.4　交换区界划分 ………………………………………… 561
  7.4.5　寻找理想线路网中心 ………………………………… 561
  7.4.6　远端模块局规划 ……………………………………… 566

    7.4.7　局所选址及其交换区界划分 ················ 570
    7.4.8　局所预留用地 ························ 571
7.5　小城镇及其相关的传输网、互联网与宽带网规划 ······ 573
7.6　接入网规划与其相关的规划变革 ················ 575
    7.6.1　接入网及其发展趋势 ···················· 575
    7.6.2　小城镇接入网的模型与拓扑结构 ············ 576
    7.6.3　小城镇接入网接入方式 ·················· 578
    7.6.4　接入网相关的电信网规划变革 ·············· 579
    7.6.5　光接入网的应用和规划设施优化 ············ 582
    7.6.6　光接入网的主干网与分配网规划 ············ 587
    7.6.7　县域小城镇环形接入网规划案例分析 ········ 591
7.7　管道规划 ···························· 598
    7.7.1　通信管道及其分类 ······················ 598
    7.7.2　管道规划原则 ························ 598
    7.7.3　主干管道规划 ························ 599
    7.7.4　配线管道规划 ························ 602
7.8　邮政工程规划 ·························· 603
    7.8.1　邮政通信网和主要邮政设施 ················ 603
    7.8.2　邮件处理中心设置与规模 ················ 603
    7.8.3　邮政局所规划 ························ 604
7.9　广播电视规则 ·························· 605
    7.9.1　广播电视网及广播电视主要设施 ············ 605
    7.9.2　广播电视线路规划 ···················· 606
7.10　附录：若干规划技术经济指标 ················ 606
    7.10.1　电信局所与干扰源的安全距离要求 ·········· 606
    7.10.2　通信地埋管道的埋深和坡度 ·············· 606
    7.10.3　通信管道的人孔与手孔 ················ 607
    7.10.4　通信管道常用管群组合 ················ 609
    7.10.5　邮政所设置标准 ······················ 612

1 规划理论基础

1.1 小城镇基础设施及其基础设施工程规划

小城镇基础设施是小城镇生存和发展所必须具备的工程基础设施和社会基础设施的总称,通常指工程基础设施。工程基础设施指能源供应、给水、排水、交通运输、邮电通信、环境保护、防灾安全等工程设施。

小城镇基础设施工程是涉及小城镇基础设施建设的相关工程,包括小城镇工程基础设施建设的相关工程和社会基础设施建设的相关工程,通常也是指小城镇工程基础设施建设的相关工程。

小城镇基础设施工程规划通常是小城镇工程基础设施及其建设相关工程的规划。小城镇基础设施工程规划是小城镇规划不可缺少的重要组成部分。

小城镇基础设施工程规划由以下工程规划组成:

1. 小城镇道路交通工程规划;
2. 小城镇给水工程规划;
3. 小城镇排水工程规划;
4. 小城镇电力工程规划;
5. 小城镇通信工程规划;
6. 小城镇供热工程规划;
7. 小城镇燃气工程规划;
8. 小城镇环境卫生工程规划;
9. 小城镇防灾减灾工程规划;
10. 小城镇工程管线综合规划;

11. 小城镇用地竖向工程规划。

小城镇基础设施工程规划同小城镇规划分总体规划和详细规划两个阶段。其详细规划主要是上述 1—7 专项的详细工程规划。工程详细规划又分控制性工程详细规划和修建性工程详细规划。前者针对详规阶段的控制地块及其规划控制相关技术指标配套工程设施；后者针对详规阶段的配套建筑控制地块及其规划控制相关技术指标配套工程设施。

1.2 小城镇基础设施的主要特点和基本作用

1.2.1 小城镇基础设施的主要特点

我国地域辽阔，小城镇量大面广。至 2002 年底，全国已有建制镇数量达到 20021 个（其中县城镇 1646 个，县（市）驻地城镇以外的建制镇 18375 个），集镇数量为 22612 个。小城镇的分散性和不同地区、不同类别小城镇在区域地理位置、人口规模、自然条件、建设基础、经济发展诸方面的差异性很大，决定了与上述诸因素直接相关的小城镇基础设施的分散性、区域差异性和小城镇基础设施的规划布局及其系统工程规划的特殊性。

小城镇基础设施工程规划应考虑小城镇基础设施的以下主要特点：

1.2.1.1 小城镇基础设施的分散性

由于我国小城镇分布面很广，也很分散，特别是一些分布在山区、僻远地区的小城镇，依托区域和城市基础设施的可能性很小。小城镇基础设施的分散性是小城镇基础设施规划复杂性及区别于城市基础设施规划的主要因素之一。

小城镇基础设施的分散性给小城镇基础设施的规划布局、

基础设施的合理规模和经济运行，以及建设资金的集中、有效投资等都带来许多困难。针对小城镇基础设施分散性和分散独立型小城镇规划，以县（市）域城镇体系规划为基础，强化县（市）域基础设施规划对小城镇基础设施的指导作用显得尤为重要。

1.2.1.2 小城镇基础设施的明显区域差异性

小城镇基础设施的明显区域差异性主要包括小城镇基础设施现状和建设基础的差异，相关资源和需求的差异，设施布局和系统规划的差异，以及规模大小和经济运行的差异。

小城镇基础设施的区域差异性也是小城镇基础设施规划复杂性及区别于城市基础设施规划的主要因素之一。

小城镇基础设施的上述差异性要求小城镇的基础设施规划，应按不同地区、不同类别、不同规模、不同发展时期的不同合理水平和定量化指标（标准），结合小城镇的实际来选择和确定不同的规划标准。

小城镇基础设施的上述差异性还要求小城镇基础设施建设应因地制宜来选择和确定相应的经济适用技术。

1.2.1.3 小城镇基础设施的规划布局及其系统工程规划的特殊性

我国小城镇基础设施的规划布局及其系统工程规划，就规划整体与方法而言，与城市基础设施的规划布局及其系统工程规划有较大不同。就前者而言，小城镇分布不同、形态各异，有多种不同的规划布局与方法，采用单一的规划布局和单一、单独的规划方法，小城镇基础设施配置不但投资、运行很不经济、而且资源也会造成很大浪费。前者的一些单项设施系统也因其小城镇的不同分布、形态而异、小城镇单项基础设施工程不一定是一个完整的系统。对于较集中分布的小城镇，一个小城镇单项基础设施往往是一个较大区域单项基础设施系统的组成部分，而不是一个完整的单项设施系统。如上述一个小城镇的给水设施，需要配置的往往只是配水厂以下的系统设施，而配水厂以上的给水设施则是在一个相邻区域范围统筹规划布局的共享设施。与前者不同，城市基础设施的规划布局及其系统工程规划中的单项基础设施系统多为一个完整的组成系统，除区域大型电厂等重大基础设施在区域统筹规划布局之外，主要系统设施多在城市规划区范围内布局、配置。

小城镇按分布、形态的不同分类及其统筹规划与布局详见1.4。

1.2.1.4 小城镇基础设施的规划建设超前性

城镇建设，基础设施先行。小城镇基础设施作为小城镇生存与发展必须具备的基本要素，毋庸置疑，在小城镇经济、社会发展中起着至关重要的作用。小城镇基础设施建设是小城镇经济社会发展的前提和基础。作为前提和基础，小城镇基础设施建设必须超前于其社会经济的发展。

小城镇基础设施规划应充分结合小城镇实际，但又恰当考虑基础设施的超前发展。在需求预测上选择合理的超前系数，在规划建设上选择合理的水平，同时积极采用新技术、新工艺、新方法。

对于超常规发展的小城镇，更应重视其基础设施上的超前要求；对于目前基础设施建设和经济建设十分落后的小城镇，其基础设施规划也应充分考虑小城镇中远期规划中小城镇经济社会发展变化与规划建设目标对基础设施超常发展的要求。

1.2.2 基础设施在小城镇经济社会发展中的基本作用

1.2.2.1 基础设施是小城镇发展与城镇体系形成及完善的基本要素

小城镇与大中小城市协调发展是符合我国国情的城镇化道

路。这不仅要求必须加快提高我国的城镇化水平，使更多的农业富裕劳动力和具备条件的农村居民转入城镇就业和定居，也要求因地制宜，完善各级城镇体系，而交通、通信、水、电等区域基础设施的合理布局和建设，形成城镇发展联系的经济与基础设施的轴线、走廊与网络，是小城镇发展与城镇体系形成与完善的基本要素。

世界上城镇间的集聚和扩散活动总是通过城镇间的交通、通信、供水、供电等联系的基础设施网络进行。正是这一原因，依据城市间交通、通信、供水、供电等联系勾画出城市间的网络线，按其重要程度划分节点和连线，分析城市间通过网络的集聚与扩散作用的网络法是城市地理的经典研究方法之一。

1.2.2.2 基础设施促进小城镇的形成及其社会经济发展

（1）自古水陆运输的发达和商贸集市的繁荣，促进了集镇的形成与发展，世界上历史悠久的城市大都源于主要内河河埠上的集镇和沿海港口的小镇。

（2）我国许多有代表性的小城镇经济社会发展调查表明：交通、水、电、气、通信、街道、市场以及文教、卫生等基础设施的日趋完善，使得小城镇面貌发生了很大改观；使得投资环境进一步改善，筑巢引凤为招商引资创造良好的条件，为企业发展制造良好的外部氛围，促进小城镇二、三产业发展和生产多样化，转移农村富裕劳动力，扩大小城镇经济贸易，为小城镇经济建设和社会发展奠定了坚实基础。

（3）基础设施的高标准、高水平、超前建设是小城镇经济、社会快速发展取得成功的主要经验之一，而迁就眼前利益，基础设施低起点、低标准、低水平，布局不合理，配套不完善，势必影响小城镇经济、社会发展，带来交通、通信不畅，水电供应困难，环境污染严重等一系列问题，造成短期勉强维持、长期无发展、难治理的被动局面。

（4）小城镇基础设施建设带动产业发展

同时，小城镇基础设施的完善，也丰富了小城镇文化生活，促进小城镇的文明建设和社会进步。

1.2.2.3 基础设施促进城镇沿其轴线密集分布和高度发展，缩小小城镇与城市的差别

世界上发达国家在20世纪80年代初城市化水平大多已达70%~80%，城镇的高度发展无不与其基础设施高度完善和现代化密切相关。

城市化发展水平很高的美国东海岸、欧洲北部、英格兰中部、日本东海道的太平洋沿海、韩国的京釜沿线以及美国、加拿大的五大湖区，数量众多的城镇依托区域内的重要综合交通走廊和基础设施呈带状分布的城市连绵区，已成为区域经济重心和枢纽地区，成为工业化发展的先导区域。

上述综合交通走廊往往成为城镇密集发展的经济轴线，如韩国的京釜经济轴、日本的京阪经济轴，通过推进大城市之间的高速综合交通系统，促使大城市地区的人口和经济的高度集聚，城镇沿轴线密集分布和高度发展。

同时，由于交通和通信基础设施的高度发展，城镇时空距离缩短，以及各类基础设施、配套服务设施的高度完备，许多发达国家小城镇建设与城市已没有明显区别。

日本在20世纪80年代中后期全国村镇的基础设施已达到城市水平，日本、意大利、法国、西班牙、荷兰等国的小城镇，多数为环境优雅的田园城市。因而，在推动城镇化进程，缓解大中城市在人口、土地和环境问题等方面的压力上发挥重要作用。

美国在20世纪80年代建设"都市化的村庄"，发展景观优美、环境优雅、设施齐备的小城镇，同样离不开现代化基础

设施的促进作用，基础设施高度现代化，实现了小城镇的高度现代化。都市化小城镇的吸引力使美国已有50%的人口居住在小城镇。

1.3 我国小城镇基础设施现状剖析及其若干规划建设重点

国家小城镇重点研究课题《小城镇规划标准研究》在对经济发达地区、经济发展一般地区和经济欠发达地区典型、有代表性的小城镇进行大量相关调研，在宏观、微观结合综合分析的基础上，提出我国小城镇基础设施现状水平总体评价，并通过侧重对供水、排水、供电、通信、防洪、环境卫生工程设施现状突出要点的剖析，提出小城镇基础设施规划建设若干重点。

1.3.1 我国小城镇基础设施的规划建设现状整体评估

我国小城镇基础设施建设发展很不平衡，不同地区小城镇基础设施差别很大。东部沿海经济发达地区一批小城镇基础设施建设颇具规模，有的甚至接近邻近城市水平，如广东中山小榄镇、深圳龙岗镇、浙江台州路桥镇、温州龙港镇等；而对照城镇化要求，我国小城镇基础设施规划建设现状整体水平普遍不高，道路缺乏铺装，给水普及率和排水管线覆盖率低，基础设施建设普遍滞后，"欠账"严重，建设不配套，环境质量下降；基础设施工程规划一是缺乏城镇基础设施统筹规划，各镇为政，自我一统，水厂等设施重复建设严重，未能建立起区域性（城镇群）大配套的有效供给体系；二是县（市）域城镇体系起步晚，县（市）域基础设施规划水平低，不能充分发挥其对县（市）域小城镇基础设施建设的指导作用。

1.3.2 我国小城镇若干工程基础设施的现状和规划建设重点分析

1.3.2.1 给水工程设施

全国小城镇给水工程设施发展较快,有一定基础,但发展不平衡,集镇供水设施普及率较低,小城镇给水工程设施整体现状水平不高。

(1) 20 世纪 70 年代至 90 年代中期,新建县镇供水企业日生产能力为 1271.50 万 t,占现总数的 41.85%,供水管道 29523.27km,占现总数的 75.89%。县镇供水企业发展很不平衡,规模较大者主要集中在东部经济发达地区。上海 9 县中有 6 个日综合生产能力在 10 万 t 以上(全国 1165 个县镇供水企业仅 17 个企业在 10 万 t 以上),浙江、广东、北京 160 个县镇供水企业日综合能力超过 3 万 t 的有 80%。西部及其他经济欠发达地区县镇供水业日综合生产能力普遍很低,基本上都在几千吨或 1 万 t 左右,经济发展一般地区日综合生产能力以几万吨居多。

(2) 部分建制镇,主要是中西部经济欠发达地区和缺水地区一些建制镇以及全国近半数的集镇,尚未建有供水工程设施,或者供水设施不足。

(3) 缺乏较集中分布小城镇给水工程的区域统筹协调规划。多数小城镇各自建设水厂,规模小、运行成本高、水源保护困难。

以重庆市调查为例,重庆 624 个建制镇共有水厂 659 个,日供水能力 63 万 t,分析平均每个水厂日供水能力不到 1000t。

(4) 多数小城镇供水管网为树枝状,供水可靠性不高;供水管道特别是配水管道材质差,敷设简陋,不符合规范,不加更新改造,难以确保用水点水质满足饮用水健康要求。

(5) 不同地区小城镇水源保护和供水水质达标情况差别

很大。

生态环境条件良好的山区小城镇的山泉等水源不经处理或简单处理即符合饮用水水质要求，对福建南平10多个山区小城镇分散和集中供水水质抽样调查均属上述情况；但有不少地区小城镇供水水质达不到要求，一些地区水污染造成的水资源短缺成为城镇发展的突出问题。由于乡镇企业规模小、技术含量低、污染点多面广、治理困难，东部沿海平原如浙江沿海平原水网密布，水流无定向，无法进行上、下游之分，一些地区城镇下游水厂几乎成了上游城镇的污水处理厂。

1.3.2.2 排水工程设施

目前，小城镇排水和污水处理设施处于相当落后的水平。排水设施投资普遍很小，也从一个侧面反映小城镇基础设施的整体水平普遍不高，排水工程设施应是加强小城镇基础设施建设、改变小城镇落后面貌的一个突出重点。

（1）根据对四川、重庆、湖北、福建、浙江、广东、山东、河南、天津等9省市小城镇的有关调查，小城镇现状排水管网面积普及率估约40%~60%，东部沿海地区尚有不少建制镇无系统排污管渠，绝大多数小城镇没有集中污水处理厂，只有东部经济基础和发展条件优越地区的少数小城镇开始建设小型污水处理厂。中西部经济发展一般地区和欠发达地区许多小城镇尚只有明渠或简单排水渠道，更没有系统排污管渠。小城镇基本上没有污水处理厂，不少小城镇污水未经处理就近排入环境水体，污染严重。如据重庆市的有关调查，由此造成一些地区次级河流污染还相当严重，以致下游地区人畜饮水都成问题。

（2）根据9省市小城镇现状排水体制调查，多数为合流制，少数为分流制。

由于合流制，特别是直排式合流制，污水不经处理，直接就近排入水体，对水体污染严重，一般不宜采用；选择截流式合流制，雨天仍有部分混合污水，经溢流井溢出，直接排入水体，对水体污染仍然较严重；而分流制适应小城镇建设发展，环境保护和卫生条件好，应是小城镇排水体制的发展方向。

我国多数小城镇排水设施尚处建设阶段，为便于排水体制过渡，避免今后改造困难，应结合小城镇实际和近期远期结合，经分析比较，改变目前不适宜的排水体制，因时因地而宜选定各时期适宜的排水体制。如经济发展一般地区小城镇可先采用不完全分流制，某些条件适宜或特殊地区（如雨水稀少、废水全部处理的地区）小城镇可采用截流式合流制。

（3）我国小城镇污水排放量逐年增加，大量污水未经处理或未经有效处理排放，一方面污染水环境，另一方面加剧水资源短缺。

我国雨水资源丰富，年降水量达 $61900 \times 10^8 m^3$，然而由于没有很好利用，雨水资源浪费，许多缺水城镇一是暴雨造成洪涝，二是旱季严重缺水。

当今，许多国家把雨水资源化作为城镇生态系统的一部分。在德国的一些地区利用雨水可节约饮用水达 50%，在公共场所用水和工业用水中节约更多，并且雨水利用还有更多的经济、生态意义。

我国小城镇雨水资源、污水处理的综合利用，尚只处于试点起步阶段，并较多用于农业，但发展前景看好。以干旱的新疆为例，充分利用光热资源丰富的有利条件，1994 年除城市外，全区 69 个县城已有 40 个县城因地制宜立项建设稳定塘污水处理工程，初步形成污水处理稳定塘体系，经过处理的污水，夏季多用于农田灌溉，而非灌溉期的污水利用，采取秋天整地，冬天稳定塘出水，处理水取代清水压盐碱地取得很好的效益。

1.3.2.3 电力工程设施

我国电力工业发展较快,随着国家电网和地方电网、农村电网不断扩大,我国小城镇用电除极少数外都已解决,供电工程设施大多有一定基础,但也存在较多问题。

(1) 平原、丘陵地区小城镇以大电网和地方小电网供电为主,有丰富水资源的山区等地区小城镇以小水电供电为主。

小城镇电网最高一级电压县城和中心镇一般为110kV,一般镇多为35kV,小城镇电网多数属农村电网。

(2) 小城镇农村电网小容量火电机组效率低,污染严重;小水电规模小,受河流季节性和气候的影响,保证出力低。

(3) 多数小城镇电网电源点单一,形不成环网供电,一旦线路事故检修,容易造成较大范围停电。

(4) 地方小电网和农村电网网络结构不健全,供电可靠性得不到保证。

(5) 大多数小城镇变配电设备落后、陈旧,输配电线路老化,供电半径大,线损高,事故隐患多。

(6) 由于历史原因,多数地区小城镇供电工程缺乏统一规划和管理,电网重复建设,结构不合理,交叉供电现象突出;农村电网电价高。

小城镇供电工程规划建设必须把加快农村电网改造放在重要位置,同时必须加强区域统筹规划。

1.3.2.4 通信工程设施

改革开放以来,我国通信事业发展很快。我国小城镇通信工程设施,已建有一定基础,特别县驻地镇通信能力有很大提高;传输落后、带宽不足已成为制约小城镇通信发展的主要瓶颈;小城镇广播电视网络已初步建成。

(1) 除少数经济欠发达地区外,本地网县城 C4 汇接局市话和长话基本上都已实现程控交换,县以上传输电路基本上都已数字化；一般镇建有程控模块局或农话自动端局，乡镇全部开通自动电话农话交换点，实现自动交换。

（2）据东部沿海省市以及京津唐地区和海南等省市有关调查，经济发达地区和经济发展一般地区光纤网络和接入网发展较快，已实现光缆到镇，但大多数尚属起步阶段。而中西部经济发展一般地区和经济欠发达地区的许多小城镇，早期建设的传输网采用准同步数字传输体制（PDH），部分地区甚至还是铜缆传输，同时，小城镇用户接入仍以模拟铜线为主要接入方式，网络光纤化进程缓慢，网络层次不清，传输体制落后，带宽不足已成为制约小城镇通信发展的主要瓶颈。

小城镇通信工程设施应着眼于通信网络的可持续发展，加速小城镇传输网改造，并以网络带动业务发展，这应是小城镇近中期通信规划、建设的一个突出重点。

据对四川、重庆、海南等省市的有关重点调查，许多地区小城镇都已开始传输网的改造升级。以四川仁寿县为例，改造后的传输网包括一个 8 个站点的 2.5G bit/s 主环和 4 个 622M bit/s、8 个 155M bit/s 的子环，形成分层网络结构，不同网层配套不同速率的传输设备，主干层搭建宽带业务平台，有利于网络可持续发展，配线层便于业务发展在线升级，有力地促进小城镇通信发展。

（3）小城镇镇区现状电话普及率约 8~35 部/百人，大多数小城镇电话普及率较低，同时经济发达地区和经济欠发达地区的小城镇电话普及率差别很大。

（4）经济发达地区移动通信网已覆盖至大多数小城镇，经济发展一般地区和欠发达地区移动通信一般已覆盖到县城和部分重点小城镇。

1.3.2.5　防洪工程设施

我国经历了1995年以来几次洪灾，特别是1998年的特大洪灾以后，防洪工程设施得到普遍重视和加强。许多小城镇防洪工程设施有了一定基础，但对照防洪标准要求还有一定距离，特大洪灾也暴露了小城镇防洪和建设中，一些地区小城镇选址、建设不当，防洪设施薄弱，水利设施老化，环境生态破坏严重，江河湖泊淤积，排洪能力减弱，以及水库管理技术水平低，泄洪调度失误等较多问题。

（1）据对四川、重庆、湖北、福建等省市山区、长江流域、三峡库区防洪的有关调查，小城镇洪灾与当地环境生态严重破坏有密切关系。如重庆山区小城镇多属老少边穷地区，由于一是多年来毁林开荒、广种薄收、山高陡峭、耕作粗放，森林资源遭到破坏，水土流失严重，水土流失面积占土地面积的60%以上，二是山区小城镇建设不结合当地地形地貌及地质条件，追求规模，采用削山填沟，高边坡深开挖方式建设，不但破坏自然生态组合，造成隐患，而且大量的弃渣、弃土、破坏植被，引起水土流失，加上山区小城镇防洪工程设施较薄弱，造成山洪、暴雨崩塌、滑坡和泥石流等灾害频繁。

三峡库区小城镇，位于水陆生态交错地带，小城镇分布较密集，近年来毁林开荒、陡坡垦殖，库区原有森林植被遭受严重破坏，沿江两岸森林覆盖率仅为5%～7%，且主要为人工林和次生林，水源涵养和水土保护能力较低，加之地形破碎，地面切割强烈，地质薄弱，以及土地过度垦殖状态，致使水土流失严重，导致滑坡、崩塌和泥石流比较严重。

上述地区小城镇防洪应在加强防洪设施建设的同时，封山植树，退耕还林，保护环境生态，库区小城镇移民迁建、选址布局规划与建设，<u>应重视防洪和环境生态及考虑必要的异地移民</u>。

（2）沿江滨湖洪水重灾区小城镇由于多年来河道、湖泊、沙滩不断被不合理围垦和利用，加上河道上游水土流失日趋严重,导致江河湖泊淤积,排洪能力减弱,且水利设施老化,而长年受洪水困苦,损失惨重。

如江西省鄱阳湖地区及赣、抚、信、饶、修等河流尾闾地区,由于上述原因造成对鄱阳湖调蓄洪水及河道行洪的严重影响,鄱阳湖由建国初期高水湖面面积约 $5100km^2$ 减为现在 $3900km^2$,蓄洪容积 $370\times10^8m^3$ 减为现在 $298\times10^8m^3$,赣、抚、信、饶、修五大河流及其支流也普遍出现同流量下水位升高的现象,而该地区对 1 万亩以上 5 万亩以下圩堤按相应湖水位 21.68m 设防,绝大多数的圩堤现状防洪能力约 3~30 年一遇不等,中小圩堤的现状防洪能力一般在 3~15 年一遇。1995 年~1999 年 5 年中有 4 年洪灾,且最高水位超过 21.8m,洪水溃垸时有发生,特别是 1998 年特大洪水使江西省溃决千亩以上,10 万亩以下圩堤 240 座,仅此淹没农田就有 109 万亩。

沿江滨湖洪水重灾区小城镇防洪应按"平垸行洪、退田还湖、移民建镇"的国家重大防洪举措和洪水灾后小城镇重建规划,改变原来就地防洪、避洪为易地主动防洪,通过碍洪圩堤的平退,扩大江河行洪断面,增加湖区蓄洪容积以及移民建镇,新镇科学合理规划选址、布局与建设,为分蓄洪区防洪水利设施安全建设和沿江滨湖洪水重灾区小城镇根除水患创造条件。

1.3.2.6 环境卫生工程设施

我国大多数小城镇环境卫生工程设施基础十分薄弱,与小城镇排水、污水处理设施一样,整体现状水平相当落后。小城镇环境卫生工程设施是加强小城镇基础设施建设,改变小城镇"脏、乱、差"面貌的另一个突出重点。

(1) 据对四川、重庆、福建等省市小城镇的环境卫生工程设施现状的重点调查,小城镇生活垃圾的收集、运输设施数量少、不配套,多数小城镇生活垃圾主要采用露天堆放等简易处理方式，而且一些小城镇固体垃圾和建筑垃圾无序随意堆放，侵占溪流、池塘、水洼，对小城镇水体和周围生态环境造成严重破坏，如同污水未经处理任意排放一样，是对环境的不负责任，可能获得短期利益，但必将造成难以治理的状况，终将付出更大代价。

（2）根据四川、重庆、福建等省市小城镇有关调查资料的综合分析，小城镇现状固体垃圾有效收集率约在15%～50%左右，现状垃圾无害化处理率约在5%～35%左右，现状资源回收利用率约在5%～25%左右，而大多数小城镇现状固体垃圾有效收集率、垃圾无害化处理率和资源回收利用率都处在上述中的较低水平。

（3）许多小城镇镇容镇貌脏、乱、差现象突出，以路为市，以街为市，车辆、人流混杂，污水、垃圾不能得到有效收集与处理，严重影响小城镇环境质量。

（4）许多小城镇公厕少，且大多是旱厕，卫生面貌差。要改变小城镇环境卫生的落后面貌，必须统筹规划，因地制宜，搞好垃圾收运、处理、综合利用和环境卫生公共设施的规划建设，加强管理队伍建设，提高规划建设与管理水平。

尚应指出的是，建设资金缺乏是各地调查反映的基础设施建设中普遍存在的问题，同时目前许多小城镇规模偏小、布局过于分散也是影响小城镇基础设施建设与效益的问题之一。

1.4 小城镇基础设施的区域统筹规划及其优化配置与联建共享

1.4.1 不同空间分布形态的小城镇发展依托基础设施条件相关分析

不同空间分布形态小城镇可依托、共享的区域基础设施条件，以及区位条件不同，其经济发展各不相同。

我国小城镇按其不同空间分布划分，大体可分为三类：

第一类是位于大中城市规划区范围内，紧临其中心城区的郊区小城镇，即"近郊紧临型"小城镇。

第二类是距中心城市相对较近，沿主要交通干线等较集中分布的小城镇，即"远郊集中分布型"小城镇。

第三类距离中心城市相对较远或偏远，没有连片发展可能，相对独立、分散分布的小城镇，即"独立、偏远型"小城镇。

按不同空间形态划分，大体也可分为三类，即可分为"密集型"、"线轴型"及"点状（分散）型"三类小城镇。

前一分类的第一类小城镇多为"密集型"，第二类小城镇多为"线轴型"，也有"密集型"，而第三类则为"点状（分散）型"。

就紧临大中城市中心城、城市规划区范围内的郊区建制镇一类小城镇而言，由于能依托和共享城市基础设施，以及具备城市发展的其他一些有利条件，小城镇经济、社会发展较快，特别是沿海经济发展地区这类小城镇发展更快，与城市差别较小，其中较多发展成为大、中城市的卫星镇。

就距中心城相对较近，沿主要交通干线等较集中分布的小城镇而言，如东部长江三角洲、珠江三角洲、京、津、唐、辽东半岛、山东半岛、闽东南和浙江沿海等城镇密集地区小城镇，中部江汉平原、湘中地区、中原地区等城镇密集区小城镇和长春——吉林、石家庄——保定、呼和浩特——包头等省域城镇发展核心区小城镇，西部四川盆地、关中地区等城镇密集区的小城镇，这类小城镇处于城镇发展核心区、密集区或连绵区，一般位于城镇发展历史较长、发育程度较高的沿海地区、平原地区，因而能依托区域内重要综合交通走廊和水、电、通信等重要区域基础设施，区位条件优越，本身基础设施也有一定基础，而其小城镇经济、社会发展较快，其主要地带将逐步形成省、市农村区域经济发展中心，其东部地带将成为农村区域城镇化和现代化推进最快的地区。

就点状、独立、分散分布的一类小城镇而言，这类小城镇由于距中心城市较远或偏远，依托大、中城市交通、水、电等基础设施较困难，除可依托部分相关区域基础设施外，主要依靠县域基础设施和本身基础设施；除其中县城镇、中心镇和经济发达地区小城镇基础设施条件相对较好，经济、社会发展相对较快外，其他小城镇基础设施相对基础都较薄弱，小城镇经济社会发展相对较慢；其中位于偏远山区、西部边远地区小城镇可依托的县域基础设施和其本身基础设施的基础则更为薄弱或很落后，经济发展缓慢，城镇化和现代化水平普遍较低。

1.4.2 小城镇基础设施统筹规划的区域范围与适宜共享范围

小城镇发展与其基础设施建设密切相关。小城镇发展及其基础设施优化配置、资源共享都应考虑区域统筹规划。通过区域统筹规划优化基础设施布局与配置，协调和达到基础设施资源共享，更好发挥基础设施对小城镇发展的促进作用。

1.4.2.1 小城镇基础设施的区域共享与统筹规划分析

（1）基础设施优化配置应考虑最佳的区域共享范围

由于小城镇及基础设施都离不开区域的概念，反映在小城镇区域空间结构上的区域交通等基础设施及其相关的区位、地理和历史条件在小城镇经济发展中起重要作用；而每一小城镇都拥有各自的腹地和经济辐射面，小城镇发展的集聚和扩散活动不但与其镇域范围有关，而且也与临近城镇一个更大的区域范围密切相关，县城镇与县市域范围小城镇、中心镇与以其为中心的一定区域范围小城镇均密切相关。这就要求为其服务和促进其发展的基础设施要有最佳的区域共享范围,并结合最佳的区域共享范围考虑优化配置。

(2) 城镇区域基础设施网络本身要求区域统筹规划合理布局

交通、通信、供水、供电等区域基础设施的合理布局和建设,形成城镇发展联系的经济与基础设施的轴线、走廊与网络。正是因为世界上城镇间的集聚和扩散活动总是通过其间的交通、通信、供水、供电等联系的基础设施网络进行,依据城市间的交通、通信、供水、供电等联系勾画出城市间的网络线,按其重要程度划分节点和连线,分析城市间通过网络的集聚与扩散作用的网络法是城市地理的经典研究方法之一。而上述城镇间的区域基础设施网络,本身要求在相关城镇的大区域范围统筹规划、合理布局。

(3) 统筹规划、优化配置、联合建设、资源共享是小城镇基础设施规划建设的一条重要原则

笔者在国家小城镇重点研究课题《小城镇规划标准研究》中提出,小城镇基础设施区域统筹规划及其优化配置与联建共享是小城镇规划建设的重要原则。

大量调查研究和实践证明,这是克服目前小城镇基础设施滞后,不配套,规模小,运行成本高,效益低,资源浪费,重复建设等弊病,有利经营管理、资源共享、降低运行成本和生态环境保护的一条重要规划原则。

以小城镇给、排水主要工程设施为例,浙江省湖州市23个建制镇原来有20多个镇级自来水厂,规模都较小,其中最小者仅 0.2 万 m^3/d,运行成本高,效益低,而水源也难以保护。而在市域范围城镇体系基础设施区域统筹规划优化的基础上,只需建 7 个区域水厂,其余水厂均改成配水厂;排水工程

规划各小城镇单独考虑污水处理，需建污水处理厂27个，且每个规模小，最小仅0.3万 m^3/d，而统筹规划的区域污水处理厂仅需7个。由于小城镇区域基础设施规划科学，布局合理，不但做到优化配置，资源共享，投资和经营效益高，而且便于采用先进技术，提高基础设施水平，有利于经营管理，有利于与城市基础设施并网、接轨，同时避免重复建设，减少资源、资金浪费，有利于生态环境保护和可持续发展。

以电源电厂规划建设为例，改革开放后的20世纪80年代末、90年代初，珠江三角洲城镇密集区经济发展很快，乡镇企业蓬勃发展，电力供应紧张，由于缺乏区域统筹规划，不但每个城市都规划建设大电厂，而且每个镇、很多乡镇企业也都自建、自备小型电厂，包括许多柴油发电机自备电源。结果不但资源浪费，成本高，效益、效率低，而且更严重的是带来整个地区大气污染，造成这一地区酸雨现象十分严重。20世纪90年代中期广东加强区域基础设施统筹规划和区域整治、协调，电源建设严格审批、优化布局、合理配置，集中建设、区域共享，开始步入有序规划建设轨道，城镇环境污染得到有效控制，不但经济效益、社会效益、环境效益明显提高，而且确保基础设施和城镇建设的可持续发展。

1.4.2.2 小城镇基础设施统筹规划的相关区域范围

小城镇基础设施统筹规划的区域规划范围与小城镇的空间分布、空间形态密切相关；也和为城市与小城镇，小城镇与小城镇，小城镇与集镇、村庄之间经济集聚、扩散、辐射服务的区域基础设施系统与网络密切相关；同时也与基础设施不同专项的特点和要求有关。

（1）"近郊紧临型"小城镇基础设施统筹规划的区域范围

紧临大中城市中心城，位于大中城市规划区范围内的城市近郊小城镇，其发展依托城市基础设施，依托的城市基础设施条件较好，且小城镇基础设施本身是城市基础设施的组成部分，并在城市总体规划中一并考虑。其统筹规划区域范围即城市规划区范围。但其以下规划区内的工程基础设施应依据相关区域规划和城市总体规划，在相关区域规划范围中协调和统筹规划。

①涉及的城市对外交通，机场、铁路、高速公路与其他过境交通；

②涉及的大区电力系统的大型电站、500kV变电站、220kV变电站；

③涉及的城市间长途通信干线，包括光缆与微波通信干线；

④涉及的流域水资源城市规划区外供水水源及输水干管；

⑤涉及的西气东输等天然气长输高压管道及门站、高中压调压站、大型储气站；

⑥涉及的相关流域防洪设施。

*图1.4.2-1为唐山市市域城镇基础设施系统规划综合图。

唐山市市域范围基础设施统筹规划包括中心城区、丰润城区、古冶城区、南堡、海港开发区等5个片区和遵化、迁安两个县级市，迁西、玉田、滦县、滦南、乐亭、唐海6县县城镇及其他建制镇的主要道路、电厂（火电厂、热电厂、水电站）、500kV变电站、220kV变电站、通信骨干传输光缆、天然气分输站、门站、高压输气干线、垃圾填埋场等主要基础设施（图中未含水厂、污水处理厂）的市域范围统筹安排，其中高速公路及出口、省道、区域电厂、500kV变电站、区域通信光缆、天然气高压输气干线依据相关区域的专项统筹规划。

（2）"远郊、密集分布型"小城镇基础设施统筹规划的区域范围

---

* 图1.4.2-1彩图和后面图1.4.2-2彩图均在16.1中编排。

1.4 小城镇基础设施的区域统筹规划及其优化配置与联建共享

这类小城镇基础设施统筹规划的区域范围讨论，包括以空间分布形态划分的"密集型"和"线轴型"两类小城镇。

这类小城镇多处在距中心城相对较近，沿主要交通干线等较集中分布的城镇密集群之中，区域基础设施现状与规划联建共享条件较好，并在区域城镇群经济社会发展中起着重要作用。因为是较大区域和地区的经济发达、较发达城镇密集区、核心区，其区域基础设施规模较大，技术较先进，发展要求较高，因此，城镇基础设施区域统筹规划更有必要。其统筹规划的区域范围应按以下原则考虑：

1）涉及以下较大规模共享基础设施统筹规划的区域范围为相关城镇群所属大中城市的行政区市域范围，并在市域城镇体系基础设施规划中统筹规划。

Ⓐ涉及市域城镇体系规划主要道路交通的小城镇对外交通，包括公路、铁路、水路、机场、港口；

Ⓑ涉及市域城镇体系规划基础设施规划的220kV以上变电站、电源电站（水、火电厂等）、220kV以上高压电力线路走廊；

Ⓒ涉及市域城镇体系规划基础设施规划的城镇间长途通信干线，包括光缆与微波通信干线。

Ⓓ涉及市域城镇体系规划基础设施规划的水源保护地、较大规模自来水厂；

Ⓔ涉及市域城镇体系基础设施规划较大规模污水处理厂、垃圾卫生填埋场或其他垃圾处理站；

Ⓕ涉及西气东输等的区域天然气长输高压管道；

Ⓖ涉及市域城镇体系规划的防洪设施。

上述基础设施当涉及跨行政区域的相关城镇群时，其统筹规划范围应为划定跨行政区域的相关城镇群规划区范围。

2）涉及以下较小规模共享基础设施统筹规划的区域范围为相关城镇群所在中小城市行政区域或划定其中的相关区域范

围，并在上述的区域城镇体系规划或在区域规划中统筹规划。

Ⓐ上一层次相关规划指导下的镇际道路交通；

Ⓑ上一层次相关规划指导下的 110kV 变电站、35kV 变电站、35～110kV 高压电力线路；

Ⓒ10 万 m^3/d 供水规模以下的水厂及输水管道；

Ⓓ10 万 m^3/d 处理水量以下规模的污水处理厂；

Ⓔ较小规模热电厂；

Ⓕ相关城镇群防洪设施及其他防灾设施；

Ⓖ较小规模垃圾卫生填埋场。

(3) "独立、分散型"小城镇基础设施统筹规划的区域范围

这类小城镇因距大中城市中心城距离较远，又无连片发展可能，一般多为不在密集城镇群中的县（市）域城镇体系的小城镇，部分为偏远、边远小城镇。其基础设施统筹规划的区域范围应按以下原则考虑：

1）涉及以下共享基础设施的统筹规划区域范围为县（市）行政区域规划范围，并在县（市）域城镇体系规划中统筹规划。

Ⓐ镇际道路交通，包括公路、水路；

Ⓑ涉及电力系统供电的 35～110kV 变电站，经技术经济方案比较和项目可行性论证并审批的电源电站、35～110kV 高压电力线路走廊；

Ⓒ镇际通信线路；

Ⓓ10 万 m^3/d 供水规模以下的水厂及输水管道；

Ⓔ10 万 m^3/d 处理水量以下规模的污水处理厂；

Ⓕ相关防洪设施、消防设施；

Ⓖ较小规模的垃圾卫生填埋场。

2）涉及以下较大区域相关的基础设施统筹规划区域范围，宜为上一级所属行政地区或跨行政地区城镇体系规划划定范围。

Ⓐ过境道路交通，包括铁路、高速公路、省道；

Ⓑ电力系统 220kV 变电站及其高压电力线路、大中型水电站；

Ⓒ过境城镇长途通信干线，包括光缆与微波干线；

Ⓓ涉及外供水源保护地；

Ⓔ涉及西气东输等的天然气长输高压管道；

Ⓕ涉及的流域防洪设施。

图 1.4.2-2 为四川省会东县城市总体规划（2007～2020）县域主要基础设施综合规划图。

图中二级以上公路在跨县域较大范围统筹规划，其中高等级公路会东段选线结合县域经济发展轴带上点的联系，三级公路主要在县域考虑；水库及其他主要饮用水源保护地、供水分片集中统筹考虑了县域的水资源和镇、乡居民地分布以及分片供水相关的山区地形条件、人口密度、经济状况等因素，1 万 kW 规模以上水电站统筹规划主要基于县域水力资源的综合开发利用，110kV、220kV 变电站和线路及引导路径基于县域地方电网和西昌市域国家电网的统筹规划及县域镇乡、用电分布、地形诸因素的考虑。

1.4.2.3 小城镇基础设施规划的适宜共享范围

小城镇基础设施统筹规划的适宜共享范围有与其统筹规划区域范围相同的范围，而就空间不同分布、形态小城镇基础设施共享而言，主要考虑基础设施的不同专项特点和要求。共享的具体范围，应按规划范围的专项需求，在专项统筹规划设施布局与服务范围优化的基础上，根据项目技术要求，经项目技术经济论证确定。此外，从基础设施的配备经济和经营运作合理的角度分析，小城镇基础设施配备与共享，对小城镇本身也有一个合适规模的要求。

表 1.4.2-1 为小城镇与涉及小城镇的基础设施统筹规划资源共享范围。

小城镇与涉及小城镇的基础设施统筹规划资源共享范围

表 1.4.2-1

基础设施分类	专项	统筹规划的可共享范围		
		近郊紧临型小城镇	远郊、密集分布型（密集型、线轴型）小城镇	独立、分散型小城镇
道路交通系统工程	区域交通干线、综合交通走廊	以中心城区为核心的城镇核心区域、密集区域	含小城镇的城镇密集区域、核心区域	
	县（市）域镇际交通			县（市）域
电力系统工程	区域电力系统、区域大型电厂、500kV变电站	以中心城区为核心的城镇核心区域、密集区域、大中城市市域	含小城镇的城镇密集区域、核心区域、大中城市市域	区域电力系统供电范围的县（市）域
	25万kW以下中、小型电厂、220kV变电站	城市规划区	城镇群的相邻镇，较大负荷的县城镇、中心镇、大型一般镇及其镇域	县（市）域中的一定区域范围、较大负荷的县城镇、中心镇和大型一般镇及其镇域
	35~110kV变电站、小型水电站			镇域
通信系统工程	城市间骨干传输网（含光缆、微波等骨干传输网）	以中心城区为核心的城镇核心区域、密集区域	含小城镇的城镇密集区域、核心区域、大中城市市域	大、中城市本地网的县（市）域
	本地网	大中城市规划区及其行政区域	大、中城市行政区域	大中城市本地网的县（市）域
给水系统工程	大、中型水厂及其输水工程	城市规划区	城镇密集区域、核心区域中的水厂供水区范围	
	10万m³/d供水规模以下的小型水厂		城镇密集区域中供水规模较小的相邻镇间	独立、分散型小城镇及其镇郊

续表

基础设施		统筹规划的可共享范围		
分类	专项	近郊紧临型小城镇	远郊、密集分布型（密集型、线轴型）小城镇	独立、分散型小城镇
排水系统工程	大、中型污水处理厂及排水工程	城市规划区	城镇密集区域、核心区域中的污水处理厂集污水范围	
	10万 m^3/d 处理水量以下规模污水处理厂及排水工程		城镇密集区域中污水处理量较小的相邻镇间	独立、分散型小城镇及其镇郊
供热系统工程	大中型热电厂及供热管网	城市规划区	距热电厂10kM以内城镇密集区域、核心区域	
	小型热电厂、热源厂及供热管网			独立、分散型小城镇及其镇郊
燃气系统工程	西气东输等的天然气长输高压管道、门站、储气站等设施	城市规划区	城镇密集区域、核心区域	天然气长输高压管道沿途县城镇、中心镇
防灾工程	流域防洪设施	流域防洪相关的城市规划区	流域防洪相关城镇密集区域、核心区域	流域防洪相关小城镇
	消防指挥中心	城市规划区	大中城市同一行政区域的城镇密集区域	同一地级行政地区的县（市）域
环境卫生工程	大中型垃圾卫生填埋场	城市规划区	工程项目相关的城镇密集区域、核心区域	

1.4.2.4 基础设施配备经济、经营运作合理的小城镇合适规模

我国小城镇规模普遍过小。小城镇规模过小，集聚能力和

辐射功能不强,就基础设施而言,小城镇规模过小,基础设施配备不经济,也难发挥效益。小城镇规模分级宜按有利小城镇健康发展,适当迁并、调整和发展的规模考虑。

国家小城镇重点研究课题《小城镇规划标准研究》与《小城镇规划标准体系》在对我国不同地区、不同类别大量有代表性、典型性小城镇相关调查研究基础上,综合分析国内外相关研究资料,提出基础设施配备经济、经营运作合理的小城镇合适规模宜在2.5~3万以上人口规模。同时,提出小城镇基础设施选择、确定合理水平和定量化规划技术指标的适宜小城镇规模分级(详见1.5.2)。

表1.4.2-2为京郊小城镇基础设施投资调查表。

京郊小城镇基础设施投资调查表　　表1.4.2-2

项目\人口(人)	供水			供暖			供电			供气		
	规模(万t/年)	投资(万元)	人均投资(元)	规模(t)	设备厂房人均投资(元/人)	设备厂房人均投资(元/人)	规模(kVA)	投资(万元)	人均投资(元/人)	规模(m³)	投资(万元)	人均投资(元/人)
2000	19	130	650	6	170	850	24496	4574	22870	2500	660	3300
5000	47	130	260	12	270	540	34994	5717	11434	2500	800	1600
10000	95	130	130	18	410	410	43743	6352	6352	5000	960	960
20000	190	260	130	30	500	250	48604	7058	3529	5000	1410	705
30000	285	260	86.7	60	735	245	54004	7843	2614	7500	1760	587
40000	380	390	97.5	100	1400	350	60005	8560	2140	10000	2310	577
50000	475	3000		160	2010	402	74055	10700	2140	10000	2720	544
60000	5701	3000	500	160	2550	425	88975	12846	2141	10000	2720	453

资料来源:郑一淳等. 城郊小城镇发展研究.《小城镇建设》4/2001

分析上表供水、供暖、供电、供气四项公共设施调查数据,2000人时人均投资最大为27670元/人。4万人时,人均投资最少为3165元/人，3万人以后就大致在4000元左右。可见，较经济合理配备基础设施，小城镇一般应在3万人以上。总之，小城镇通过适当迁并，形成3万人及以上规模，对于小城镇基础设施经济合理配备和运行以及增强小城镇发展活力都十分必要。

1.4.3 小城镇基础设施区域统筹规划与联建共享案例分析

1.4.3.1 例1 苏州西部次区域（城镇群）市政设施布局的区域协调与资源共享

本例侧重于说明城镇群基础设施的区域协调和资源共享的统筹规划分析。苏州西部次区域含苏州（西部）新区和16个小城镇，本例分析结合西部次区域发展战略研究的城镇布局，同时省略了专项规划的许多中间环节，在规划条件尚不充分的情况下，分析说明中涉及的一些设施预测与规模的粗略数据，仅借以对协调共享问题的分析说明，不作为规划建设的依据，同时说明涉及的是规划研究范围的城镇，不涉及乡村。

本分析主要依据：
①江苏省城镇体系规划；
②苏州市城镇体系规划；
③苏州市总体规划；
④苏州新区总体规划；
⑤苏州市生产力布局概念规划；
⑥苏州西部次区域发展战略研究；
⑦调查收集专业部门资料；
⑧相关政策、法规与标准。

（1）规划原则和区域协调、资源共享的必要性

西部次区域市政设施包括给水、排水、电力、供热、信息化、燃气、防洪、环卫等诸多内容，规划应遵循下列原则：

1 规划理论基础

1）区域协调、统筹规划、联合建设、资源共享的原则；
2）因地制宜、合理布局、节约用地、经济适用的原则；
3）经济效益、社会效益、环境效益统一，可持续发展的原则；
4）规划优化原则；
5）设施之间空间布局的整体性、统筹性和综合性考虑原则。

区域协调、资源共享的必要性：

1）有利于本区域和全市基础设施的空间总体优化，同时便于为不同等级的城镇提供不同的基础设施条件；
2）有利于克服目前存在的各自为政，重复建设，资金、资源浪费，以及规模小、运行成本高、效益低等弊病；
3）有利于生态环境保护和可持续发展；
4）有利于引导城镇空间集聚。

（2）布局的区域协调与资源共享

1）给水

在相关规划的预测基础上，结合苏州西部次区域发展战略研究，采用规划延伸和比较的方法，估测本区域近期用水量为 100~120 万 t/d。

区域供水和水源保护

根据就近区域供水和分质供水，节约用水的原则，对本区域内已有的城镇规划供水规划作合理调整和统筹安排，初步考虑本区域分 3 大片区供水，如表 1.4.3-1。

西部次区域水厂方案　　　表 1.4.3-1

水厂	供水片区范围	水厂规模（万 t/d）	水源（取水口）
北片区	浒望新城（含通安）	20~50	太湖（白洋湾）
中片区	新区、木渎、太湖组团	65~75	太湖（渔阳山）
南片区	太湖度假区、胥口、西山、东山、越溪	15~20	太湖（寺前港）

表中方案应在相关片区规划和总规中作出论证并优化调整,同时规划中应考虑:

Ⓐ各镇区规划一般设配水厂;

Ⓑ统筹规划,区域协调,论证片区水厂时宜淡化行政界限;

Ⓒ分质供水,在保证水质前提下,对工业用水、景观用水和灌溉用水,采取水网就近供水;

Ⓓ严格控制地下水开采;

Ⓔ水资源供需平衡在全市和市域范围进行并调整;

Ⓕ在加强太湖流域污染治理同时,太湖水源地必须设置一级、二级保护区和准保护区。

2) 排水

本区域远期污水量估测按用水量乘以标准系数,估为80~95万 t/d。

Ⓐ排水体制

新区、开发区全部采取分流制;

老镇区近中期可采取截流式合流制,中远期过渡到分流制。

Ⓑ污水处理

污水处理率低和污水的直接排放是水环境污染的主要根源。苏州城镇和乡村的工业废水和生活废水未经处理直接排放的现象普遍存在,即使已建污水处理厂的城镇,大多数规模小,处理能力不高,不能满足污水达标排放要求,苏州及其西部次区域都有必要加快速度增建、扩建大型污水处理厂,集中处理城市污水。

初步考虑本区域排水分片和污水处理厂见表1.4.3-2。

1 规划理论基础

排水分片和污水处理厂方案　　表 1.4.3-2

排水分片	排水片范围	初拟规划建设污水厂（万 t/d）	初选址
北片区	望亭、通安、镇湖、东渚、浒墅关	望亭、浒关、通安 20	近京杭大运河
中片区	新区、木渎、横塘、太湖组团	新区北 15 新区南 15 木渎、胥口（含度假区）12 太湖组团 20	近京杭大运河 近京杭大运河 近光渎运河 近光浒运河
西南片	藏书、光福、太湖度假区、香口、东山、越溪、西山	东山（含度假村、浦庄、横泾等镇）6~8	近东横运河（注2）

注：①表中方案应在相关片区规划和总规中作出论证，并根据地形等条件优化调整。
　　②西山的处理污水不考虑排入太湖，宜进行较高标准的处理后，排入农田、果园，进行中水回用，防止深层土壤污染，并在规划设计阶段对方案进一步作出论证。

3）电力

苏州南部电网（包括市区、吴江）电源有望亭电厂 1200MW，2005 年装机达 1500MW。

北部电网（常熟、张家港）电源有常熟电厂 1200MW，2005 年、2006 年各投一台 600MW 机组，张家港电厂 250MW。

东部电网（太仓、昆山）华能电厂规划远期 4×300MW。

苏州供电局 2000 年预测 2015 年苏州市区最高负荷 236kW，苏州市域最高负荷 912 万 kW，2010 年 220kV 电网正常缺电 393~423 万 kW，规划新建 500kW 苏州西郊变电厂，2015 年 220kV 电网正常缺电 601~631 万 kW，规划扩建 500kV 西郊、吴江、石牌和东坊变电站。

初步估测苏州西部次区域远期 2025 年用电负荷 180~190

万 kW（其中新区 90~100 万 kW），规划本区 220kV 站有阳山、新区、浒关、狮山、金山、度假区、越溪、特钢（用户变）8 个站。

在本片区规划中尚需重点考虑相关规划的协调问题：

Ⓐ太湖畔望亭电厂现分别为 2×300MW 燃煤机组和 2×300MW 燃油机组，环境污染严重，考虑沿太湖区域，尤其太湖畔，需重点保护生态环境，减少电厂粉尘和酸雨污染至关重要，建议结合天然气西气东输工程，望亭电厂尽早改为燃天然气机组，同时电厂规划规模不宜再扩大，苏州市缺电及相关电力平衡宜通过国家 2010 年前三峡电厂往华东送电和其他西电东送，由系统增加供电解决。

Ⓑ新区 110kV 线路宜考虑电缆与架空结合。

Ⓒ原则按苏州市总体规划，预留本区域高压线走廊，同时结合本片区的重点开发地域作必要适当调整。

4）信息网

统筹规划区域信息传输有线网络与无线网络以及信息交换网络。

Ⓐ网络交换平台统筹规划

ⓐ规划预测本区远期主线普及率：

开发区、度假区为 75~80 线/每百人；

镇区为 65~70 线/每百人。

ⓑ规划局所 7 个，新区规划局所 4 个，木渎、浒望新城、太湖组团各 1 个，其中汇接局 2 个（设在新区），远期局所容量每局在 10~20 万门；规划模块局约 10 个。各镇、风景名胜区、旅游度假区近中期设模块局，远期改设 OLT。

ⓒ通过汇接局开通直达两个 TS 的中继信道。

ⓓ全市统筹考虑移动通信规划和移动交换局，西部次区域规划若干基站。

ⓔ全市统筹规划地面卫星站、远期规划收信区与发信区。

ⓕ中心交换局、长途局和交换中心设在中心城区。

ⓖ西部与全市应统一数字城市基础平台和数据库标准,建立完备的、面向政府和公众的公益型数据库体系和面向微观经济活动的商用型数据库体系,形成系统完善的信息收集和发布机制,为政府和公众提供高质量的服务,结合网络互通,拓展信息市场。

ⓗ在全市数字城市规划指导下,协调规划西部数字城市及其与数字城市网络的连结,同时利用现代信息和现代交通技术的引导作用,提升苏州西部城镇空间网络布局的质量。

ⓘ与全市相关信息系统规划相协调,全面推进苏州西部次区域社会各区域的信息化。

Ⓑ信息传输网规划

- 城域骨干传输网

ⓐ规划连接新区交换局和本渎交换局,组成西部次区域城域骨干传输网。

ⓑ西部次区域城域骨干传输网与中心城区城域核心传输网相连。

ⓒ沿西部次区域环城干道及连结其他西部城镇的交通干线,规划2~3个西部次区域城域边缘传输网。

ⓓ西部次区域城域边缘传输网与其城域骨干传输网相连。

ⓔ推动三网融合,并通过建设西部次区域和全市数字化、宽带化、智能化高速信息网络和规划苏州信息网络互联中心,搞高西部次区域和市区的信息网络交互能力,逐步实现各类应用网络的互联互通,满足西部次区域现代化建设和社会多层次信息需求。

- 城镇用户接入网

ⓐ西部次区域城镇按功能小区(各类工业区、工业小区、

居住区、居住小区、商业区、办公区、商住混合区等）规划用户接入网。

ⓑ其网络系统由代理服务器、中心路由、中心交换机、楼宇集线器组成。

ⓒ用户接入网与城域干网的联系可采用中国电信、中国联通等的 DNN 专线。

ⓓ新区、开发区、度假区等用户驻地网原则上采用综合有线系统。

- 城际干线传输网

城际干线传输网是采用光纤、卫星和微波连接以市或一个长途区号为单位的地域间通信端口构成的高速宽带信息传输链路。

ⓐ在全省规划的以中心城市为依托沿主要城镇聚合轴建设省内信息化高速公路基础上，规划沿环太湖主要交通干线的苏、锡、常、嘉、湖信息高速公路，西部相关道路应预留城际信息通信管孔，以适应和强化苏州及其西部城市次区域环太湖的核心腹地作用。

ⓑ通过苏州信息港与上海、南京、杭州等国际性、国家信息港建设的规划协调，完善区域信息基础设施，并规划苏州与上海间直达高速信息路由，提升苏州及其西部在区域中的整体竞争力。

5）供热

新区等热电厂原则上主要考虑工业用汽。根据用汽、用热的规模，以热定电，相关规划宜同时考虑环保等要求，进行优化调整，并建议热电厂采用燃天然气机组。

本地区不属供热区域，生活用热可考虑电和天然气。

6）天然气

西气东输初定主干线苏州段走向方案为沿沪宁高速公路北

侧，由常州市龙虎塘经无锡的东北塘至苏州陆慕镇，并沿高速公路北侧经过市区段之后，管道在阳澄湖服务区前穿越京沪铁路和312国道，末站上海白鹤。

苏州市域内设两个分输点，其一在市区长青，另一个在昆山张浦镇。

规划建两个门站：

一个门站选在本片区浒关新区大新村与长亭村间（靠近312国道处），另一门站在昆山张浦镇。

高压管网规划为其中一路沿本片区新区长江路和本市中心城区北环路、东环路、南环路外侧敷设，管径为 $DN500$ 的高压天然气环网。

7）防洪

Ⓐ西部次区域防洪标准应在区域防洪规划的基础上，结合本区域城镇总体规划进行编制，并依据所需流域水系防洪标准和城镇规模、性质、经济发展水平、区位及其重要性，确定城镇防洪标准。

Ⓑ西部次区域所需水系主要考虑太湖流域水系和京杭大运河水系，同时考虑相关长江流域水系。

Ⓒ西部次区域新区（含木渎）、浒关开发区防洪标准为百年一遇，其他城镇防洪标准应不低于太湖流域的防洪标准，近期50年一遇，远期百年一遇。

Ⓓ根据流域统一防洪的原则，规划建设防洪设施，采取防洪措施。

8）环卫

Ⓐ从全市规划考虑，在市域内建设一处大型的垃圾综合处理场，采取焚烧与填埋相结合的方式，综合处理城镇生活垃圾。西部次区域城镇应规划垃圾转运站。

Ⓑ城镇环卫宜与整治河道、污水处理相结合。

1.4.3.2 例2 湖州城镇群综合交通规划和给排水分散与集中规划建设方案比较

本例选自中国城市规划设计研究院、湖州市城乡建设委员会、湖州市规划设计院编制的湖州市区城镇群总体规划（1996~2020）。作为小城镇基础设施区域统筹规划与联建共享案例分析，编者对原相关章节内容作了较大删改，突出说明的是城镇群规划区小城镇基础设施的综合统筹规划与联建共享的规划理念与规划方法。

表 1.4.3-3 为湖州市城镇群综合规划中心城和 22 个建制镇人口与用地规模一览表。

湖州市城镇人口与用地规模　　　表 1.4.3-3

	城镇人口规模（万人）			用地规模（km²）		
	现状（1995年）	原规划（2010年）	本规划期末（2020年）	现状（1995年）	原规划（2010年）	本规划期末（2020年）
中心城	20	43	55	17.4	49.45	63.15
织里	3.3	6	5.1	1.825	4.8	5.09
轧村	0.6	1.5	1.0	0.453	1.55	0.97
漾西	0.2	1.0	0.6	0.2995	1.16	0.598
南浔	4.5	12	10.3	4.167	2.00	10.78
东迁	0.37	1.5	0.7	0.634	1.68	1.36
马腰	0.38	1.2	1.0	0.582	1.34	1.03
练市	2	4	4.8	2.122	4.88	4.87
双林	1.9	4	4.2	2.183	4.86	4.63
镇西	0.3	0.95	0.8	0.438	1.26	0.85
旧馆	0.24	1.08	0.8	0.283	1.19	0.8
菱湖	2.6	7.0	5.3	1.55	6.50	5.22
下昂	0.25	1.2	0.8	0.41	1.19	0.79
重兆	0.32	1.5	0.8	0.63	1.68	1.17
东林	0.35	—	0.8	0.67	—	1.50
锦山	0.3		0.8	0.36		0.71

续表

	城镇人口规模（万人）			用地规模（km²）		
	现状 (1995年)	原规划 (2010年)	本规划期末 (2020年)	现状 (1995年)	原规划 (2010年)	本规划期末 (2020年)
埭溪	0.6	2.3	2.00	0.63	3.00	1.99
和孚	0.25	0.83	0.8	0.37	0.55	0.78
长超	0.25	1.2	0.8	0.24	0.75	0.75
石淙	0.25	1.28	0.8	0.36	1.46	0.79
千金	0.41	1.04	0.7	0.405	1.38	0.701
含山	0.3	1.0	0.6	0.25	1.0	0.603
善琏	0.63	1.6	1.0	0.52	1.6	1.01

注：湖州镇随中心城的扩大纳入中心城；八里店镇除保留行政职能外，其他纳入湖东新区统一考虑。东林和锦山镇未做规划。

（1）城镇群综合交通规划

1）规划原则

Ⓐ与中心城规划及市域城镇体系规划相协调；

Ⓑ适应江南水网地区不断增长的综合交通需要，建立公路、水运、铁路并举的综合运网；

Ⓒ规划有弹性，具备应变能力；

Ⓓ协调好市区和整个沪宁杭长江三角洲大区域交通的衔接关系，适应铁路、公路、水路不同运网系统要求，使之协调衔接；

Ⓔ从市区长远的观点出发，同时满足近期发展需要；

Ⓕ城镇群道路和过境路走向要兼顾各城镇的发展方向，出入口分布要均衡；

Ⓖ适应城市市政道路系统和公路系统不同要求，使之协调衔接；

Ⓗ保护市区内自然生态，减少对自然环境的干扰和破坏。

2）发展战略

市区城镇群应依托沪宁杭大都市群交通三角走廊，强化区内杭嘉湖干线交通轴，开辟市区内多载体快速集散交通运网，培育区位优越的重点城镇。

市区城镇群综合交通建设重心的发展时序应经历从以高速公路为核心的快速路网建设到以四级骨干航道为轴心的综合航道整治直至大规模的综合运网整治。

Ⓐ 1996～2000 年，市区城镇群要依托西部的杭宁高速公路，改造现有干线路网，形成初具规模的城镇群主干道系统。

根据干线路网交通量预测分析，市区干线路段的交通量基本上每十年要翻一番。由于市区北临太湖，西靠天目山，开辟新的交通走廊已无自然条件，因而原有交通干线交通压力将会十分巨大。市区历史上是以自然航道来进行交通集散，公路等级低、路网密度明显低于周边县市，特别是过境干线混杂了大量的区内城镇生活交通，运网质量不高。目前市区交通建设的重心是以杭宁高速公路为契机，全面改造 318 国道、104 国道和湖盐公路，建设以主干道为核心的城镇群区内交通，初步形成以机动车为载体、公路运网为主导的交通系统，适度发展航运和铁路。

Ⓑ 2001～2010 年，市区城镇群交通建设要突出内河航运和港口的集散作用，同时进一步完善和优化主干运网，开辟从市区到乍浦港的铁路。

市区城镇群人口密集，作为沪宁杭长江三角洲重要的组成部分，其城市化进程的建设在这一时段将达到高潮，交通的需求和公路运网的矛盾日趋尖锐。公路建设量过大，会把水乡原已破碎的自然地块分割得更加零乱，造成直接和间接的土地资源浪费，同时桥梁众多使得投资很不经济。面对这种交通压力，城镇群应以大力发展航道运网作为这一期间交通建设的重心。长湖申线和京杭大运河要整治到国家四级和三级航道，作为区内航运轴心,大力拓展浚湖申复线、杭湖锡线等集散航道,形成渠网化的内河航运体系。

ⓒ 2010~2020 年,市区城镇群交通建设应以运网全面充实整治、加强枢纽建设和交通管理为核心,形成公路、水运、铁路并举的多载体综合运网系统。

湖州市区城镇群在交通紧张的条件下,只能大力发展综合交通,加强交通管理,限制私人小汽车的无节制出行,同时公路、航道运网要大力开发集装箱规模运输,提高运网质量,形成以实现人和物的快速安全转移为最终目的的多载体综合交通网络。

3) 交通量预测

根据《湖州市"九五"和 2010 年经济发展纲要》以及《浙江省交通建设"九五"规划及 2020 年设想纲要》的精神,规划期间湖州市的工农业生产发展将持续增长,科技进步因素在经济增长中的比重大幅度提高。其中 2000 年前全市国内生产总值年均增长 15%,2000~2010 年平均增长 11%。产业结构以丝绸、纺织、建材、机械、食品等为主。湖州市区交通运输基本格局应为运入的主货种是以煤为主的能源、原材料;运出的主货种是建材及非金属矿石。随着湖州市市区工农业生产和外向型经济发展,以及长江三角洲区际经济交流的扩大,各种工业原料、成品、半成品及生产生活资料的调运量将进一步上升。铁路运输、集装箱运输将明显增长,水运、公路运输稳步增长。

客运量也随着经济发展和私人小汽车逐步普及而大幅度增长,客运服务水平提高,在空间距离和时间距离上大为缩短。表 1.4.3-4~表 1.4.3-6 为市区交通客运量、市区货运量、干道交通量预测。

根据市交通局对近十年国民经济主要指标与运输量相关分析,以及 2020 年内全市经济发展趋势。市规划水平年货运增长率与国民生产总值增长率的弹性系数在 0.5~0.8 之间。

1.4 小城镇基础设施的区域统筹规划及其优化配置与联建共享

市区交通客运量预测　　　表 1.4.3-4

	1995 年		2000 年		2010 年		2020 年	
	客运量（万人）	客运周转量（万人/km）	客运量（万人）	客运周转量（万人/km）	客运量（万人）	客运周转量（万人/km）	客运量（万人）	客运周转量（万人/km）
公路	2325	111948	2860	177500	3857	289500	4900	400600
水运	26	463	20	36	20	400	20	400
铁路	12	1200	19	2850	45	8100	70	1400
合计	2363	113611	2899	180386	3922	298000	4990	415000
年均增长率	—	—	4.20%	9.70%	3.10%	5.10%	2.40%	3.40%

市区货运量预测　　　表 1.4.3-5

	1995 年		2000 年		2010 年		2020 年	
	货运量（万t）	货运周转量（万t/km）	货运量（万t）	货运周转量（万t/km）	货运量（万t）	货运周转量（万t/km）	货运量（万t）	货运周转量（万t/km）
公路	1045	59737	1400	86800	1800	129000	2300	170000
水运	769	122783	1000	168500	1400	239000	2000	335000
铁路	26	5200	100	24000	400	108000	600	180000
合计	1840	187720	2500	279300	3600	476000	4900	685000
年均增长率	—	—	6.32%	8.20%	3.71%	5.50%	3.13%	3.70%

干道交通量预测　单位：标准车/d　表 1.4.3-6

线路	1995 年	2000 年	2010 年	2020 年
G318 国道	6476	10426	20509	33409
G104 国道	12397	19959	39260	63954
G318，G104 复合段	17812	28677	56408	91889
湖盐省道	4500	7245	14251	23215
鹿唐省道	6524	10504	20661	33656
年增长率	—	10%	7%	5%

4) 综合交通空间布局

● 对外交通

Ⓐ布局

市区城镇群综合交通空间结构有1条杭宁通过性交通走廊和2条集散性交通走廊（湖申走廊和乍湖走廊）。

这3条走廊依托杭宁交通走廊以湖州中心城为支撑点，以南浔和练市为门户，向东形成钳形开放布局，北支湖申走廊包括318国道一级汽车专用道和长湖申四级航道，南支乍湖走廊包括湖盐一级汽车专用道、乍湖铁路和东部的京杭大运河四级航道。

Ⓑ市区城镇群交通网的5个出入口

湖州出入口：西北经长兴通往南京、安徽；

南浔出入口：东北通往嘉兴、苏州、上海；

练市出入口：东南通往桐乡、沪杭高速公路、铁路、320国道、京杭大运河及乍浦港；

菱湖出入口：西通杭宁高速公路的青山出入口，西南经104国道联系埭溪，通往德清、杭州；

新市出入口：新市镇位于德清县境内，紧临湖州市区东南，是湖州市区交通经含山向南的出入口，通往德清、杭州及沪杭320国道。

Ⓒ规划交通线路走向

ⓐ市区杭宁高速公路走向：路线自德清县进入市区境内依次沿山经过赵家桥、南村，在东风桥下游跨埭溪港，与104国道平行至解桥山，在青山乡附近与104国道互通立交。路线至新桥头后，沿东苕溪至塘西山脚，跨三世河至施家桥，并跨104国道、经湖州蚕种场至鹿山。在鹿山与104国道设互通式立交。跨大港桥、经杨家庄，再跨龙溪港、旄儿港，至三天

1.4 小城镇基础设施的区域统筹规划及其优化配置与联建共享

门。在三天门与 104 国道和 318 国道互通式立交，至界牌岭进入长兴县境内。

ⓑ规划 318 国道线段走向：由湖州北环线向东经戴山乡南侧、织里镇北侧、轧村镇北侧，转向东南由东迁镇北部进入南浔镇并交于原 318 国道，自南浔省界进入江苏省。

ⓒ湖盐公路走向：自北环线向南经八里店东侧跨跃长湖申航道，沿长超山北侧向东经重兆、镇西镇北侧，在镇西镇东侧向南跨越湖申复线，转而向东南自双林镇南侧经莫蓉乡跨京杭大运河到练市镇，平行于乍湖铁路进入嘉兴市。

ⓓ乍湖铁路走向：自宣杭铁路在基山分线向东南经鹿山南侧、云巢南侧、再向东跨越东苕溪；经下昂北侧向东再跨越杭湖锡航道在菱湖镇北侧设一站场。自铁路站场向东由石淙镇北侧经莫蓉乡转而向东南平行于湖盐公路跨京杭大运河进入练市镇，设一铁路站场、再向东进入嘉兴市乌镇镇。

ⓔ和云公路自云巢沿南郊风景区向东北跨跃东苕溪转向东，再跨越杭湖锡航道和湖盐公路交汇于和孚镇北。

ⓕ104 国道基本在原有线路上改造。

- 城镇群交通源空间体系类型

市区城市化水平到 2020 年将达到 74%，已经成为一个大范围的城市化地区，湖州城镇群各城镇经济结构相近，互补性不强，直接服务于湖州中心城、上海、杭州、南京及各级中心城市。湖州城镇群交通集中在中心城、各重点镇和出入口之间。

国内外有关学者将城市化地区空间形态体系划分为 5 类，即综合交通体系（沟通性构筑空间，含对外的交通走廊和区内交通空间）；城市化片区（高密度建筑空间，含中心城、重点城镇、建制镇等）；开敞空间体系（分散的低密度建筑空间，含农田、村庄、乡集镇等农作社区空间）；环境保护区

1 规划理论基础

(非建设开发用地);基础设施(支撑性构筑空间)。考虑到过境交通因而交通源主要有以下3种:交通走廊、城市化片区、农作社区。湖州市区城镇群交通量分布集中在重点城镇和交通走廊、中心城三者之间的交通联系。

- 城镇群交通网

市区城镇群交通以公路运网为主,内河运网为辅。镇际运网以城镇群主干道为骨架,沟通南北两个交通走廊和5个出入口之间的交通联系。城镇群主干道在湖州、织里、南浔、练市、菱湖形成"田"字形城镇群主干道圈网,各个经济区内部的次干道直接与主干道圈网衔接,构成城镇群交通网。航运网由长湖申线、京杭大运河、杭湖锡线和湖申复线四条航道构成骨干。

5)综合道路规划

- 道路交通混合交通量分配

湖州城镇群道路交通混合交通量分配,根据干线交通量预测,主要公路的交通量分配见表1.4.3-7。

干线交通量分配　　单位:标准车/d　　表 1.4.3-7

道路名称	交通量	道路名称	交通量
杭宁高速公路	70000	织里—含山—新市	5000
原318国道	7000	南浔—含山	7000
湖盐公路	18000	规划318国道	20000
青山—菱湖—练市	7000	环太湖路	6500
104国道	25000	鹿唐省道	8000

注:依据市域体系规划,鹿唐省道市区段大部分交通量将分流到安吉—德清—新市公路上。

- 道路规划

规划道路见表1.4.3-8。

Ⓐ高速公路近期按4车道,路基宽度为26.0m,预留6车

道，路基宽度为33.5m。控制征地宽度为55.0m，两侧各留30m绿带。分离、互通式立交的主线桥梁按6车道设计，与之相交道路一般上跨高速公路。设3个出入口，即：三天门市、鹿山、青山。

Ⓑ104国道、318国道和湖盐公路及和云公路以湖州中心城为核心形成环放射的布局，组成对外交通骨架。它把过境交通引出到中心城外围的过境一级公路环中，区内与之相交的主干道考虑立交，对外交通和区内交通通过互通立交口衔接起来。四条公路的道路等级均为一级公路，道路控制征地范围两侧各留20m绿带。

Ⓒ练市互通口：位于练市镇西北，主要解决城镇群主干道南浔—练市—含山，跨越乍湖铁路并和湖盐省道的互通立交，作为练市镇及附近乡进出湖盐省道的出入口，同时解决好湖盐公路、乍湖铁路跨越京杭大运河的分离式立交。

Ⓓ镇西互通口：位于镇西镇西北，主要解决含山—织里城镇群主干道，以及重兆、镇西、双林镇进出湖盐公路。

Ⓔ织里互通口：位于织里镇规划用地东北角，主要解决含山—织里城镇群主干道，织里镇、太湖乡进出规划318国道。

Ⓕ中心城外围一级公路环在和孚、八里店、云巢、北环线、三天门远期应考虑一系列互通立交，较好的解决过境交通和中心城内部交通的衔接关系，及邻近的和孚、长超、八里店以及各乡出入一级公路交通网。

Ⓖ城镇群主干道的交叉口一般采用平面渠化交叉口，包括含山、下昂、石淙、环太湖路交叉口，主次干道相交，是采用平交，间距控制在1km以上。

Ⓗ长湖申航道和原318国道作为一条旅游景观道路，需控制好一系列跨航道桥和互通立交口：

南浔5座跨航道桥，加之东迁、三济桥、旧馆、织里、八

1 规划理论基础

里店、长超共11座跨长湖申四级航道桥,其中八里店、织里和南浔东桥为互通立交口。应解决好四级航道8m净空、用地局限大与互通式立交的建设矛盾。

规划道路一览表　　表1.4.3-8

道路种类	道路起讫	道路等级	道路长度（km）	道路密度（km/km²）
杭宁高速	黄芝山—鸿仲坞	高速公路	33.30	0.02
318国道	南浔—104国道并线	一级汽车专用道	40.10	
104国道	黄芝山界牌—跃武关	一级汽车专用道	42.90	
湖盐省道	八里店—318国道	一级汽车专用道	41.80	
和云公路	和孚—云巢	一级汽车专用道	9.80	
合计			134.60	0.09
城镇群主干道	八里店—南浔（原318国道）	二级加宽	23.90	
	南浔—练市—含山	二级加宽	30.30	
	青山—菱湖—练市	二级加宽	32.00	
	环太湖路	二级加宽	29.70	
	和孚—菱湖	二级加宽	9.90	
	织里—含山—市界	二级	33.10	
	鹿山—市界	二级加宽	14.00	
	湖州—小梅口	二级	4.40	
	南浔—市界	二级加宽	3.60	
合计			180.90	0.12
城镇群次干道	新增县乡道路			
	长超—菱湖—市界	三级	11.16	
	长超—原318国道	三级	5.60	
	双林—马腰	三级	4.70	
	市界—千金至新市道路	三级	3.81	
	马腰—南浔至练市主干	三级	2.51	
	埭溪—市界	三级	4.74	
	千金—善琏	三级	6.28	
	马腰—花林	三级	8.65	

续表

道路种类	道路起讫	道路等级	道路长度(km)	道路密度(km/km²)
	旧馆—马腰	三级	10.00	
	马腰—东迁	三级	4.80	
	下昂—锦山	三级	5.40	
	锦山—市界	三级	2.00	
	漾西—环太湖路	三级	1.60	
	湖盐公路保留老线	三级	23.20	
	和菱公路保留老线	三级	3.80	
	合 计		98.25	0.06
城镇群次干道	保留县乡道路			
	环渚—大钱	三级	12.40	
	晟舍—太湖	三级	10.46	
	三济桥—漾西	三级	10.12	
	菱湖—千金	三级	10.63	
	埭溪—芳山	三级	14.50	
	妙西—新路头	三级	18.45	
	军部—造纸厂	三级	6.00	
	三天门—火车站	三级	2.70	
	城南—油库	三级	1.66	
	青山—竹墩	三级	10.10	
	保国—锦山	三级	7.60	
	仙村—上溪	三级	4.20	
	张村—关上	三级	9.09	
	花城—含山	三级	11.11	
	横街—桃源	三级	5.52	
	九九桥—铁水中	三级	2.80	
	陈家桥—军部	三级	2.82	
	三济桥—双林	三级	12.00	
	城北—小梅口	三级	11.15	
	莫蓉—墙千里	三级	9.30	
	千金—新市	三级	5.40	

续表

道路种类	道路起讫	道路等级	道路长度（km）	道路密度（km/km²）
城镇群次干道	升山—戴山	三级	6.18	
	柳堡—洪塘	三级	2.82	
	地震台—大众山	三级	1.57	
	张村—南边	三级	1.80	
	莫村—大城	三级	7.69	
	水库—南坞电站	三级	1.80	
	上溪—大冲	三级	3.00	
	庄上—大方	三级	2.42	
	庄上—殿坞	三级	1.00	
	轸岭—白鸠坞	三级	1.58	
	崇塘—长兴坂	三级	0.50	
	青山—两平头	三级	10.01	
	章家山—狭港埠	三级	4.50	
	三天门丝厂—弁南	三级	2.53	
	贾家—盛家坞	三级	2.85	
	石淙—凡石	三级	2.35	
	合计		230.61	0.15
合计			677.66	0.43

6）交通用地规模

交通用地规模见表 1.4.3-9。

湖州城镇群综合交通用地总面积为 15.87km²。

交通用地规模 表 1.4.3-9

用地	类别	里程（km）	用地（km²）	用地比例（%）
公路	高速公路	33	1.11	7
	一级公路	135	3.51	22
	二级公路	181	4.34	28
	三级公路	329	3.95	25
	小计		12.91	82

续表

用地	类别	里程（km）	用地（km²）	用地比例（%）
铁路	乍湖铁路	38.6	0.46	3
	宣杭铁路	46	0.55	4
	铁路站场	4	0.50	3
	小计		1.52	10
出入口		3	0.45	3
互通立交		11	0.88	6
渠化口		6	0.12	1
合计			15.87	100

注：未含乡级以下公路。

(2) 城镇群独立、分散供水与统筹、集中供水比较

• 供水两种规划建设方案：

1) 方案 1. 独立、分散供水

沿用现有供水形式、各镇自成独立供水系统、每镇建水厂供水。

2) 方案 2. 统筹集中供水

在规划城镇群范围内选择水源等条件较好的厂址，规划建设大、中型水厂分片城镇群统一供水。

• 方案比较

方案 1

优点：

Ⓐ可以充分利用现状供水设施；

Ⓑ新建、扩建供水设施的时间、规模由各城镇根据本镇情况自行决定，不存在不同行政区之间的协调；

Ⓒ每个水厂的供水范围较小，可避免长距离的净水输送；

Ⓓ近远期之间易于衔接。

缺点：

Ⓐ水厂规模普遍偏小，单位水量投资和制水成本较高，现

已存在的净水工艺落后、出水水质无保证的状况难以改变；

Ⓑ需设20余个生活饮用水水源保护区，保护的点多面广，难度很大。

工程总投资受水源条件的影响，如果各城镇可供水量能满足需求，取水口水质符合常规净化对原水水质的要求，则水厂分散建设较为经济。如果上述条件不具备，则已经建成的水厂将不得不在如下两种措施中择其一：

值得指出：

Ⓐ取水口外移，最终结果原输水管的投资将与水厂集中建设方案的净水输水管的投资相近甚至更大，总投资较集中建设方案大；

Ⓑ在水厂内增加预处理设施或深度处理设施，根据国内已经建成投运的此类水厂工程投资和运行费资料，工程投资将比常规净化大40%~60%，运行费是常规净化的3~5倍，其工程投资和运行费用在湖州市区比取水口外移更不经济。

方案2

优点：

Ⓐ水厂规模大，单位水量工程投资较小，有条件引进先进技术设备和管理方法，保证出水水质；

Ⓑ可根据市区水资源条件，优选水源，未来因水源污染影响正常供水的风险小；

Ⓒ生活饮用水水源保护区数量少，易于保护。

缺点是：

Ⓐ几个城镇统一供水，供水设施建设过程中资金的筹措、分摊和建成投运后输配水需多个城镇共同协调，近期实施难度大；

Ⓑ一些城镇净水需进行长距离输送，增加输水管道投资。

经方案技术经济比较，远期规划方案2为好。并按此考虑相关各项设施的总体布局，以便控制好用地，保护好水源。

● 供水设施布局规划

1）水厂布局

Ⓐ中心城区主要建设城西、城北、西塞3座水厂，供中心城区及周围的白雀、塘甸、环渚、八里店、道场、龙溪、杨家埠等乡镇，规划期末供水能力58万t/d。原规划的小梅口水厂因水源条件差，拟由城北水厂供水，其2020年的供水能力相应由20万t提高到23万t，用地按5公顷控制。

Ⓑ东部城镇初步确定划分为4个供水分区，集中建设4座水厂。

第一供水分区：水厂在现状织里水厂的基础上扩建。供织里、旧馆、轧村、漾西4镇及太湖、戴山乡，2020年用水量7.38万t，水厂供水能力按7.5万t建设，用地3.5~3.8公顷，水源继续取自南横塘，若水质有大的变化，还可以从太湖引水。

第二供水分区：水厂新建于南浔西部东迁至马腰公路的西侧（暂称南浔第二水厂）。供南浔、东迁、马腰3镇及横街、三长乡，2020年用水量10.83万t，水厂供水能力按11万t建设，用地4.0~4.5公顷，水源就近取自白米塘。

第三供水分区：水厂新建于莫蓉乡南部（暂称莫蓉水厂）。供石淙、善琏、含山、重兆、镇西、双林、练市7镇及莫蓉、洪塘、花林乡，2020年用水量12.54万t，水厂供水能力按13万t建设，用地4.5~5.0公顷，水源取自附近河道。

第四供水分区：水厂新建于下昂镇西南部（暂称下昂第二水厂）。供埭溪、东林、锦山、菱湖、千金、下昂、和孚、长超8个镇及云巢、青山、新溪乡，2020年用水量11.45万t，水厂供水能力按11.5万t建设，用地4.0~4.5公顷，水源取自东苕溪。

2）输配水工程

Ⓐ中心城区的城西水厂、城北水厂、西塞水厂直接向中心城配水，小梅口旅游度假区现状水厂不再扩大净水能力，配水能力由现状的1500t逐步扩大到3万t。

Ⓑ东部平原织里镇和下昂镇分别由织里水厂和下昂第二水厂直接配水，其余各镇现状水厂尽可能作配水厂利用。

Ⓒ相应建设各供水分区的输水管道。为便于施工，输水管道原则上沿公路一侧布置。市区共建设输水管道114.70km，其中城北水厂至小梅口配水厂5.94km；东部城镇第一供水分区16.84km；第二供水分区9.82km；第三供水分区33.98km；第四供水分区48.12km。

（3）城镇群独立、分散污水处理与统筹、集中污水处理比较

- 污水处理两种规划建设方案

1）方案1　独立分散污水处理

各镇自成独立污水分区，每镇设污水处理厂。

按方案1，规划区共需建设污水处理厂27座，其中城区5座，其余22个建制镇各1座，污水处理厂规模最大为15万t，最小0.3万t。

2）方案2　统筹集中污水处理

综合考虑规划区城镇布局、水环境条件，以及给水工程水源地选择等因素，统筹规划污水分区与污水处理厂设置。

按方案2，规划区共需规划建设污水处理厂7座，2020年污水处理能力共74.3万t/d。

中心城区原规划的5座污水处理厂合并为2座，即小梅口污水处理厂按原规划设计规模为2万t不变，占地3公顷；其余4座污水处理厂合并为1座，集中在中心城区东北部建设，

其设计规模因近期中心区改造拟将原有的合流制排水系统改为分流制系统,由45.5万t降为39.5万t(即减去初期雨水6万t),占地20.05公顷。

其余城镇分为5个污水分区,各区集中建污水处理厂1座,即:

Ⓐ第一污水分区(织里片),包括织里、旧馆、轧村、漾西4镇。2020年平均日污水量3.87万t,加上附近的戴上、太湖乡共约4万t。污水处理量按3.8万t考虑,即处理率达到95%。污水处理厂布置在织里镇东北部,占地4.5公顷。

Ⓑ第二污水分区(南浔片),包括南浔、马腰、东迁3镇。2020年平均日污水量7.55万t(含南浔镇初期雨水),加上附近的横街乡共约7.8万t。污水处理量按7.5万t考虑,即处理率达到96%。污水处理厂布置在南浔镇东南部,占地7.5公顷。

Ⓒ第三污水分区(双林片),包括双林、镇西、重兆3镇。2020年平均日污水量3.71万t。污水处理量按3.5万t考虑,即处理率为94%。污水处理厂布置在双林镇东部,占地4.4公顷。

Ⓓ第四污水分区(练市片),包括石淙、千金、善琏、含山、练市5镇。2020年平均日污水量4.14万t,加上附近洪塘等乡共约4.3万t。污水处理量按4.0万t考虑,即处理率达到93%。污水处理厂布置在练市镇东部,占地4.6公顷。

Ⓔ第五污水分区(菱湖片),包括下昂、埭溪、东林、锦山、菱湖、和孚、长超7镇。2020年平均日污水量8.01万t(含菱湖镇初期雨水),加上附近的新溪乡等,共约8.2万t,污水处理量按8万t考虑,即处理率达到97%。污水处理厂布置在菱湖镇北部,占地7.7公顷。

1 规划理论基础

污水输送有自流管道输送、明渠输送、压力管道输送3种形式。由于湖州市区具有地势低平、河湖水面纵横交错、地下水位高、淤泥层厚等不利条件，采用自流管道输送需设数十座中途提升泵站，投资和运行管理困难；明渠输送存在影响周围环境、跨越河流水面困难，汛期高水位时期容易污染其他水体、渠道淤积等问题，建议主要采用压力输送方式。

市区共设污水泵站25座，其中织里片3座，南浔片2座，双林片2座，练市片5座，菱湖片9座，中心城区4座。区域性污水管道总长125.4km。

- 方案比较

1) 工程投资和占地

分散布置工程投资为145900万元（不包括任何方案都需建设的城镇内部污水收集系统，下同），占地77.02公顷。集中布置工程投资为126500万元（其中污水处理厂112600万元，管道10330万元，泵站3570万元），占地53.09公顷（其中污水处理厂51.84公顷，泵站1.25公顷，不含管道占地）。集中布置比分散布置可节省工程投资19400万元，约节省工程投资10%；节省用地23.93公顷，约节省用地30%~40%。

2) 运行管理

分散布置需建27座污水处理厂，其中有16座日处理能力在1万t以下，只有2座日处理能力在10万t以上，规模普遍较小，不利于运行管理。如果管理不严，一些小型污水处理厂污染物去除率很可能达不到设计要求。此外，从目前国内一些城市污水厂运行情况看，许多小型污水处理厂因运行成本高而经常不正常运行，使已经建成的污水处理厂未发挥应有的作用。

集中布置方案在市区只建设7座污水处理厂，设计规模最小为2万t,最大为39.5万t,便于集中管理,并有条件引进先进技术设备和管理经验,开展综合利用,降低运行成本。

3) 实施难易

分散布置方案不存在不同行政区之间的协调,在建设时间、资金筹措等方面较为灵活,便于实施。而集中布置在22个镇的5座污水系统中,每一系统都涉及多个行政区,存在大量的协调工作。

综上分析方案2在节约用地、工程投资、运行管理和采用先进技术方面具有明显的综合效益优势,同时有利于实施资源共享和污水处理的综合利用。

1.5 小城镇基础设施规划建设的合理水平及规划的主要技术指标

1.5.1 选择和确定小城镇基础设施合理水平和技术指标的相关因素

小城镇基础设施规划合理水平与定量化指标的相关因素有共同相关因素和非共同相关因素。

对小城镇水、电、通信设施来说,共同相关因素主要是小城镇性质、类型、地理区域位置、经济与社会发展、城镇建设水平、人口规模,还有小城镇居民的经济收入、生活水平。其中水、电设施的共同相关因素还有气候条件。

小城镇基础设施规划合理水平与定量化指标也与各项设施的非共同相关因素相关。对小城镇水、电、通信设施而言,非共同相关因素是指:

给水设施供水规模与水资源状况、居民生活习惯相关;

排水和污水处理系统的合理水平与环境保护要求、当地自然条件和水体条件、污水量和水质情况相关;

1 规划理论基础

电力设施电力负荷水平与能源消费构成、节能措施等相关；

电信设施电话普及率与居民收入增长规律、第三产业和新部门增长发展规律相关；

防洪设施防洪标准除主要与洪灾类型、所处江河流域、邻近防护对象相关外，还与受灾后造成的影响、经济损失、抢险难易，以及投资的可能性相关。

环卫设施生活垃圾量与当地燃料结构、消费习惯、消费结构及其变化、季节和地域情况相关。

综上所述，选择和确定小城镇基础设施规划合理水平和技术指标，应根据不同设施的不同特点，结合小城镇实际情况，分析共同和非共同相关因素。

1.5.2 选择和确定小城镇基础设施合理水平和技术指标的小城镇分级

我国地域辽阔，不同地区小城镇自然条件、历史基础、产业结构不同，经济发展很不平衡，小城镇人口规模、基础设施差别很大。

针对我国小城镇及其基础设施的不同特点，考虑便于小城镇基础设施规划能在一个较合适的幅度范围内结合实际条件分析对比选取定量化指标，小城镇基础设施的合理水平和定量化指标，宜分＊3种经济发展不同地区、3个规模等级层次、两个发展阶段（规划期限）。

＊ 经济发达地区主要是东部沿海地区，京、津、唐地区，现状农民人均年纯收入一般大于3300元左右，第三产业占总产值比例大于30%。

经济发展介于经济发达地区、欠发达地区之间的经济发展一般地区，主要是中、西部地区，现状农民人均年纯收入一般在1800~3300元左右，第二产业占总产值比例约20%~30%。

经济欠发达地区主要是西部、边远地区，现状农民人均年纯收入一般在1800元以下，第三产业占总产值比例小于20%。

3种经济发展不同地区为：

经济发达地区；

经济发展一般地区；

经济欠发达地区。

3个规模等级层次为：

一级镇：县驻地镇，经济发达地区3万人以上镇区人口的中心镇，经济发展一般地区2.5万人以上镇区人口的中心镇；

二级镇：经济发达地区一级镇外的中心镇和2.5万人以上镇区人口的一般镇，经济发展一般地区一级镇外的中心镇，2万人以上镇区人口的一般镇，经济欠发达地区1万以上镇区人口县城镇外的其他镇；

三级镇：二级镇以外的一般镇和在规划期将发展为建制镇的乡镇。

两个规划发展阶段（规划期限）为：

近期规划发展阶段（规划年限一般为5年）；

远期规划发展阶段（规划年限一般为20年）。

1.5.3 小城镇基础设施合理水平和主要定量化规划技术指标

小城镇基础设施的合理水平和定量化技术指标，两者是密切相关的。定量化技术指标主要反映和确定基础设施规模的合理水平，同时，基础设施合理水平也反映和确定与小城镇发展相适应的设施技术的先进程度。

小城镇基础设施的合理水平选择和确定主要依据前述相关因素和小城镇分级外，尚应根据基础设施自身特点及其在小城镇经济社会发展中的作用，并考虑规划建设中的适当超前。同时，小城镇基础设施的合理水平还应考虑以下两种情况：

第一，大中城市规划区范围内的郊区建制镇的基础设施合

理水平应与一并考虑的城市基础设施水平相适应;

第二,较集中分布或连绵分布,相互间可依托的小城镇基础设施合理水平,应符合城镇区域考虑的规划优化基础上联建共享的设施合理水平。

1.5.3.1 小城镇道路交通工程规划技术指标

(1) 县(市)域小城镇公路分类与分级

小城镇区域涉及的公路按使用任务、性质和交通量大小分为两类五个等级。

两类公路为:

汽车专用公路;

一般公路。

5 个等级公路为:

高速公路;

一级公路;

二级公路;

三级公路;

四级公路。

(2) 镇区道路分级

小城镇镇区道路分级如表 1.5.3-1。

小城镇道路分级　　　　表 1.5.3-1

镇等级	人口规模	道路分级			
		干路		支(巷)路	
		一	二	三	四
县城镇	大	●	●	●	●
	中	●	●	●	●
	小	●	●	●	●
中心镇	大	●	●	●	●
	中	●	●	●	●
	小	—	●	●	●

续表

镇等级	人口规模	道路分级			
		干路		支（巷）路	
		一	二	三	四
一般镇	大	○	●	●	●
	中	—	●	●	●
	小	—	○	●	●

注：其中●—应设，○—可设。

(3) 镇区道路规划技术指标如表 1.5.3-2。

小城镇道路规划技术指标　　表 1.5.3-2

规划技术指标	道路级别			
	干路		支（巷）路	
	一级	二级	三级	四级
计算行车速度（km/h）	40	30	20	—
道路红线宽度（m）	24~32 (25~35)	16~24	10~14 (12~15)	≥4~8
车行道宽度（m）	14~20	10~14	6~7	3.5~4
每侧人行道宽度（m）	4~6	3~5	2~3.5	—
道路间距（m）	500~600	350~500	120~250	60~150

注：①表中一、二、三级道路用地按红线宽度计算，四级道路按车行道宽度计算。
②一级路、三级路可酌情采用括号值，对于大型县城镇、中心镇道路，交通量大、车速要求较高的情况也可考虑三块板道路横断面，加宽路幅可考虑≥40m，但不宜>60m。

(4) 小城镇道路交叉口形式与规划用地面积如表 1.5.3-3 和表 1.5.3-4。

小城镇道路交叉口形式　　表 1.5.3-3

镇等级	规模	相交道路	干路	支路
县城镇 中心镇	大	干路	C、D、B	D
		支路		E
	中、小	干路	C、D、E	E

续表

镇等级	规模	相交道路	干路	支路
一般镇	大、中	干路	C、E	E
		支路		E
	小	支路		E

注：B 为展宽式信号灯管理平面交叉口；
C 为平面环形交叉口；
D 为信号灯管理平面交叉口；
E 为不设信号灯的平面交叉口。

小城镇道路平面交叉口规划用地面积（万 m^2）

表 1.5.3-4

	T 字形交叉口	十字形交叉口	环形交叉口		
			中心岛直径（m）	环道宽度（m）	用地面积（万 m^2）
干路与干路	0.25	0.40	30~50	16~20	0.8~1.2
干路与支路	0.22	0.30	30~40	14~18	0.6~0.9
支路与支路	0.12	0.17	25~35	12~15	0.5~0.7

（5）各种车辆宽度和车道宽度如表 1.5.3-5。

各种车辆宽度和车道宽度（m） 表 1.5.3-5

车辆名称	机动车	自行车	三轮车	大板车	小板车	兽力车
车辆宽度	2.5	0.5	1.1	2.0	0.9	1.6
车道宽度	3.5	1.5	2.0	2.8	1.7	2.6

（6）各种车道的通行能力如表 1.5.3-6。

各种车道的通行能力（辆/h） 表 1.5.3-6

车辆名称	机动车	自行车	三轮车	大板车	小板车	兽力车
通行能力	300~400	750	300	200	380	150

1.5 小城镇基础设施规划建设的合理水平及规划的主要技术指标

(7) 人行带宽度和最大通行能力如表1.5.3-7。

人行带宽度和最大通行能力　　　　表1.5.3-7

所在地点	人行带宽度（m）	最大通行能力（人/h）
小城镇道路上	0.75	1800
车站、码头、公园等路	0.90	1400

(8) 小城镇道路路幅宽度及组成如表1.5.3-8。

小城镇道路路幅宽度及组成建议　　　　表1.5.3-8

人口规模（万人）	道路类别	车道数	单车道宽（m）	非机动车道宽（m）	红线宽（m）
>1.0~2.0	主干道	3~4	3.5	3.0~4.5	25~35
	次干道	2~3	3.5	1.5~2.5	16~20
	支路	2	3.0	1.5	9~12
0.5~1.0	干道	2~3	3.5	2.5~3.0	18~25
	支路	2	3.0	1.5或不设	9~12
0.3~0.5	干路	2	3.5	2.5~3.0	18~20
	支路	2	3.0	1.5或不设	9~12

(9) 小城镇停车场面积技术指标如表1.5.3-9。

小城镇停车场面积技术指标　　　　表1.5.3-9

	平行	垂直	与道路成45°~60°角
单行停车道的宽度（m）	2.0~2.5	7.0~9.0	6.0~8.0
双行停车道的宽度（m）	4.0~5.0	14.0~18.0	12.0~16.0
单向行车时两行停车道之间的通行道宽度（m）	3.5~4.0	5~6.5	4.5~6.0
100辆汽车停车场的平均面积（公顷）	0.3~0.4	0.2~0.3	0.3~0.4（小型车） 0.7~1.0（大型车）
100辆自行车停车场的平均面积（公顷）		0.14~0.18	

续表

	平行	垂直	与道路成45°~60°角
一辆汽车所需的面积（包括通车道）小汽车（m²）载重汽车和公共汽车（m²）	22 40		

（10）小城镇公共加油站用地面积如表1.5.3-10。

小城镇公共加油站的用地面积　　表1.5.3-10

昼夜加油车次数	300	500
用地面积（万m²）	0.12	0.18

1.5.3.2 小城镇给水工程规划技术指标

（1）小城镇人均综合生活用水量指标

小城镇人均综合生活用水量指标如表1.5.3-11。

小城镇人均综合生活用水量指标 [L/(人·d)]

表1.5.3-11

地区区划	小城镇规模分级					
	一		二		三	
	近期	远期	近期	远期	近期	远期
一区	190~370	220~450	180~340	200~400	150~300	170~350
二区	150~280	170~350	140~250	160~310	120~210	140~260
三区	130~240	150~300	120~210	140~260	100~160	120~200

注：①一区包括：贵州、四川、湖北、湖南、江西、浙江、福建、广东、广西、海南、上海、云南、江苏、安徽、重庆；
二区包括：黑龙江、吉林、辽宁、北京、天津、河北、山西、河南、山东、宁夏、陕西、内蒙古河套以东和甘肃黄河以东的地区；
三区包括：新疆、青海、西藏、内蒙古河套以西和甘肃黄河以西的地区（下同）。
②用水人口为小城镇总体规划确定的规划人口数（下同）。
③综合生活用水为小城镇居民日常生活用水和公共建筑用水之和，不包括浇洒道路、绿地、市政用水和管网漏失水量。
④指标为规划期最高日用水量指标（下同）。
⑤特殊情况的小城镇，应根据实际情况和地方相关标准，用水量指标酌情增减（下同）。

人均综合生活用水量指标在目前各地建制镇、村镇给水工程规划中作为主要用水量预测指标普遍采用。但除县级市给水工程规划可采用国标《城市给水工程规划规范》的指标外，其余建制镇规划无适宜标准可依，均由各规划设计单位自定指标；同时也缺乏小城镇这一方面的相关研究成果。

表 1.5.3-11 小城镇人均综合生活用水量指标是在四川、重庆、湖北、福建、浙江、广东、山东、河南、天津的 89 个小城镇（含调查镇外，补充收集规划资料的部分小城镇）的给水现状、用水标准、用水量变化、规划指标及相关因素的调查资料收集和相关变化规律的研究分析、推算，以及对照《城市给水工程规划规范》、《室外给水设计规范》成果延伸的基础上，按全国生活用水量定额的地区区划（下称地区区划）、小城镇规模分级和规划分期设定。

表中地区区划采用《室外给水设计规范》城市生活用水量定额的区域划分；人均综合生活用水量系指城市居民生活用水和公共设施用水两部分的总水量，不包括工业用水、消防用水、市政用水、浇洒道路和绿化用水、管网漏失等水量。上述与《城市给水工程规划规范》完全一致，以便小城镇给水工程规划标准制定和给水工程规划使用的衔接。表值相关分析研究主要是：

1）根据按不同地区区划、小城镇不同规模分级，分析整理的若干组有代表性的现状人均综合生活用水量和时间分段的综合生活用水量年均增长率，逐步推算出规划年份的人均综合生活用水量指标，并分析比较相同、相仿小城镇的相关规划指标，选定适宜值。

2）近期年段综合生活用水量年均增长率由调查分析近年年均增长率确定；近 5 年后到 2020 年的后期年段年均增长率由研究分析经济发展等相关因素相当的有代表性的城镇生活用水量增长规律和类似相关比较分析、分段确定。

3）根据同一区划、同一小城镇规模分级的不同地区生活用水量相关因素差别影响的横向、竖向分析和推算，确定适宜值的幅值范围。

4）县驻地镇人均综合生活用水量指标的远期上限对照与《城市给水工程规划规范》相关县级市时间延伸指标的差距得出。

5）近期指标年限推算到近5年，远期指标年限推算或延伸到2020年。

（2）小城镇单位居住用地用水量指标

小城镇单位居住用地用水量指标如表1.5.3-12。

单位居住用地用水量指标 [万 $m^3/(km^2 \cdot d)$]　　表1.5.3-12

地区区划	小城镇规模分级		
	一	二	三
一区	1.00~1.95	0.90~1.74	0.80~1.50
二区	0.85~1.55	0.80~1.38	0.70~1.15
三区	0.70~1.34	0.65~1.16	1.55~0.90

注：表中指标为规划期内最高日用水量指标，使用年限延伸至2020年，即远期规划指标，近期规划使用应酌情减少，指标已含管网漏失水量。

表1.5.3-12是结合小城镇规划标准研究专题之四提出的用地标准，按小城镇的规模分级，在《城市给水工程规划规范》、《室外给水设计规范》相关成果和小城镇居民用水量等资料的调查分析基础上推算得出。宜结合小城镇实际选用和必要适当调整。

居住用地用水量包括居民生活用水量及其公共设施、道路浇洒用水和绿化用水。

小城镇公共设施用地、工业用地及其他用地用水量与城市相应用地用水量共性较大，可结合小城镇实际情况的分析对比，选用《城市给水工程规划规范》的相应指标，并考虑必要的调整。

1.5.3.3　小城镇排水工程设施合理水平与规划技术指标

（1）小城镇排水体制、排水与污水处理规划合理水平

1.5 小城镇基础设施规划建设的合理水平及规划的主要技术指标

小城镇排水体制、排水与污水处理规划要求

表1.5.3-13

小城镇分级 规划期 分项	经济发达地区 Ⅰ近	Ⅰ远	Ⅱ近	Ⅱ远	Ⅲ近	Ⅲ远	经济发展一般地区 Ⅰ近	Ⅰ远	Ⅱ近	Ⅱ远	Ⅲ近	Ⅲ远	经济欠发达地区 Ⅰ近	Ⅰ远	Ⅱ近	Ⅱ远	Ⅲ近	Ⅲ远
排水体制一般原则 1.分流制 2.不完全分流制	△	●	●	●	●	●	●	●	○2	●	△2	△2	○2	●		△2		△2
合流制																		
排水管网面积普及率(%)	95	100	90	100	85	95~100	85	100	80	95~100	75	90~95	75	90~100	50~60	80~85	20~40	70~80
不同程度污水处理率(%)	80	100	75	100	65	90~95	65	100	60	95~100	50	80~85	50	80~90	20	65~75	10	50~60
统建、联建、单建污水处理厂	△	●	△	●	●	●	●	●	○	●	●	●	△	△		△		
简单污水处理							○		○		○		○		○		○低水平	△较高水平

注：①表中○——可设；△——宜设；●——应设。
②不同程度污水处理率指采用不同程度污水处理方法达到的污水处理率。
③统建、联建、单建污水处理厂指郊区小城镇，小城镇群宜优先考虑统建、联建污水处理厂。
④简单污水处理指经济欠发达、单建污水处理厂条件不具备地区，选择采用简单、低耗、高效的多种污水处理方式，如氧化塘、多级自然处理、不具备建设较现代化污水处理厂条件的小城镇，选择采用污水处理技术。
⑤排水体制的具体选择除按上表要求外，同时应根据总体规划和环境保护要求，综合考虑自然条件、水体条件、水质情况、原有排水设施情况，经过技术经济比较确定。

1 规划理论基础

表1.5.3-13是在全国小城镇概况分析的同时,重点对四川、重庆、湖北的中心城市周边小城镇、三峡库区小城镇、丘陵地区和山区小城镇、浙江的工业主导型小城镇、商贸流通型小城镇、福建的生态旅游型小城镇、工贸型等小城镇的社会、经济发展状况、建设水平、排水、污水处理状况、生态状况及环境卫生状况的分类综合调查和相关规划分析研究及部分推算的基础上得出来的,因而具有一定的代表性。

对不同地区、不同规模级别的小城镇按不同规划期提出因地因时而宜的规划不同合理水平,增加可操作性,同时表中除应设要求外,还分宜设、可设要求,以增加操作的灵活性。

(2)给水、排水设施用地控制指标

给水、排水设施的水厂用地、泵站用地、污水处理厂用地、排水泵站用地控制指标,一般结合小城镇实际、引用相关标准规范的有关规定。

1.5.3.4 小城镇电力工程设施合理水平与规划技术指标

(1)小城镇规划用电负荷指标

表1.5.3-14为小城镇规划人均市政、生活用电指标。

小城镇规划人均市政、生活用电指标[kWh/(人·a)]

表1.5.3-14

	经济发达地区			经济发展一般地区			经济欠发达地区		
	小城镇规模分级								
	一	二	三	一	二	三	一	二	三
近期	560~630	510~580	430~510	440~520	420~480	340~420	360~440	310~360	230~310
远期	1960~2200	1790~2060	1510~1790	1650~1880	1530~1740	1250~1530	1400~1720	1230~1400	910~1230

表1.5.3-14主要依据及分析研究:

1)对四川、重庆、湖北、福建、浙江、广东、山东、河南、天津等省、市不同小城镇的经济社会发展与市政建设水平、居民经济收入、生活水平、家庭拥有主要家用电器状况、能源消费构成、节能措施、用电水平及其变化趋势的调查资料及市政、生活用电变化规律的研究分析。

2）中国城市规划设计研究院城市二次能源用电水平预测课题调查及其第一、第二次研究的成果。

3）《城市电力规划规范》中的相关调查分析。

4）根据调查和上述有关的综合研究分析，得出2000年不同地区、不同规模等级的小城镇人均市政、生活用电负荷基值及其2000~2020年分段预测的年均增长速度见表1.5.3-15：

小城镇人均市政、生活用电负荷基值及其2000年~2020年各分段年均增长速度预测表　　表1.5.3-15

人均市政生活用电负荷	经济发达地区			经济发展一般地区			经济欠发达地区		
	小城镇规模分级								
	一	二	三	一	二	三	一	二	三
2000年基值 [kWh/（人·a）]	350~400	320~370	270~370	290~340	270~310	220~270	230~280	200~240	150~190
平均年均增长率（%）									
2000年~2005年	9.5~10.5			8.5~9.5			9.0~10.0		
2005年~2010年	8.8~9.4			9.2~9.8			9.5~10.5		
2010年~2020年	8.2~8.8			8.8~9.2			8.9~10.2		
备注	人均市政生活用电负荷基值为有代表性的调查值或相关调查值的分析比较确定值								

表1.5.3-16、表1.5.3-17为小城镇规划单位建设用地负荷指标和单位建筑面积用电负荷指标。

1 规划理论基础

小城镇规划单位建设用地负荷指标　表1.5.3-16

建设用地分类	居住用地	公共设施用地	工业用地
单位建设用地负荷指标（kW/hm²）	80~280	300~550	200~500

注：表外其他类建设用地的规划单位建设地负荷指标的选取，可根据当地小城镇实际情况，调查分析确定。

小城镇规划单位建筑面积用电负荷指标　表1.5.3-17

建设用地分类	居住建筑	公共建筑	工业建筑
单位建筑面积负荷指标（W/m²）	15~40W/m²（1~4kW/户）	30~80	20~80

注：表外其他类建筑的规划单位建筑面积用电负荷指标的选取，可根据当地小城镇实际情况，调查分析确定。

（2）供电设施用地控制指标

供电设施的35~110kV变电所用地等控制指标，一般结合小城镇实际、引用相关标准规范的有关规定。

1.5.3.5　小城镇通信工程设施合理水平与规划技术指标

（1）小城镇电话普及率预测水平

小城镇电话普及率预测水平如表1.5.3-18。

小城镇电话普及率预测水平（部/百人）　表1.5.3-18

	经济发达地区			经济发展一般地区			经济欠发达地区		
	小城镇规模分级								
	一	二	三	一	二	三	一	二	三
近期	38~43	32~38	27~34	30~36	27~32	20~28	23~28	20~25	15~20
远期	70~78	64~75	50~68	60~70	54~64	44~56	50~56	45~55	35~45

表1.5.3-18的主要依据和相关分析研究：

1）四川、重庆、湖北、福建、浙江、广东、山东、河南、天津等省、市不同经济发展地区，不同规模等级小城镇的现状电话普及率和有代表性的历年统计数据，以及相关因素。

2）结合上述调查和笔者《城市通信动态定量预测与主要设施用地研究》课题的相关电话普及率增长预测的成果，研究分析有代表性小城镇的电话普及率增长规律，据此比较分析得出不同小城镇各规划期的普及率年均增长速度和增长规律。

3）按不同经济发展地区、不同规模等级，根据上述1）、2）推算有代表性的不同规划期小城镇电话普及率预测指标，并对比分析确定其幅值范围。

4）上述指标与小城镇所在省、市电信部门电信规划相关普及率宏观预测指标分析比较，提出修正值作为标准推荐值。

（2）按单位建筑面积测算小城镇电话需求分类用户指标

小城镇按单位建筑面积测算电话需求分类用户指标如表1.5.3-19。

按单位建筑面积测算小城镇电话需求分类用户指标（线/m^2） 表1.5.3-19

	写字楼办公楼	商店	商场	旅馆	宾馆	医院	工业厂房	住宅楼房	别墅、高级住宅	中学	小学
经济发达地区	1/25~35	1/25~50	1/70~120	1/30~35	1/20~25	1/100~140	1/100~280	1/户面积	1.2~2/200~300	4~8线/校	3~4/校
经济一般地区	1/30~40	0.7~0.9/25~50	0.8~0.9/70~120	0.7~0.9/30~35	1/25~35	0.8~0.9/100~140	1/120~200	0.8~0.9/户面积		3~5线/校	2~3/校
经济欠发达地区	1/35~45	0.5~0.7/25~50	0.5~0.7/70~120	0.5~0.7/30~35	1/30~40	0.7~0.8/100~140	1/150~250	0.5~0.7/户面积		2~3线/校	1~2线/校

表1.5.3-19主要依据《城市通信动态定量预测及主要

设施用地的研究》课题的研究成果，结合表 1.5.3-18 说明中的一些省市不同小城镇的相关调查研究，比较分析推算得出。

（3）小城镇电信局所、邮电支局预留用地

小城镇电信局所、邮电支局预留用地面积分别如表 1.5.3-20、表 1.5.3-21。

小城镇电信局所预留用地面积　　表 1.5.3-20

局所规模（门）	≤2000	3000~5000	5000~10000	30000	60000	100000
预留用地面积（m²）	1000~2000		2000~3000	4500~5000	6000~6500	8000~9000

注：①用地面积同时考虑兼营业点用地。
②当局所为电信枢纽局（长途交换局、市话汇接局）时，2~3 万路端用地为 15000~17000m²。
③表中所列规模之间大小的局所预留用地，可比较、酌情预留。

邮电支局预留用地面积（m²）　　表 1.5.3-21

用地面积　支局级别　支局名称	一等局业务收入 1000 万元以上	二等局业务收入 500~1000 万元	三等局业务收入 100~500 万元
邮电支局	3700~4500	2800~3300	2170~2500
邮电营业支局	2800~3300	2170~2500	1700~2000

表 1.5.3-20 和表 1.5.3-21 主要依据小城镇电信局所的相关调查《城市通信动态定量预测和主要设施用地研究》课题研究成果及原邮电部的相关规范的有关建筑面积规定。

（4）小城镇通信线路敷设方式规划合理水平

不同小城镇不同规划期通信线路敷设方式如表 1.5.3-22。

1.5 小城镇基础设施规划建设的合理水平及规划的主要技术指标

小城镇通信线路敷设方式　　表1.5.3-22

敷设方式	经济发达地区						经济发展一般地区						经济欠发达地区					
	一		二		三		一		二		三		一		二		三	
	近期	远期	近期	远期	近期	远期	近期	远期	近期	远期	近期	远期	近期	远期	近期	远期	近期	远期
架空电缆												○		○		○		○
埋地管道电缆	△	●	△	●	部分△	●	部分△	●	部分△	●	●	●	△	●	△	●	△	部分△

注：表中○—可设；△—宜设；●—应设。

随着小城镇经济发展，通信用户的不断增加，考虑小城镇镇区景观和通信安全的要求，中远期小城镇镇区通信线路原则上都应考虑埋地管道敷设，考虑不同地区小城镇经济和通信发展相差较大，对经济发展一般地区三级镇和经济欠发达地区的二级、三级镇因地制宜选择适宜敷设方式，增加规划的可操作性和灵活性。

表1.5.3-22宜同时考虑小城镇不同类别的要求，如生态旅游主导型小城镇对小城镇景观要求高，通信线路规划宜及早考虑埋地敷设。

1.5.3.6 小城镇供热工程规划技术指标

（1）小城镇采暖热指标推荐值

小城镇采暖热指标推荐值如表1.5.3-23。

采暖热指标推荐值（W/m²）　　表1.5.3-23

建筑物类型	多层住宅	学校办公楼	医院	幼儿园	图书馆	旅馆	商店	单层住宅	食堂餐厅	影剧院	大礼堂体育馆
未节能	58~64	58~80	64~80	58~70	47~76	60~70	65~80	80~105	115~140	95~115	116~163

续表

建筑物类型	多层住宅	学校办公楼	医院	幼儿园	图书馆	旅馆	商店	单层住宅	食堂餐厅	影剧院	大礼堂体育馆
节能	40~45	50~70	55~70	40~45	40~50	50~60	55~70	60~80	100~130	80~105	100~150

注：①严寒地区或建筑外形复杂、建筑层数少者取上限，反之取下限。
②适用于我国东北、华北、西北地区不同类型的建筑采暖热指标推荐值。
③近期规划可按未节能的建筑物选取采暖热指标。
④远期规划要考虑节能建筑的份额，对于将占一定比例的节能建筑部分，应选用节能建筑采暖热指标。

(2) 小城镇居住小区采暖期生活热水日平均热指标推荐值

小城镇居住小区采暖期生活热水日平均热指标推荐值如表 1.5.3-24。

居住区采暖期生活热水日平均热指标推荐值（W/m²）　　表 1.5.3-24

用水设备情况	热指标
住宅无热水设备，只对公共建筑供热水时	2~3
全部住宅有沐浴设备，并供给生活热水时	5~15

(3) 小城镇空调热冷指标推荐值

小城镇空调热冷指标推荐值如表 1.5.3-25。

空调热指标 q_a、冷指标 q_a 推荐值（W/m²）　　表 1.5.3-25

建筑物类型		办公	医院	旅馆、宾馆	商店、展览馆	影剧院	体育馆
热指标	未节能	80~100	90~120	90~120	100~120	115~140	130~190
	节能	64~80	72~100	70~100	80~100	90~120	100~150
冷指标	未节能	80~110	70~100	80~110	125~180	150~200	140~200
	节能	65~90	55~80	65~90	100~150	120~160	110~160

注：①表中指标适用于我国东北、华北、西北地区；其他地区指标按实地调查和类比分析确定。
②近期规划可按未节能的建筑物选取空调热、冷指标。
③远期规划要考虑节能建筑的份额，对于将占一定比例的节能建筑部分，应选用节能建筑空调热、冷指标。

(4) 小城镇供热管道与其他地下管线的最小水平净距和最小垂直净距

小城镇供热管道与其他地下管线的最小水平净距和最小垂直净距如表1.5.3-26。

热力管道与其他地下管线的最小水平净距和最小垂直净距　　表1.5.3-26

		电力管线		电信管线		给水管线	污、雨水排水管线	燃气管线	
		直埋	管沟	直埋	管沟			低压	中压
与热力管道最小水平净距（m）	直埋	*≥2.0		1.0		1.5	1.5	1.0	1
	地沟								1.5
与热力管道最小垂直净距（m）		*≥0.5		0.15		0.15	0.15	0.15	0.15

*考虑感应电场、杂散电流对热力管道腐蚀，大于值系指有条件可适当加大的值。

(5) 小城镇热电厂规划用地面积

小城镇热电厂规划用地面积如表1.5.3-27。

小城镇热电厂用地面积　　表1.5.3-27

规模（kW）	2×1500	2×6000	4×6000	2×12000	2×2500
厂区占地面积（hm²）	3~5	3.5~4.5	6~8	6.5~7.5	7.5~8.5

(6) 小城镇热水锅炉房规划用地面积

小城镇热水锅炉房规划用地面积如表1.5.3-28。

小城镇热水锅炉房用地面积　　表1.5.3-28

锅炉房规模（MW）	5.8~11.6	11.6~35.1	35.1~58.0	58.0~116
预留用地面积（hm²）	0.3~0.5	0.6~1.0	1.1~1.5	1.6~2.5

(7) 小城镇蒸汽锅炉房规划用地面积

小城镇蒸汽锅炉房规划用地面积如表1.5.3-29。

小城镇蒸汽锅炉房用地面积（hm^2） 表1.5.3-29

蒸汽锅炉房出力（t/h）	锅炉房无汽水换热器	锅炉房有汽水换热器
10~20	0.25~0.45	0.3~0.5
20~60	0.5~0.8	0.6~1.0

（8）小城镇热力站建筑面积

小城镇热力站建筑面积如表1.5.3-30。

小城镇热力站建筑面积 表1.5.3-30

用户采暖面积（$10^4 m^2$）	2.0~5.0	5.1~10.0	10.1~15.0	15.1~200
热力站建筑面积（m^2）	160	200	240	280

（9）小城镇制冷站建筑面积

小城镇制冷站建筑面积如表1.5.3-31。

小城镇制冷站用地面积 表1.5.3-31

制冷站规模	供冷建筑面积（$10^4 m^2$）	3	5	10	15
	供冷规模（MW）	2.7	4.5	9.0	13.5
制冷站用地面积（m^2）		350	500	900	1200

1.5.3.7 小城镇燃气工程规划技术指标

（1）小城镇居民生活和商业用气量指标

小城镇居民生活和商业用气量指标如表1.5.3-32。

小城镇居民生活和商业用气量指标 表1.5.3-32

分项	预测指标
居民生活用气量	2000~2600MJ/（人·a）
商业用气量	按总用气量为居民生活用气量的1.25~1.70，商业用气量占总用气量的8%~25%

（2）小城镇液化石油气储配站规划面积

小城镇液化石油气储配站规划面积如表1.5.3-33

小城镇液化石油气储配站的占地面积　　　表1.5.3-33

项目	单位	供应规模（t/a）	
		1000	5000
供应居民户数	（万户）	0.5	2.5
运输方式		汽槽	铁槽为主，汽槽为辅
储存天数	天	19	17
储存容积	m^3	100	480
占地面积	hm^2	0.45	1.5
建筑面积	m^2	500	2000

（3）小城镇调压站与其他建筑物、构筑物的水平净距

小城镇调压站与其他建筑物、构筑物的水平净距如表1.5.3-34。

小城镇调压站（含调压柜）与其他建筑物、构筑物的水平净距（m）　　　表1.5.3-34

设置形式	调压装置燃气压力级制	建筑物外墙面	距重要公共建筑物	铁路（中心城）	城镇道路	公共电力变配电柜
地上单独建筑	中压（A）	6.0	12.0	10.0	2.0	4.0
	中压（B）	6.0	12.0	10.0	2.0	4.0
调压柜	中压（A）	4.0	8.0	8.0	1.0	4.0
	中压（B）	4.0	8.0	8.0	1.0	4.0
地下单独建筑	中压（A）	3.0	6.0	6.0	—	3.0
	中压（B）	3.0	6.0	6.0	—	3.0
地下调压箱	中压（A）	3.0	6.0	6.0	—	3.0
	中压（B）	3.0	6.0	6.0	—	3.0

注：①调压装置露天设置时，则指距离装置的边缘。
②当建筑物（含重要公共建筑物）的某外墙为无门、窗洞口的实体墙，且建筑物耐火等级不低于二级时，燃气进口压力级制为中压（A）或中压（B）的调压柜一侧或两侧（非平行），可贴靠上述外墙设置。
③当达不到上表净距要求时，采取有效措施，可适当缩小净距。

1 规划理论基础

（4）小城镇液化石油气瓶装供应站规划用地面积

小城镇液化石油气瓶装供应站规划用地面积如表1.5.3-35。

小城镇液化石油气瓶装供应站用地面积　　　　表1.5.3-35

供应规模（户）	5000~7000
建筑面积（m²）	160~200
其中瓶棚（m²）	60~80
用地面积（m²）	500~600

1.5.3.8 小城镇环境卫生工程合理水平和规划技术指标

（1）小城镇垃圾收集方式选择

小城镇垃圾收集方式选择如表1.5.3-36。

小城镇垃圾收集方式选择　　　　表1.5.3-36

		经济发达地区						经济发展一般地区						经济欠发达地区					
		一		二		三		一		二		三		一		二		三	
		近期	远期	近期	远期	近期	远期	近期	远期	近期	远期	近期	远期	近期	远期	近期	远期	近期	远期
垃圾收集方式	混合收集							●		●		●		●		●		●	
	分类收集	●	●	●	●	△	△	●	●	●		△		●		△		△	△

注：△—宜设；●—应设。

（2）小城镇垃圾污染控制和环境卫生评估指标

小城镇垃圾污染控制和环境卫生评估指标如表1.5.3-37。

小城镇垃圾污染控制和环境卫生评估指标　　　　表1.5.3-37

	经济发达地区						经济发展一般地区						经济欠发达地区					
	一		二		三		一		二		三		一		二		三	
	近期	远期	近期	远期	近期	远期	近期	远期	近期	远期	近期	远期	近期	远期	近期	远期	近期	远期
固体垃圾有效收集率（%）	65~70	≥98	60~65	≥95	55~60	95	60	95	55~60	90	45~55	85	45~50	90	40~45	85	30~40	80

续表

	经济发达地区						经济发展一般地区						经济欠发达地区					
	小城镇规模分级																	
	一		二		三		一		二		三		一		二		三	
	近期	远期	近期	远期	近期	远期	近期	远期	近期	远期	近期	远期	近期	远期	近期	远期	近期	远期
垃圾无害化处理率(%)	≥40	≥90	35~40	85~90	25~35	75~85	≥35	≥85	30~35	80~85	20~30	70~80	30	≥75	25~30	70~75	15~25	60~70
资源回收利用率(%)	30	50	25~30	45~50	20~25	35~45	25	50	45~50	20~25	40~45	15~20	30~40	20	45	40~45	15~20	35~40	10~15	25~85

(3) 小城镇公共厕所沿路设置间距

小城镇公共厕所沿路设置间距如表1.5.3-38。

小城镇公共厕所沿路设置间距(m) 表1.5.3-38

	镇区干道		支路
	非繁华段	繁华段	
设置间距	600~800	500~600	800~1000

注:①小区公共厕所宜结合公共设施与商业网点设置。
②县城镇、中心镇、旅游型小城镇、商贸型小城镇宜按上表较高标准设置。
③结合周边用地公共厕所设置标准和独立式公共厕所用地面积可按《城市环境卫生设施规划规范》的较低标准设置。

(4) 小城镇废物箱沿路设置间距

小城镇废物箱沿路设置间距如表1.5.3-39。

小城镇废物箱沿路设置间距 表1.5.3-39

道 路	设置间距(m)
镇区中心繁华街道	50~100
其他干道	100~200
支路	200~400

(5) 小城镇生活垃圾转运站服务半径

小城镇生活垃圾转运站服务半径如表1.5.3-40。

1 规划理论基础

小城镇生活垃圾转运站服务半径 表1.5.3-40

收运方式	服务半径（km）
非机动车收运	0.4~1
小型机动车收运	2~4

(6) 小城镇生活垃圾卫生填埋场选址要求

小城镇生活垃圾卫生填埋场选址要求如表1.5.3-41。

小城镇生活垃圾卫生填埋场选址要求 表1.5.3-41

分项	基本要求
距小城镇规划建成区	2km外
距村庄居民点	0.5km外
其他	场地土地利用价值低，地质情况稳定，取土方便，具备运输条件，非水源保护区、地下蕴矿区及地下文物区

(7) 小城镇粪便处理厂部分工艺用地指标

小城镇粪便处理厂部分工艺用地指标如表1.5.3-42。

小城镇粪便处理厂部分工艺用地指标 $[m^2/(t \cdot d)]$ 表1.5.3-42

粪便处理方式	厌氧—好氧	厌氧（高温）	稀释—好氧
用地指标	12	20	25

1.5.3.9 小城镇防灾减灾工程合理水平和规划技术指标

(1) 小城镇防洪标准

小城镇防洪标准如表1.5.3-43。

小城镇防洪标准 表1.5.3-43

	河（江）洪、海潮	山洪	泥石流
防洪标准（重现期—年）	50~20	10~5	20

小城镇防洪标准同时对沿江河湖泊和邻近大型工矿企业、

交通运输设施、文物古迹和风景区等防护对象情况防洪标准作出规定。

小城镇防洪标准按洪灾类型区分,并依据现行行标《城市防洪工程设计规范》和国标《防洪标准》的相关规定。

从小城镇所处河道水系的流域防洪规划和统筹兼顾流域城镇的防洪要求考虑,小城镇防洪标准应不低于其所处江河流域的防洪标准。

大型工矿企业、交通运输设施、文物古迹和风景区受洪水淹没、损失大、影响严重、防洪标准相对较高。本条款从统筹兼顾上述防洪要求,减少洪水灾害损失考虑,对邻近大型工矿企业、交通运输设施、文物古迹和风景区等防护对象的小城镇防洪规划,当不能分别进行防护时,应按就高不就低的原则,按其中较高的防洪标准执行。

(2) 消防工程规划技术指标

1) 小城镇消防站建筑面积指标

小城镇消防站建筑面积指标如表1.5.3-44。

小城镇消防站建筑面积 表1.5.3-44

消防站类型	消防站建筑面积(m^2)
标准型普通消防站	1600~2300
小型普通消防站	350~1000

2) 小城镇消防站建设用地面积指标

小城镇消防站建设用地面积指标如表1.5.3-45。

小城镇消防站建设用地面积 表1.5.3-45

消防站类型	消防站建设用地面积(m^2)
标准型普通消防站	2400~4500
小型普通消防站	400~1400

1 规划理论基础

3) 小城镇消防站通信设备配备

小城镇消防站通信设备配备如表1.5.3-46。

小城镇消防站通信设备配备　　　表1.5.3-46

设备名称	地区 设备数量	小城镇	工矿区
有线通信设备	火警专用电话	1	1
	普通电话	1~3	1~3
	专线电话	1	1
无线通信设备	基地台	根据需要配备	
	车载台	根据需要配备	
	袖珍式对讲机	每辆消防车1对	

(3) 抗震防灾工程规划技术指标

1) 小城镇避震疏散场地指标

小城镇避震疏散场地指标如表1.5.3-47。

小城镇避震疏散场地指标　　　表1.5.3-47

分项	规划要求
每一疏散场地面积	≥4000m²
人均疏散场地面积	≥3m²
住宅至疏散场地距离	≤800m

2) 地震区小城镇住区道路规划设计要求

地震区小城镇住区道路规划设计要求如表1.5.3-48。

地震区小城镇住区道路规划设计要求　　　表1.5.3-48

分项		规划设计要求
居住小区道路红线宽度		≥20m
小区道路路面宽		5~8m
建筑控制线间距	采暖区	≥14m
	非采暖区	≥10m
组团道路路面宽		3~5m
组团建筑控制线间距	采暖区	≥10m
	非采暖区	≥8m
宅间小路路面宽		≥2.5m

2 小城镇基础设施工程规划导则

规划导则既是规划理论基础研究，又是规划方法研究，更是规划实践指导层面的研究。本章内容基于"十五"国家科技攻关计划小城镇发展重大项目课题七小城镇区域与镇域规划导则研究与课题九小城镇规划及相关技术标准研究。后一课题为上述科技攻关计划的重点课题，课题主管部门六部委项目联合办再三强调和要求，本课题成果的试点应用和以一定形式的推广应用。鉴于成果为相关标准的建议稿，为便于应用，特在编者作为课题项目负责人和专题负责人负责完成相关成果的基础上，编写成本章应用导则，同时，以此更突出应用的重点，为便于应用中的理解和把握，导则分为条文和条文说明两大部分。

2.1 小城镇区域基础设施配置导则

2.1.1 总则

2.1.1.1 为科学编制小城镇区域基础设施规划，合理布局与配置区域性基础设施，实现小城镇区域性基础设施联建共享，避免重复建设，节省投资，提高效益，促进城乡一体化发展编制本导则。

2.1.1.2 本导则包括以下小城镇区域性基础设施配置导则：
  1）小城镇区域性公路系统设施配置导则；

2）小城镇区域性给水系统设施配置导则；
3）小城镇区域性排水系统设施配置导则；
4）小城镇区域性供热系统设施配置导则；
5）小城镇区域性燃气系统设施配置导则；
6）小城镇区域性电力系统设施配置导则；
7）小城镇区域性通信系统设施配置导则。

2.1.1.3 本导则称小城镇指县城镇、中心镇和一般镇为主要载体的建制镇。

2.1.1.4 本导则适用于小城镇区域性基础设施，包括区域性公路、给水、排水、供热、燃气、电力、通信设施统筹规划与共享配置。

2.1.1.5 本导则涉及的小城镇区域主要是指小城镇所在县（市）域，也指跨县（市）行政范围的小城镇密集分布的城镇区域范围，同时也包括小城镇所在城市区域范围。

2.1.1.6 本导则涉及基础设施共建共享的小城镇应主要为城镇密集分布型和紧临中心城区的近郊型小城镇。

2.1.1.7 小城镇区域基础设施应以区域城镇体系规划为依据，结合所涉及区域规划、流域规划统筹规划，综合安排。

2.1.1.8 小城镇区域基础设施应依据和按照统筹规划，在相应的一级城镇规划行政主管部门组织协调下实行政府投资及集体、个人股份也包括外资股份在内多元组合的多种投资融资渠道的共建共享开发模式。

总则
（条文说明）

2.1.1.1 提出小城镇区域基础设施配置导则编制的宗旨。
小城镇区域基础设施配置应首先考虑在统筹规划基础上的

联建共享,这是避免重复建设,减少投资,提高效益,有利资源保护和合理开发利用以及维护运行管理,促进城乡一体化发展,并为实践证明行之有效的区域和小城镇基础设施建设重要原则。

2.1.1.2 提出本导则的分导则组成。

2.1.1.3 提出本导则小城镇的界定。

2.1.1.4 提出本导则的适用范围。

2.1.1.5 根据我国小城镇的特点和实际情况,提出小城镇区域的界定和基本内涵。

2.1.1.6 提出涉及基础设施共建共享的小城镇内涵。

2.1.1.7 提出小城镇区域基础设施配置的依据。

小城镇区域基础设施主要在区域城镇体系规划中统筹规划,同时上述统筹规划也往往涉及区域规划和流域规划。

2.1.1.8 提出小城镇区域基础设施多元投资共建共享开发模式。

强调统筹规划前提和政府协调的重要性和必要性。

2.1.2 小城镇区域性公路设施配置导则

2.1.2.1 小城镇区域性客、货运公路与过境公路

2.1.2.1-1 小城镇区域性公路是以小城镇为主的区域范围内涉及的公路。应包括县(市)域范围小城镇与城市之间、小城镇与小城镇之间、小城镇与乡之间客运、货运公路;也包括跨县(市)行政范围的城镇区域范围小城镇与城市之间的客运、货运公路;以及上述区域范围的小城镇过境公路。

2.1.2.1-2 小城镇区域涉及的公路按其在公路网中地位分干线公路和支线公路。其中干线公路分国道、省道、县道和乡道;按技术等级划分可分为高速公路、一级公路、二级公路、三级公路和四级公路。

2.1.2.1-3 小城镇区域性客运、货运道路应能满足小城镇区域性客运、货运交通的要求，以及救灾和环境保护的要求，并与小城镇区域性客运、货运流向相结合。

2.1.2.1-4 小城镇过境公路应遵循下列原则：

1）小城镇过境公路应与镇区道路分开，过境道路不得穿越镇区。

2）小城镇过境道路路由选择应结合小城镇远期规划，在小城镇镇区之外，规划区边缘布置。

3）对原穿越镇区的过境道路段应采取合理手段改变穿越段道路的性质与功能，在改变之前应按镇区道路的要求控制两侧用地布局。

2.1.2.2 小城镇对外区域交通量预测及对外交通方式

2.1.2.2-1 小城镇对外区域交通量预测应以小城镇经济社会发展和小城镇总体规划以及县（市）域城镇体系规划为依据。

2.1.2.2-2 小城镇对外交通包括小城镇对外客运交通和对外货运交通。

2.1.2.2-3 公路应是绝大多数小城镇的主要对外交通运输方式，小城镇对外交通运输方式还包括铁路、水路方式，并应结合自然地理和环境特征等因素合理选择。

2.1.2.3 小城镇对外区域交通组织

2.1.2.3-1 小城镇道路应尽量减少与公路的交叉，以保证公路交通的畅通、安全和有序。

2.1.2.3-2 小城镇过境交通应尽可能与城镇内交通分离，互不干扰又有机联系。

2.1.2.4 小城镇区域性共享公共运输站场

2.1.2.4-1 小城镇应设置专用的公路汽车客运站，县城镇和中心镇应设长途客运站1~2个，其中1个为中心站。镇区人口5万以上至少应有1个4级或4级以上长途客运站；一般镇宜设1个长途客运站，并宜结合公交站设置。

2.1.2.4-2 小城镇应按不同类型、不同性质规模的货运要求，设置综合性汽车货运站场或物流中心，以及其他经过车辆的集中经营场所。

2.1.2.4-3 小城镇公路汽车客运站、汽车货运站场等公共运输站场预留用地面积，按相关规范规定。

2.1.2.4-4 小城镇过境、外来机动车公共停车场，应设置在过境道路和镇区出入口道路附近，主要停放货运车辆，同时配套相应的服务设施。

小城镇区域性公路设置配置导则
（条文说明）

2.1.2.1 小城镇区域性客、货运公路与过境公路

2.1.2.1-1 提出小城镇区域性公路的内涵和组成。

2.1.2.1-1～2.1.2.1-3 结合小城镇实际，提出县城镇、中心镇、大型一般镇中心区和非中心区线路网规划密度的不同要求；提出平均换乘系数和公交线路非直线系数基本要求。考虑小城镇的客流情况差异很大，对发车频率等运营指标不作规定。

2.1.2.1-4 提出小城镇过境交通应遵循的主要原则。

我国许多小城镇一开始往往依靠公路，并沿着公路两边逐渐发展的。常常是公路和城镇道路不分设，它既是城镇的对外公路，又是城镇的主要道路，两侧布置有大量的商业服务设施，行人密集，车辆来往频繁，相互干扰很大。由于过境交通穿越，分隔城镇生活居住区，不利于交通安全，也影响居民生活安宁。因此，在处理小城镇过境道路时，最基本的原则就是

要使过境道路与城镇道路分开，过境道路不得穿越镇区；如已穿越，则应对穿越镇区段过境道路进行合理改造，并从新规划建设过境道路。

2.1.2.2 小城镇对外区域交通量预测及对外交通方式

2.1.2.2-1 阐明小城镇对外交通量预测依据。

2.1.2.2-2～2.1.2.2-3 阐明小城镇对外交通组成、运输方式及其合理选择。

2.1.2.3 小城镇对外区域交通组织

2.1.2.3-1～2.1.2.3-2 提出小城镇对外交通组织的主要规定。

小城镇规划和建设中对城镇内外交通应进行恰当的组织，使各类交通系统分明，功能作用分清，形成合理的交通运输网络。基本的思路是尽量减少小城镇道路与公路交叉、过境交通与镇内交通分离。

2.1.2.4 小城镇区域性共享公共运输站场

2.1.2.4-1～2.1.2.4-3 在各类有代表性的小城镇调查分析基础上，参照交通部的相关规定，提出小城镇公路汽车客运站、汽车货运站站场设置及其用地一般规定。

2.1.2.4-4 根据小城镇的特点及其调查分析，提出小城镇过境与外来机动车公交停车场的设置相关要求，以及镇内机动车停车位分布要求。镇中心区的停车需求高于镇的其他地区，且以客车为主，有50%～60%的机动车停车位，应基本满足镇中心区的停车需要。

2.1.3 小城镇区域性给水设施配置导则

2.1.3.1 区域给水系统、水源保护地与水资源供需平衡

2.1.3.1-1 小城镇区域给水系统统筹规划应依据区域城镇体系规划或区域规划以及河流流域规划，并与小城镇区域排

水系统统筹规划等相关专业规划相协调。

2.1.3.1-2 小城镇区域给水系统供水范围的水资源和用水量之间应保持平衡，当区域城镇用同一水源时或水源在规划区域以外，应进行区域或流域范围的水资源供需平衡分析。

2.1.3.1-3 选择小城镇区域性给水水源，应以小城镇区域水资源勘察或分析研究报告和小城镇区域供水水源开发利用规划及区域、流域水资源规划为依据，同时应满足小城镇区域用水量和水质等方面的要求。

2.1.3.1-4 涉及流域的水资源和近郊紧临城市型小城镇区域供水水源地应依据相关区域规划和城市总体规划在相关区域规划范围中和统筹规划和协调共享配置。

2.1.3.1-5 涉及城市远郊、密集分布型小城镇区域供水水源地应在市域城镇体系给水系统规划中统筹规划和协调共享配置，当城镇群区域涉及跨行政区域时，其共享水源地应在跨行政区域的相关城镇区域规划中确定。

2.1.3.1-6 小城镇区域水源选择的其他要求同城镇水源选择有关标准要求。

2.1.3.1-7 小城镇区域水源保护应符合有关标准规定。

2.1.3.2 区域性水厂设置

2.1.3.2-1 小城镇区域性的水厂设置应以区域城镇体系规划或区域规划为依据，统筹规划、优化配置、联建共享。

2.1.3.2-2 涉及城市规划区近郊紧临型小城镇区域性水厂应依据城市总体规划，在相关城市区域规划范围中统筹规划和协调共享配置。

2.1.3.2-3 涉及城市远郊、城镇密集分布型小城镇区域性水厂设置应在市域城镇体系规划中或城镇密集区域、核心区域的区域规划中统筹规划，协调共享配置。

2.1.3.2-4 10万 m^3/d 左右供水规模小城镇区域性水厂，

一般宜在县（市）域或市域城镇体系规划中统筹规划确定。

2.1.3.3 输水管渠

2.1.3.3-1 小城镇区域性共享输水管渠布置应以区域城镇体系规划或区域规划的给水系统规划为依据。

2.1.3.3-2 小城镇区域性共享输水管渠应结合相关区域性共享水厂配置和共享输水管的下一级给水工程，统筹规划与协调优化配置。

小城镇区域性给水设施配置导则
（条文说明）

2.1.3.1 区域给水系统、水源保护地与水资源供需平衡

2.1.3.1-1 提出小城镇区域给水系统统筹规划依据和基本要求。

城镇密集地区小城镇跨镇给水系统工程规划的水资源、水源地保护与区域规划以及河流流域规划相关。

小城镇区域给水系统规划与小城镇区域排水系统工程规划之间联系紧密。用水量与排水量、水源地与排水受纳体、水厂和污水处理厂厂址选择、给水管道与排水管道管位之间协调均衡很重要。

2.1.3.1-2 提出小城镇区域给水系统供水范围的水资源和用水量之间平衡及对策。

城镇密集地区或同一流域的城镇往往同一水源共享同一水资源，在相关区域或流域规划中水资源和用水量应在相关区域或流域范围进行水资源和用水量供需平衡分析。

水资源是城镇发展的主要制约因素。对于水资源匮乏地区小城镇，强调限制其发展规模和限制其耗水量大的乡镇企业及农业发展，发展节水农业是很有必要的。

2.1.3.1-3 提出小城镇区域性给水水源选择依据和要求。

小城镇区域性给水系统应进行区域或流域水资源综合规划和专项规划，并与国土规划相协调以满足整个区域或流域的城镇用水供需平衡，同时满足生态环境和人文环境的相关要求。

2.1.3.1-4～2.1.3.1-5 提出涉及流域的水资源和不同分布形态小城镇区域供水水源地的统筹规划、协调共享配置的基本要求。

2.1.3.1-6 提出小城镇区域水源选择的其他要求。

2.1.3.1-7 提出镇域水源保护应符合有关标准规定的要求。

2.1.3.2 区域性水厂

2.1.3.2-1 提出小城镇区域性水厂设置基本要求。

城镇密集地区小城镇应以其区域城镇体系规划或区域规划为依据，统筹规划共建共享区域水厂。

2.1.3.2-2～2.1.3.2-3 提出涉及城市规划区近郊紧临型小城镇和涉及城市远郊、城镇密集分布型小城镇的区域性水厂的规划依据和基本要求。

2.1.3.2-4 根据小城镇相关调查分析，一般小城镇区域性水厂规模，较多在 10 万 m^3/d 及以下，其共享配置宜在县（市）域或市域城镇体系规划中统筹规划确定。

2.1.3.3 输水管渠

2.1.3.3-1～2.1.3.3-2 小城镇区域性共享输水管渠布置与城镇密集区域共享水厂厂址及共享输水管的下一级给水工程、相关小城镇分布有关，其布置应以区域城镇体系规划或区域规划的给水系统规划为依据。

2.1.4 小城镇区域性排水系统设施配置导则

2.1.4.1 区域排水系统、区域排水设施

2.1.4.1-1 小城镇区域排水系统工程规划应依据区域城镇体系规划或小城镇区域规划和河流流域规划，并应与小城镇区域给水、环境保护、道路交通、水系、防洪、规划及其他相关专业规划相协调。

2.1.4.1-2 小城镇区域排水系统主要是区域污水排除系统，区域排水设施主要为共享污水处理厂，污水排出口有其共享的排水管渠。

2.1.4.1-3 小城镇区域污水排除系统应根据小城镇区域城镇群布局，结合竖向规划和道路布局、坡向以及污水受纳体和污水处理厂位置进行流域划分和系统布局。

2.1.4.2 区域性污水处理厂

2.1.4.2-1 城镇密集分布的小城镇区域污水处理厂应统筹规划，联建共享。

2.1.4.2-2 涉及城市规划区近郊紧临型小城镇区域污水处理厂应依据城市总体规划，在相关城市区域规划范围中统筹规划和协调共享配置。

2.1.4.2-3 涉及城市远郊、城镇密集分布型小城镇区域性污水处理厂设置应在市域城镇体系规划中或城镇密集区域、核心区域的区域规划中统筹规划，协调共享配置。

2.1.4.2-4 10万 m^3/d 处理水量以下规模相邻小城镇共享区域性污水处理厂，一般宜在县（市）域或市域城镇体系规划中统筹规划，协调共享配置。

2.1.4.3 区域性污水排出口排水管渠

2.1.4.3-1 小城镇区域性污水排出口选择和排水管渠布置应以小城镇区域城镇体系规划或区域规划的排水系统规划为依据。

2.1.4.3-2 小城镇区域性共享污水排出口和排水管渠布置应结合相关区域性污水处理厂配置和污水排除设施共享相关

的城镇布局，统筹规划与协调优化配置。

小城镇区域性排水系统设施配置导则
（条文说明）

2.1.4.1 区域排水系统、区域排水设施

2.1.4.1-1 提出小城镇区域排水系统工程规划依据和基本要求。

城镇密集地区小城镇跨镇排水系统工程规划的排水受纳体、污水处理厂与河流流域规划、区域规划相关；排水工程与给水工程规划之间联系紧密：排水工程规划的污水量、污水处理程度、受纳水体及污水出口应与给水工程规划的用水量、回用再生水的水质、水量和水源地及其卫生防护区相协调。小城镇区域排水工程规划的受纳水体与小城镇区域水系规划、区域防洪规划相关，应与区域规划水系的功能和防洪设计水位相协调。

2.1.4.1-2 提出小城镇区域排水系统和区域排水设施的内涵。

2.1.4.1-3 提出小城镇区域污水排除系统布局的依据和基本要求。

2.1.4.2 区域性污水处理厂

2.1.4.2-1~2.1.4.2-3 提出不同城镇密集分布小城镇区域性污水处理厂的统筹规划与协调共享配置的不同基本要求。

2.1.4.2-4 根据小城镇相关调查分析，县（市）域或市域一般相邻小城镇共享区域性污水处理厂规模在10万 m^3/d 处理水量以下，其共享配置宜在县（市）域或市域城镇体系规划中统筹规划与协调。

2.1.4.3 区域性污水排出口排水管渠

2.1.4.3-1～2.1.4.3-2 提出小城镇区域性污水排出口选择和排水管渠布置的规划依据和基本要求。

2.1.5 小城镇区域性供热系统设施配置导则

2.1.5.1 区域供热系统、区域供热设施

2.1.5.1-1 城镇密集区供热系统应按其区域统筹规划，并应依据国家能源政策与区域电力规划、环境保护规划相结合。

2.1.5.1-2 小城镇区域供热系统规划供热区划定，应符合以下原则：

1）按距离热源的远近划分供热区域，减少管材的投资；

2）按城镇热负荷的分布、热用户的种类、热媒的参数划分；

3）考虑城镇空间发展划分；

4）考虑城镇地形、地貌和布局形态划分；

5）考虑旅游、环境保护、能源综合利用等其他相关因素划分。

2.1.5.1-3 小城镇区域性供热设施应主要包括共享的热电厂与热力管网。

2.1.5.2 热电厂

2.1.5.2-1 小城镇区域性热电厂应遵循"经济合理"和"以热定电"的原则，合理选取热化系数，热化系数应小于1。以工业热负荷为主的供热系统，热化系数宜取0.8～0.85；以采暖热负荷为主的供热系统，热化系数宜取0.52～0.63；工业和采暖热负荷兼有的供热系统，热化系数宜取0.65～0.75。同时应发展多种供热负荷，提高热源厂年利用小时数。

2.1.5.2-2 工业热负荷和民用热负荷常年稳定的城镇密集分布区域应积极建设区域性热电厂。

2.1.5.2-3 长江流域与黄河流域之间采暖期短和有条件的县城镇、中心镇等小城镇区域供热规划可采取三联供模式。

2.1.5.2-4 涉及城市规划区近郊紧临型小城镇区域热电厂应依据城市总体规划,在相关城市区域规划范围中,统筹规划和协调共享配置。

2.1.5.2-5 涉及城市远郊、密集分布型小城镇区域性热电厂设置应在城镇密集区域、核心区域统筹规划和协调共享配置。

2.1.5.3 共享区域供热管网

小城镇共享区域性热力管网布置应结合相关区域性热电厂规划选址及共享相关的城镇布局,统筹规划,协调配置。

小城镇区域性供热系统设施配置导则
（条文说明）

2.1.5.1 区域供热系统、区域供热设施

2.1.5.1-1 提出城镇密集地区供热系统工程规划的相关依据及与相关规划的协调要求。

热力属于能源,城镇密集地区供热系统工程规划依据国家能源政策。

同时,供热系统工程规划涉及电力、燃气等能源规划及环境保护规划的合理布局要求,供热系统规划与电力工程规划、环境保护规划、燃气供应规划、排水规划之间协调同样是完全必要的。

2.1.5.1-2 提出城镇密集区小城镇跨镇区域供热系统规划供热区划定的原则要求。

2.1.5.1-3 提出小城镇区域性供热设施的基本组成。

2.1.5.2 热电厂

2.1.5.2-1～2.1.5.2-3 提出城镇密集区小城镇跨镇区域

性热电厂规划和热化系统选择等的基本要求。

2.1.5.2-4～2.1.5.2-5 提出不同分布形态城镇密集区区域性热电厂统筹规划和协调共享配置的基本要求。

2.1.5.3 共享区域供热管网

提出城镇密集区小城镇共享区域性热力管网布置统筹规划，协调配置的依据和基本要求。

2.1.6 小城镇区域性燃气系统设施配置导则

2.1.6.1 区域性燃气系统、区域性燃气设施

2.1.6.1-1 小城镇区域燃气系统规划应依据区域城镇体系规划或区域规划及国家能源政策，并与区域能源规划、环境保护规划等专项规划相协调。

2.1.6.1-2 小城镇区域性燃气设施应主要为天然气长输高压管道、门站、储气站等。

2.1.6.2 天然气长输管道

2.1.6.2-1 小城镇区域天然气长输管道布置应依据国家西气东输等天然气输送规划、小城镇区域燃气系统规划布局确定。

2.1.6.2-2 小城镇天然气长输管道布置应结合受气端的城镇布局以及门站、储气站的选址要求。

2.1.6.3 门站储气站

2.1.6.3-1 涉及城市规划区近郊紧临型小城镇区域共享天然气系统门站和储气站应依据城市总体规划，在相关城市规划范围中统筹规划和协调共享配置。

2.1.6.3-2 涉及城市远郊、密集分布型小城镇区域性天然气系统门站、储气站设置应在市域城镇体系燃气系统规划中统筹规划，协调共享配置。

2.1.6.3-3 小城镇区域燃气系统规划天然气门站和储配

站站址选择要求同小城镇燃气系统规划优化导则的相关规定。

小城镇区域性燃气系统设施配置导则
（条文说明）

2.1.6.1 区域性燃气系统、区域性燃气设施

2.1.6.1-1 提出小城镇区域燃气系统工程规划的相关依据和与相关规划的协调依据。

燃气属于能源，燃气规划应依据国家能源政策。同时，燃气工程涉及能源、环境保护、消防等的全面布局，上述规划之间协调同样是完全必要的。

2.1.6.1-2 提出小城镇区域性燃气设施的基本组成。

2.1.6.2 天然气长输管道

2.1.6.2-1～2.1.6.2-2 提出小城镇区域天然气长输管道布置的规划依据和基本要求。

2.1.6.3 门站储气站

2.1.6.3-1～2.1.6.3-2 提出不同城镇密集区小城镇区域性天然气系统门站和储气站的统筹规划和协调共享配置的依据和基本要求。

2.1.6.3-3 提出小城镇区域燃气系统规划天然气门站和储配站站址选择的基本要求。

2.1.7 小城镇区域性电力系统设施配置导则

2.1.7.1 区域电力系统与区域电力设施

2.1.7.1-1 小城镇接受区域电力系统电能的区域电力系统一般应是地区行政范围（也含部分跨地区供电范围）的区域电力系统，同时也包括个别偏僻地区尚未能联网的县行政范围区域电力系统。

2.1.7.1-2 小城镇电力系统规划应依据区域城镇体系规划或区域规划及国家能源政策、环保政策，并结合和本区域能源资源、能源条件和区域环境保护规划。

2.1.7.1-3 小城镇相关的区域电力系统规划应根据其区域电力负荷预测和现有电源变电所、发电厂的供电能力及供电方案，进行电力电量平衡，测算规划期内电力、电量的余缺，提出规划年限内需增加的区域电源变电所和发电厂的装机容量。

2.1.7.1-4 小城镇区域共享电力设施主要是指小城镇接受区域电能的上一级电力系统设施，包括共享的发电厂、220kV以上（含部分110kV）变电站及其高压输送电力线路。

2.1.7.2 共享区域发电厂与区域变电站

2.1.7.2-1 涉及大中城市规划区近郊紧临型选址在小城镇区域的发电厂，500kV、220kV变电站应依据区域电力规划和城市总体规划，在城市规划区域范围统筹规划和协调共享配置；小城镇区域共享的25万kW以下中、小型电厂、220kV变电站应在县（市）域范围内统筹规划和协调共享配置。

2.1.7.2-2 涉及城市远郊、密集分布型选址在小城镇区域的发电厂、500kV、220kV变电站应在市域城镇体系电力规划中和在含小城镇的城镇密集区域、核心区域电力系统规划中统筹规划和协调共享配置；小城镇区域共享25万kW以下中、小型电厂、220kV变电站应在县（市）域或市域城镇体系规划中统筹规划与协调共享配置。

2.1.7.3 高压输送电力线路

小城镇区域共享的高压输送电力线路应结合小城镇区域共享相关的发电厂、变电站规划，在相关区域范围内统筹规划与协调共享配置。

小城镇区域性电力系统设施配置导则
（条文说明）

2.1.7.1 区域电力系统与区域电力设施

2.1.7.1-1 提出不同地区小城镇接受区域电力系统电能的区域电力系统划分。

2.1.7.1-2 提出小城镇电力系统规划的依据和基本要求。

2.1.7.1-3 提出小城镇相关区域电力系统规划的电力电量平衡原则要求。

需要指出本条是根据电力电量平衡测算规划期内电力电量余缺，提出规划年内需增加电源变电所和发电厂的装机总容量。

2.1.7.1-4 提出小城镇区域共享电力设施的基本组成。

2.1.7.2 共享区域发电厂与区域变电站

2.1.7.2-1～2.1.7.2-2 提出不同分布形态小城镇区域发电厂和区域变电站的统筹规划和协调共享配置的依据及基本要求。

2.1.7.3 高压输送电力线路

提出小城镇区域共享高压输送电力线路统筹规划与协调共享配置的依据和基本要求。

2.1.8 小城镇区域性通信系统设施配置导则

2.1.8.1 区域通信系统、区域通信设施

2.1.8.1-1 小城镇相关区域通信系统应主要以地级市行政范围为主（含直辖市范围）的本地网通信系统。

2.1.8.1-2 小城镇相关区域通信系统规划应依据相关区域城镇体系规划或区域规划。

2.1.8.1-3 小城镇相关区域通信系统设施主要应是共

享的本地网长话局、汇接局、骨干传输网线路、中继网线路。

2.1.8.2 共享本地网长话局、汇接局

小城镇相关区域的本地网长话局、汇接局应在城市规划区及其市域范围内统筹规划与协调共享配置。

2.1.8.3 共享骨干传输网、中继网

2.1.8.3-1 涉及大中城市规划区近郊紧临型小城镇相关区域的骨干传输网线路和局间中继网线路应在以中心城区为核心的城镇核心区域、密集区域及相关本地网范围统筹规划与协调共享配置。

2.1.8.3-2 涉及城市远郊、密集分布型小城镇相关区域骨干传输网线路和局间中继网线路应在大中城市市域城镇体系规划和城镇密集区区域规划中统筹规划与协调共享配置。

小城镇区域性通信系统设施配置导则
（条文说明）

2.1.8.1 区域通信系统、区域通信设施

2.1.8.1-1 提出小城镇相关区域通信系统主要组成。

2.1.8.1-2 提出小城镇相关区域通信系统规划依据。

2.1.8.1-3 提出小城镇相关区域通信系统设施基本组成。

2.1.8.2 共享本地网长话局、汇接局

提出小城镇相关区域的本地网长话局、汇接局统筹规划与协调共享配置的基本要求。

2.1.8.3 共享骨干传输网、中继网

2.1.8.3-1～2.1.8.3-2 提出不同分布形态城镇密集区小城镇相关区域的骨干传输网线路和局间中继网线路统筹规划与

协调共享配置的基本要求。

2.2 小城镇基础设施综合布局与统筹规划导则

2.2.1 总则

2.2.1.1 为科学合理编制小城镇基础设施规划，加强统筹规划，优化综合布局，实行小城镇基础设施的共建共享，减少投资，提高效益，进一步促进小城镇健康可持续发展编制本导则。

2.2.1.2 本导则包括以下小城镇规划导则：
1) 小城镇道路交通系统规划优化导则；
2) 小城镇给水管网系统规划优化导则；
3) 小城镇排水管网系统规划优化导则；
4) 小城镇供热管网系统规划优化导则；
5) 小城镇燃气管网系统规划优化导则；
6) 小城镇电力网、电力线路规划优化导则；
7) 小城镇电信网、电信线路规划优化导则；
8) 小城镇综合工程管线系统规划优化导则。

2.2.1.3 本导则适用于以*县城镇、中心镇和一般镇为主要载体的小城镇。规划中的道路交通、给水系统、排水系统、供热管网系统、燃气管网系统、电力网及电力线路、电信网及电信线路规划及工程管线综合规划，也适用于小城镇上述系统工

---

* **县城镇**：县驻地建制镇。
中心镇：指在县（市）域内的一定区域范围与周边村镇有密切联系，有较大经济辐射和带动作用，作为该区域范围农村经济文化中心的小城镇。
一般镇：县城镇、中心镇外的一般建制镇。

程及其管网建设与管理。

2.2.1.4 本导则涉及的小城镇区域主要是指小城镇所在县（市）域，也指跨县（市）行政范围的小城镇密集分布的城镇区域范围，同时包括小城镇所在城市区域范围。

2.2.1.5 小城镇镇域主要是指建制镇行政管辖的镇区及其农村范围。

2.2.1.6 小城镇镇域应反映镇与村之间关系，小城镇区域应更多反映镇与镇、镇与城之间关系；小城镇镇域是小城镇区域的组成部分，小城镇区域包括镇域。

2.2.1.7 本导则小城镇基础设施一般指镇区基础设施，"镇区"系指行政建制"镇"的政府机关和公共服务机构及其相应配套设施的所在地。

2.2.1.8 小城镇基础设施道路交通、给水、排水、供热、燃气、电力、通信各专项规划及综合工程管线规划应共同遵循以下原则：

　　1）统筹规划、合理布局、联合建设、资源共享原则；
　　2）因地制宜、节约用地、经济适用、分期实施原则；
　　3）分类分级规划指导原则；
　　4）管线综合协调、可持续发展原则。

2.2.1.9 大中城市规划区范围内的郊区建制镇的给水、排水、（供热）、燃气、电力、通信管网规划应在其城市总体规划中一并考虑、管线综合规划也应与城市管线综合规划相协调与衔接。

2.2.1.10 较集中分布或连绵分布小城镇的给水、排水、（供热）、燃气、电力、通信管网规划应在相关城镇区域统筹规划优化的基础上，联建共享，其管线综合规划也应与相关城镇区域内管线综合相协调与衔接。

2.2.1.11 分散、单独分布的小城镇的道路交通、给水、排水、（供热）、燃气、电力、通信管网规划应在县（市）域城镇体系相关规划指导下，优化设施布局，衔接区域相关设施与资源共享。

2.2.1.12 小城镇工程管线综合规划应在道路交通规划和给水、排水、（供热）、燃气、电力、通信管网、管线规划优化的基础上进行。给水、排水、（供热）、燃气、电力、通信管线敷设应依据工程管线综合规划要求对专项管网规划作必要调整协调。

2.2.1.13 本导则研究涉及小城镇基础设施规划设计的合理水平和定量化指标，宜按3种经济发展不同地区、小城镇规模的3个等级层次、两个发展阶段（规划期限）设定。

3种经济发展不同地区为：

经济发达地区；

经济发展一般地区；

经济欠发达地区。

3个规模等级层次为：

一级镇：县驻地镇、经济发达地区3万人以上镇区人口的中心镇，经济发展一般地区2.5万以上镇区人口的中心镇；

二级镇：经济发达地区一级镇外的中心镇和2.5万人以上镇区人口的一般镇、经济发展一般地区一级镇外的中心镇和2万人以上镇区人口的一般镇、经济欠发达地区1万人以上镇区人口县城镇外的其他镇；

三级镇：二级镇以外的一般镇和在规划期将发展为一般建制镇的集镇。

两个规划发展阶段（规划期限）为：

近期规划发展阶段；

远期规划发展阶段。

总则
（条文说明）

2.2.1.1 提出小城镇基础设施综合布局与统筹规划导则研究的宗旨。

2.2.1.2 提出小城镇基础设施综合布局与统筹规划导则研究的组成内容。

2.2.1.3 提出小城镇基础设施综合布局与统筹规划导则研究的适用范围。

2.2.1.4～2.2.1.5 提出本导则的小城镇区域、镇域内涵。

2.2.1.6～2.2.1.7 研究提出小城镇镇域、区域之间内在关系及其区别，以及小城镇镇区和小城镇基础设施的内涵。

2.2.1.8 提出本导则小城镇各项基础设施规划和工程管线综合规划应共同遵循的原则。

针对我国小城镇特点和不同地区、不同性质类别、不同规模小城镇经济发展和基础设施存在的很大差异性，强调统筹规划、联合建设、因地制宜、经济适用和分类分级指导原则十分必要。

2.2.1.9～2.2.1.11 提出不同分布形态小城镇基础设施规划与工程管线综合规划的基本要求。

其中2.2.1.9条提出大中城市规划区范围内的郊区建制镇的给水、排水、（供热）、燃气、电力、通信管网规划基本原则。

大中城市规划区范围内的郊区建制镇是城市组成部分，其基础设施也是城市基础设施的组成部分。

其中2.2.1.10条提出较集中分布或连绵分布小城镇的给水、排水、（供热）、燃气、电力、通信管网规划的基本原则。

上述小城镇基础设施管网规划统筹规划、联合建设是克服目前小城镇基础设施滞后、不配套、规模小、运行成本高、效益低、资源浪费、重复建设等弊病，有利于经营管理、资源共享、降低运行成本的一条重要规划原则。

2.2.1.12 提出小城镇工程管线综合规划与相关各专项规划之间的依据协调关系。

2.2.1.13 根据科技部《小城镇规划标准研究》课题研究成果，提出本导则研究涉及的小城镇基础设施规划设计合理水平和定量化指标的小城镇不同经济发展地区、不同规模、不同发展阶段的划分原则。

本导则所指的经济发达地区主要是东部沿海地区，京、津、唐地区，现状农民人均年纯收入一般大于3300元，第三产业占总产值比例大于30%。

经济欠发达地区主要是西部、边远地区，现状农民人均年纯收入一般在1800元以下，第三产业占总产值比例小于20%。

经济发展介于经济发达地区、欠发达地区之间的经济发展一般地区，主要是中、西部地区，现状农民人均年纯收入在1800~3300元左右，第二产业占总产值比例约20%~30%。

2.2.2 小城镇道路交通系统规划优化导则

2.2.2.1 规划原则与基本要求

2.2.2.1-1 小城镇道路交通规划应以镇区内的交通规划为主，处理好小城镇对外交通与镇内交通的衔接，以及县（市）域范围内的小城镇与县（市）驻地城镇的交通联系。

2.2.2.1-2 小城镇道路交通规划必须以小城镇总体规划为依据，满足城镇建设发展和土地使用对交通运输的需求，发挥道路交通对本地经济社会发展和土地开发强度的促进和制约作用。

2.2.2.1-3 不同类别小城镇道路交通规划内容和深度在满足基本要求的前提下，应有不同要求。

2.2.2.2 交通组织

2.2.2.2-1 小城镇交通组织应满足系统分明、功能清晰、网络合理的基本要求。

2.2.2.2-2 小城镇道路与公路的交通组织宜设置平行道路，减少城镇道路与公路的交叉口，以保证公路交通的畅通、安全和有序。

2.2.2.2-3 小城镇过境交通应与镇区道路分开布置，过境公路不得穿越镇区；过境公路选线应结合小城镇远期规划，在小城镇镇区之外，规划区边缘布置；对原穿越镇区的过境公路段应采取合理手段改变穿越道路的性质和功能，在改变之前，应按镇区道路的要求控制两侧用地布局。

2.2.2.2-4 小城镇内的主要客运交通和货运交通应各成系统，货运交通不应穿越城镇中心区和住宅区，应与对外交通系统有方便的、直接的联系。

2.2.2.2-5 县城镇、中心镇、* 大型一般镇中心区应适当考虑人车分流。

2.2.2.3 道路系统及道路网布局优化

2.2.2.3-1 小城镇道路系统规划，应满足下列基本要求：

（1）交通运输的要求

1）客、货车流和人流的安全与畅通；

2）小城镇各主要用地和功能区之间应有短捷的交通路线，以最小运输工作量，最省交通运输费用为目的；

---

* 大型一般镇：镇区人口规模大于3万的非县城镇、中心镇的一般建制镇。

3) 小城镇各分片用地之间的联系道路应有足够而又恰当的数量，道路系统尽可能简单、整齐、醒目，以便行人和行车辨别方向和组织交叉口的交通；

4) 为交通组织管理创造良好条件。

（2）结合地形、地质和水文条件的道路网走向要求。

（3）小城镇人居环境要求。

（4）反映小城镇风貌、历史和文化传统的小城镇道路景观要求。

（5）地面排水要求。

（6）为地上、地下工程管线及其他市政公用设施提供空间的各种工程管线布置要求。

（7）小城镇救灾避难和日照通风的要求。

（8）处理铁路和其他各种人工构筑物关系等方面的要求。

2.2.2.3-2 小城镇道路系统采用的基本形式和几何形状应根据当地的具体条件，本着"有利于生产、方便生活"的原则，因地制宜，合理、灵活地选择。

2.2.2.3-3 小城镇道路分级应符合表 2.2.2-1 规定。

小城镇道路分级 表 2.2.2-1

镇等级	人口规模	道路分级			
		干路		支（巷）路	
		一	二	三	四
县城镇	大 中 小	● ● ●	● ● ●	● ● ●	● ● ●
中心镇	大 中 小	● ● ○	● ● ●	● ● ●	● ● ●
一般镇	大 中 小	○ — —	● ● ○	● ● ●	● ● ●

注：其中●—应设；○—可设。

2.2.2.3-4 小城镇道路规划技术指标应符合表2.2.2-2规定。

小城镇道路规划技术指标　　　表 2.2.2-2

规划技术指标	道路级别			
	干路		支（巷）路	
	一级	二级	三级	四级
计算行车速度（km/h）	40	30	20	
道路红线宽度（m）	24~32 (25~35)	16~24	10~14 (12~15)	≥4~8
车行道宽度（m）	14~20	10~14	6~7	3.5~4
每侧人行道宽度（m）	4~6	3~5	2~3.5	—
道路间距（m）	500~600	350~500	120~250	60~150

注：表中一、二、三级道路用地按红线宽度计算，四级道路按车行道宽度计算。
一级路、三级路可酌情采用括号值，对于*大型县城镇、大型中心镇道路，交通量大、车速要求较高的情况也可考虑三块板道路横断面，增加红线宽度，但不宜大于40m。

2.2.2.3-5 小城镇道路网规划应适应小城镇用地扩展，并向机动化方向发展；道路网的形式和布局，应根据用地规划，客货交通源和集散点的分布，交通流量流向，并结合地形、地物、河流走向、沿线铁路位置和原有道路系统因地制宜地确定。

2.2.2.3-6 小城镇道路网的平均密度应符合表 1.6.2-2 规定的指标要求，土地开发的强度应与交通网的运输能力和道路网的通行能力相协调。

2.2.2.3-7 县城镇、中心镇、大型一般镇主要出入口每

---

* 大型县城镇、大型中心镇：这里指人口一般 10 万人以上的县城镇、大型中心镇。

个方向应有两条对外放射的道路。其他一般镇主要出入口每个方向宜有两条对外放射的道路。

2.2.2.3-8 河网地区小城镇道路网应符合下列规定：

1）道路宜平行或垂直于河道布置；

2）对跨越通航河道的桥梁，应满足桥下通航净空要求，并应与滨河路的交叉口相协调；

3）桥梁的车行道和人行道宽度应与道路的车行道和人行道等宽，桥梁建设应满足市政管线敷设的要求。

4）客货流集散码头和渡口应与小城镇道路统一规划。码头附近的民船停泊和岸上农贸市场的人流集散和公共停车场车辆出入，均不得干扰小城镇干路的交通。

2.2.2.3-9 山区小城镇道路网规划应符合下列规定：

1）道路网应基本与等高线平行设置，并应考虑防洪要求。干道宜设在谷地或坡面上。双向交通的道路宜分别设置在不同的标高上；

2）地形高差特别大的地区，宜设置人、车分开的两套道路系统。

2.2.2.3-10 当旧镇道路网改造时，在满足道路交通的情况下，应兼顾旧镇的历史、文化、地方特色和原有道路网形成的历史；对有历史文化价值的街道应适当加以保护。

2.2.2.3-11 小城镇道路应避免设置错位的 T 字型路口。已有的错位 T 字型路口，在规划时应予改造。

2.2.2.3-12 小城镇应根据相交道路的等级，分向流量、公共交通站点设置、交叉口周围用地性质，确定交叉口的形式及其用地范围。

2.2.2.3-13 小城镇相关道路交叉口形式应符合表 2.2.2-3 规定。

小城镇道路交叉口形式 表 2.2.2-3

镇等级	规模	相交道路	干路	支路
县城镇 中心镇	大	干路	C、D、B	D、E
		支路		E
	中、小	支路	C、D、E	E
一般镇	大、中	干路	D、E	E
		支路		E
	小	支路		

注：B 为展宽式信号灯管理平面交叉口；
　　C 为平面环形交叉口；
　　D 为信号灯管理平面交叉口；
　　E 为不设信号灯但有明显标志标识的平面交叉口。

2.2.2.3-14　小城镇干路规划，干路上机动车与非机动车宜分道行驶，交叉口之间分隔机动车与非机动车的分隔带宜连续；干路两侧可设置公共建筑，并可设置机动车和非机动车的停车场、公共交通站点和出租汽车服务站。

2.2.2.4　公共交通线路网

2.2.2.4-1　小城镇公共交通方式主要为公共汽车。县城镇、中心镇公共交通方式也包括出租汽车。

2.2.2.4-2　小城镇公共交通规划应主要考虑镇际公共交通，同时也考虑镇到中心村的公共交通。县城镇、中心镇和大型一般镇公共交通规划应同时考虑镇区公共交通。

2.2.2.4-3　小城镇公共交通线路网应综合考虑，并应设置公交客运枢纽，以便镇区线、镇际线的衔接。各线的客运能力应与客流量相协调。线路的走向应考虑均衡服务性和客流的主流向，满足客流量的要求。

2.2.2.4-4　镇中心区的公共交通线路网规划密度应达到 $2\sim3km/km^2$，在非中心区应达到 $1.5\sim2.5km/km^2$。镇与镇之间应有适当密度的公共交通线路，镇域内中心村与镇区之间、中心村之间应有公共交通线路。镇与镇之间应有适当密度的公共交通线路,镇域内中心村与镇区之间、中心村与中心村之间应有公共交通线路。

2.2.2.5 自行车交通道路

2.2.2.5-1 小城镇自行车交通应为居民个体出行的主要交通方式,自行车出行量与公共交通出行量比值不作控制。

2.2.2.5-2 小城镇自行车道路网应由镇区道路两侧的自行车道、镇区支路和住区道路组成,在必要地段,可设置自行车专用路。

2.2.2.5-3 小城镇自行车专用路应按设计速度20km/h的要求进行线型设计。

2.2.2.5-4 小城镇自行车道路的交通环境设计中,应考虑安全、照明、标识、遮荫等设施的设置。

2.2.2.5-5 小城镇自行车道路面宽度应取自行车带的倍数,自行车车带数应按自行车高峰小时交通量确定。每条自行车车带宽度宜为1m,靠路边的和靠分隔带的一条车带侧向净空宽度应加0.25m。自行车道双向行驶的最小宽度宜为3.5m,混有其他非机动车的单向行驶的最小宽度设置为4.5m。小城镇自行车道路的通行能力计算比照《城市道路交通规划设计规范》确定。

2.2.2.6 步行交通与商业步行区

2.2.2.6-1 小城镇步行交通系统规划应以步行人流的流量和流向为基本依据。并应根据小城镇集市贸易等特点,因地制宜地采取各种有效措施,满足行人活动的要求,保障行人的交通安全和交通连续性,避免无故中断和任意缩减人行道。

2.2.2.6-2 小城镇人行道、商业步行街、滨河步道或林荫道的规划,应与居住区的步行系统,与镇区车站、广场等的步行系统紧密构成一个完整的步行系统。

2.2.2.6-3 小城镇步行交通设施应符合无障碍交通的要求。

2.2.2.6-4 小城镇人行道宽度应结合人行流量按人行带的倍数计算,并应满足工程管线敷设要求。最小宽度不得小于1.5m。人行带的宽度和通行能力应符合表2.2.2-4的规定。

人行带宽度和最大通行能力 表 2.2.2-4

所在地点	人行带宽度（m）	最大通行能力（人/h）
小城镇道路上	0.75	1800
车站、码头、公园等路	0.90	1400

2.2.2.6-5 县城镇、中心镇商业步行区道路应满足送货车、清扫车和消防车通行的要求并设有紧急疏散口和紧急疏散系统。道路宽度可采用7.5~10m,不宜过宽。

2.2.2.6-6 小城镇商业步行区距小城镇二级干路的距离不宜大于200m,步行区进出口距公共交通停靠站的距离不宜大于100m。

2.2.2.6-7 小城镇商业步行区内出入口附近应布置小型休闲广场和人流集散广场,出入口附近应布置相应规模的机动车和非机动车停车场或多层停车库,其距步行区进出口的距离不宜大于100m,并不得大于200m。

2.2.2.7 交通管理设施

2.2.2.7-1 县城镇、中心镇、大型一般镇中心区设置行人过街设施时应遵循如下原则:

1) 县城镇、中心镇中心区行人过街设施主要为人行横道,一般设置在干路或连接干路的交叉口上;

2) 在小城镇的一级和二级干路的路段上,人行横道或过街通道的间距宜为250~300m。

2.2.2.7-2 小城镇道路交通标志标线的设置应符合国家

标准《道路交通标志标线》（GB 5769—1999），设置时应全盘考虑，整体布局，重点设置在小城镇干路、连接干路的交叉口和连接对外交通的道路上。

2.2.2.7-3 小城镇道路信号控制设施应遵循如下原则：

1）设置道路信号控制设施前，宜先采用停车标志（或让路标志）来管理交叉口的车辆运行，当次要道路交通量接近停车（让路）标志管制下的通行能力，次要道路车辆拥挤严重时，方考虑设置道路信号控制设施；

2）道路信号控制设施的设置应综合考虑车流量、人流量、学童过街、交通事故记录等因素，设置在合理位置；

3）小城镇道路信号控制设施宜设置在干路或连接干路的交叉口上；

4）当机动车与非机动车、行人混行较为严重时，应配备交通疏导指挥人员，配合道路信号控制设施进行管理。

2.2.2.7-4 县城镇、中心镇、大型一般镇的渠化交通在处理时应遵循如下原则：

1）应对交叉口的通行能力和道路安全性进行全面分析，然后再确认是否应进行渠化；

2）渠化交通应使交叉口的点面积适当缩小，应通过渠化岛和渠化带明确车辆的行驶位置，渠化后交通流应不再有锐角冲突，渠化后分流或合流的角度应尽可能小且避免分流、合流点集中；

3）渠化交通后的车道宽度设计要合理，不应过宽，渠化交通所设置的交通岛、安全岛的面积要合适且数量不宜过多。

小城镇道路交通系统规划优化导则
（条文说明）

2.2.2.1 规划原则与基本要求

2.2.2.1-1 根据小城镇道路交通的作用和特点,提出小城镇道路交通规划的侧重点以及内外交通的衔接关系。

2.2.2.1-2～2.2.2.1-3 提出小城镇道路交通规划依据和不同类别小城镇道路交通规划的不同要求。

一般情况中、小型一般镇与县城镇、中心镇、大型一般镇的道路交通及规划要求有较大差别,其未强调的规划要求可酌情比较县城镇、中心镇、大型一般镇的相关条款。

2.2.2.2 交通组织

2.2.2.2-1 提出小城镇交通组织的基本要求。

2.2.2.2-2～2.2.2.2-4 提出小城镇对外交通组织的主要规定。

小城镇规划和建设中对城镇内外交通应进行恰当的组织,使各类交通系统分明,功能作用分清,形成合理的交通运输网络。基本的思路是进行交通分流,实行交通分流,可以避免交通混杂、冲突和拥塞;也使交通各从其类,各行其道,互不干扰,同时交通安全也有保障。

2.2.2.2-5 根据县城镇、中心镇、大型一般镇中心区的人流、车流交通特点和实际情况,应适当考虑人车分流。

2.2.2.3 道路系统及道路网布局优化

2.2.2.3-1 根据小城镇特点,提出小城镇道路系统规划的基本要求。

2.2.2.3-2 提出小城镇道路系统采用的基本形式和几何形状选择的原则及基本要求。

2.2.2.3-3 提出小城镇道路分级。

不同等级的小城镇应该有其相应的道路等级结构以适应小城镇发展,既不能等级过高导致浪费,也不能等级过低影响交通畅通。小城镇的道路主要分为干路和支(巷)路两种,每种道路又各分两个等级。

2.2.2.3-4 提出小城镇道路规划技术指标。

小城镇道路规划技术指标，应注意与城市道路规划技术指标的衔接：一、机动车设计速度对道路线形和交通组织的要求起决定性作用。道路网骨架和线形一旦定局，将长期延续下去。另外，如果小城镇的行驶车速规定与大城市不符，则城市车辆一进小城镇就很难适应，影响小城镇交通效率的发挥。因此，条文中干路和支路的计算行车速度，小城镇与城市应保持一致；二、小城镇的干路和支路因为承担了相当多的农村乡镇企业货运和农民进城工作与生活活动的交通，所以小城镇的道路网密度取值要稍高于城市内的干路和支路的取值；三、道路宽度上括号值提供不同小城镇不同要求的适宜选择，同时提出一些县城镇、中心镇交通量大、车速要求高的情况，宜加宽路幅的指标值。

2.2.2.3-5～2.2.2.3-7 结合小城镇特点，参照《城市道路交通规划设计规范》提出小城镇道路网规划布局基本要求。

同时考虑防灾等要求，县城镇、中心镇、大型一般镇主要出入口每个方向道路按城市要求，其他一般镇宜根据小城镇实际情况比较执行。

2.2.2.3-8～2.2.2.3-9 结合河网地区小城镇和山区小城镇特点，分别提出河网地区小城镇和山区小城镇道路网规划的基本规定。

2.2.2.3-10 结合小城镇旧镇改造和历史文化名镇、历史文化街区保护，提出小城镇旧镇道路网改造要求。

2.2.2.3-11 针对小城镇道路现状存在问题，提出避免和改造错位T字型路口的要求。

2.2.2.3-12～2.2.2.3-13 根据小城镇及其道路的特点，考虑县城镇、中心镇道路与城市道路的衔接，提出确定小城镇道路交叉口形式、用地范围的依据，以及交叉口形式选择和用地面积要求。

2.2.2.3-14 根据小城镇特点，提出小城镇干路机动车与非机动车分道行驶，交叉口分隔带连续规划要求。

2.2.2.4 公共交通线路网

2.2.2.4-1 提出小城镇公共交通主要方式。

根据我国小城镇的特点和实际情况，小城镇中主要的公共交通方式应为公共汽车，一些县城镇、中心镇出租汽车作为公共交通方式补充。

2.2.2.4-2 提出小城镇公共交通规划应包括镇际公共交通与镇到中心村的公共交通，县城镇、中心镇和大型一般镇应同时考虑镇区公共交通。

2.2.2.4-3 结合小城镇实际，提出小城镇公共交通线路网规划的基本要求。

2.2.2.4-4 提出县城镇、中心镇、大型一般镇中心区和非中心区线路网规划密度的不同要求。

2.2.2.5 自行车交通道路

2.2.2.5-1 根据小城镇及其交通特点，提出自行车交通应为小城镇居民个体出行的主要交通方式之一。

2.2.2.5-2 提出小城镇自行车道路网规划要求。

2.2.2.5-3～2.2.2.5-5 提出小城镇自行车道路规划的基本规定与要求。

根据小城镇自行车行驶和自行车道路的特点，参照《城市道路交通规划设计规范》确定。

2.2.2.6 步行交通与商业步行区

2.2.2.6-1 提出小城镇步行交通系统规划基本依据。

小城镇集市贸易对步行交通系统影响较大，提出因地制宜采取有效措施，对保障行人的交通安全和交通连续性是很有必要的。

2.2.2.6-2 提出小城镇完整的步行系统规划构成。

2.2.2.6-3 提出小城镇步行交通设施的要求。

2.2.2.6-4 人行道是城镇道路的基本组成部分。它的主要功能是满足步行交通的需要，同时也应满足绿化布置、地上杆柱、地下管线、护栏、交通标志和信号，以及消防栓、清洁箱、邮筒等公用附属设施布置安排的需要。人行道宽度取决于道路类别、沿街建筑物性质、人流密度和构成（空手、提包、携物等）、步行速度，以及在人行道上设置灯杆和绿化种植带，还应考虑在人行道下埋设地下管线及备用地等方面的要求。一条步行带的宽度一般为 0.75m；在火车站、汽车站、客运码头以及大型商场（商业中心）附近，则采用 0.90m 为宜。人行带的条数取决于人行道的设计通行能力和高峰小时的人流量。一般干道、商业街的通行能力采用 800~1000 人/h；支路采用 1000~1200 人/h，这是因为干道、商业街行人拥挤，通行能力降低。由于影响行人交通流向、流量变化的因素错综复杂，远期高峰小时的行人流量难以准确估计，通常多根据城镇规模、道路性质和特点来确定步行带的宽度。在调查综合分析基础上，提出小城镇人行带的宽度要求。

2.2.2.6-5 提出县城镇、中心镇、大型一般镇商业步行区道路基本要求。

小城镇的商业步行区，通常以一条商业街为主体，从集中人气带旺商铺的角度考虑，道路宽度不宜过宽；同时，由于小城镇商业步行区的规模有限，故未对小城镇商业步行区的道路网密度提出标准，但要求设有紧急疏散口和紧急疏散系统。

2.2.2.6-6~2.2.2.6-7 从小城镇商业步行区经商和购物活动特点和方便考虑，提出小城镇商业步行区与二级干路、公交站的距离及停车场库、步行区进出口等要求。

2.2.2.7 交通管理设施

2.2.2.7-1 根据小城镇特点和相关调查分析，提出县城镇、中心镇、大型一般镇行人过街设施要求。其他镇可酌情比较执行。

一般来说，小城镇没有必要设置人行天桥或地道，行人过街设施主要为人行横道，而且主要设置在小城镇的干路或连接干路的交叉口上，人行横道的间距可比城市标准稍高。个别经济发达的小城镇，达到设置人行天桥或地道的标准要求时，可按国家相应标准设置。

2.2.2.7-2 提出小城镇道路交通标志标线的设置要求。

小城镇道路交通标志标线的设置应符合国家标准《道路交通标志标线》的要求，以形成全国统一的道路交通标志标线系统，有利于交通统一管理，保障交通安全，具体设置时，应重点设置在干路或连接干路的交叉口，以及连接对外交通的道路上。设置的标志标线的种类和设置方法，均按国家标志《道路交通标志标线》执行。

2.2.2.7-3 提出小城镇道路信号控制的基本原则。

小城镇道路的信号控制设施不能盲目设置，因为信号控制设施对交通的作用有两面性：正确的设置可以提高交通效率和安全；错误的设置可以增加交通延误引发交通事故。所以，在进行信号控制设施设置时，一定要综合考虑各种因素，并在停车（让路）标志管制能力接近饱和的情况下，才能进行信号控制设施的设置。在小城镇中，机动车与非机动车混行相互干扰的情况特别严重，此类情况仅仅依靠信号控制设施往往控制不了，需配备相应的交通疏导指挥人员在适当的地点配合信号控制设施的使用。

2.2.2.7-4 提出县城镇、中心镇和大型一般镇的渠化交通原则。

小城镇渠化交通通过渠化分流、合流处理，确保交叉口通行能力和通行安全。从道路交通的运行原理上来说,小城镇渠化交通与城市的渠化交通并无不同,并应遵循共同原则。因为小城镇交叉口形式多样,对应的交通情况又各不相同,所以标准中给出的只是定性的原则。在渠化交通规划设计和实施时,应根据原则要求作出合理的方案。

2.2.3 小城镇给水系统规划设计优化导则

2.2.3.1 规划内容、范围、期限

2.2.3.1-1 小城镇给水系统工程规划的主要内容应包括:预测小城镇用水量;进行水资源与用水量供需平衡分析;选择水源,提出水资源保护的要求和措施;确定水厂位置、用地,提出给水系统布局框架;布置输水管道和给水管网。

2.2.3.1-2 小城镇给水系统工程规划范围与小城镇总体规划范围一致。当水源地在小城镇规划区以外时,水源地和输水管线应纳入小城镇给水系统工程规划范围。

2.2.3.1-3 小城镇给水系统工程规划期限应与小城镇总体规划期限一致。

2.2.3.2 水资源、用水量及供需平衡

2.2.3.2-1 小城镇水资源应包括符合各种用水的水源水质标准的淡水(地表水和地下水)、海水,及经过处理后符合各种用水水质要求的淡水(地表水和地下水、海水、再生水等)。

2.2.3.2-2 小城镇用水量应分两部分:

第一部分应为小城镇给水系统工程统一供给的居民生活用水、工业用水、公共设施用水及其他用水量的总和;

第二部分应为上述统一供给以外的所有用水水量的总和,包括取自井水等非统一供给的居民生活用水,工业和公共设施自备水源供给的用水,河湖环境和航道用水,农业灌溉及畜牧业用水。

2.2.3.2-3 小城镇给水系统工程统一供给的综合生活用水量宜采用表2.2.3-1指标预测，并应结合小城镇的地理位置、水资源状况、气候条件，小城镇经济、社会发展与公共设施水平，居民经济收入，居住与生活水平以及生活习惯，经综合分析比较来选定指标。

小城镇人均综合生活用水量指标 [L/（人·d）]

表 2.2.3-1

地区区划	小城镇规模分级					
	一		二		三	
	近期	远期	近期	远期	近期	远期
一区	190~370	220~450	180~340	200~400	150~300	170~350
二区	150~280	170~350	140~250	160~310	120~210	140~260
三区	130~240	150~300	120~210	140~260	100~160	120~200

注：①一区包括：贵州、四川、湖北、湖南、江西、浙江、福建、广东、广西、海南、上海、云南、江苏、安徽、重庆。

二区包括：黑龙江、吉林、辽宁、北京、天津、河北、山西、河南、山东、宁夏、陕西、内蒙古河套以东和甘肃黄河以东的地区。

三区包括：新疆、青海、西藏、内蒙古河套以西和甘肃黄河以西的地区（下同）。

②小城镇规模分级和近期、远期1.6.2.1总则1.0.13。（下同）。
③用水人口为小城镇总体规划确定的规划人口数（下同）。
④综合生活用水为小城镇居民日常生活用水和公共建筑用水之和，不包括浇洒道路、绿地、市政用水和管网漏失水量。
⑤指标为规划期最高日用水量指标（下同）。
⑥特殊情况的小城镇，应根据实际情况，用水量指标酌情增减（下同）。

2.2.3.2-4 小城镇用水量预测可在综合生活用水量预测的基础上，按小城镇相关因素分析或类似比较确定的综合生活用水量与总用水量比例或其与工业用水量、其他用水量之比例，测算总用水量，其中工业用水量也可单独采用其他方法预测。

2.2.3.2-5 小城镇用水量预测宜采用两种以上方法预测比较,不同性质用地的用水量,可按不同性质用地用水量指标确定。

1)小城镇单位居住用地用水量应根据小城镇特点、居民生活水平等因素确定,并根据小城镇实际情况,选用表2.2.3-2中指标。

单位居住用地用水量指标 $[10^4 m^3/(km^2 \cdot d)]$

表2.2.3-2

地区区划	小城镇规模分级		
	一	二	三
一 区	1.00~1.95	0.90~1.74	0.80~1.50
二 区	0.85~1.55	0.80~1.38	0.70~1.15
三 区	0.70~1.34	0.65~1.16	0.55~0.90

注:表中指标为规划期内最高日用水量指标,使用年限延伸至2020年,即远期规划指标。近期规划使用应酌情减少,指标已含管网漏失水量。

2)小城镇单位公共设施用地、工业用地及其他用地用水量指标,应根据现行国标《城市给水工程规划规范》,结合小城镇实际情况选用。

2.2.3.2-6 进行小城镇水资源供需平衡分析时,小城镇给水系统工程统一供水部分所要求的水资源供水量为小城镇最高日用水量除以日变化系数,再乘供水天数。小城镇的日变化系数可取1.6~2.0。

2.2.3.2-7 小城镇自备水源供水的工业企业和公共设施的用水量应纳入小城镇用水量中,并由小城镇给水系统工程统一规划。

2.2.3.2-8 小城镇河湖环境用水和航道用水、农业灌溉和养殖及畜牧业用水、村镇居民和乡镇企业用水等的水量应根据有关部门的相应规划纳入小城镇用水量中。

2.2.3.2-9 小城镇给水规模应根据小城镇给水工程统一供给的小城镇最高日用水量确定。

2.2.3.2-10 小城镇水资源和用水量之间应保持平衡。当小城镇之间用同一水源或水源在规划区以外，应进行区域或流域范围的水资源供需平衡分析。

2.2.3.2-11 小城镇给水系统工程规划应根据水资源供需平衡分析，提出保持平衡对策和措施。水资源匮乏地区小城镇应限制其发展规模，限制其耗水量大的乡镇企业及农业发展，缺水地区小城镇应发展节水农业。

2.2.3.2-12 小城镇给水系统工程规划应贯彻节约用水和开源节流的原则，水源合理配置、高效利用，并提倡多渠道开发水资源；宜将雨、污水处理后用作工业用水、生活杂用水及河湖环境用水、农业灌溉用水等，其水质应符合相应标准的规定，逐步实施污水资源化；同时实行计划用水，厉行节约用水。

2.2.3.3 给水系统

2.2.3.3-1 小城镇区域或小城镇给水系统工程应包括取水工程、净水工程和输配水工程。

2.2.3.3-2 城市规划区范围小城镇和城镇密集分布小城镇给水系统一般应为城市、城镇群统筹规划、联建共享给水系统的组成部分，而不是单独组成的一个系统。

2.2.3.3-3 分散、独立分布小城镇的给水系统规划设计优化应在县（市）域城镇体系给水系统规划指导下，结合小城镇实际，由多方案技术经济比较确定。

2.2.3.3-4 小城镇给水系统应满足小城镇水量、水质、水压及消防、安全给水的要求，并应按小城镇空间分布形态、规划布局、地形、技术经济等因素综合评价后确定。

2.2.3.3-5 小城镇给水系统工程规划应结合河流流域规

划、区域规划、小城镇总体规划；并应与小城镇排水系统工程、道路交通工程、竖向工程等相关专业规划相协调；给水系统工程设施规划建设应节约用地，保护耕地。

2.2.3.3-6 小城镇给水工程规划，应符合小城镇所在区域及小城镇的可持续发展要求，应体现资源的可持续利用与生态环境的良性循环。

2.2.3.3-7 小城镇给水系统工程规划，应积极采用被科学试验和生产实践证明的先进而经济的新技术、新工艺、新材料和新设备，提高供水水质和供水安全性、可靠性，降低能耗、药耗，减少水量损失。

2.2.3.4 取水工程的水源选择与水源保护

2.2.3.4-1 选择小城镇给水水源，应以水资源勘察或分析研究报告和小城镇供水水源开发利用规划，有关区域、流域水资源规划为依据，并满足小城镇用水量和水质等方面的要求。

2.2.3.4-2 小城镇选择地下水作为给水源时，应慎重估算可供开采的地下水储量，不得超量开采，防止造成地面沉降引起次生灾害，并应设在不易受污染的富水地段。

2.2.3.4-3 小城镇选择地表水作为给水水源时，其枯水流量的保证率不得低于90%，受降水影响较大的季节性河流，可取用水量应不大于枯水流量的25%；饮用水水源地应位于小城镇和工业区的上游；饮用水水源地一级保护区应符合现行国家标准《地面水环境质量标准》（GB 3888）中规定的Ⅱ类标准。

2.2.3.4-4 小城镇水源为远距离引水时，应进行充分的技术经济比较，并对由此可能引起的引入地、引出地生态环境及人文环境的影响进行充分的论证和评价。

2.2.3.4-5 小城镇水源为高浊度江河、感潮江河及湖泊或水库时，应按《城市给水工程规划规范》的有关规定选择。

2.2.3.4-6 小城镇在合理开发利用水资源的同时，应提出水源卫生防护要求和措施，保护水资源，包括保护植被，防止水土流失，控制污染，改善生态环境。

2.2.3.4-7 小城镇水源地应设在水量、水质有保证和易于实施水源环境保护的地段。

2.2.3.4-8 小城镇给水系统工程规划宜结合水环境污染治理规划统筹考虑。

2.2.3.5 净水水厂设置优化

2.2.3.5-1 小城镇的水厂设置应以小城镇总体规划和县（市）城镇体系规划为依据，较集中分布的小城镇应统筹规划区域水厂，不单独设水厂的小城镇可酌情设配水厂。

2.2.3.5-2 小城镇给水水厂厂址应选择在不受洪水威胁、工程地质条件较好、地下水位低、地基承载能力较大，湿陷性等级不高的地方。

2.2.3.5-3 小城镇地表水水厂的位置应根据小城镇给水系统的布局确定，并宜选择在交通方便、供电安全可靠、生产及废水处理方便的地方。

2.2.3.5-4 小城镇地下水水厂的位置应根据水源地的地点和不同的取水方式确定，宜选择在取水构筑物附近。

2.2.3.6 输配水工程管网布置优化

2.2.3.6-1 小城镇给水系统工程输配水系统规划内容应包括：输水管渠、配水管网布置与路径选择以及管网水力计算。

2.2.3.6-2 小城镇输水管线规划优化应基于以下基本要求：

1）符合区域统筹规划和小城镇总体规划要求；

2）尽量缩短管线长度，减少穿越障碍物和地质不稳定的地段；

3）在可能的情况下，尽量采用重力输水或分段重力输水；

4）输水干管一般应设两条，中间设连通管；采用一条时，必须采取保证用水安全的措施；

5）输水干管设计流量应根据小城镇实际情况，无调节构筑物时，应按最高日最高时用水量计算；有调节构筑物，应按最高日平均时用水量计算，并考虑自用水量和漏失量。

6）当采用明渠时，应采取保护水质和防止水量流失的措施。

2.2.3.6-3 小城镇配水管线布置规划优化应基于以下基本要求：

1）符合小城镇总体规划要求，并为供水的分期发展留有充分余地；

2）干管的方向与给水主要流向一致；

3）管网布置形式应按不同小城镇、不同发展时期的实际情况分析比较确定，根据条件逐步形成环状管网；

4）管网布置在整个给水区域，要保证用户有足够水量与水压；

5）生活饮用水的管网严禁与非生活饮用水管网连接；

6）有消防给水要求的县城镇、中心镇和较大规模小城镇管道最小管径宜采用100mm，其他小城镇管道最小管径可采用75mm。

小城镇给水系统规划设计优化导则
（条文说明）

2.2.3.1 规划内容、范围、期限

2.2.3.1-1 规定小城镇给水系统工程规划的主要内容。

小城镇给水系统工程规划内容既应考虑与城市给水工程规划及村镇给水工程规划的共同部分内容的一致性和协调性，同时又要突出小城镇给水系统工程规划的不同特点和要求。从小城镇实际出发，考虑区别于城市的一些内容。

这些不同内容着重反映在以下方面：

1) 城镇密集地区小城镇跨镇给水设施给水厂、输水管网的联建共享，以及供水模式。

2) 不同地区、不同类别、分散、独立分布小城镇给水系统工程规划技术方案的因地制宜选择。

2.2.3.1-2～2.2.3.1-3 提出小城镇给水系统工程规划范围和期限的要求

当水源地和输水管线在小城镇规划区外时，应把水源地及输水管纳入小城镇给水工程规划范围，以便小城镇给水系统工程规划与相关规划衔接与协调；当超出小城镇辖区范围时，应和有关部门协调。

2.2.3.2 水资源、用水量及供需平衡

2.2.3.2-1 阐明小城镇水资源的内涵。

2.2.3.2-2 规定小城镇用水量的组成。

一般情况下小城镇第二部分用水量即统一供给以外的所有用水水量的总和占小城镇用水量的比例要比城市相对应的比例大。主要是小城镇有相当一部分分散式供水；同时小城镇农业灌溉及畜牧业用水较多；工业用水主要是乡镇工业用水，而有相当一部分乡镇工业用水采用自备水源。

上述差别应在给水工程的给水设施和管网规划中，结合小城镇实际状况，适当考虑。

2.2.3.2-3 规定小城镇人均综合生活用水量定量化指标，提出其幅值范围适宜值选择的考虑因素。

人均综合生活用水量指标在目前建制镇、村镇给水工程规划中作为主要用水量预测指标普遍被采用。但小城镇规划因不同于城市规划，不能采用《城市给水工程规划规范》的相关技术指标，而其本身又无标准可依，目前均由各规划设计单位自选规划技术指标，因为没有统一的标准，规划编制、审批缺乏规范依据。

表2.2.3-1小城镇人均综合生活用水量指标是在四川、重庆、湖北、福建、浙江、广东、山东、河南、天津89个小城镇（含调查镇外补充收集规划资料的部分镇）的给水现状、用水标准、用水量变化、规划指标及相关因素的调查资料收集和相关变化规律的研究分析、推算，以及对照《城市给水工程规划规范》、《室外给水设计规范》成果延伸的基础上，按全国生活用水量定额的地区区划（下称地区区划）、小城镇规模分级和规划分期编制，并征询了22个省、直辖市100多个规划编制、管理方面的标准使用单位意见和专家论证意见。

表中地区区划采用《室外给水设计规范》城市生活用水量定额的区域划分；人均综合生活用水量系指城市居民生活用水和公共设施用水两部分的总水量，不包括工业用水、消防用水、市政用水、浇洒道路和绿化用水、管网漏失等水量。上述与《城市给水工程规划规范》完全一致，以便小城镇给水工程规划应用本标准与相关规范的衔接与协调。表值相关分析研究主要是：

1）根据按不同地区区划、小城镇不同规模分级，分析整理的若干组有代表性的现状人均综合生活用水量和时间分段的综合生活用水量年均增长率、逐步推算出规划年份的人均综合生活用水量指标，并分析比较相同、相仿小城镇的相关规划指标、选定适宜值。

2）近期年段综合生活用水量年均增长率由调查分析近年

年均增长率确定;远期规划年段年均增长率由经济发展等相关因素相当的、有代表性的城镇生活用水量增长规律和类似相关研究比较分析、分段确定。

3)根据同一区划、同一小城镇规模分级的不同小城镇生活用水量相关因素差别影响的横向、竖向分析和推算,确定不同小城镇指标适宜值的幅值范围。

4)县驻地镇人均综合生活用水量指标的远期上限对照与《城市给水工程规划规范》相关县级市时间延伸指标的差距得出。

2.2.3.2-4 提出小城镇总用水量和工业用水量的预测方法。

小城镇用水量预测中,工业用水所占比重较大。而工业用水因工业的产业结构、规模、工艺的先进程度等因素不同而各不相同。在统一供给的用水量中工业用水所占比重又因乡镇工业自备水源的多少,存在较大差别,但同一小城镇的小城镇用水量与综合生活用水量之间往往有相对稳定的比例,因此,可采用其间比例预测总用水量,也可以采用综合生活用水与工业用水,其他用水之比例(比值可结合小城镇实际,比较类似小城镇比例确定)测算总用水量。

值得指出的是,上述小城镇用水量,在小城镇水资源平衡时,应包括自备水源的水量,而在给水工程统一给水的用水量中应不包括自备水源的水量。

2.2.3.2-5 提出按不同性质用地用水量指标,预测小城镇不同性质用地用水量。

表2.2.3-2是结合小城镇规划标准研究专题之四提出的用地标准,按小城镇的规模分级,在《城市给水工程规划规范》、《室外给水设计规范》相关成果和小城镇居民用水量等资料的调查分析基础上推算得出。宜结合小城镇实际选用并在

选用中适当调整。

居住用地用水量包括居民生活用水量及其公共设施，道路浇洒用水和绿化用水。

小城镇公共设施用地、工业用地及其他用地用水量与城市相应用地用水量共性较大，可结合小城镇实际情况的分析对比，选用《城市给水工程规划规范》的相应指标，并考虑必要的调整。

2.2.3.2-6　小城镇水资源供需平衡系指所能提供的符合水质要求的水量和小城镇年用水量之间的平衡。

日变化系数是最高日用水量和平均日用水量的比值，随城镇规模的扩大而递减。小城镇日变化系数根据《室外给水设计规范》、《城市给水工程规划规范》资料相关分析推算得出。选用时，应结合小城镇性质、类型、规模、工业水平、居民生活水平及气候等因素进行确定。

2.2.3.2-7　规定小城镇给水工程规划水源规划内容应包括对自备水源的取水源、取水量等统一规划，以确保小城镇水资源供需平衡。

2.2.3.2-8　提出小城镇河湖环境、航道用水、农牧用水、村镇居民和乡镇企业用水应纳入小城镇用水。

小城镇用水可分为生活用水量、产业用水量、生态用水量三大部分。

2.2.3.2-9　提出小城镇给水规模确定的依据。

2.2.3.2-10～2.2.3.2-11　提出小城镇水资源和用水量之间的平衡及对策。

城镇密集地区或同一流域的城镇往往同一水源共享同一水资源，在相关区域或流域规划中水资源和用水量应在相关区域或流域范围进行水资源和用水量供需平衡分析。

水资源是城镇发展的主要制约因素。对于水资源匮乏地区的小城镇，强调限制其发展规模和限制其耗水量大的乡镇企业及农业发展、发展节水农业是很有必要的。

2.2.3.2-12 我国水资源匮乏，水资源不足限制城镇发展。本条提出规划的"开源"、"节流"对策。

针对小城镇水资源不足应采取"开源"和"节流"。一方面通过水源合理配置，实行多渠道开发水资源；另一方面通过将符合相应标准要求的处理后雨、污水用作工业用水、生活杂用水及河湖环境用水、农业灌溉用水等，逐步实施污水资源化，同时实行计划用水，厉行节约用水。

2.2.3.3 给水系统

2.2.3.3-1～2.2.3.3-2 提出小城镇给水系统工程应满足的有关要求，及其给水系统内涵。

城镇密集地区的小城镇和城市规划区范围的小城镇应按城镇群或城市给水工程规划统筹规划跨镇水厂、输水管等联建共享给水工程设施。这种情况下小城镇镇区给水系统不是单独的一个系统，镇区给水工程侧重于镇配水厂后的给水工程设施。

2.2.3.3-3 提出分散、独立分布小城镇的给水系统规划优化方法。强调城镇体系给水系统规划指导和多方案技术经济比较。

2.2.3.3-4 提出小城镇给水系统供水要求及其给水系统确定的基本要求。

2.2.3.3-5 城镇密集地区小城镇跨镇给水系统工程规划的水资源、水源地保护与河流流域、区域规划相关。

小城镇给水系统工程规划与排水系统工程规划之间联系紧密：用水量与排水量、水源地与排水受纳体、水厂和污水处理厂厂址选择、给水管道与排水管道管位之间协调均很重要；

同时给水系统工程管网又必须与道路交通规划、竖向规划协调。

节约用地是我国的基本国策,通过规划节约用地是节约用地的重要途径。给水设施用地从选址到用地预留都应贯彻"节约用地、保护耕地"的原则。

2.2.3.3-6 小城镇给水系统其水资源与水资源保护与小城镇资源的可持续利用与生态环境循环密切相关,本条强调规划应体现资源的可持续利用与生态环境的良性循环。

2.2.3.3-7 我国"八五"、"九五"规划期间研制出一些适合小城镇的简易给水处理设备,"十五"国家小城镇科技专项攻关研究,其中包括给水系统优化与建设技术,这些都为采用已被科学试验和生产实践证明先进而经济的新技术、新工艺、新材料和新设备,提高供水水质和供水安全性、可靠性,降低能耗、药耗,减少水量损失提供了保证。

2.2.3.4 取水工程的水源选择与水源保护

2.2.3.4-1 ~ 2.2.3.4-5 提出小城镇给水系统工程规划水源选择依据和要求。

根据《水法》第21条"兴建跨流域引水工程,必须进行全面规划和科学论证,统筹兼顾引出和引入流域的用水需求,防止对生态环境的不利影响"。因此,当小城镇采用外域水源或几个城镇共用一个水源时,应进行区域或流域水资源综合规划和专项规划,并与国土规划相协调以满足整个区域或流域的城镇用水供需平衡,同时满足生态环境和人文环境的相关要求。

2.2.3.4-6 ~ 2.2.3.4-8 提出小城镇水源保护相关要求。

水是城镇发展和人类生存的生命线,必须采取确保水资源不受破坏和污染的措施。其中包括保护植被、防止水土流失、控制污染,改善生态环境,强调小城镇给水系统工程规划建设应结合环境保护规划中的水环境污染治理规划统筹考虑。

2.2.3.5 净水水厂设置优化

2.2.3.5-1 提出小城镇水厂设置的依据和原则。

城镇密集地区小城镇统筹规划联建共享区域水厂,有利于克服小城镇水厂规模小、运行成本高、效益低、资源浪费、重复建设等弊病,有利于经营管理、资源共享、降低运行成本和生态环境保护。这是小城镇给水工程规划一条重要原则。

以给水主要设施的区域水厂为例,浙江省湖州市23个建制镇原来有20多个镇级自来水厂,规模都较小,其中最小仅0.2万 m^3/d,运行成本高,效益低,而水源也难以保护。而在市域范围城镇体系规划优化的基础上,统筹规划只需建7个区域水厂,其余水厂均改成配水厂。

2.2.3.5-2～2.2.3.5-4 提出小城镇给水水厂厂址选择的原则要求。

2.2.3.6 输配水工程管网布置优化

2.2.3.6-1 规定小城镇输配水系统规划的主要内容。

2.2.3.6-2～2.2.3.6-3 提出小城镇输水管线规划及配水管线布置优化的基本要求。

小城镇给水系统在有地形可供利用时,采用重力输配水系统,可充分利用水源势能(如利用山区、丘陵地区地形特点的小城镇重力输配水系统,若建有山地水厂更好)达到节能、节省投资、降低水厂运行成本的目的。

2.2.4 小城镇排水系统规划设计优化导则

2.2.4.1 规划内容、范围、期限与排水体制

2.2.4.1-1 小城镇排水系统工程规划的主要内容应包括划定小城镇排水范围,预测小城镇排水量;确定排水体制、排放标准、排水系统布置、污水处理方式和综合利用途径。

2.2.4.1-2 小城镇排水系统工程规划范围与小城镇总体规划范围一致,当小城镇污水处理厂或污水排出口设在小城镇规划区范围以外时,应将污水处理厂或污水排出口及其连接的

排水管渠纳入小城镇排水系统工程规划范围。

2.2.4.1-3 小城镇排水系统工程规划期限应与小城镇总体规划期限一致。

2.2.4.1-4 小城镇排水体制应根据小城镇总体规划、环境保护要求、当地自然条件和废水受纳体条件、污水量和其水质及原有排水设施情况选择，经技术经济比较确定。

2.2.4.1-5 小城镇排水体制原则上一般宜选分流制，经济发展一般地区和欠发达地区小城镇近期或远期可采用不完全分流制，有条件时宜过渡到完全分流制，某些条件适宜或特殊地区小城镇宜采用截流式合流制。并在污水排入系统前应采用化粪池、生活污水净化沼气池等方法进行预处理。

2.2.4.2 排水系统与废水受纳体规划原则

2.2.4.2-1 小城镇排水系统可由污水排除系统、工业废水排除系统、雨水排除系统组成，也可为合流制雨污水排除系统。

2.2.4.2-2 小城镇排水系统工程规划应贯彻"全面规划、合理布局、综合利用、保护环境、造福人民"的方针，既应避免积水为患，又应符合环境保护要求，处理好排放污水与保护水体、环境卫生的关系，建立与完善小城镇排水系统。

2.2.4.2-3 小城镇排水工程规划应依据河流流域规划、区域规划、小城镇总体规划，并应与小城镇给水系统工程、环境保护工程、道路交通工程、竖向工程、水系工程、防洪工程规划及其他相关专业规划相协调，排水系统工程设施规划建设应节约用地，保护耕地。

2.2.4.2-4 城市规划区内小城镇排水系统工程设施应按其区域统筹规划，资源共享。

2.2.4.2-5 位于城镇密集区的小城镇排水系统工程设施应按其区域统筹规划，联建共享。

2.2.4.2-6　小城镇排水系统工程规划应结合当地实际情况和生态保护，考虑雨水资源和污水处理的综合利用途径。

2.2.4.2-7　水资源不足地区小城镇宜合理利用经处理后符合标准的污水作为乡镇工业用水、生活杂用水和河湖环境景观用水，以及农业灌溉用水等。

2.2.4.2-8　小城镇污水排放应符合国家标准《污水综合排放标准》的有关规定；污水用于农田灌溉，应符合现行的国家标准《农田灌溉水质标准》的有关规定。

2.2.4.2-9　小城镇废水受纳体应包括江、河、湖、海和水库、运河等受纳水体和荒废地、劣质地、山地以及受纳农业灌溉用水的农田等受纳土地。

2.2.4.2-10　污水受纳水体应满足其水域功能的环境保护要求，有足够的环境容量，雨水受纳水体应有足够的排泄能力或容量；受纳土地应具有足够的环境容量，符合环境保护和农业生产的要求。

2.2.4.2-11　小城镇废水受纳体一般宜在小城镇规划区范围内选择，并应根据小城镇性质、规模、地理、位置、自然条件，结合小城镇实际，综合分析比较确定。

2.2.4.3　污水排除系统优化

2.2.4.3-1　小城镇污水量应由小城镇给水系统工程统一供水的用户和自备水源供水的用户排出的小城镇综合生活污水量和工业废水量组成。

2.2.4.3-2　小城镇综合生活污水量宜根据小城镇综合生活用水（平均日）乘以小城镇综合生活污水排放系数确定。小城镇综合生活污水排放系数应根据小城镇规划的居住水平，给排水设施完善程度与小城镇排水设施规划的普及率，结合第三产业产值在国内生产总值中的比重确定，一般可在0.75～0.9范围比较选择确定。

2.2.4.3-3 小城镇总体规划阶段其不同性质用地污水量可按照其给水系统工程规划建设标准中不同性质用地用水量乘以相应的分类污水排放系数确定。

2.2.4.3-4 计算地下水位较高地区小城镇污水量应适当考虑10%左右地下水渗入量。

2.2.4.3-5 小城镇污水量计算应考虑污水量总变化系数，并按下列原则确定：

1）小城镇综合生活污水量总变化系数，应按《室外排水设计规范》有关规定确定。

2）工业废水量总变化系数，应根据小城镇的具体情况按行业工业废水排放规律分析确定，或比较相似小城镇分析确定。

2.2.4.3-6 小城镇污水排除系统应根据小城镇及相关城镇群规划布局，结合竖向规划和道路布局、坡向以及污水受纳体和污水处理厂位置进行流域划分和系统布局。

2.2.4.3-7 较密集分布的小城镇污水处理厂应统筹规划、联建共享；分散独立分布小城镇污水处理厂的规划布局，应根据小城镇规模、布局及其污水系统分布，结合污水受纳体位置、环境容量和处理后污水污泥出路经综合评价后确定。

2.2.4.3-8 小城镇污水处理应因地制宜选择不同的经济、合理的处理方法；远期（2020年）70%~80%的小城镇污水应得到不同程度的处理，其中较大部分宜为二级生物处理。

2.2.4.3-9 不同地区、不同等级层次和规模、不同发展阶段小城镇排水和污水处理系统相关的合理水平，应根据小城镇经济社会发展规划、环境保护要求、当地自然条件和水体条件，污水量和水质情况等综合分析和经济比较，按表2.2.4-1要求选定。

小城镇排水体制、排水与污水处理规划要求

表 2.2.4-1

分项		经济发达地区						经济发展一般地区						经济欠发达地区					
	规划期	一		二		三		一		二		三		一		二		三	
		近期	远期	近期	远期	近期	远期	近期	远期	近期	远期	近期	远期	近期	远期	近期	远期	近期	远期
排水体制一般原则	1.分流制或 2.不完全分流制	△	●	△	●	●	●	△2	○2	●	○2	●	△	○2	●	△2		△2	
	合流制															○		○部分	
排水管网面积普及率（%）		95	100	90	100	85	95~100	85	100	80	95~100	75	90~95	75	90~100	50~60	80~85	20~40	70~80
不同程度污水处理率（%）		80	100	75	100	65	90~95	65	100	60	95~100	50	80~85	50	80~90	20	65~75	10	50~60
统建、联建、单建污水处理厂		△	●	△	●	●	●	△	●	△	●	●	●	△	△				
简单污水处理								○		○		○		○		○	○低水平		△较高水平

注：①表中○—可设；△—宜设；●—应设。
②不同程度污水处理率指采用不同程度污水处理方法达到的污水处理率。
③统建、联建、单建污水处理厂指郊区小城镇、小城镇群应优先考虑统建、联建污水处理厂。
④简单污水处理指经济欠发达、不具备建设较现代化污水处理厂条件的小城镇，选择采用简单、低耗、高效的多种污水处理方式，如氧化塘、多级自然处理系统，管道处理系统，以及环保部门推荐的几种实用污水处理技术。
⑤排水体制的具体选择按上表要求外，同时应根据总体规划和环境保护要求，综合考虑自然条件、水体条件、污水量、水质情况、原有排水设施情况，技术经济比较确定。

2.2.4.3-10 小城镇综合生活污水与工业废水排入其污水系统的水质应符合《污水排入城市下水道水质标准》（CJ3082）的要求。

2.2.4.3-11 小城镇污水处理程度应根据进厂污水的水质、水量和处理后污水的出路（利用或排放）确定。

污水利用应按用户用水的水质标准确定处理程度。

污水排入水体应视受纳水体水域使用功能的环境保护要求结合受纳水体的环境容量，按污染物总量控制与浓度控制相结合的原则确定处理程度。

2.2.4.4 工业废水排除系统优化

2.2.4.4-1 小城镇工业废水量宜根据小城镇工业用水量（平均日）乘以小城镇工业废水排放系数确定，也可由小城镇污水量减去小城镇综合生活污水量确定。

2.2.4.4-2 小城镇工业废水排放系数应根据小城镇工业结构、生产设备与工艺先进程度及排水设施普及率，按表2.2.4-2 比较分析确定。

小城镇工业废水排放系数　　　　表 2.2.4-2

工业分类	排放系数
Ⅰ	0.8~0.9
Ⅱ	0.8~0.9
Ⅲ	0.7~0.95

注：①表中排放系数排水系统完善的小城镇取大值，一般取小值。
②工业分类系指小城镇规划工业分类。

2.2.4.4-3 小城镇工业废水可以分别排入小城镇污水管道或雨水管道，形成工业废水排除系统；也可由乡镇企业单独形成工业废水排除系统。

2.2.4.5 雨水排除系统优化

2.2.4.5-1 小城镇雨水量计算应与小城镇防洪、排涝工程规划相协调。

2.2.4.5-2 小城镇雨水量应按下式计算确定：

$$Q = q \cdot \Psi \cdot F$$

式中 Q——雨水量（L/s）；

q——暴雨强度 [L/（s·hm²）]；

Ψ——径流系数；

F——汇水面积（hm²）。

2.2.4.5-3 小城镇暴雨强度计算应按本地城镇暴雨强度公式，当小城镇无上述资料时，可按地理环境、气候相似的所属城市或邻近城市的暴雨强度公式。

2.2.4.5-4 小城镇径流系数可比较《城市排水工程规划规范》相关规定分析确定，一般镇区可取 0.4~0.8，镇郊可取 0.3~0.6。

2.2.4.5-5 小城镇雨水规划重现期应根据小城镇性质、规模以及汇水地区类型（广场、干道、住区）、地形特点和气候条件等因素确定，并应和道路设计相协调，在同一排水系统中可采用同一重现期或不同重现期。

重要干道、重要地区或短期积水可能引起严重后果的地区，宜采用较高的设计重现期，一般选用 2~5 年，其他地区重现期可选 0.5~3 年。

2.2.4.5-6 当乡镇企业生产废水排入雨水系统时，应将其水量计入雨水量。

2.2.4.5-7 小城镇雨水排除系统应为排除降雨径流和雪融水的管渠系统。

2.2.4.5-8 小城镇雨水排除系统应根据小城镇规划布局、地形，结合竖向规划、道路布局、坡向及废水受纳体位置，按照就近分散、直接、自流排放的原则进行流域划分、系统布局和管网布置。

2.2.4.5-9 小城镇雨水排除系统应充分利用镇区池塘、湖泊和洼地调节雨水径流。雨水自流排放困难地区，可采用雨水泵站方式或与小城镇排涝系统相结合的方式排除雨水。

2.2.4.6 合流制雨污水排除系统优化

2.2.4.6-1 小城镇合流管渠的设计流量应包括生活污水量、工业废水量和雨水量3部分。其中生活污水量应按平均流量计算,工业废水量应按最大班平均流量计算,雨水量按分流制雨水计算。

2.2.4.6-2 其他合流水量和排水规模规定同《城市排水工程规划规范》相关规定。

2.2.4.6-3 小城镇合流制雨污水排除系统为仅有1套管渠的系统,应具有雨水口、溢流口和截流干管,以及雨污水处理系统。

2.2.4.7 雨污水综合利用

2.2.4.7-1 小城镇排水系统工程规划应结合当地实际情况和生态环境保护,考虑雨水资源和污水处理的综合利用途径。

2.2.4.7-2 水资源不足地区小城镇宜合理利用经处理后符合标准的污水作为乡镇工业用水、生活杂用水和河湖环境景观用水,以及农业灌溉用水等。

小城镇排水系统规划设计优化导则
(条文说明)

2.2.4.1 规划内容、范围、期限与排水体制

2.2.4.1-1 提出小城镇排水系统工程规划应包括的主要内容。

小城镇排水系统工程规划内容既应考虑与城市、村镇排水工程规划内容共同部分的一致性,同时又要突出小城镇排水系统工程规划的不同特点和要求。从小城镇实际出发,考虑区别于城市的一些内容,这些不同内容着重反映在以下方面:

1）城镇密集地区小城镇污水处理厂等跨镇排水设施的联建共享。

2）不同小城镇排水体制、排水方案的因地制宜选择和确定。

3）分散独立分布的不同地区、不同类别小城镇污水处理规划技术方案选择。

2.2.4.1-2～2.2.4.1-3　提出小城镇排水系统工程规划范围和期限的要求。

当水源地和输水管线在小城镇规划区外时，应把水源地及输水管纳入小城镇排水工程规划范围，以便小城镇排水系统工程规划与相关规划衔接；当超出小城镇辖区范围时，应和有关部门协调。

2.2.4.1-4～2.2.4.1-5　提出小城镇排水体制选择的依据和原则。

小城镇排水体制选择应考虑小城镇的特点和不同小城镇的实际情况，因地制宜选择并经技术经济方案比较确定。

根据对四川、重庆、湖北等9省市小城镇的有关调查，小城镇现状排水管网面积普及率约40%～60%，排水体制合流制较多，分流制较少，且有许多小城镇尚只有明渠或简单排水渠道。由于合流制特别是直排式合流制，污水不经处理，直接就近排入水体，对水体污染严重，一般不宜采用；选择截流式合流制，雨天仍有部分混合污水，经溢流井溢出，直接排入水体，对水体污染仍较严重；而分流制适应小城镇的建设发展和环境保护，卫生条件好，是小城镇排水体制的发展方向。

从小城镇远期经济社会发展和发展方向考虑，本条提出小城镇排水体制原则上一般宜选分流制，但对于经济发展一般地区和欠发达地区小城镇近期或远期可因地制宜选择不完全分流制，有条件时，过渡到完全分流制。既考虑这些小城镇一定发展时期经济发展水平和基础设施水平可能达到的实际情况，又为这些小城镇远期、远期后社会经济发展，实施从不完全分流过渡到完全分流创造一个较便利条件。同时考虑我国小城镇的差异性，对于某些条件适宜或雨水稀少的特殊地区的小城镇，提出采用截流式合流制并辅以相关技术处理要求的合理性。

2.2.4.2 排水系统与废水受纳体规划原则

2.2.4.2-1 提出小城镇排水系统组成及其污水排除系统、工业废水排除系统、雨水排除系统、合流制雨污水排除系统的基本组成。

2.2.4.2-2 提出小城镇排水系统规划指导的方针政策。

本条规定小城镇排水系统工程规划应贯彻环境保护方面的有关方针，并执行"预防为主，综合治理"以及环境保护方面的有关法规、标准和技术政策，体现资源的可持续利用和生态环境的良性循环。

小城镇排水系统工程规划应对排水系统全面规划，对排水设施合理布局，对污水、污泥的处理处置应执行"综合利用，化害为利，保护环境，造福人民"的原则。

2.2.4.2-3 城镇密集地区小城镇跨镇排水系统工程规划的排水受纳体、污水处理厂与河流流域、区域规划相关；排水工程与给水工程规划之间联系紧密：排水工程规划的污水量、污水处理程度、受纳水体及污水出口应与给水工程规划的用水量、回用再生水的水质、水量和水源地及其卫生防护区相协调。小城镇排水工程规划的受纳水体与小城镇水系规划、防洪规划相关，应与规划水系的功能和防洪设计水位相协调。

小城镇排水工程规划管渠多沿镇区道路敷设，应与小城镇规划的道路布局和宽度相协调。

小城镇排水工程规划中排水管渠的布置和泵站、污水处理厂位置的确定应与镇区竖向规划相协调。

节约用地是我国基本国策,通过规划节约用地是节约用地的重要途径。排水设施用地从选址到用地预留都应贯彻"节约用地、保护耕地"的原则。

2.2.4.2-4~2.2.4.2-5 分别提出不同区位、不同分布形态小城镇排水系统工程规划的原则要求。

2.2.4.2-6 提出考虑小城镇雨污水综合利用途径的基本要求,强调小城镇的因地制宜和生态环境保护。

2.2.4.2-7 强调水资源不足地区小城镇的雨污水综合利用。

2.2.4.2-8 提出小城镇污水排放应符合的相关标准要求。

2.2.4.2-9~2.2.4.2-10 提出小城镇雨水和达标污水的可选择排放受纳体及其应符合的条件。其中,2.2.4.2-10 规定小城镇污水排放污水受纳体的环境保护要求,小城镇污水排放应充分利用受纳体的环境容量,使污水排放污染物与受纳体的环境容量相平衡,保护资源改善环境。

2.2.4.2-11 提出小城镇废水受纳体选择范围及选择依据。

小城镇废水受纳体原则上应在小城镇规划区范围内选择,跨区选择应与当地有关部门协商解决。方案选择应充分考虑有利条件和不利条件,如受纳水体能满足污水排放环境保护要求,应尽量不采用受纳土地。

达标排放的小城镇污水,在符合环境保护的条件下可考虑排入水量不足的季节性河流以补充河流景观水体。

2.2.4.3 污水排除系统优化

2.2.4.3-1 提出小城镇污水量的基本组成。

2.2.4.3-2 提出小城镇综合生活污水量的确定方法;规定小城镇污水排放系数的取值范围及取值相关依据。

《城市排水工程规划规范》编制分析研究中指出"影响城

市分类污水排放系数大小的主要因素应是建筑室内排水设施的完善程度和各工业行业生产工艺、设备及技术、管理水平以及城市排水设施普及率"。

我国小城镇建筑室内排水设施的完善程度及镇区排水设施普及率与城市尚有较大差距,经济欠发达地区一些小城镇规划期末排水设施普及率达不到100%,不能按规划期末能达到100%的城镇标准考虑,而应按规划普及率考虑。

小城镇综合生活污水排放系数可根据小城镇总体规划对居住、公共设施等建筑物室内给、排水设施水平的要求,结合小城镇镇区改造保留现状,对比《城市排水工程规划规范》中城市建筑室内排水设施的完善程度三种类型划分,在确定小城镇规划建筑室内排水设施完善程度后,按0.75~0.9范围比较选择确定。

2.2.4.3-3 提出小城镇不同性质用地污水量确定方法。

2.2.4.3-4 对地下水较高地区小城镇污水量适当考虑地下水渗入量作出规定,应用中应同时根据当地的水文地质情况,结合管道和接口采用的材料以及施工质量选择确定。

2.2.4.3-5 提出小城镇污水量计算中考虑总变化系数的选值原则。

小城镇综合生活污水量总变化系数主要依据《室外排水设计规范》(GB50014—2006),可参照表2.2.4-3。

小城镇综合生活污水量总变化系数　　表2.2.4-3

污水平均流量(c/s)	5	15	40	70	100	200	500	≥1000
总变化系数	2.3	2.0	1.8	1.7	1.6	1.5	1.4	1.3

工业废水总变化系数应根据小城镇具体情况按行业工业废水排放规律分析,按相关标准提出的下列数值范围选择。

冶金工业:1.0~1.1　　　　纺织工业:1.5~2.0

制革工业：1.5~2.0　　化学工业：1.3~1.5
食品工业：1.5~2.0　　造纸工业：1.3~1.8

上述当有两个及两个以上工厂的生产污水排入同一干管时，参考《城市排水工程规划规范》，应在各工厂的污水量相加后再乘同时系数 C，C 值可按相关标准提出的下列数值范围选取：

工厂数	折减同时系数 C
2~3	0.95~1.00
3~4	0.85~0.95
4~5	0.80~0.85
5 以上	0.70~0.8

2.2.4.3-6　提出小城镇雨水排除系统流域划分、系统布局和管网布置的原则及相关要求。

2.2.4.3-7　提出小城镇污水处理厂的规划布局方法。

城镇密集区小城镇污水排除系统应考虑统筹规划联建共享的污水排除系统，并结合城镇群规划布局、相关竖向规划、道路布局、坡向以及污水受纳体和污水处理厂位置进行流域划分和系统布局。

分散独立分布小城镇污水排除系统应在相关因素分析的基础上，经方案经济技术比较综合评价后确定。

2.2.4.3-8　提出小城镇污水处理方式选择和污水处理厂规划的主要原则要求。

2.2.4.3-9　提出不同地区，不同发展阶段小城镇排水和污水处理系统相关的合理水平及其适宜选择分析比较的相关因素。

表 2.2.4-1 是在全国小城镇概况分析的同时，重点对四川、重庆、湖北的中心城市周边小城镇、三峡库区小城镇、丘陵地区和山区小城镇，浙江的工业主导型小城镇、商贸流通型小城镇，福建的生态旅游型小城镇、工贸型等小城镇的社会、

经济发展状况、建设水平、排水、污水处理状况、生态状况及环境卫生状况的分类综合调查和相关规划分析研究及部分推算的基础上得出来的,因而具有一定的代表性。

对不同地区、不同规模级别的小城镇,按不同规划期提出因地因时而宜的规划水平,增加可操作性,同时表中除应设要求外,还分宜设、可设要求,以增加操作的灵活性。

2.2.4.3-10～2.2.4.3-11 提出小城镇综合生活污水与工业废水排入污水系统的基本要求及污水处理程度的依据和要求。

上述参照《城市排水工程规划规范》和《城市污水处理厂污水污泥排放标准》(CJ 3025—1993)。

2.2.4.4 工业废水排除系统优化

2.2.4.4-1 提出小城镇工业废水量的估算方法。

小城镇工业废水量的估算方法基本同《城市排水工程规划规范》相关内容。

2.2.4.4-2 提出小城镇工业废水排放系数的取值原则和确定依据。

小城镇工业废水排放系数应根据其工业结构、工业分类、生产设备和工艺水平,小城镇排水设施普及率等分析比较按表2.2.4.4-2选择确定。

各工业行业生产工艺、设备和技术、管理水平可根据小城镇总体规划的有关要求,对新、老工业情况进行综合评价,按先进的不同等级确定相应的工业废水排放系数。

工业废水排放系数不含石油、天然气开采业和其他矿与煤炭采选业以及电力蒸汽水产工业的工业废水排放系数,因以上3个行业生产条件特殊,其工业废水排放系数与其他工业行业出入较大,应根据当地厂、矿区的气候、水文地质条件和废水利用、排放合理确定,单独进行以上3个行业的工业废水量估算。

2.2.4.4-3 提出小城镇工业废水排除系统的基本组成。

2.2.4.5 雨水排除系统优化

2.2.4.5-1 小城镇防洪、排涝与雨水量直接相关，防洪、排涝系统是防止雨水径流危害小城镇安全的主要工程设施，也是其废水排放的受纳水体。如果小城镇防洪排涝系统不完善，只靠小城镇排水工程解决不了小城镇遭受雨洪威胁的可能，相互间应互相协调，按各自功能充分发挥作用。

本条规定小城镇排水系统工程规划中雨水量计算应与防洪、排涝规划相协调的要求，以确保小城镇排水与防洪、排涝的一致性和互补性。

2.2.4.5-2～2.2.4.5-4 提出小城镇雨水量计算方法。

雨水量的计算与《城市排水工程规划规范》的相关内容相同，主要采用现行的常规计算办法，也称极限强度法。

小城镇暴雨强度计算考虑到小城镇收集本地暴雨强度公式较困难，一般可按地理环境、气候相似的所属城市或邻近城市的暴雨强度公式。

小城镇径流系数主要比较《城市排水工程规划规范》的相关规定分析确定。

2.2.4.5-5 规定小城镇雨水管渠规划重现期的选定原则和依据。

其相关分析主要参照《城市排水工程规划规范》中城市雨水管渠规划重现期的选定原则和依据。

2.2.4.5-6 提出乡镇企业生产废水排入雨水系统时，其水量计入雨水量的规定。

2.2.4.5-7 提出小城镇雨水排除系统组成。

2.2.4.5-8～2.2.4.5-9 提出小城镇雨水排除系统流域划分，系统布局和管网布置及雨水径流调节的相关要求。

2.2.4.6 合流制雨污水排除系统优化

2.2.4.6-1 提出小城镇排水合流管渠的设计流量组成及计算。

2.2.4.6-2 提出小城镇其他合流水量和排水规模规定。

小城镇其他合流水量和排水规模规定同《城市排水工程规划规范》。

2.2.4.6-3 提出小城镇合流制雨污水排除系统的组成。

2.2.4.7 雨污水综合利用

2.2.4.7-1 提出小城镇排水规划雨水资源和污水处理综合利用的原则要求。

我国水资源缺乏，许多地方缺水逐年加剧，而污水排放量逐年增加，大量污水未经处理或未经有效处理排放，一方面污染环境，特别是水环境，另一方面加剧水资源的短缺。

我国却又是雨水资源丰富的国家，年降水量达 $61900 \times 108 m^3$，然而由于没有很好利用，资源浪费，许多缺水城镇一是暴雨洪涝，二是旱季严重缺水。

当今，许多国家把雨水资源化作为城镇生态系统的一部分，在德国的一些地区利用雨水可节约饮用水达 50%，在公共场所用水和工业用水中则节约更多。并且雨水利用还有更多的经济、生态意义。

我国雨水资源和污水处理的综合利用较多用于农业，小城镇排水规划结合当地实际情况和生态保护，考虑雨水资源和污水处理的综合利用的规划原则更为重要。以干旱的新疆为例，充分利用光热资源丰富的有利条件，1994 年除城市外，全区 69 个县城已有 40 个县城立项因地制宜建设稳定塘污水处理工程，初步形成污水处理稳定塘体系，经过稳定塘处理的污水，夏季多用于农田灌溉，非灌溉期的污水利用，采取秋天整地，冬天稳定塘出水取代清水压盐碱地，取得了很好效益。

2.2.4.7-2 强调水资源不足地区小城镇的雨污水综合利用。

2.2.5 小城镇供热管网系统规划优化导则

2.2.5.1 规划内容、范围与期限

2.2.5.1-1 小城镇供热系统工程规划内容应包括：根据当地气候、生活与生产供热需求，制定供热目标、确定供热对象、供热标准与供热方式。预测小城镇热负荷，进行热源与热负荷供需平衡分析，选择集中供热热源，集中供热规模和热网参数；确定热源位置和用地，提出供热系统布局框架，布置供热管网。

2.2.5.1-2 小城镇供热工程规划范围应与小城镇总体规划范围一致，当热源地在小城镇规划区以外时，热源地到小城镇的供热管网应纳入小城镇供热系统工程规划范围。

2.2.5.1-3 小城镇供热系统工程规划期限应与小城镇总体规划期限一致。

2.2.5.2 热负荷预测

2.2.5.2-1 小城镇集中供热的热负荷，应分为民用热负荷和工业热负荷两大类。民用热负荷应包括居民住宅和公共建筑采暖、通风、空调和生活热水负荷，工业热负荷应包括生产工艺热负荷、厂房采暖、通风热负荷和厂区的生活热水负荷。

2.2.5.2-2 小城镇供热系统工程规划可采用面积热指标法预测规划采暖热负荷，面积热指标应按表2.2.5-1规定，结合小城镇实际情况选定。

采暖热指标推荐值（W/m²）　　表2.2.5-1

建筑物类型	多层住宅	学校办公楼	医院	幼儿园	图书馆	旅馆	商店	单层住宅	食堂餐厅	影剧院	大礼堂体育馆
未节能	58~64	58~80	64~80	58~70	47~76	60~70	65~80	80~105	115~140	95~115	116~163

续表

建筑物类型	多层住宅	学校办公楼	医院	幼儿园	图书馆	旅馆	商店	单层住宅	食堂餐厅	影剧院	大礼堂体育馆
节能	40~45	50~70	55~70	40~45	40~50	50~60	55~70	60~80	100~130	80~105	100~150

注：①严寒地区或建筑外形复杂、建筑层数少者取上限，反之取下限。
②适用于我国东北、华北、西北地区不同类型的建筑采暖热指标推荐值。
③对于近期规划可按未节能的建筑物选取采暖热指标。
④远期规划要考虑节能建筑的份额，按比例按节能建筑将占的一定比例，适当调整采暖热指标。

2.2.5.2-3 小城镇供热系统工程规划可采用建筑物通风热负荷系数法，预测公共建筑和厂房等上述通风负荷 $Q_v = K_v Q_h$

式中 Q_v——通风计算热负荷（kW）；

Q_h——采暖计算热负荷（kW）；

K_v——建筑物通风热负荷，一般可取 0.3~0.5。

2.2.5.2-4 小城镇供热系统工程规划可采用生活热水热指标法预测生活热水热负荷，并应符合下列要求：

1) 生活热水平均热负荷

$$Q_{w \cdot a} = q_w A \cdot 10^{-3}$$

式中 $Q_{w \cdot a}$——生活热水平均热负荷（kW）；

q_w——生活热水热指标（W/m²）；

A——总建筑面积（m²）。

2) 小城镇住区生活热水热指标应根据建筑物类型，采用实际统计资料确定或按表2.2.5-2结合小城镇实际情况，分别比较选取。

居住区采暖期生活热水日平均热指标推荐值（W/m²）

表 2.2.5-2

用水设备情况	热指标
住宅无热水设备，只对公共建筑供热水时	2~3
全部住宅有沐浴设备，并供给生活热水时	5~15

2.2.5.2-5 小城镇供热工程规划预测夏季、冬季空调热、冷负荷时，空调热、冷指标应按表2.2.5-3规定，结合小城镇实际情况，分析比较选取。

空调热指标 q_a、冷指标 q_c 推荐值（W/m²） 表2.2.5-3

建筑物类型		办公	医院	旅馆、宾馆	商店、展览馆	影剧院	体育馆
热指标	未节能	80~100	90~120	90~120	100~120	115~140	130~190
	节能	64~80	72~100	70~100	80~100	90~120	100~150
冷指标	未节能	80~110	70~100	80~110	125~180	150~200	140~200
	节能	65~90	55~80	65~90	100~150	120~160	110~160

注：①表中指标适用于我国东北、华北、西北地区；其他地区指标按实地调查和类比分析确定。
②近期规划可按未节能的建筑物选取采暖热指标。
③远期远划中节能建筑将占一定的份额，按比例适当调整采取热指标。

2.2.5.2-6 小城镇工业生产工艺热负荷可采用小城镇规划工业企业热负荷资料，同类企业热负荷比较法以及相关调查预测。生产工艺预测热负荷应为各工业企业最大生产工艺热负荷之和乘以同时使用系数。

2.2.5.2-7 小城镇供热工程规划预测总热荷应为采暖热负荷、通风热负荷或空调冷负荷的较大值、生活热水热负荷及生产工艺热负荷的总和。

2.2.5.3 热源及其选择

2.2.5.3-1 小城镇供热热源选择应充分考虑当地现有资源、能源交通、工业发展、住宅建设、环境保护、气象水文等方面的实际情况，经过技术经济比较选择确定。

2.2.5.3-2 小城镇供热可选择热源应包括热电厂，供热锅炉房，工业余热，地热，太阳能，风能，电力，垃圾焚化厂余热。

2.2.5.3-3 小城镇供热方式可分集中供热和分散供热，有条件采用集中供热的范围，应选择集中供热的方式，镇区边缘分散住宅可采用分散供热方式。

2.2.5.3-4 大中城市规划区范围的小城镇热源应按城市总体规划统一考虑，城镇密集区的小城镇供热热源宜相关区域统筹规划，联建共享。

2.2.5.3-5 有一定常年工业热负荷的城镇密集区小城镇和较大规模小城镇，宜选择热电厂集中供热。长江流域与黄河流域之间地区的县城镇、中心镇供热规划可采取三联供模式。

2.2.5.3-6 附近无热电厂、以采暖热负荷为主的小城镇宜选择区域热水锅炉房供热。

2.2.5.3-7 只有较小工业蒸汽热负荷的小城镇工业园区宜建蒸汽锅炉房供汽、供热。

2.2.5.3-8 有条件的小城镇应尽可能采用工业余热和地热、太阳能、垃圾焚化厂热源。

2.2.5.4 供热管网及其布置

2.2.5.4-1 小城镇不同输送介质供热管网应包括蒸汽管网和热水管网。

2.2.5.4-2 小城镇供热管网布置方式应依据总体规划和热负荷分布、热源位置、地上及地下管线、水文、地质。

2.2.5.4-3 地形条件、园林绿地等因素，经技术经济比较后确定。

小城镇热力网应沿热负荷中心敷设，并靠近热负荷大的用户。对于较大热负荷城镇群热力网同时尚应考虑多热源联网的可能性。

2.2.5.4-4 小城镇供热管道布置应满足下列要求：

1) 主干道应先经过热负荷集中区，线路力求短直。
2) 避开土质松软地区、地震断裂带、滑坡、地下水位高等地质不良地段。

3）避开主要交通干道，同一管道应沿街道一侧敷设。

4）地上敷设管道不影响镇容，不妨碍交道。

2.2.5.4-5 小城镇供热管道与其他地下管线和地上物的最小水平净距应符合表2.2.5-4规定。

热力管道与其他地下管线的最小水平净距和最小垂直净距　　　　表2.2.5-4

		电力管线		电信管线		给水管线	污、雨水排水管线	燃气管线	
		直埋	管沟	直埋	管沟			低压	中压
与热力管道最小水平净距（m）	直埋	*≥2.0		1.0		1.5	1.5	1.0	1.0
	地沟								1.5
与热力管道最小垂直净距（m）		*≥0.5		0.15		0.15	0.15	0.15	0.15

*考虑感应电场、杂散电流对热力管道的腐化，大于值系指有条件可适当加大值。

2.2.5.4-6 小城镇供热管道敷设方式应包括地上敷设和地下敷设两类，并宜主要采用地下敷设方式，工厂厂区可采用地上敷设。

小城镇供热管网系统规划优化导则
（条文说明）

2.2.5.1 规划内容、范围与期限

2.2.5.1-1 提出小城镇燃气系统工程规划应包括的主要内容。

本条规定主要是针对小城镇总体规划的供热系统工程规划的，编制内容侧重于宏观规划的考虑。小城镇供热系统工程规划内容既应考虑与城市、村镇供热工程规划内容共同部分的一致性，同时又要突出小城镇供热系统工程规划的不同特点和要求。从小城镇实际出发，考虑区别于城市的一些内容，这些不同内容着重反映在以下方面：

1）城镇密集地区供热源与输热干管等跨镇供热设施的联建共享。

2）不同地区、不同类别、不同条件小城镇的热力资源利用、热源选择、供热方式。

2.2.5.1-2 提出小城镇供热系统工程规划范围的要求。

当供热热源地在小城镇规划区外时，规划范围内进镇输热管道应纳入小城镇供热系统工程规划范围，以便小城镇供热系统工程规划与相关规划衔接；当超出小城镇辖区范围时，应和有关部门协调。

2.2.5.1-3 规定小城镇供热系统工程规划的期限。

参照和依据城市规划编制办法及相关规定，小城镇供热系统工程规划的规划期限与小城镇总体规划的期限相同。

2.2.5.2 热负荷预测

2.2.5.2-1 提出小城镇供热系统工程规划集中供热热负荷的分类及其基本组成。

2.2.5.2-2 提出小城镇供热系统工程规划供热面积热指标预测规划采暖热负荷的方法，及其预测指标选定的基本要求。

没有建筑物设计热负荷资料时，各种热负荷可采用概略计算方法。对于热负荷的估算，采用单位建筑面积热指标法，这种方法计算简便，是国内经常采用的方法。本节提供的主要指标参考《城市热力网设计规范》（CJJ 34—2002），依据为我国"三北"地区的实测资料，南方地区应根据当地的气象条件及相同类型建筑物的热（冷）指标资料确定。

采暖热负荷主要包括围护结构的耗热量和门窗缝隙渗透冷

空气耗热量。设计选用热指标时，总建筑面积大，围护结构热工性能好，窗户面积小，层数较多时采用较小值；反之采用较大值。

表2.2.5-1所列热指标中包括了大约5%的管网损失在内。因热损失的补偿为流量补偿，热指标中包括热损失，计算出的热网总流量即包括热损失补偿流量，对设计计算工作是十分简便的。

近年来，国家制定了一批技术法规和标准规范，通过在建筑设计和采暖供热系统设计中采取有效的技术措施，降低采暖能耗。本条采暖热指标的推荐值提供两组数值，按表中给出的热指标计算热负荷时，应根据建筑物及其采暖系统是否采取节能措施分别来计算。

2.2.5.2-3 提出小城镇供热系统工程规划公共建筑和厂房等的通风热负荷预测方法及其要求。通风热负荷为加热从机械通风系统进入建筑物的室外空气的耗热量。

2.2.5.2-4 提出小城镇供热系统工程规划生活热水热负荷预测方法及其要求。

生活热水热负荷可按两种方法进行计算。一种是按用水单位数计算，适用于已知规模的建筑区域或建筑物，具体方法见《建筑给水排水设计规范》。另一种计算生活热水热负荷的方法是热指标法，可用于居住区生活热水热负荷的估算。表2.2.5-2给出了居住区生活热水日平均热指标。住宅无生活热水设备，只对居住区公共建筑供热水时，按居住区公共建筑千人指标，参考《建筑给水排水设计规范》热水用水定额估算耗水量，并按居住区人均建筑面积折算为面积热指标，取2~3W/m^2；有生活热水供应的住宅建筑标准较高，故按人均建筑面积30m^2、60℃热水用水定额为每人每日85~130L计算并考虑居住区公共建筑耗热水量。因住宅生活热水热指标取5~

$15W/m^2$，以上计算中冷水温度取 $5\sim15℃$。

2.2.5.2-5 提出小城镇供热系统工程规划空调热、冷负荷预测指标（推荐值）及其选用要求。

空调冬季热负荷主要包括围护结构的耗热量和加热新风耗热量。因北方地区冬季室内外温差较大，加热新风耗热量也较大，设计选用时，严寒地区空调热指标应取较高值。

空调夏季冷负荷主要包括：围护结构传热，太阳辐射，人体及照明散热等形式的冷负荷和新风冷负荷。设计时需根据空调建筑物的不同用途，人员的群集情况，照明等设备的使用情况确定空调冷指标。表2.2.5-3 所列面积冷指标应按总建筑面积估算，表中数值参考了建筑设计单位常用的空调房间冷负荷指标，考虑空调面积占总建筑面积的百分比为70%～90%及室内空调设备的同时使用系数0.8～0.9，当空调面积占总面积的比例过低时，应适当折算。

2.2.5.2-6 提出小城镇工业生产工艺热负荷的3种基本预测方法。

2.2.5.2-7 提出小城镇供热系统工程规划预测总热负荷的组成及其相关要求。

2.2.5.3 热源及其选择

2.2.5.3-1 提出小城镇供热热源选择的依据和方法。

2.2.5.3-2 提出小城镇供热热源的组成。

2.2.5.3-3 根据我国小城镇特点，提出小城镇供热方式及其选择考虑的相关因素。

集中供热系指由分散锅炉房、小区锅炉房和城市热网等热源，通过管道向建筑物供热的采暖方式。我国能源政策实行开发与节约并重的方针，近期将节能放在首要地位，不论是近期还是中期，节能降耗的一个重要方面是集中供热。目前，北方地区有的小城镇规划的集中供热率已高达70%～80%。

2.2.5.3-4 紧临大城市中心城市、城市规划区范围的郊区小城镇的供热热源，应依托城市，在城市整体规划中一并考虑。距中心城相对较近，沿主要交通干线等较集中分布的小城镇、城镇密集区的小城镇，应在城镇群区域范围，供热热源设施统筹优化规划的基础上，联建共享。这是克服目前小城镇基础设施滞后，不配套、规模小，运行成本高，效益低，资源浪费，重复建设等弊病，有利于经营管理，资源共享，降低运行成本和生态环境保护的一条重要规划原则。

2.2.5.3-5～2.2.5.3-8 提出小城镇供热热源以及三联供模式的原则要求。

大力发展集中供热是我国城市供热的基本方针。本标准明确规定，小城镇的集中供热应以热电厂和区域锅炉房为主要热源，这是符合国家政策的。

目前我国热电厂的建设已从城市延伸到了乡镇工业区，如苏州地区的一些村镇办热电厂正在发挥着重要作用。热电厂的经济效益受到全年热负荷变化的影响，目前有些热电厂建设时对热负荷落实得不够，热负荷不足，热化系数大于或等于1，热价较高，热电厂的经济效益未充分发挥。因此在热电厂规划建设时，要发展多种供热负荷，提高热电厂年利用小时数。在有一定的常年工业热负荷而电力供应又紧张的地区，应建设热电厂。在主要供热对象是民用建筑采暖和生活用热水时，地区的气象条件，即采暖期的长短对热电厂的经济效益有很大影响。

在气候冷、采暖期长的地区，热电联产运行时间长，节能效果明显。相反，在采暖期短的地区，热电厂的节能效果就不明显。"热、电、冷"三联供技术在夏季对一些用户供冷，能延长热电联产时间，提高热电厂的效率。

工业余热、废热和可再生能源，都有可能转化为采暖热源,从而节约一次能源。

2.2.5.4 供热管网及其布置

2.2.5.4-1 提出小城镇不同输送介质热管网的组成。

小城镇供热介质主要为热水和蒸汽,因此供热管网包括蒸汽管网和热水管网。供热介质的选择,主要取决于热用户的使用特征和要求,同时也与选择的热源形式有关。

2.2.5.4-2 提出小城镇供热管网布置方式的基本依据及确定要求。

影响小城镇供热管网布置的因素是多种多样的。本条未给出具体规定,只给出需考虑的多种因素、通过技术经济比较确定管网合理布置方案的原则性规定。有条件时应对管网布置进行优化。

2.2.5.4-3 提出小城镇供热网沿热负荷中心敷设,对于属城镇密集分布的城镇群热力网,热负荷较大,同时可能多热源,此时城镇群热力网与小城镇热力网应考虑多热源联网的可能性。

2.2.5.4-4 提出小城镇供热管道布置、敷设的基本要求。

本条提出小城镇供热管网布置、敷设的基本原则要求的出发点是:节约用地,降低造价,运行安全可靠,便于维修。

2.2.5.4-5 规定小城镇供热管道与其他地下管线和地上物的最小水平净距要求。

本条与相关规范基本相同。

2.2.5.4-6 提出小城镇供热管道敷设方式及其基本要求。

从小城镇镇容和其他供热管道地下敷设的优点考虑,住区和街道上供热管道应采用地下敷设。工厂厂区一些地下敷设条件十分恶劣等不宜地下敷设的地段,供热管道可以采用地上敷设,但应在设计时采取措施,尽量使管道敷设与环境比较协调。

2.2.6 小城镇燃气管网系统规划优化导则

2.2.6.1 规划内容、范围、期限

2.2.6.1-1 小城镇燃气系统工程规划的主要内容包括：预测小城镇燃气用气量，进行小城镇燃气供用平衡分析，选择确定燃气气源，确定主要建、构筑物（气源厂［站］、调压站等）的位置、用地，提出小城镇燃气供应系统布局框架，布置输气和供气管网。

2.2.6.1-2 小城镇燃气系统工程规划的范围与小城镇总体规划范围一致，当燃气气源在规划区以外时，进镇输气管线应纳入小城镇燃气工程范围。

2.2.6.1-3 小城镇燃气系统工程规划期限应与小城镇总体规划期限一致。

2.2.6.2 用气量预测及供用气平衡

2.2.6.2-1 小城镇用气量应根据用气需求预测，并结合当地的具体条件、供气原则和供气对象确定。

2.2.6.2-2 小城镇燃气用气量应包括以下方面：
1) 居民生活用气量；
2) 商业、公建用户用气量；
3) 工业企业生产用气量；
4) 采暖通风和空调用气量；
5) 燃气汽车用气量；
6) 其他用气量。

2.2.6.2-3 小城镇各种用户的燃气用气量，应根据燃气发展规划和用气量预测指标确定。

2.2.6.2-4 小城镇居民生活和商业的用气量指标，应根据当地的居民生活和商业已有燃料消耗量的统计数据分析确定；当缺乏用气量的实际统计资料时，小城镇居民生活的用气

量指标可根据小城镇的具体情况,按 2000~2600MJ/(人·年)来比较分析确定;商业的用气主要包括宾馆、餐饮、学校、医院、职工食堂用气等,小城镇商业的用气量可根据当地旅游业、餐饮服务业的发展具体情况,按总用气量为居民生活用气量的 1.25~1.67,商业的用气量占总用气量的 10%~30%,进行比较分析预测。

2.2.6.2-5 小城镇工业企业生产的用气量,可根据实际燃料消耗量折算,或按同行业的用气量指标分析确定;当缺乏用气量的实际统计资料时,小城镇的乡镇企业生产的用气量可根据小城镇具体情况,一般按工业企业生产的用气量占总用气量的 0%~10%,比较分析预测。工业主导型小城镇应在实际调查及同类对比分析基础上预测,确定其工业企业生产用气量占总用气量的合适比例。

2.2.6.2-6 小城镇其他燃气用气量可按占总用气量的 5%~8%来比较分析确定。

2.2.6.2-7 确定小城镇燃气管网、设备通过能力和储存设施容积时,应根据小城镇燃气的需用情况确定计算用量。

2.2.6.2-8 当采用不均匀数法,确定小城镇燃气小时计算流量时,居民生活和商业用户用气的高峰系数,应根据小城镇各类用户燃气用量(或燃料用量)的变化情况,分析比较确定;当缺乏用气量的实际统计资料时,小城镇的居民生活和商业用户用气的高峰系数,可根据小城镇的具体情况,按以下指标范围,分析比较确定:

1) 镇区人口 1 万~5 万小城镇

K_m——月高峰系数,1.20~1.40;

K_d——日高峰系数,1.0~1.20;

K_h——小时高峰系数,2.50~4.0。

2) 镇区人口 5~10 万小城镇

K_m——月高峰系数，1.25~1.35；
K_d——日高峰系数，1.10~1.20；
K_h——小时高峰系数，2.0~3.0。

2.2.6.2-9 小城镇燃气资源和用气量之间应保持平衡，当小城镇应用外部气源时，应进行外部气源相关供需平衡分析，根据供需平衡分配的供气量，提出小城镇供用气平衡对策。

2.2.6.3 燃气系统及燃气资源和气源选择

2.2.6.3-1 小城镇的燃气系统工程规划应符合安全生产、保证供应、经济合理和保护环境的总体要求。

2.2.6.3-2 小城镇燃气系统工程规划应依据国家能源政策，同时应依据小城镇总体规划和详细规划，并与小城镇的能源规划、环境保护规划、消防规划相协调。

2.2.6.3-3 小城镇燃气资源应包括符合国家城镇燃气质量要求的可供给居民生活、商业、工业生产等各种不同用途的天然气、液化石油气、煤制气、油制气、矿井气、沼气、秸杆制气、垃圾气化气，也包括有条件利用的化工厂的驰放气。

2.2.6.3-4 小城镇燃气系统工程规划应根据国家有关政策，结合小城镇的现状和气源特点，以及本地区燃料资源的情况，在合理开发利用本地燃气资源的同时，充分利用外部气源，通过远近期结合，多方案技术经济比较，选择确定气源。可选择的气源应主要包括：

1）天然气长输管道供气（NG）；
2）压缩天然气供气（CNG）；
3）液化天然气供气（LNG）；
4）液化石油气供气（LPG）；
5）液化石油气混空气供气（LPG&Air）。

2.2.6.3-5 当小城镇采用液化石油气作为主要气源时，

小城镇用气集中中心区和居住小区宜采用集中的液化石油气混空气等供气。镇区人口低密度的边缘分散住宅可采用分散的液化石油气站（自然气化/强制气化，瓶组储气/地下罐储气）、沼气等供气。

2.2.6.3-6 当近期或远期小城镇有天然气供应计划时，应根据小城镇的年用气量，天然气长输管道的距离，调峰量的需求及调峰方式，对以下供气方案作经济技术比较选择：

1）天然气长输管道供气；

2）压缩天然气供气；

3）液化天然气供气。

2.2.6.4 输配系统及其主要设施

2.2.6.4-1 小城镇燃气输配系统一般应由（门站）、燃气管网、储气设施、调压设施、管理设施、监控系统等组成。

按城镇燃气系统规划布局，城镇天然气门站也有可能设在供气城镇区域范围内的某一小城镇镇郊。

2.2.6.4-2 门站和储配站站址选择应符合以下要求：

1）符合城市规划、城市安全的要求；

2）站址应具有适宜的地形、工程地质、供电、给排水和通信等条件；

3）门站和储配站应少占农田、节约用地并应注意与城市景观等协调；

4）门站站址应结合长输管线位置确定；

5）根据输配系统具体情况，储配站与门站可合建；

6）储配站内的储气罐与站外的建、构筑物的防火间距应符合现行国家标准《建筑设计防火规范》（GB 50016—2006）的有关规定。

2.2.6.4-3 小城镇调压站的布置应符合以下规定：

1）尽可能布置在负荷中心。

2) 避开镇区繁华地段。

3) 宜设在居住小区街坊、广场、公园、绿地的边缘地段。

4) 调压站为二级防火建筑、调压站与其他建筑物的水平净距应符合表2.2.6规定。

小城镇调压站（含调压柜）与其他建筑物、构筑物的水平净距（m）

表2.2.6

设置形式	调压装置燃气压力级制	建筑物外墙面	距重要公共建筑物	铁路（中心城）	城镇道路	公共电力变配电柜
地上单独建筑	中压（A）	6.0	12.0	10.0	2.0	4.0
	中压（B）	6.0	12.0	10.0	2.0	4.0
调压柜	中压（A）	4.0	8.0	8.0	1.0	4.0
	中压（B）	4.0	8.0	8.0	1.0	4.0
地下单独建筑	中压（A）	3.0	6.0	6.0	—	3.0
	中压（B）	3.0	6.0	6.0	—	3.0
地下调压箱	中压（A）	3.0	6.0	6.0	—	3.0
	中压（B）	3.0	6.0	6.0	—	3.0

注：①调压装置露天设置时，则指距离装置的边缘。
②当建筑物（含重要公共建筑物）的某外墙为无门、窗洞口的实体墙，且建筑物耐火等级不低于二级时，燃气进口压力级制为中压（A）或中压（B）的调压柜一侧或两侧（非平行），可贴靠上述外墙设置。
③当达不到上表净距要求时，采取有效措施，可适当缩小净距。

2.2.6.4-4 小城镇的燃气输配管网压力级制可以采用一级系统或两级系统。

1) 相应的一级系统应包括：

中压A一级系统；

中压B一级系统；

低压一级系统。

2) 相应的两级系统应包括：

中压 A——低压两级系统；

中压 B——低压两级系统。

2.2.6.4-5 小城镇燃气管网布置应遵循以下原则：

1) 全面规划，分期建设，近期为主，远近期结合。

2) 管网布置应在管网系统的压力级制原则确定后进行，并按压力高低，先布置中压管网，后布置低压管网。

3) 镇区燃气管道宜采用直埋敷设，并应尽量避开交通干道和繁华街道。

4) 低压燃气干管宜在小区内部道路敷设。

5) 燃气管道禁止在以下场所敷设：

①各种机械设备和成品、半成品堆放场地；

②高压线走廊；

③动力和照明电缆通道；

④易燃易爆材料和具有腐蚀性液体的堆放场所。

6) 当燃气管线可在建筑物两侧任一侧引入均满足要求时，燃气管线应布置在管线较少的一侧。

小城镇燃气管网系统规划优化导则
（条文说明）

2.2.6.1 规划内容、范围、期限

2.2.6.1-1 提出小城镇燃气系统工程规划应包括的主要内容。

小城镇燃气系统工程规划内容既应考虑与城市、村镇燃气工程规划内容共同部分的一致性，同时又要突出小城镇燃气系统工程规划的不同特点和要求。从小城镇实际出发，考虑区别于城市的一些内容，这些不同内容着重反映在以下方面：

1）城镇密集地区燃气气源与高压输气管道等跨镇燃气设施的联建共享。

2）不同地区、不同类别、不同条件小城镇的燃气气源资源利用、气源选择、供气方式。

2.2.6.1-2　提出小城镇燃气系统工程规划范围的要求。

当燃气气源在小城镇规划区外时，规划范围内进镇输气管线应纳入小城镇燃气系统工程规划范围，以便小城镇燃气系统工程规划与相关规划衔接；当超出小城镇辖区范围时，应和有关部门协调。

2.2.6.1-3　规定小城镇燃气系统工程规划的期限。

参照和依据城市规划编制办法及相关规定，小城镇燃气系统工程规划的规划期限与小城镇总体规划的期限相同。

2.2.6.2　用气量预测及供用气平衡

2.2.6.2-1　提出小城镇用气量确定的主要依据。

用气量需求预测是确定小城镇燃气的总需要量，但小城镇用气量确定还必须考虑供气的可能性，在当地条件不可能完全满足供气要求的情况下应依据供气原则，考虑供气对象。一般应优先满足居民生活用气、商业用气，同时兼顾工业用气。上述工业和民用用气比例应考虑燃料资源分配、环境保护和市场经济等多因素影响，不能简单做出统一规定。

2.2.6.2-2　提出小城镇用气量基本组成。

小城镇用气量除居民生活用气、商业公建用户用气、工业企业生产用气外，在气源充足下尚可考虑采暖通风和空调用气、燃气汽车用气量，其他用气量还包括管网漏损量和不可见情况用气量。

2.2.6.2-3　提出小城镇各种用户燃气用气量确定的基本依据。

小城镇各种用户用气量按预测指标预测，用气量确定尚应考虑燃气发展规划，考虑供气的可能。

2.2.6.2-4 提出小城镇居民生活和商业用气量预测指标的基本要求。

小城镇居民生活和商业用气量应根据当地居民生活和商业用气量的统计数据分析确定，以更切合当地实际情况。

按本条总用气量为居民生活用气量的1.25~1.75，换算成居民生活量占总用气量为55.5%~63.6%，商业用气量（主要包括宾馆、餐饮、学校、医院、职工食堂用气等）一般占总用气量的8%~25%，再加上小城镇工业用气量（一般占总用气量0%~10%）和空调、采暖用气量（比例较小）及未可见用气量（占总用气量5%~8%），上述用气量相互间预测比例总体上是合适的。具体来说，由于不同类型小城镇的差别，如工业型小城镇工业用气量和旅游商贸型小城镇商业用气量较一般比例都会大一些。本条提出第三产业较发达的旅游商贸型小城镇应在实际调查及同类对比分析基础上来预测用气量是必要的。

2.2.6.2-5 提出小城镇工业用气量预测方法和规划预留必要工业发展需要用气量的相关要求。

小城镇工业企业用气量指标可按产品的耗气定额或其他燃料的实际消耗量进行折算，也可按同行业的用气量指标分析确定。

不同类别小城镇工业用气量差别很大，根据相关调查和比较分析，本标准提出一般情况工业企业生产的用气量占总用气量的0%~10%，工业主导型小城镇应在工业用气项目等实际调查及同类对比分析的基础上确定上述比例，并按相关工业发展规划确定必要的预留气量。

2.2.6.2-6 提出小城镇其他燃气用气量预测要求。

小城镇其他燃气用气量主要指管网的燃气漏损量和发展过程中未预见到的供气量，一般可按5%计算。本条提出5%~8%主要考虑规划阶段为发展过程中未预见用气量多留一部分余地。

2.2.6.2-7 提出确定小城镇燃气管网、设备通过能力和储存设施容积的燃气计算用量依据。

2.2.6.2-8 为了满足小城镇燃气用户小时最大用气量的需要，燃气管道的计算流量，应按计算月的小时最大用气量计算。

本条参考城市用气高峰系数结合小城镇实际，提出小城镇用气高峰系数。

2.2.6.2-9 提出小城镇气源资源和用气量之间的平衡要求和对策。

2.2.6.3 燃气系统及燃气资源和气源选择

2.2.6.3-1 基于小城镇燃气特点提出小城镇燃气系统工程应符合安全生产、保证供应、经济合理和保护环境的总体要求。

燃气有易燃、易爆等特性，一些燃气还有毒，强调安全生产十分必要，同时燃气安全生产又与保护环境密切相关。

2.2.6.3-2 提出小城镇燃气系统工程规划的相关依据和与相关规划的协调依据。

小城镇燃气工程规划是小城镇总体规划和详细规划的组成部分，燃气属于能源，燃气规划依据国家能源政策和小城镇总体规划及详细规划是完全必要的。

同时，燃气工程涉及能源、环境保护、消防等的全面布局，上述规划之间相协调同样是完全必要的。

2.2.6.3-3～2.2.6.3-4 提出小城镇燃气气源资源的组成和气源选择要求。

燃气按其来源和生产方式可分为天然气、人工燃气、液化石油气和生物气（人工沼气）四大类。

除天然气、人工燃气、液化石油气等已开发和利用的燃气外，还有一些待开发和利用的燃气如煤层气、矿井气、天然气水合物和生物气。小城镇生物资源比较丰富，合理利用这些资源有利于环境保护和生态平衡。生物能包括薪柴、秸秆及野生植物、水生植物等，将生物能气化或液化，可以提高生物能的能源品位和利用效率。小城镇将垃圾、工业有机废液、人畜粪便及污水，通过厌氧发酵，产生沼气，是对城镇垃圾进行无害化处理、保护环境、提高经济效益的有效手段。工业化生产的人工沼气可在小范围内供一般小城镇居民及工业用户使用。

小城镇燃气气源选择主要考虑气源资源和小城镇条件。气源选择应遵循国家能源政策，结合当地资源情况，一般应尽量选取高热值、低污染、洁净、卫生的燃料气作为气源。

同时，在合理开发利用本地燃气资源的同时，充分利用外部气源，并经多方案技术经济比较来确定选择气源是必要的。

2.2.6.3-5 提出小城镇采用液化石油气作为主要气源时，小城镇中心区和边缘区的不同供气方式的基本要求。

2.2.6.3-6 提出当近期或远期小城镇有天然气供气计划时，气源选择应根据小城镇的年用气量、长输管道距离、调峰量的需求及调峰方式对天然气长输管道供气、压缩供气和液化供应作相关经济技术方案比较而确定。

2.2.6.4 输配系统及其主要设施

2.2.6.4-1 提出小城镇燃气输配系统的组成。

小城镇燃气输配系统一般应由（门站）、燃气管网、储气设施、调压设施、管理设施、监控系统等组成。

根据城镇燃气系统规划布局，城镇天然气门站也有可以设在供气城镇区域范围的某一小城镇镇郊。

2.2.6.4-2 提出小城镇燃气输配系统门站和储配站站址选择的基本要求。

根据《城市规划法》，门站和储配站站址首先要符合小城镇总体规划和城镇安全的要求,并应符合地形、地质、建站条件、节地、节资等要求,符合与景观协调的要求,以及符合国家相关防火间距的要求。

2.2.6.4-3 提出小城镇调压站布置的基本要求。

小城镇调压站布置的基本要求侧重于满足便于燃气系统调压、安全、防火间距以及景观协调的要求。

2.2.6.4-4 提出小城镇燃气输配管网的压力级制。

我国城镇燃气输配系统所采用的压力级制可分为:

1) 单级管网系统:仅有低压或中压一种压力级别的管网系统;

2) 二级管网系统:有两种压力等级组成的管网系统;

3) 三级管网系统:由低压、中压和次高压三种压力级别组成的管网系统;

4) 多组管网系统:由低压、中压、次高压和高压多种压力级别组成的管网系统。

根据小城镇的用户规模和特点、小城镇燃气输配管网压力级制一般为上述1)、2)两种。其中:

低压供气和低压一级制管网系统由于单一低压管网系统简单而维护方便、省压缩费用。但对于供气量多的城镇,需敷较大管径的管道而不经济,一般只适用于供应区域小、供气范围在 $2\sim3km^2$ 的小城镇。

中压供气方式和中低压两级制管网系统:

中压供气和中——低两级主要因输气压力高于低压供气,输气能力较大,可用较小的管径输送较多数量燃气,但维护运行要求较高,适用于采用低压供气方式不经济的较大规模县城镇、中心镇和大型一般镇供气。

其他还有中压单级管网系统中压 A——低压二级管网系统、中压 B——低压二级管网系统。

2.2.6.4-5 提出小城镇燃气管网布置的原则要求。

小城镇燃气管网布置,应考虑输配系统各级管网的输气压力不同,其设施和防火安全的要求也不同,而且各自的功能也有区别,因此应按各种特点考虑管道布置。

2.2.7 小城镇电力网电力线路规划优化导则

2.2.7.1 电力网

2.2.7.1-1 小城镇电力网可包括220kV、110(66)kV高压输电网、110(66)kV、35kV高压配电网、10(6)kV中压配电网及380/220V低压配电网。

2.2.7.1-2 小城镇供电设施综合布局与统筹规划应结合相关区域规划、县(市)域城镇体系规划、小城镇总体规划用地布局和道路交通网络规划,以及景观风貌规划,在区域和小城镇电力网规划优化的基础上,提出小城镇变电设施综合布局、电力线路敷设方式,规划的高压线走廊、地下电缆路由及敷设要求。

2.2.7.1-3 小城镇电力网规划优化应在电源选择、用电负荷预测、电力平衡、电压等级选定的基础上,以远期规划为主,近期规划与远期规划相结合,进行多方案经济技术比较。

2.2.7.1-4 小城镇电力网中的最高一级电压,应根据其电网远期规划的负荷量和其电网与地区电力系统的连接方式确定。

2.2.7.1-5 小城镇电力网规划优化应同时遵循以下原则:

1)电网设施合理水平与小城镇经济社会发展水平相适应的原则;

2)"N-1"电力可靠性原则;

3)分层分区供电、避免重叠、交错供电的原则;

4)因地制宜经济、合理的原则;

5)网络建设可持续发展的原则。

2.2.7.2 电力线路

2.2.7.2-1 小城镇电力线路包括220kV、110（66）kV、35kV高压输电线路和10（6）kV、380/220V中、低压配电线路。

2.2.7.2-2 小城镇电力线路按敷设方法分类，应包括架空电力线路和地下电缆电力线路。

2.2.7.2-3 小城镇规划区架空电力线路应根据小城镇地形、地貌特点和道路网规划，沿道路、河渠、绿化带架设。

2.2.7.2-4 小城镇35kV及以上高压架空线路应规划专用通道走廊，并加以保护。

2.2.7.2-5 不同地区、不同类型、不同规模小城镇电力线路敷设方式应根据小城镇的性质、规模、作用地位、经济社会发展水平，结合小城镇实际情况，按表2.2.7-1要求选择。

小城镇电力线路敷设方式　　　表2.2.7-1

电力线路分项	小城镇分级								
	发达地区			经济一般地区			欠发达地区		
	一	二	三	一	二	三	一	二	三
10kV、(6kV)、380/220V中、低压电力线路	中心区、新建居住小区								
	近期电缆或架空绝缘线；远期电缆。	近期架空绝缘线；远期电缆或架空绝缘线。	近期架空绝缘线；远期电缆。	远期电缆或架空绝缘线。	远期电缆或架空绝缘线。	远期电缆或架空绝缘线。	远期架空绝缘线		
35kV以上高压电力线路	①架空、杆塔敷设、预留高压线走廊。②规划新建35～110kV高压架空电力线路不应穿越小越镇中心区和重要风景旅游区，上述地区和对架空裸导线有严重腐蚀性地区应采用地下电缆。③220kV架空高压电力线路及过境220kV以上高压架空线路应在镇区外预留通道。								

注：镇区非中心区、新建居住小区的10kV以下电力线路敷设方式宜根据小城镇实际情况，比较中心区、新建居住小区的要求选择。

2.2.7.2-6 小城镇35kV以上高压架空电力线路走廊的宽度的确定，应综合考虑小城镇所在地的气象条件，导线最大风偏、边导线与建筑物之间的安全距离，导线最大弧垂、导线排列方式以及杆塔形式、杆塔档距等因素，通过技术经济比较后确定，镇区内单杆单回水平排列或单杆多回垂直排列的35kV以上高压架空电力线路的规划走廊宽度应结合所在地的地理位置、地形、地貌、水文、地质、气象等条件及当地用地条件，按表2.2.7-2要求选定。

小城镇35kV以上高压架空电力线路规划走廊宽度 表2.2.7-2

线路电压等级（kV）	高压架空电力线路走廊宽度（m）
35	12~20
66、110	15~25
220	30~40

2.2.7.2-7 小城镇区35kV以上高压电力架空线路宜采用占地较少的窄基杆塔和多回路同杆架设的紧凑型线路结构。为满足线路导线对地面和树木间的垂直距离要求，杆塔应适当增加高度，缩小档距，在计算导线最大弧垂的情况下，架空电力线路导线与地面、街道行道树之间的最小垂直距离，应符合本导则表1.6.2-19和表1.6.2-20的规定。

2.2.7.2-8 110kV以上变电站与高压架空电力线路应注意对邻近通信交换局所产生的干扰和影响，应满足其间安全距离的相关标准要求，并应同时满足与电台、领（导）航台之间的安全距离要求。

2.2.7.2-9 高压电力架空线路宜避开空气严重污秽区或有爆炸危险品的建筑物堆场、仓库；在不能避开时，必须采取防护措施。

2.2.7.2-10 小城镇区内的中、低压电力架空线路应同杆架设，做到一杆多用。

2.2.7.2-11 小城镇架空电力杆线与架空电信杆线宜分别架设在道路两侧，在同一路由同时有电力架空杆线和地下电力电缆时，两者应位于道路同侧。

2.2.7.2-12 小城镇电力架空杆线宜设置在人行道上距路缘石不大于1m的位置;有分车带的道路,电力架空杆线宜布置在分车带内。

2.2.7.2-13 小城镇架空电力杆线与建筑物等的最小水平净距应符合表2.2.7-3的规定。

电力架空杆线与建(构)筑物及热力管线之间的最小水平净距(m)　　表 2.2.7-3

名　称		建筑物（凸出部分）	道　路（路缘石）	铁　路（轨道中心）	热力管线
电力	10kV 边导线	2.0	0.5	杆高加 3.0	2.0
	35kV 边导线	3.0	0.5	杆高加 3.0	4.0
	110kV 边导线	4.0	0.5	4/3 杆高	4.0

2.2.7.2-14 小城镇架空电力杆线与建(构)筑物及电信、热力管线交叉最小垂直净距应符合表2.2.7-4的规定。

架空杆线与建(构)筑物及电信、热力管线交叉时的最小垂直净距(m)　　表 2.2.7-4

名　称		建筑物（顶端）	道　路	铁　路（轨顶）	电信线		热力杆线
					电力线有防雷装置	电力线无防雷装置	
电力杆线	10kV 及以下	3.0	7.0	7.5	2.0	4.0	2.0
	35～110kV	4.0	7.0	7.5	3.0	5.0	3.0

2.2.7.2-15 小城镇地下电力电缆线路主要采用直埋、线槽和电缆沟方法敷设。

2.2.7.2-16 当同一路径不同电压等级电力电缆根数不变(不超过6根),在人行道和公园绿地以及小区道路一侧等不易经常开挖的地段,宜采用直埋敷设方式。直埋电力电缆之间及直埋电力电缆与控制电缆、通信电缆、地下管沟、道路、建筑物、构筑物、树木等之间的安全距离，不应小于表 1.6.2-21 的规定。

2.2.7.2-17 在地下水位较高的地方和不宜直埋且无机动荷载的人行道等处，当同路径敷设电缆根数不多时，可采用线槽敷设的方式；当电缆根数较多或需要分期敷设而开挖不便时，宜采用电缆沟敷设方式。

2.2.7.2-18 小城镇地下电力电缆线路的路径选择，应符合《电力工程电缆设计规范》的有关规定，同时应结合镇区路网规划的道路走向，并保证地下电力电缆线路与镇区其他市政公用工程管线间的安全距离。

2.2.7.2-19 小城镇地下电力电缆线路原则上宜在道路人行道一侧，与电信电缆线路分侧布置。

2.2.7.2-20 采用电缆沟敷设的同一路段上的不同电压等级电力电缆线路，宜同沟敷设。

2.2.7.2-21 通过桥梁的小城镇电力电缆线路敷设应同时满足《电力工程电缆设计规范》技术要求和桥梁设计安全消防的技术标准规定。

2.2.7.2-22 地下电力电缆与公路、铁路、镇区道路交叉处，或需通过小型建筑物及广场区段的，当电缆根数较多时，宜采用排管敷设方式。

表 2.2.7-5、表 2.2.7-6 为小城镇架空电力线与地面道路行道树之间的最小垂直距离。

架空电力线与地面间最小垂直距离（m）
（在最大计算导线弧垂情况下）　　表 2.2.7-5

线路经过地区	线路电压（kV）			
	<1	1~10	35~110	220
镇区人口密集区	6.0	6.5	7.5	8.5
镇郊人口低密度区	5.0	5.0	6.0	6.5
车辆、农业机械不到达地区	4.0	4.5	5.0	5.5

架空电力线与道路行道树之间最小垂直距离
（考虑树木自然生长高度）　表2.2.7-6

线路电压（kV）	<1	1~10	35~110	220
最小垂直距离（m）	1.0	1.5	3.0	3.5

表2.2.7-7为小城镇直埋电力电缆之间及其与控制电缆、通信电缆、地下管沟、道路、建筑物、构筑物、树木之间的安全距离。

直埋电力电缆及其与控制电缆、通信电缆、地下管沟、道路、建筑物、构筑物、树木之间安全距离　表2.2.7-7

安全距离分项	安全距离（m）	
	平行	交叉
建筑物、构筑物基础	0.50	—
电杆基础	0.60	—
乔木树主干	1.50	—
灌木丛	0.50	—
10kV以上电力电缆之间，以及10kV及以下电力电缆与控制电缆之间	0.25（1.10）	0.50（0.25）
通信电缆	0.50（0.10）	0.50（0.25）
热力管沟	2.00	0.50
水管、压缩空气管	1.00（0.25）	0.50（0.25）
可燃气体及易燃液体管道	1.00	0.50（0.25）
铁路（平行时与轨道、交叉时与轨底，电气化铁路除外）	3.00	1.00
道路（平行时与侧面，交叉时与路面）	1.50	1.00
排水明沟（平行时与沟边、交叉时与沟底）	1.00	0.50

注：①表中所列安全距离，应自各种设施（包括防护外层）的外缘算起；
　　②路灯电缆与道路灌木丛平行距离不限；
　　③表中括号内数字，是指局部地段电缆穿管，加隔板保护或隔热层保护后允许的最小安全距离；
　　④电缆与水管、压缩空气管平行，电缆与管道标高差不大于0.5m时，平行安全距离可减少0.5m。

小城镇电力网电力线路规划优化导则
（条文说明）

2.2.7.1　电力网

2.2.7.1-1　提出我国小城镇电力网的组成。

2.2.7.1-2　提出小城镇供电设施规划综合布局与统筹规划的基本要求。

2.2.7.1-3　提出小城镇电力网规划优化的基础和基本原则要求。

小城镇电力网规划优化的基本原则和城市电网规划优化的基本原则是一致的。

2.2.7.1-4　提出小城镇电力网中的最高一级电压确定的基本要求。

不同小城镇电网最高一级电压等级不尽相同，但其选择原则要求相同。

2.2.7.1-5　提出小城镇电力网规划优化应遵循的主要原则。

小城镇电力网一般情况是地区电力网的组成部分。规划优化应遵循地区电力网的共同原则，同时根据小城镇特点和实际情况，应提出并强调"因地制宜、经济、合理原则"和"电网设施合理水平与小城镇经济社会发展水平相适应的原则"以及"网络建设可持续发展的原则"等要求。

2.2.7.2　电力线路

2.2.7.2-1　提出我国小城镇不同电力线路的电压等级。

电压等级 110kV 以下也称电网配电电压等级（其中，66kV、6kV 主要用于东北地区）。选用电压等级应符合国家标准，避免重复降压。现有的非标准电压应限制发展，合理利用，分期改造。

2.2.7.2-2　提出小城镇电力线路敷设的分类。

2.2.7.2-3　结合小城镇特点，提出小城镇规划区架空电力线路敷设路由选择的要求。

2.2.7.2-4　结合小城镇特点，提出小城镇规划应预留和保护的高压电力线路走廊的要求。

2.2.7.2-5　根据我国小城镇的不同性质、规模、作用、地位和经济社会发展水平，结合小城镇实际情况，在调查研究分析的基础上，按小城镇的不同分级分类，提出小城镇电力线路的不同敷设要求。

对于35kV以上高压电力线路，在提出共同基本要求的同时，提出一些具体的特殊要求；对于10kV以下电力线路，强调不同小城镇对中心区、新建居住小区的不同敷设要求；非中心区和新建居住小区可比较中心区、新建居住小区的要求选择。

2.2.7.2-6　根据小城镇的特点和实际情况，提出小城镇35kV以上高压架空电力线路走廊宽度确定的依据、方法和要求。

2.2.7.2-7　根据小城镇的特点和实际情况，提出小城镇35kV以上高压电力架空线路宜采用杆塔及相关要求，同时根据相关标准提出小城镇架空电力线路导线与地面、街道行道树的最小垂直距离的要求。

2.2.7.2-8　提出110kV以上变电站与高压架空线路对通信交换局所，电台、领（导）航台的安全距离要求。

2.2.7.2-9　提出高压电力架空线路敷设的防污、防爆要求。

2.2.7.2-10～2.2.7.2-13　根据小城镇特点和实际情况，参照相关标准，提出小城镇电力架空杆线架设的基本要求，架空杆线与建筑物的最小水平净距，与建（构）筑物及电信、热力管线交叉的最小垂直净距规定。

2.2.7.2-14 根据小城镇的特点和实际情况，提出小城镇地下电力电缆线路敷设的主要方法。

2.2.7.2-15 根据小城镇特点，参照相关标准，提出小城镇地下直埋电缆适用场合，直埋电力电缆之间及其与控制电缆、通信电缆、地下管沟、道路、建筑物、构筑物、树木等之间的安全距离要求。

2.2.7.2-16 根据小城镇的特点和实际情况，提出小城镇电力电缆线槽敷设和电缆沟敷设的适用场合与条件。

2.2.7.2-17 提出小城镇地下电力电缆线路路径选择除应符合《电力工程电缆设计规范》的有关规定外，尚应满足小城镇规划及其管线综合规范的相关要求。

2.2.7.2-18～2.2.7.2-19 根据小城镇电力线路特点和相关要求，提出小城镇地下电力电缆线路与电信电缆线路宜在道路分侧人行道上布置要求，同时提出小城镇不同电压及电力电缆线路应同沟敷设的要求。

2.2.7.2-20 提出通过桥梁的小城镇电力电缆线路的相关要求。

小城镇的新建桥梁工程规划设计应同时考虑电力电缆及市政管线过桥的技术和安全要求。

2.2.7.2-21 根据小城镇特点和实际情况，在相关调查分析的基础上，提出小城镇地下电力电缆敷设的适宜场合和要求。

2.2.8 小城镇通信网通信线路规划优化导则

2.2.8.1 通信网

2.2.8.1-1 小城镇通信工程规划以电信工程规划为主，同时包括邮政、广播电视规划的主要相关内容。

2.2.8.1-2 小城镇通信传输网应包括中继线路网（本地通话中继线网和长途通话中继线网）和用户线路网。

2.2.8.1-3 小城镇通信工程规划应依据小城镇性质、规模、经济社会发展水平，结合小城镇用地布局和道路交通网络规划，以及相关景观风貌规划，在用户线路网和中继线路网优化的基础上，选择通信线路路由，并因地制宜地提出不同的经济、合理、安全的通信线路敷设方式。

2.2.8.1-4 小城镇用户线路网优化应考虑以下原则：

1）通融性大、使用率高、稳定性好、整体性强、地下化和隐蔽原则；

2）采用以固定交接配线、馈线与配线隔开原则；

3）采用张口型便于统一安排使用的馈线系统模式原则；

4）因地制宜，可持续发展原则；

5）局间中继线路网的安全可靠、灵活方便、技术经济合理的原则。

2.2.8.1-5 小城镇应因地制宜地发展接入网，小城镇通信网络规划优化包括接入网络优化。

2.2.8.1-6 小城镇接入网的模式宜结合小城镇实际，按表2.2.8-1分析比较选取。

小城镇接入网发展模式　　　表2.2.8-1

	局　所	接入网网络拓扑结构	
		中心区	居住小区
经济发达地区县城镇	大型县城镇2~3个电话局交换区服务半径5~15km，中、小型县城镇1~2个电话局交换区服务半径（含县郊乡镇）光纤接入设备入局，交换区服务半径可扩到5~15km	星形，环形主干光缆芯数应大于24芯	星形，可用单模光缆，其中一定芯数留作保护

续表

局 所		接入网网络拓扑结构	
		中心区	居住小区
经济发展一般地区县城镇、经济发达地区和经济发展一般地区中心镇	1~2个电话局,县(镇)周边乡镇光纤接入设备入局,交换区服务半径可以扩大到5~15km	星形、环形主干光缆芯数应大于24芯,可考虑采用单模光缆,并留一定芯数作保护	若与广电部门联建CATV网络,可采用同缆分纤兼顾电话与视频业务通信质量,合理选择光节点OLT和ONU
经济发达地区一般镇	1~2个电话局,光纤接入模式引入光纤接入设备,扩大交换局服务半径,优化网络	星级,主干光缆芯数大于24芯,可考虑采用单模光缆,并留一定芯数作保护	联建CATV网络,通过CATV发展、带动、促进普通电话和其他电信业务发展
经济发展一般地区和欠发达地区一般镇	通过远端模块应用模式将光缆靠近用户,经济发展一般地区中远期酌情向光纤接入的应用模式过渡		

2.2.8.2 通信线路

2.2.8.2-1 小城镇通信线路应以本地网(Local Net)通信传输线路为主,同时也包括其他各种信息网线路和广播有线电视线路。小城镇通信管道也应包括上述几种线路网管道。

2.2.8.2-2 小城镇通信线路按敷设方式分类,应包括通信架空电缆线路和通信地下电缆线路。

2.2.8.2-3 不同地区、不同类型、不同规模小城镇的通信线路敷设方式应根据小城镇的性质、规模和作用、地位、经济社会发展水平、用户密度,结合小城镇实际情况,按表2.2.8-2要求选择。

小城镇通信线路敷设方式　　　表2.2.8-2

敷设方式	经济发达地区 小城镇规模分级						经济发展一般地区						经济欠发达地区					
	一		二		三		一		二		三		一		二		三	
	近期	远期	近期	远期	近期	远期	近期	远期	近期	远期	近期	远期	近期	远期	近期	远期	近期	远期
架空电缆											○	○			○		○	
埋地管道电缆	△	●	△	●	部分△	●	部分●	●	部分△	●		△		△		△		部分△

注：①表中○—可设；△—宜设；●—应设。
②表中宜设、应设埋地管道电缆，主要指县城镇、中心镇、大型一般镇中心区和新建居住小区及旅游型小城镇而言。对县城镇、中心镇、大型一般镇非中心区和新建居住小区及非旅游型小城镇，可根据小城镇实际情况比较表中要求选择。
③小城镇分级见 1.6.2.1 总则。

2.2.8.2-4　小城镇通信电缆路由选择应遵循以下原则：

1）电缆路由应从小城镇远期发展规划考虑，近期规划与远期规划一致；

2）电缆路由尽量短捷、平直；

3）主干电缆路由走向尽量和配线电缆的走向一致，互相衔接，选择用户密度大的地区通过。多局制的用户主干电缆应与局间中继电缆的路由一并考虑；

4）重要主干电缆和中继电缆，宜采用迂回路由，构成环形网络；

5）电缆路由应符合和其他地上或地下管线以及建筑物间最小间隔距离的要求；

6）除因地形或敷设条件限制，必须合沟或合杆外，通信电缆应与电力线路分开敷设，各走一侧。

2.2.8.2-5 小城镇通信电缆容量的选用应符合表2.2.8-3电缆容量的有关界限的规定。

电缆容量的有关界限的规定　　　　表 2.2.8-3

电缆的名称和敷设的地段	交换设备容量	电缆容量的界限	备　注
地下主干电缆或中继电缆	1000门及以上	最小容量应大于200对	包括管道电缆和直埋电缆
地下主干电缆或中继电缆	交换机械设备容量较小	最小容量应大于100对	特殊情况允许小于100对，但应大于50对
架空主干电缆	不论交换机械设备容量多少	最大容量不应大于200对	
地下管道配线电缆	不论交换机械设备容量多少	最大容量不应大于200对	
架空配线电缆（包括墙壁电缆）	不论交换机械设备容量多少	最大容量不应大于100对	
交换箱连络电缆	不论交换机械设备容量多少	最大容量不应大于100对	

注：①交接箱间连络电缆的容量如小于50对时，可与同一路由配线电缆合敷；如容量小于100对时可与同一路由主干电缆合敷，合并后界限参照上表；
②如交换箱间连络电缆为保证通信安全或在技术上有利时，也可单独敷设，不与其他电缆合并。

2.2.8.2-6 小城镇通信电缆敷设方式的选择可依据使用场合的实际不同情况和架空电缆、管道电缆、直埋电缆、桥上电缆、水底电缆的敷设特点和使用场合，比较分析而确定。

2.2.8.2-7 小城镇配线电缆近期规划以架空为主，中远期应在馈线电缆（馈线主干电缆和馈线分支电缆）地下化（馈线电缆容量不少于300对）的基础上，逐步实行配线电缆隐蔽化。

2.2.8.2-8 小城镇通信电缆架空杆线宜与电力架空杆线分别架设在道路两侧人行道上。

2.2.8.2-9 小城镇通信电缆架空杆线宜设置在人行道上距路缘石不大于1m的位置。

2.2.8.2-10 小城镇广播电视架空线路可与通信架空电缆同杆架设。

2.2.8.2-11 小城镇通信电缆与10kV以下电力线路必要时允许合杆架设,但其间应用一定距离,与1kV及以上供电线路合杆,其净距不得小于2.5m,与1kV以下供电线路合杆,其净距不得小于1.5m,合杆线路上的市话架空电缆及电缆吊线每隔200m左右应做一次接地,要求接地电阻很小,每隔1000m左右做一次绝缘接头。

2.2.8.2-12 小城镇通信架空杆线与建筑物等的最小水平净距应符合表2.2.8-4的规定。

小城镇通信架空线路与建(构)筑物及热力管线间的最小水平净距(m)　　表2.2.8-4

名　称	建筑物（凸出部分）	道路（路缘石）	铁路（轨道中心）	热力管线
通信电缆杆线	2.0	0.5	4/3杆高	1.5

2.2.8.2-13 小城镇通信架空杆线之间及其与建(构)筑物、热力管线之间交叉时的最小垂直净距(m)应符合表2.2.8-5的规定。

小城镇通信线路之间及其与建(构)筑物、热力管线之间交叉时的最小垂直净距(m)　　表2.2.8-5

名　称	建筑物（顶端）	道路（地面）	铁路（轨顶）	通信线	热力管线
通信线	1.5	4.5	7.0	0.6	1.0

2.2.8.2-14 小城镇架空通信电缆杆路路由选择应遵循以下原则:

1) 与小城镇道路规划相一致;

2)路由尽量采用最短直线路径,减少角杆;

3)杆路路由和走向应尽量与地下电缆管道或直埋电缆的路由相配合,以便电缆引上、分支和向用户引入线路;

4)路由尽量少穿铁路、公路、河流等障碍物;

5)架空杆路应尽量减少与高压输电线的穿越、平行和接近,以避免危险和干扰影响;

6)跨越河流应尽量选择河道狭窄、河床稳定、土质较硬、两岸地势高、地形较开阔的地方;

7)避开有严重腐蚀气体的地区,必要时采用其他线路建筑方式;

8)架空杆路与其他管线及建筑物应保持规定的间隔距离。

2.2.8.2-15 小城镇地下通信电缆主要采用直埋和管道方法敷设。

2.2.8.2-16 小城镇通信管道网规划应以用户馈线电缆系统为主的用户线路网结构为主要依据,同时也包括局间中继电缆对管道路由和管孔容量提出的要求。

2.2.8.2-17 小城镇通信管道容量应包括用户馈线、局间中继线和各种其他线路对管孔需要量的总和。

2.2.8.2-18 小城镇本地线路网管道规划管孔需要量宜按表2.2.8-6,结合小城镇实际来选定。

与20年规划期平均增长率相应的电缆平均对数和管孔数 表2.2.8-6

A 终局用户数	B 平均增长率 A/20	C 平均对数建议值	D 用户线对数=1.6A	E 计算管孔数 D/C	F 取定管孔数=1.5E
500	25	300	800	3	5
1000	50	400	1600	4	6

续表

A 终局用户数	B 平均增长率 A/20	C 平均对数建议值	D 用户线对数＝1.6A	E 计算管孔数 D/C	F 取定管孔数＝1.5E
2000	100	600	3200	6	9
3000	150	700	4800	7	11
4000	200	800	6400	8	12
6000	300	1000	9600	10	15
8000	400	1100	12800	12	18
10000	500	1200	16000	14	21

注：①表中终局用户数为20年规划期末管道路由分段累计用户数；
②平均对数是现阶段设计建议值；
③用户线对数按用户数的1.6倍计算；
④管道建设一般应满足30～50年需要，表中取定管孔数是按1.5系数计算得出。

2.2.8.2-19 小城镇本地线路网管道规划与中继路由对数相对应的平均对数和管孔数应符合表2.2.8-7要求。

与中继路由对数相对应平均对数和管孔数　　表2.2.8-7

路由对数	平均对数	取定管孔数
2000	300	7
4000	350	12
6000	400	15
10000	500	20

2.2.8.2-20 小城镇通信管道管孔数应在考虑本地线路网的同时，充分考虑宽带网、互联网、数据网、广播有线电视网及其他非话业务和备用需要，应考虑各规划期的光缆比例要求。

2.2.8.2-21 小城镇通信管道管孔数计算应按照以下原则：

1）按一条电缆占用一个管孔考虑；

2）管孔数应按管道段落分别计算其终期需要的数量。

2.2.8.2-22 小城镇同一路由上的通信管道管群组合可采用多孔径单管群或多孔径管块，管孔孔径一般为80、62、50三种，各种管孔孔径分配除考虑敷设不同电缆外，尚应考虑光缆发展。

2.2.8.2-23 小城镇通信管道规划管道路由的选择应考虑以下原则：

1) 选择用户集中和有重要电缆（如中继电缆）、路径短捷的路由；

2) 通信灵活、安全，有利于适应用户发展，减少架空杆路；

3) 依据和符合用地规划及道路网规划、工程管线综合规划的要求；

4) 有利于利用和结合原有管道设备；

5) 尽量不沿交换区界限、铁路和河流等铺设管道；

6) 管道路由应尽量避开：

①规划未定道路；

②有严重土壤腐蚀的地段；

③有滑坡、地下水位甚高等地质条件不利的地段；

④重型车辆通行和交通频繁的地段；

⑤须穿越河流、桥梁、主要铁路和公路以及重要设施的地段。

2.2.8.2-24 小城镇通过桥梁通信管道应与桥梁规划建设同步，其管道建筑方式有管道、槽道、箱体、附架等多种方式。在桥上建筑管道时不应过多占用桥下净空，同时应符合桥梁建设的有关规范要求和管道建设的其他技术要求。

2.2.8.2-25 小城镇的信息网络、广播有线电视线路路由宜与通信线路路由统筹规划，联合建设，资源共享，同管道敷设。但广播有线电视电缆，不宜与通信电缆共管孔敷设。

2.2.8.2-26 小城镇通信管道与其他市政管线及建筑物的最小净距应符合城市工程管线综合规划规范的相关要求。

2.2.8.2-27 小城镇通信直埋电缆最小允许埋深应符合表 2.2.8-8 的规定。

小城镇通信直埋电缆的最小允许埋深（m） 表 2.2.8-8

直埋电缆敷设地段	最小允许埋深	备 注
镇区	0.7	一般土壤情况
镇郊	0.7	
有岩石时 有冰冻层时	0.5 应在冰冻层下敷设	

2.2.8.2-28 小城镇通信管道的最小允许埋深应符合表 2.2.8-9 的要求。

小城镇通信管道的最小允许埋深（m） 表 2.2.8-9

管道类型	管顶至路面的最小间距		
	人行道和绿化地带	车行道	铁 路
混凝土管	0.5	0.7	1.5
塑料管	0.5	0.7	1.5
钢 管	0.2	0.4	1.2

2.2.8.2-29 小城镇通信管道的人孔型号应根据远期管群容量大小确定，一般选用中、小型。人孔型式应根据其在管道上所处的位置按表 2.2.8-10 规定选用。

小城镇通信管道人孔型式 表 2.2.8-10

型 式		管道中心线交角	备 注
直通型		<22.5°	
扇型	30°	22.5°~37.5°	
	45°	37.5°~52.5°	
	60°	52.5°~67.5°	
拐弯型		>67.5°	
分支型			用于管道分支处

2.2.8.2-30 小城镇通信管道的人孔位置宜在通信电缆分支点与引上点处、管道拐弯点上、道路交叉口人行道上、地下引入线路的大建筑物旁，应与相邻市政管线的检查井错开。

2.2.8.2-31 小城镇通信管道段长应按人孔位置而定。在直线路由上，水泥管道的段长宜为120~130m，最长不超过150m，塑料管道可适当增长。

2.2.8.2-32 小城镇通信管道敷设应有一定的倾斜度，以利于渗入管内的地下水流向人孔，管道坡度可为3%~4%，不得小于2.5%。

小城镇通信网通信线路规划设计优化导则
（条文说明）

2.2.8.1 通信网

2.2.8.1-1 提出小城镇通信规划的组成与规划的主次要求。

2.2.8.1-2 提出小城镇通信传输网的组成。

2.2.8.1-3 根据小城镇特点和实际情况，在相关调查分析的基础上，提出小城镇通信线路路由选择的基础与方法。

根据小城镇不同经济和社会发展状况与条件，满足经济、合理、安全的基本要求，应因地制宜地提出不同小城镇的不同通信线路敷设方式。

2.2.8.1-4 根据小城镇特点和实际情况，提出小城镇用户线路网优化的基本原则。

2.2.8.1-5 在大量有代表性的小城镇相关调查研究分析的基础上，提出区别不同地区、不同类型、不同规模小城镇通信线路敷设方式的原则要求。

同时，强调对县城镇、中心镇、大型一般镇中心区和新建居住小区，以及旅游型小城镇管道敷设的更高要求。

2.2.8.1-6 根据小城镇特点和相关调查研究分析，参考原邮电部规划研究院的"我国接入网规划建设若干问题的研究"，提出小城镇接入网规划模式与优化。

OLT（Optical line terminal）：光线路终端；

ONU（Optical network unit）：光网络终端。

2.2.8.2 通信线路

2.2.8.2-1～2.2.8.2-2 提出小城镇通信线路和管道的构成以及通信线路敷设方式的分类。

2.2.8.2-3～2.2.8.2-4 根据小城镇特点和实际情况，提出小城镇通信线路敷设方式的基本要求和通信电缆路由选择的基本原则。

2.2.8.2-5 提出小城镇通信电缆容量选用的有关界限的规定。

2.2.8.2-6 提出小城镇不同场合通信电缆敷设方式选择的依据。

2.2.8.2-7 根据小城镇特点和实际情况，提出小城镇配线电缆逐步实行隐蔽化、地下化的原则要求。

2.2.8.2-8～2.2.8.2-9 提出小城镇通信电缆架空杆线在人行道上敷设的要求。

2.2.8.2-10～2.2.8.2-11 提出小城镇通信电缆与广播电视电缆以及10kV以下电力线路同杆架设的基本要求。

2.2.8.2-12～2.2.8.2-13 参照相关标准，提出小城镇通信架空线路与建（构）筑物及热力管线间的最小水平净距和交叉时的最小垂直净距。

2.2.8.2-14 根据小城镇特点和实际情况，提出小城镇架空通信电缆杆路路由选择的基本原则要求。

2.2.8.2-15 提出小城镇地下通信电缆的主要敷设方式。

2.2.8.2-16～2.2.8.2-17 提出小城镇通信管道网规划的

主要依据，以及管道容量的组成结构。

2.2.8.2-18～2.2.8.2-19 根据小城镇特点和实际情况，提出与20年规划期平均增长率相对应的电缆平均对数和管孔数，以及与中继路由对数相对应的平均对数和管孔数的基本要求。

2.2.8.2-20～2.2.8.2-21 提出小城镇通信工程规划设计计算通信管道管孔数的方法与原则。

我国小城镇通信较城市通信有较大差距，其固定电话业务需求尚处在较快的增长阶段。但由于通信技术发展很快，小城镇其他信息网络规划期也将会有较大发展，根据通信发展规律和在大量有代表性的小城镇相关调查研究分析的基础上，提出以小城镇本地线路网规划管孔计算为基础，充分考虑宽带网、互联网、数据网、广播电视网及其他非话业务和备用管孔的需要，按不同小城镇的不同规划期、光缆与电缆的比例计算小城镇通信管道管孔数是合理和适宜的。

2.2.8.2-22 提出小城镇同一路由上通信管道管孔组合和管孔孔径的分配原则。

2.2.8.2-23 根据小城镇的特点和实际情况，提出小城镇通信管道规划管道路由选择的基本原则。

2.2.8.2-24 提出通过桥梁的小城镇通信管道规划建设的基本要求。

2.2.8.2-25 提出小城镇通信网信息网、广播电视网管道统筹规划，联合建设、资源共享的规划建设原则要求。

2.2.8.2-26～2.2.8.2-28 提出小城镇通信管道与其他市政管线及建筑物的最小净距，直埋电缆和通信管道的最小允许埋深要求。

2.2.8.2-29～2.2.8.2-30 根据小城镇特点和相关通信工程标准，提出小城镇通信管道人孔型号、型式确定的相关规定，以及人孔位置布置的原则要求。

2.2.8.2-31～2.2.8.2-32 提出小城镇通信管道段长和管道敷设倾斜度的基本要求。

2.2.9 小城镇环境卫生工程规划优化导则

2.2.9.1 规划内容与规划原则

2.2.9.1-1 小城镇环境卫生工程规划的主要内容应包括固体废弃物分析，污染控制目标，生活垃圾量、工业固体废物量和粪便清运量预测，垃圾收运，垃圾、粪便处理处置与综合利用，以及环境卫生公共设施规划和环境卫生工程设施规划。

2.2.9.1-2 小城镇环境卫生工程规划应依据小城镇总体规划、县（市）域城镇体系规划和小城镇环境保护工程规划。

2.2.9.1-3 小城镇环境卫生工程规划应按照以下原则：

1)"全面规划、统筹兼顾、合理布局、美化环境、方便使用、整洁卫生、有利排运"的原则；

2）固体废物处理处置逐步实施"减量化、资源化、无害化"的原则；

3）"规划先行、建管并重"的原则；

4）"环卫设施建设与小城镇建设同步发展"的原则；

5）与小城镇发展、生态平衡及人民生活水平改善相适应的原则。

2.2.9.2 生活垃圾量、工业固体废物量预测及粪便清运量预测

2.2.9.2-1 小城镇固体废物应区分生活垃圾、建筑垃圾、工业固体废物、危险固体废物。

2.2.9.2-2 小城镇生活垃圾量、粪便清运量预测主要采用人均指标法和增长率法，工业固体废物预测主要采用增长率法和工业万元产值法。

2.2.9.2-3 当采用人均指标法预测小城镇生活垃圾量时，

生活垃圾预测人均指标可按 0.9~1.4kg/（人·d）计算，并结合当地经济发展水平、燃料结构、居民生活习惯、消费结构及其季节和地域情况，分析比较确定。

2.2.9.2-4 当采用增长率法预测小城镇生活垃圾量时，应根据垃圾量增长的规律和相关调查，按不同时间段确定不同的增长率预测。

2.2.9.3 垃圾与粪便收运、处理及综合利用

2.2.9.3-1 小城镇垃圾收运、处理处置与综合利用规划应包括垃圾污染控制目标，废物箱、垃圾箱的布局要求，垃圾转运站、公厕、环卫管理机构的选择、选址及服务半径、用地要求；垃圾处理与综合利用方案选择及相关设施选址与用地要求。

2.2.9.3-2 小城镇固体废物应逐步实现处理处置"减量化、资源化、无害化"，清运容器化、密闭化、机械化的环境卫生目标。

2.2.9.3-3 小城镇垃圾收集应符合日产日清要求，生活垃圾应按表2.2.9-1要求，结合小城镇相关条件和实际情况分析比较选择收集方式；经济发达地区小城镇原则上应尽早实现分类收集，经济一般地区和经济欠发达地区小城镇远期规划应逐步实现分类收集。

小城镇垃圾收集方式选择 表2.2.9-1

垃圾收集方式		经济发达地区						经济发展一般地区						经济欠发达地区					
		一		二		三		一		二		三		一		二		三	
		近期	远期	近期	远期	近期	远期	近期	远期	近期	远期	近期	远期	近期	远期	近期	远期	近期	远期
	混合收集							●		●		●		●		●		●	
	分类收集	●	●	●	●	△	●		△		●		△		●		△		△

注：△—宜设；●—应设。

2.2.9.3-4 小城镇生活垃圾分类收集应与分类处理方式相适应，与垃圾的整个运输、处理处置和回收利用系统相统一。

2.2.9.3-5 小城镇生活垃圾处理应禁止采用自然堆存的方法，而应采用以卫生土地填埋为主处理的方法。有条件的小城镇经可行性论证也可因地制宜采用堆肥方法和焚烧方法处理；乡镇工业固体废物（固体危险废弃物外）应根据不同特点考虑处理方法，尽可能地综合利用。

2.2.9.3-6 小城镇医疗垃圾等固体危险废弃物必须单独收集、单独运输、单独处理。

固体危险废弃物不得与生活垃圾混合处理，必须在远离镇区和城镇水源保护区的地点按国家有关标准和规定分类单独安全处理和处置。其中医院、卫生院的有毒有害医疗垃圾应集中焚烧或作其他无害化处理，同时在环境影响评价中重点预测分析对小城镇的影响，保证小城镇安全。

2.2.9.3-7 小城镇固体废物处理处置方法选择除依据方案经济技术比较外，尚应依据固体废物处理处置的有关法规与技术政策评价；生活垃圾处理技术方案比较可参照表2.2.9-5小城镇垃圾处理方法综合比较进行；固体废物处理处置法规与技术政策评价应依据《固体废物污染环境法》、《城市生活垃圾处理及污染防治技术政策》等相关政策法规。

2.2.9.3-8 小城镇环境卫生工程规划的垃圾污染控制目标可按表2.2.9-2的控制与评估指标，结合小城镇实际情况适宜制定。

小城镇垃圾污染控制和环境卫生评估指标　　　表 2.2.9-2

	经济发达地区						经济发展一般地区						经济欠发达地区					
	小城镇规模分级																	
	一		二		三		一		二		三		一		二		三	
	近期	远期	近期	远期	近期	远期	近期	远期	近期	远期	近期	远期	近期	远期	近期	远期	近期	远期
固体垃圾有效收集率（%）	65~70	≥98	60~65	≥95	55~60	95	60	95	50~55	90	45~50	85	45	90	40~45	85	30~40	80
垃圾无害化处理率（%）	≥40	≥90	35~40	85~90	25~35	75~85	≥35	≥85	30~35	80~85	20~30	70~80	30	≥75	25~30	70~75	15~25	60~70
资源回收利用率（%）	30	50	25~30	45~50	20~25	35~45	25		20~25	45~50	15~20	30~40	20		15~20	40~45	10~15	35~40(?)

2.2.9.3-9　有污水管网、污水处理设施的小城镇，粪便可直接或间接（经过化粪池）排入污水管道，进入污水处理厂处理；污水管网与处理系统不完善的小城镇，可由人工或机械清淘粪井或化粪池的粪便，再由粪车汇集到粪便收集站或储粪池，最后运至粪便处理站处理。

2.2.9.4　环境卫生公共设施和工程设施

2.2.9.4-1　小城镇环境卫生公共设施和工程设施规划应包括确定不同设施的布局、选址服务范围、设置规模、设备标准、用地指标等内容。同时，应对公共厕所、粪便蓄运站、废物箱、垃圾容器（垃圾压缩站）、垃圾转运站、（垃圾码头）、卫生填埋场、（堆肥厂）、环境卫生专用车辆配置及其车辆通道和环境卫生基地建设的布局、建设和管理提出要求。

2.2.9.4-2　小城镇环境卫生公共设施和工程设施，应满足小城镇卫生环境和景观环境及生态环境保护的要求；环境卫生公共设施应方便社会公众使用。

2.2.9.4-3　小城镇公共厕所应结合旧镇改造将旱厕逐步

改造为水厕，小城镇公共厕所沿路设置可按表 2.2.9-3 要求，结合实际情况选择。

小城镇公共厕所沿路设置间距（m） 表 2.2.9-3

	镇区干道		支 路
	非繁华段	繁华段	
设置间距	600~800	500~600	800~1000

注：①公共厕所宜结合公共设施与商业网点设置。
②县城镇、中心镇、旅游型小城镇、商贸型小城镇宜按上表较高标准设置。
③结合周边用地，公共厕所设置标准和独立式公共厕所用地面积可按《城市环境卫生设施规划规范》的较低标准设置。

2.2.9.4-4 小城镇生活垃圾应定点收集，方便使用；定点收集的垃圾容器、垃圾容器间应不影响镇区卫生和景观环境；生活垃圾收集点服务半径不宜超过70m，住区多层住宅每4幢设一处垃圾收集点，市场、交通客运枢纽站应单独设置生活垃圾收集点。

2.2.9.4-5 小城镇废物箱应根据人流密度，沿路合理设置，其间距宜符合下列要求：

镇区中心繁华街道：50~100m；

其他干道：100~200m；

支路：200~400m。

2.2.9.4-6 小城镇宜设置小型垃圾转运站，选址应在靠近服务区域中心、交通便利、不影响镇容的地方，并设置绿化隔离带。

2.2.9.4-7 小城镇采用非机动车收运生活垃圾方式时，生活垃圾转运站服务半径宜为0.4~1km；采用小型机动车收运方式时，其服务半径宜为2~4km。

2.2.9.4-8 小城镇生活垃圾转运站规划用地面积宜按每

站 200~1000m²，结合小城镇生活垃圾转运站个数和转运量等具体情况，分析比较确定；生活垃圾转运站与相邻建筑间距应不小于 8m，绿化隔离带宽度应不小于 3m。

2.2.9.4-9　小城镇生活垃圾卫生填埋场选址，应最大限度地减少对生态环境和小城镇布局等的影响，减少投资，并应同时符合下列要求：

1）距小城镇规划建成区 2km 外；
2）距村庄居民点 0.5km 外；
3）土地利用价值低，地质情况较稳定，取土方便；
4）具备运输条件；
5）非水源保护区、地下蕴矿区和地下文物区。

2.2.9.4-10　城镇密集地区小城镇生活垃圾卫生填埋场应统筹规划联建共享。

2.2.9.4-11　没有污水管道的小城镇必须建化粪池。化粪池应设在建筑物背向大街一侧，靠近卫生间的地方，并应尽量隐蔽，不宜设在人们经常活动之处。化粪池距建筑物的净距应不小于 5m，距地下取水构筑物距离应不小于 30m。

2.2.9.4-12　小城镇贮粪池应设在镇郊，其周围应按有关规定设绿化隔离带。

2.2.9.4-13　小城镇粪便处理厂选址应进行综合技术经济比较与优化分析论证后确定，并应满足以下要求：

1）少占、不占农田，同时留有适当扩建余地；
2）在小城镇水体下游，主导风向下侧的镇郊；
3）远离小城镇居住小区、工业区，并有一定卫生防护距离；
4）不宜设在雨季受水淹的低洼处。靠近水体的处理厂，应选择在不受洪水威胁的地方，应有防洪措施。
5）位于地下水位较低、地基承载力较大、湿陷性等级不高、岩石较少的工程地质条件较好的地方；

6）有良好的排水条件，便于粪便、污水、污泥排放和利用。

2.2.9.4-14 小城镇粪便处理厂预留用地可按表2.2.9-4，根据小城镇粪便处理量和处理工艺确定。

小城镇粪便处理厂采用部分工艺的用地指标 [$m^2/(t \cdot d)$]

表2.2.9-4

粪便处理方式	厌氧—好氧	厌氧（高温）	稀释—好氧
用地指标	12	20	25

附录A：小城镇垃圾处理方法综合比较

小城镇垃圾处理方法综合比较如表2.2.9-5。

小城镇垃圾处理方法综合比较 表2.2.9-5

	卫生填埋	焚烧	高温堆肥
技术可靠性	可靠	可靠	可靠，国内有一定经验
操作安全性	较大，注意防火	好	好
选址	要考虑地理条件，防止水体污染，一般应远离小城镇，运输距离大于20km	可靠近城镇，运输距离小于10km	避开住宅密集区，气味影响半径小于200m，运输距离2~10km
占地	大	小	中等
适用条件	适用范围广，对垃圾成分无严格要求，但无机含量大于60%；征地容易，地区水位条件好，气候干旱、少雨的条件更为适用	要求垃圾热值大于4000kt/kg；土地资源紧张，经济条件好	垃圾中可降解有机物含量大于40%；堆肥产品有较大市场
最终处置	无	残渣需作处置的占初始量的10%~20%	非堆肥物需作处置的占初始量的25%~35%

续表

	卫生填埋	焚烧	高温堆肥
能源化意义	部分有	部分有	有
资源利用	恢复土地利用或再生土地资源	垃圾分选可回收部分物质	作农肥和回收部分物质
地面水污染	有可能，但可采取措施防止污染		无
地下水污染	有可能需采取防渗保护，但仍有可能渗漏	无	可能性较小
大气污染	可用导气、覆盖等措施控制	烟气处理不当时有一定污染	有轻微气味
土壤污染	限于填埋区域	无	需控制堆肥有害物含量
管理水平	一般	较高	较高
投入运行费用	最低	最高	较高

附录 B：卫生填埋场用地面积计算参考

卫生填埋场用地面积可参考下式计算：

$$S = 365 y \left(\frac{Q_1}{D_1} + \frac{Q_2}{D_2} \right) \frac{1}{Lck_1 k_2}$$

式中 S——填埋场用地面积（m^2）；

365——一年的天数（d）；

y——填埋场使用年限（a）；

Q_1——日处理垃圾重量（t/d）；

D_1——垃圾平均密度（t/m^3）；

Q_2——日覆土重量（t/d）；

D_2——覆盖土的平均密度（t/m^3）；

L——填埋场允许堆积（填埋）高度（m）；

c——垃圾压实（自缩）系数，$c = 1.25 \sim 1.8$；

k_1——堆积（填埋）系数，与作业方式有关，$k_1 = 0.35 \sim 0.7$；

k_2——填埋场的利用系数 $k_2 = 0.75 \sim 0.9$。

填埋场的面积布置除了主要生产区外,还应有辅助生产区:仓库、机修车间、调度室等;管理区:包括生产生活用房。填埋场的辅助建筑在满足使用功能与安全条件下,宜集中布置。填埋场的辅助建筑面积指标不宜超过表2.2.9-6所列指标。

垃圾填埋场附属建筑面积指标（m²）   表2.2.9-6

日处理规模	生产管理用房	生活服务设施用房	日处理规模	生产管理用房	生活服务设施用房
Ⅰ类	1200~2500	200~600	Ⅲ类	300~1000	100~200
Ⅱ类	400~1800	100~500	Ⅳ类	300~700	100~200

注：①生产管理用房包括：行政办公、仓库、机修车间、调度室、化验室、变配电房、车库、门房等；
②生活服务设施用房：食堂、浴室和值班宿舍等。

小城镇环境卫生工程规划优化导则
（条文说明）

2.2.9.1 规划内容和原则

2.2.9.1-1 规定小城镇环境卫生工程规划的主要内容。

小城镇环境卫生工程规划内容针对小城镇环境卫生实际,主要侧重于生活垃圾等固体废物和粪便的处理处置与综合利用、污染控制及相关小城镇环境卫生公共设施和环境卫生工程设施规划。其中主要内容中固体废弃物分析应包括分析其组成和发展趋势,并提出污染控制目标;各类环境卫生设施规划应确定服务范围、设置规模、设置标准、运作方式和预留用地等。

本条主要依据城市规划编制办法实施细则和相关规范规定,以及小城镇环境卫生工程及其相关规划的调查分析。

2.2.9.1-2 提出小城镇环境卫生工程规划与小城镇总体规

划、县（市）域城镇体系规划及小城镇环境保护规划的关系。

小城镇环境卫生工程规划是小城镇总体规划的组成部分。小城镇环境卫生与小城镇镇容镇貌、社会经济发展、投资环境和人居环境的相关要求关系密切。

小城镇环境卫生系统工程规划建设应与小城镇总体规划确定的小城镇城镇性质、人口、用地规模、用地布局、社会经济发展相一致和相协调，也要与小城镇环境保护目标、规划建设相协调，垃圾填埋场等较大、重要的环境卫生设施应区域共享。要求环境卫生设施工程要与县（市）域城镇体系规划或更大城镇密集地区区域规划相协调。

2.2.9.1-3 提出小城镇环境卫生系统工程规划应遵循并体现"以为人本"的5条原则要求。

2.2.9.2 生活垃圾量、工业固体废物量预测

2.2.9.2-1 提出小城镇固体废物的组成。

2.2.9.2-2 提出小城镇生活垃圾量和工业固体废物量预测主要采用的方法。

2.2.9.2-3 提出小城镇生活垃圾的预测人均指标，及其选择适宜值的相关考虑因素。

据有关统计，我国城市目前人均日生活垃圾产量为0.6~1.2kg/（人·d），由于小城镇的燃料结构、居民生活水平、消费习惯和消费结构、经济发展水平与城市差异较大，小城镇的人均生活垃圾量比城市要高；同时综合分析四川、重庆、云南、福建、浙江、广东等省市的小城镇实际和规划人均生活垃圾量及其增长的调查结果，分析比较发达国家生活垃圾的产生量情况和增长规律，提出小城镇生活垃圾量的规划预测人均指标为0.9~1.4kg/（人·d）。

2.2.9.2-4 提出采用增长率法预测小城镇生活垃圾量时，应采用按不同时间段选用不同增长率预测的原则和近期小城镇

生活垃圾平均年增长率指标。

采用增长率法，可用下式预测：

$$W_t = W_0(1+i)^t$$

式中　W_t——预测段末年份小城镇生活垃圾产量；
　　　W_0——现状基年小城镇生活垃圾产量；
　　　i——预测段小城镇生活垃圾年均增长率；
　　　t——预测段预测年限。

规划年份小城镇生活垃圾产量可视需要逐段重复预测求得。

生活垃圾年均增长率随小城镇人口增长、规模扩大、经济社会发展、生活水平提高、燃料结构、消费水平与消费结构的变化而变化。分析国外发达国家城镇生活垃圾变化规律，其增长规律类似一般消费品近似 S 曲线的增长规律，增长到一定阶段增长减慢直至饱和，1980~1990年欧美国家城市生活垃圾产量增长率已基本在3%以下。我国城市垃圾还处在直线增长阶段，自1979年以来平均增幅为9%。

根据小城镇的相关调查分析和推算，小城镇近期生活垃圾产量的年均增长一般可按8%~10.5%，应用中应结合小城镇实际情况分析，比较选取和适当调整。

2.2.9.3　垃圾与粪便收运、处理及综合利用

2.2.9.3-1　规定小城镇垃圾收运、处理处置与综合利用规划的基本内容要求。

垃圾处理处置与综合利用直接关系到小城镇的镇容镇貌和环境卫生水平，以及人居环境质量。垃圾处理是小城镇环境卫生存在的严重问题之一，许多小城镇垃圾污染严重。本条款强调小城镇垃圾收运处理处置与综合利用规划从垃圾污染控制目标到垃圾处理与综合利用的相关内容。

2.2.9.3-2~2.2.9.3-3　提出小城镇环境卫生规划目标和垃圾收集方式的要求。

小城镇生活垃圾应设置标准垃圾收集设施，逐步实现收集、清运的容器化、密闭化、机械化和处理无害化，减少暴露垃圾，提高环境卫生质量。垃圾分类袋装收集，有利于工矿业固体废物等物资回收利用和可利用垃圾的综合利用。表9.3.3对不同地区不同类型小城镇不同规划期垃圾收集方式提出相关的不同要求。

2.2.9.3-4 提出小城镇生活垃圾分类收集与分类处理方式应相适应、与垃圾的运输处理处置和回收利用系统相统一的要求，以利于生活垃圾的分类处理处置和工矿业固体废物等物资回收利用以及可利用垃圾的综合利用。

2.2.9.3-5 固体废物处理应先考虑减量化、资源化（从固体废物中回收有用物质和能源），减少资源消耗和加速资源循环；后考虑加速物质循环，对最后残留物质最终无害化处理。

小城镇生活垃圾的处理是固体废物处理的重点。我国目前的生活垃圾处理方法填埋占70%，堆肥20%，焚烧及其他处理方法10%。表2.2.9-7为填埋、焚烧和堆肥三种处理方法的主要对比。

三种主要垃圾处理方法比较　　　　表2.2.9-7

	填埋	焚烧	堆肥
技术可靠性	技术可靠	可靠	可靠，国内有一定经验
选址要求	要考虑地理条件，防止水体污染，一般远离城镇，远距离大于20km	可靠近城镇建设，运输距离可小于10km	需避开住宅密集区，气味影响半径小于200m，运输距离2~10km
占地	大	小	中等
适用条件	适用范围广，对垃圾成分无严格要求；但无机物含量大于60%；征地容易；地区水文条件好，气候干旱、少雨的条件更为适用	要求垃圾热值大于4000kJ/kg；土地资源紧张，经济条件好	垃圾中生物可降解有机物含量大于40%；堆肥产品有较大市场
投资运行费用	最低	最高	较高

根据上述主要比较，考虑小城镇特点和实际情况，小城镇生活垃圾处理，应主要采用卫生填埋方法处理，有条件的小城镇经技术方案比较和可行性论证，也可采用堆肥方法处理。

本条款同时对乡镇工业固体废物（除固体危险废弃物外）提出按不同种类特点处理和综合利用的基本原则要求。

2.2.9.3-6 小城镇环境卫生管理监督比较薄弱，医疗垃圾处理和处置不严加管理容易混杂于生活垃圾，而极可能引起有害、有毒物质及病菌的污染和传播，危害人的健康，造成环境污染并由此对公共安全造成威胁。同《城市环境卫生设施规划规范》相关规定，小城镇也必须强调此条规定，对医疗垃圾等固体危险废弃物的收集、运输、处理环节进行封闭隔离式单独作业，这对避免交叉污染是必要的。

从小城镇安全和保护生态环境考虑，提出有毒、有害垃圾和固体废弃物处理处置的原则要求。小城镇有毒有害的工业垃圾除医院、卫生院医疗卫生垃圾外，也包括可能有的有毒有害的工业垃圾、含放射性物质或其他危险性较大的垃圾以及病死畜等，固体危险废弃物对小城镇环境危害大，强调对其安全处理处置十分必要。

2.2.9.3-7 规定小城镇固体废物处理处置的法规和政策评价依据及生活垃圾处理技术方案的比较依据。

2.2.9.3-8 根据四川、重庆、湖北、福建、浙江、广东、山东、河南、天津等省市小城镇的环境卫生有关调查，镇容镇貌脏、乱、差现象突出是小城镇基础设施存在的主要问题之一。特别是经济发展一般地区和欠发达地区许多小城镇以路为市，以街为市，污水未经有效处理排放甚至随意排放，垃圾露天堆放不能得到有效收集与处理，造成环境质量低下，河道水系污染严重。随着小城镇经济发展，各种固体垃圾将会大幅度增长，如继续得不到有效收集与处理，对小城镇的环境影响将更为严重并更难治理。

提出小城镇环境卫生污染控制目标宜主要通过小城镇环境卫生污染源头固体垃圾的有效收集和无害化处理来实现，并可采用其有效收集率和无害化处理率作为评估指标。

表2.2.9-2系根据上述省、市不同小城镇的大量相关调研与规划目标分析比较得出。

2.2.9.3-9 提出根据小城镇的不同条件对小城镇粪便处理的基本要求。

2.2.9.4 环境卫生公共设施和工程设施

2.2.9.4-1~2.2.9.4-2 提出小城镇环境卫生公共设施和工程设施规划的基本内容要求。

环境卫生设施是指具有从整体上改善环境卫生，限制或消除生活垃圾、粪便及其他固体废物危害功能的设备、容器、构筑物、建筑物及场地等的统称。

环境卫生公共设施是指设置在公共场所等处，为社会公众提供直接服务的环境卫生设施。

环境卫生工程设施是指具有生活固体废弃物转运、处理及处置功能的较大规模的环境卫生设施。

环境卫生公共设施和工程设施是小城镇基础设施的主要组成部分之一，也是小城镇环境卫生系统规划的主要内容。

小城镇环境卫生公共设施在社会公众生活中不可缺少，应体现"以人为本"，方便社会公众使用。同时小城镇环境卫生公共设施和工程设施与小城镇卫生环境、景观环境及生活环境保护直接相关，规划应满足上述的相关要求。

2.2.9.4-3 提出小城镇公共厕所规划设置合理水平的一般要求。

公共厕所直接反映小城镇的环境卫生面貌。根据调查多数小城镇公共厕所数量少，且多数为旱厕。水厕少，卫生条件差，建设缺乏规划。

本条款对小城镇公共厕所的规划设置的基本要求是在基于上述现状分析，并充分考虑小城镇发展、人口密度增加、居民生活水平提高，对改善小城镇环境卫生条件的迫切要求，同时考虑小城镇与城市的差别，在分析比较城市有关标准的基础上提出的。

2.2.9.4-4 提出小城镇生活垃圾定点收集及其相关原则要求，同时参考相关标准和考虑小城镇特点，提出小城镇废物箱、生活垃圾收集点规划设置的一般要求。

2.2.9.4-5 根据小城镇人流的特点和实际情况，结合小城镇实际提出沿路设置废物箱的技术指标要求。

2.2.9.4-6～2.2.9.4-8 提出小城镇设置小型垃圾转运站选址、布局、规划用地面积及其他相关要求；提出小城镇不同收运生活垃圾方式，生活垃圾转运站服务半径的基本要求。

2.2.9.4-9～2.2.9.4-10 提出小城镇生活垃圾卫生填埋场选址和城镇密集区生活垃圾卫生填埋场统筹规划、联建共享的基本原则要求。

生活垃圾卫生填埋场在运行过程中产生的次生污染危害较大，对小城镇生态环境、景观和布局影响很大，且选址困难。因此除应符合相关环境要求外，还提出城镇密集区生活垃圾卫生填埋场建设共享的重要性。一般来说，生活垃圾填埋场要求距大城市建成区10km以上，距中小城市5km以上，距小城镇2km以上，距村庄居民点0.5km以上是合适的。

2.2.9.4-11～2.2.9.4-12 根据小城镇实际，参考相关标准与规定提出小城镇化粪池、贮粪池的基本要求。

2.2.9.4-13～2.2.9.4-14 根据小城镇特点和实际情况，参考相关标准和规定，提出小城镇粪便处理厂选址及用地的基本要求。

2.2.10 小城镇综合防灾工程规划优化导则

2.2.10.1 规划编制内容与基本要求

2.2.10.1-1 小城镇综合防灾工程规划应包括地质灾害、洪灾、震灾、风灾和火灾等灾害防御的规划，并应根据当地易遭受灾害及可能发生灾害的影响情况，确定规划的上述若干防灾规划专项。

2.2.10.1-2 小城镇综合防灾工程规划应包括以下内容：

1）防灾减灾现状分析和灾害影响环境综合评价及防灾能力评价；

2）各项防灾规划目标、防灾标准；

3）防灾减灾设施规划，应包括防洪设施、消防设施布局、选址、规模及用地，以及综合避灾通道、避灾疏散场地和避难中心设置；

4）防止水灾、火灾、爆炸、放射性辐射、有毒物质扩散或者蔓延等次生灾害，以及灾害应急、灾后自救互救与重建的对策与措施；

5）防灾减灾指挥系统。

2.2.10.1-3 编制小城镇综合防灾工程规划应对与防灾有关的小城镇建设、地震地质、工程地质、水文地质、地形地貌、土层分布及地震活动性等情况进行深入调查研究，取得准确的基础资料，必要时应补充进行现场测试、调查、观测，进行专题研究。

2.2.10.1-4 小城镇综合防灾工程规划的成果应包括：规划文本、说明书和综合防灾规划图纸，综合防灾规划图的比例按小城镇总体规划的要求。

2.2.10.2 灾害综合防御

2.2.10.2-1 小城镇详细规划阶段，应根据地质灾害、地震场地破坏效应等，对建设场地进行进一步的综合评价和预测；存在场地稳定性问题时，应进行测绘与调查、勘探及测试工作，查明建筑地段的稳定性。

2.2.10.2-2 小城镇综合防灾工程规划应在对各灾种的灾害影响综合评价的基础上，进行建设用地的土地利用适宜性综合评价，提出用地适宜性与建设强度，进行避灾疏散规划安排及疏散要求和对策的制定，提出灾害综合防御要求和措施。

2.2.10.2-3 小城镇综合防灾工程规划应作综合避灾疏散场所和避灾疏散主通道地质环境、人工环境、次生灾害防御等防灾安全评估，避灾疏散主通道的有效宽度不宜小于4m。

2.2.10.2-4 综合避灾疏散场地应考虑火灾、水灾、海啸、滑坡、山崩、场地液化、矿山采空区塌陷等其他防灾要求，根据人口疏散规划与广场、绿地等综合考虑，同时应符合下列规定：

1）应避开次生灾害严重的地段，并应具备明显的标志和良好的交通条件；
2）镇区每一处疏散场地不宜小于$4000m^2$；
3）人均疏散场地不宜小于$2m^2$；
4）疏散人群至疏散场地的距离不宜大于500m；
5）主要疏散场地应具备临时供电、供水和卫生条件。

2.2.10.2-5 综合避灾疏散场所四周有次生火灾或爆炸危险源时，应设防火隔离带或防火树林带。

综合避灾疏散场所与周围易燃建筑或其他可能发生的火源之间应设置30~130m的防火安全带。综合避灾疏散场所内的避难区域应划分区块，区块之间应设防火安全带。综合避灾疏散场所内部应设防火设施、防火器材、消防通道和安全撤退道路。

2.2.10.3 地质灾害防御

2.2.10.3-1 地质灾害防治规划，应对包括自然因素或者人为活动引发的山体崩塌、滑坡、泥石流、地面塌陷、地裂缝、地面沉降等与地质作用有关的灾害以及环境地质灾害进行调查评价，进行地质灾害危险性评估，并应对工程建设遭受地质灾害危害的可能性和引发地质灾害的可能性做出评价，划定地质灾害的易发区段，提出预防治理对策。

2.2.10.3-2 地质灾害防治规划应将县城镇、中心镇、人口集中居住区、风景名胜区、较大工矿企业所在地和交通干线、重点水利电力工程等基础设施作为地质灾害重点防治区中的防护重点。

2.2.10.3-3 地质灾害治理工程的规模应与地质灾害形成的原因、严重程度以及对人民生命和财产安全的危害程度相适应。

2.2.10.3-4 地质灾害防治规划应提出地质灾害危险区及时采取工程治理或者搬迁避让的措施，保证地质灾害危险区内居民的生命和财产安全；在地质灾害危险区内，禁止爆破、消坡与进行工程建设以及从事其他可能引发地质灾害的活动。

2.2.10.4 防洪规划

2.2.10.4-1 小城镇防洪工程规划应以小城镇总体规划及所在江河流域防洪规划为依据，全面规划，综合治理，统筹兼顾，讲求效益。

2.2.10.4-2 编制小城镇防洪工程规划除向水利等有关部门调查分析相关基础资料外，还应结合小城镇现状与规划，了解分析设计洪水、潮位的计算和历史洪水和暴雨的调查考证。

2.2.10.4-3 小城镇防洪工程规划应遵循统筹兼顾、全面规划、综合治理、因地制宜、因害设防、防治结合、以防为主的原则。

2.2.10.4-4 小城镇防洪工程规划应结合其处于不同水体位置的防洪特点，制定防洪工程规划方案和防洪措施。

2.2.10.4-5 小城镇防洪规划应根据洪灾类型（河（江）洪、海潮、山洪和泥石流）选用相应的防洪标准及防洪措施，实行工程防洪措施与非工程防洪措施相结合，组成完整的防洪体系。

2.2.10.4-6 沿江河湖泊小城镇防洪标准应不低于其所处江河流域的防洪标准，并应与当地江河流域、农田水利、水土保持、绿化造林等的规划相结合，统一整治河道，确定修建堤坝、圩垸和蓄、滞洪区等工程防洪措施。

2.2.10.4-7 邻近大型或重要工矿企业、交通运输设施、动力设施、通信设施、文物古迹和旅游设施等防护对象的镇区和村庄，当不能分别进行防护时，应按就高不就低的原则确定设防标准及设置防洪设施。

2.2.10.4-8 小城镇防洪、防涝设施应主要由蓄洪滞洪水库、堤防、排洪沟渠、防洪闸和排涝设施组成。

2.2.10.4-9 小城镇防洪规划应注意避免或减少对水流流态、泥沙运动、河岸、海岸产生不利影响，防洪设施选线应适应防洪现状和天然岸线走向，与小城镇总体规划的岸线规划相协调，合理利用岸线。

2.2.10.5 抗震防灾规划

2.2.10.5-1 位于地震基本烈度为6度及以上（地震动峰值加速度值≥$0.05g$）地区的小城镇防灾减灾工程规划应包括抗震防灾规划的编制。

2.2.10.5-2 抗震防灾规划中的抗震设防标准、建设用地评价与要求、抗震防灾措施，应根据小城镇的防御目标、抗震设防烈度和国家现行标准确定，并作为强制性要求。

2.2.10.5-3 小城镇抗震防灾应达到以下基本防御目标：

1) 当遭受多遇地震（"小震"，即50年超越概率为63.5%）影响时，城镇功能正常，建设工程一般不发生破坏；

2) 当遭受相当于本地区地震基本烈度的地震（"中震"，

即 50 年超越概率为 10%）影响时，生命线系统和重要设施基本正常，一般建设工程可能发生破坏但基本不影响小城镇整体功能，重要工矿企业能很快恢复生产或经营；

3）当遭受罕遇地震（"大震"，即 50 年超越概率为 2%～3%）影响时，小城镇功能基本不瘫痪，要害系统、生命线系统和重要工程设施不遭受严重破坏，无重大人员伤亡，不发生严重的次生灾害。

2.2.10.5-4 处于抗震设防区的小城镇规划建设，应符合现行国家标准《中国地震动参数区划图》（GB 18306）和《建筑抗震设计规范》（GB 50011）等的有关规定，选择对抗震有利的地段，避开不利地段，严禁在危险地段搞住宅建设和安排其他人员密集的建设项目。

2.2.10.5-5 小城镇土地利用抗震适宜性规划应满足下列要求：

1）应根据场地类别分区和场地破坏影响分区，采用现行的《建筑抗震设计规范》（GB 50011）（表 2.2.10-1）将场地地段划分为对建筑抗震有利地段、不利地段和危险地段；

2）综合考虑城镇功能分区、土地利用性质、社会经济等因素，进行土地利用抗震适宜性分区，提出抗震适宜性建设要求和措施。

抗震有利、不利和危险的地段划分　表 2.2.10-1

地段类别	地质、地形、地貌
有利地段	稳定基岩、坚硬土，开阔、平坦、密实、均匀的中硬土等
不利地段	软弱土，液化土，条状突出的山嘴，高耸孤立的山丘，非岩质的陡坡，河岸和边坡的边缘，平面分布上成因、岩性、状态明显不均匀的土层（如故河道、疏松的断层破碎带、暗埋的塘滨沟谷和半填半挖地基）等
危险地段	地震时可能发生滑坡、崩塌、地陷、地裂、泥石流等及发震断裂带上可能发生地表错位的部位

2.2.10.5-6 小城镇抗震防灾规划编制,应确定次生灾害危险源的种类和分布,并进行危害影响估计。

1) 对次生火灾可采用定性方法划定高危险区。应进行危害影响估计,给出火灾发生的可能区域;

2) 对小城镇周围重要水利设施或海岸设施的次生水灾应进行地震作用下的破坏影响估计;

3) 对于爆炸、毒气扩散、放射性污染、海啸等次生灾害可根据实际情况选择评价对象进行定性评价。

2.2.10.5-7 小城镇抗震防灾规划应根据次生灾害特点,结合小城镇发展提出控制和减少致灾因素的总体对策和各类次生灾害的规划要求,提出危重次生灾害源的防治、搬迁改造等要求。

2.2.10.6 防风减灾规划

2.2.10.6-1 小城镇防风减灾规划应根据风灾危害影响评价,提出防御风灾的规划要求和工程防风措施,制定小城镇防风减灾对策。

2.2.10.6-2 小城镇防风标准应依据城镇防灾要求、历史风灾资料、风速观测数据资料,根据现行国家标准《建筑结构荷载规范》(GB 50009)的有关规定确定。

2.2.10.6-3 易形成风灾地区的镇区选址应避开与风向一致的谷口、山口等易形成风灾的地段。

2.2.10.6-4 易形成台风灾害地区的镇区规划应符合下列规定:

1) 滨海地区、岛屿应修建抵御风暴潮冲击的堤坝;

2) 确保风后暴雨及时排除,应按国家和省、自治区、直辖市气象部门提供的年登陆台风最大降水量和日最大降水量,统一规划建设排水体系;

3) 应建立台风预报信息网,配备医疗和救援设施。

2.2.10.6-5 对于易受台风灾害影响的地区,应对台风造成的大风、风浪、风暴潮、暴雨洪灾等灾害影响进行综合评价。

2.2.10.6-6 风灾危害性评价可在总结历史风灾资料的基础上，分区估计风灾对建设用地、建筑工程、基础设施、非结构构件的灾害影响。

2.2.10.6-7 易形成风灾地区的镇区应在其迎风方向的边缘选种密集型的防护林带。

2.2.10.6-8 对直接受台风严重威胁的危险房屋制定改造规划，并对居民避险安置进行规划安排。

2.2.10.6-9 易形成风灾地区的小城镇建筑设计除应符合现行国家标准《建筑结构荷载规范》（GB 50009）的有关规定外，尚应符合下列规定：

1）建筑物宜成组成片布置；

2）迎风地段宜布置刚度大的建筑物，体型力求简洁规整，建筑物的长边应同风向平行布置；

3）不宜孤立布置高耸建筑物。

2.2.10.7 消防规划

2.2.10.7-1 小城镇消防规划应包括消防站布局选址、用地规模、消防给水、消防通信、消防车通道、消防组织、消防装备等内容。

2.2.10.7-2 结合消防，小城镇居住区用地宜选择在生产区常年主导风向的上风或侧风向；生产区用地宜选择在镇区的一侧或边缘。

2.2.10.7-3 小城镇消防安全布局应符合下列规定：

1）现状中影响消防安全的工厂、仓库、堆场和储罐等必须迁移或改造，耐火等级低的建筑密集区应开辟防火隔离带和消防车通道，增设消防水源；

2）生产和储存易燃、易爆物品的工厂、仓库、堆场和储罐等应设置在镇区边缘或相对独立的安全地带；与居住、医疗、

教育、集会、娱乐、市场等之间的防火间距不得小于50m;

3) 小城镇各类用地中建筑的防火分区、防火间距和消防车通道的设置,均应符合现行国家标准《村镇建筑设计防火规范》(GBJ 39)的有关规定。

2.2.10.7-4 小城镇消防给水应符合下列规定:

1) 具备给水管网条件时,其管网及消火栓的布置、水量、水压应符合现行国家标准《村镇建筑设计防火规范》(GBJ 39)的有关规定;

2) 不具备给水管网条件时,应利用河湖、池塘、水渠等水源规划建设消防给水设施;

3) 给水管网或天然水源不能满足消防用水时,宜设置消防水池。寒冷地区的消防水池应采取防冻措施。

2.2.10.7-5 消防站的设置应根据小城镇的性质、类型、规模、区域位置和发展状况等因素确定,并应符合下列规定:

1) 大型镇区消防站的布局应按接到报警5min内消防人员到达责任区边缘要求布局,并应设在责任区内的适中位置和便于消防车辆迅速出动的地段。

2) 消防站的主体建筑距离学校、幼儿园、医院、影剧院、集贸市场等公共设施的主要疏散口的距离不得小于50m;

镇区规模小尚不具备建设消防站的条件时,可设置消防值班室,配备消防通信设备和灭火设施。

3) 消防站的建设用地面积宜符合表2.2.10-2 的规定。

消防站规模分级　　　　表2.2.10-2

消防站类型	责任区面积（km²）	建设用地面积（m²）
标准型普通消防站	≤7.0	2400~4500
小型普通消防站	≤40	400~1400

2.2.10.7-6 消防车通道之间的距离不宜超过160m,通

道路面宽度不应小于4m，当消防车通道上空有障碍物跨越道路时，路面与障碍物之间的净高不应小于4m。消防车通道可利用交通道路，并应与其他公路相连通。

2.2.10.7-7 小城镇消防通信系统应设置由电话交换站或电话分局至消防站接警室的火警专线。大型镇区火警专线不得少于2对，中、小型镇区不得少于1对。

镇区消防站应与县级消防站、邻近地区消防站、以及镇区供水、供电、供气等部门建立消防通信联网。

2.2.10.8 小城镇建设用地防灾适宜性评价

小城镇建设用地适宜性评价应符合表2.2.10-3规定。

建设用地防灾适宜性评价　　表2.2.10-3

地段类别	地质、地形、地貌
适宜	满足下列条件的场地可划分为适宜建设场地： （1）属稳定基岩或坚硬土或开阔、平坦、密实、均匀的中硬土等场地稳定、土质均匀、地基稳定的场地； （2）地质环境条件简单，无地质灾害破坏作用的影响； （3）无明显地震破坏效应； （4）地下水对工程建设无影响； （5）地形起伏虽较大但排水条件尚可
较适宜	满足下列条件的场地可划分为较适宜建设场地： （1）属中硬土或中软土场地，场地稳定性尚可，土质较均匀、密实，地基较稳定； （2）地质环境条件简单或中等，无地质灾害破坏作用影响或影响轻微易于整治； （3）虽存在一定的软弱土、液化土，但无液化发生或仅有轻微液化的可能，软土一般不发生震陷或震陷很轻，无明显的其他地震破坏效应； （4）地下水对工程建设影响较小； （5）地形起伏虽较大但排水条件尚可
适宜性差	下列为防灾适宜性差场地： （1）中软或软弱场地，土质软弱或不均匀，地基不稳定； （2）场地稳定性差，地质环境条件复杂，地质灾害破坏作用影响大，较难整治； （3）软弱土或液化土较发育，可能发生中等程度及以上液化或软土可能震陷且震陷较重，其他地震破坏效应影响较小； （4）地下水对工程建设有较小的影响； （5）地形起伏大，易形成内涝

续表

地段类别	地质、地形、地貌
不适宜	下列为防灾不适宜建设场地： (1) 场地不稳定：动力地质作用强烈，环境工程地质条件严重恶化，不易整治； (2) 土质极差，地基存在严重失稳的可能性； (3) 软弱土或液化土发育，可能发生严重液化或软土可能震陷且震陷严重； (4) 条状突出的山嘴，高耸孤立的山丘，非岩质的陡坡，河岸和边坡的边缘，平面分布上成因、岩性、状态明显不均匀的土层（如故河道、疏松的断层破碎带、暗埋的塘滨沟谷和半填半挖地基）等地质环境条件复杂，地质灾害危险性大的地段； (5) 洪水或地下水对工程建设有严重威胁； (6) 地下埋藏有待开采的矿藏资源
危险地段	下列为灾害危险不可建设地段： (1) 可能发生滑坡、崩塌、地陷、地裂、泥石流等的场地； (2) 发震断裂带上可能发生地表位错的部位； (3) 不稳定的地下采空区； (4) 地质灾害破坏作用影响严重，环境工程地质条件严重恶化，难以整治

注：①表未列条件，可按其场地工程建设的影响程度比照推定。
②划分每一类场地工程建设适宜性类别，从适宜性最差开始向适宜性好推定，其中一项属于该类即划为该类场地，依次类推。

2.2.10.9 地质环境条件复杂程度分类

小城镇地质环境条件复杂程度分类应符合 2.2.10-4 规定。

地质环境条件复杂程度分类表　　表 2.2.10-4

复　杂	中　等	简　单
(1) 地质灾害发育强烈	(1) 地质灾害发育中等	(1) 地质灾害一般不发育
(2) 地形与地貌类型复杂	(2) 地形较简单，地貌类型单一	(2) 地形简单，地貌类型单一
(3) 地质构造复杂，岩性岩相变化大，岩土体工程地质性质不良	(3) 地质构造较复杂，岩性岩相不稳定，岩土体工程地质性质较差	(3) 地质构造简单，岩性单一，岩土体工程地质性质良好
(4) 工程水文地质条件不良	(4) 工程水文地质条件较差	(4) 工程水文地质条件良好

续表

复 杂	中 等	简 单
(5) 破坏地质环境的人类工程活动强烈	(5) 破坏地质环境的人类工程活动较强烈	(5) 破坏地质环境的人类工程活动一般

注：每类 5 项条件中，有一条符合较复杂条件者即划为较复杂类型。

2.2.10.10 地质灾害危险性评估

2.2.10.10-1 小城镇地质灾害危险性评估包括现状评估、预测评估和综合评估。

对于受自然因素影响的地质灾害，评估时应考虑自然因素周期性的影响。2.2.10.10-2 小城镇地质灾害危险性分级应按表 2.2.10-5 规定。

地质灾害危险性分级表　　表 2.2.10-5

确定要素	稳定状态	危害对象	损失
危险性大	差	城镇及主体建筑物	大
危险性中等	中等	有居民及主体建筑物	中
危险性小	好	无居民及主体建筑物	小

2.2.10.10-3 现状评估应是指对已有地质灾害的危险性评估。根据评估区地质灾害类型、规模、分布、稳定状态、危害对象进行危险性评价；对稳定性或危险性起决定性作用的因素作较深入的分析，判定其性质、变化、危害对象和损失情况。

2.2.10.10-4 预测评估应是指对工程建设可能诱发的地质灾害的危险性评估。依据工程项目类型、规模，预测工程项目在建设过程中和建成后，对地质环境的改变及影响，评价是否会诱发滑坡、泥石流、崩塌、地面塌陷、地裂缝、地面沉降等地质灾害以及灾害的范围、危害。

2.2.10.10-5 综合评估应是根据现状评估和预测评估的

情况，采取定性或半定量的方法综合评估地质灾害危险性程度，对土地的适宜性作出评估，并提出防治诱发地质灾害的对策。

小城镇防灾减灾规划优化导则
（条文说明）

2.2.10.1 规划编制内容与基本要求

2.2.10.1-1 阐明小城镇防灾减灾工程规划编制时所应包括的相应灾害种类的防灾规划专项。

2.2.10.1-2 阐明小城镇防灾减灾工程规划编制时所应包括的内容。

2.2.10.1-3 提出小城镇防灾减灾工程规划及其专项规划编制的基础要求。

2.2.10.1-4 提出小城镇防灾减灾工程规划及其专项规划编制的成果要求。

2.2.10.2 灾害综合防御

2.2.10.2-1 提出小城镇详细规划阶段对建设场地进行进一步综合评价和预测、查明建筑地段稳定性的要求。

小城镇用地评价是保障用地安全和工程防灾可靠性的重要技术对策，因此除总体规划阶段整体评价外，在详细规划阶段要进行总体规划阶段未及的局部的、特别是重要地段的详细评价。

2.2.10.2-2 提出小城镇防灾减灾工程专项规划内容的原则要求。

2.2.10.2-3 提出小城镇防灾减灾工程规划避灾疏散场所和避灾疏散主通道的防灾安全评估要求。

本条所规定的疏散主通道有效宽度是指扣除灾后堆积物的

道路实际宽度。建筑倒塌后废墟的高度可按建筑高度的 1/2 计算。疏散道路两侧的建筑倒塌后其废墟不应覆盖疏散通道。疏散通道应当避开易燃建筑和可能发生的火源。对重要的疏散通道要考虑防火措施。

2.2.10.2-4 提出避灾疏散场地原则要求和相关规定。

避灾疏散场所需综合考虑防止火灾、水灾、海啸、滑坡、山崩、场地液化、矿山采空区塌陷等各类灾害和次生灾害,保证防灾安全。其用地可以是各自连成一片的,也可以由比邻的多片用地构成,从防止次生火灾的角度考虑,疏散场地不宜太小。避灾疏散场所服务范围的确定可以周围的或邻近的居民委员会和单位划界,并考虑河流、铁路等的分割以及避灾通道的安全状况等。

2.2.10.2-5 防火安全带是隔离避灾疏散场所与火源的中间地带,其可以是空地、河流、耐火建筑以及防火树林带、其他绿化带等。若避灾疏散场所周围有木制建筑群、发生火灾危险性比较大的建筑或风速较大的地域,防火安全带的宽度应适当增加。

防火树林带的主要功能是防止火灾热辐射对避灾疏散人员的伤害。选择对火焰遮蔽率高、抗热辐射能力强的树种,且设喷洒水的装置。依据日本的调研成果,当避灾疏散场所的四周都发生火灾时,50 公顷以上基本安全,两边发生火灾 25 公顷以上基本安全,一边发生火灾 10 公顷以上基本安全。发生火灾后避灾疏散人员可以在避灾疏散场所内向远离火源的方向移动,当火灾威胁到避灾避难人员的安全时,应从安全撤退路线撤离到邻近的或仍有收容能力的避灾疏散场所或实施远程疏散。临时建筑和帐篷之间留有防火和消防通道。严格控制避灾疏散场所内的火源。

2.2.10.3 地质灾害防御

2.2.10.3-1 提出小城镇地质灾害防御规划内容的基本要求。

地质灾害是指在特殊的地质环境条件（地质构造、地形地貌、岩土特征和地表地下水等）下，由内动力或外动力的作用、或两者共同作用或人为因素而引起的灾害。在工程地质和岩土工程领域中，地质灾害属不良地质现象范畴。地质灾害的发生、特点、规模和危害性不仅直接和间接地受到地质环境条件的控制，其防御和治理，也要考虑地质环境条件。地质灾害的发生既有天然的因素，更有人为因素。危害较大、比较常见的地质灾害类型有：引起边坡失稳的崩塌、滑坡、塌方和泥石流等，此类地质灾害主要发育在山区、陡峭的边坡；引起地面下沉的塌陷和沉降，在矿区和岩溶发育地区常见；引起地面开裂的断错和地裂缝等，主要发育于断裂带附近。其中，发育在山区的滑坡、塌方和泥石流等危害最突出，也是山区小城镇规划防灾的重点。地质灾害防御以避开为主，改造为辅，改造要尽量保持或少改变天然环境。要防止人为破坏和改变天然稳定的环境。

2.2.10.3-2～2.2.10.3-4 提出进行地质灾害防御的主要规划对策和要求。

对常见的地质灾害防御通常可包括：

1）崩塌和滑坡灾害的防御

①在有崩塌和滑坡灾害潜在危险和危害的地区，应停止人为不合理的工程和开发活动，应当防止不适当地开挖坡脚，不适当地在坡体上方堆载，不合理的矿山开采、大型爆破和灌渠漏水等行为。

②针对引起崩塌和滑坡灾害的主导因素，可分别采用清除崩滑体、治理地表水和地下水、减重和反压、抗滑工程等方法因地制宜地进行根治。

2) 泥石流的防御

①大型泥石流沟谷不应作为小城镇的规划场地。中型泥石流沟谷不宜作为小城镇的规划场地，必要时，应采取治理措施，工程设施、居住场所和活动场所应避开河床或大跨度跨越。在确定安全有保证的前提下，小型泥石流沟谷可利用其堆积区作为非重要建筑的规划场地，但不宜改变沟谷的状态。

②易产生泥石流的沟谷，不宜大量弃渣或改变沟口原有供排平衡条件，防止新泥石流产生。

③对泥石流治理宜采用综合治理，应上、中、下游全面规划，生物措施（植树造林、种植草被等）与工程措施（蓄水、引水工程、排导工程、停淤工程、改土工程等）相结合。对于稀性泥石流适宜采用治水为主的方案，对于黏性泥石流适宜采用治土为主的方案。

3) 采空区灾害的防御

采空区新建或规划建筑时，应充分掌握地表位移和变形的规律，分析地表移动和变形对建筑物的影响，选择有利的建筑场地，采取有效的建筑措施和结构措施，减小地表变形对建筑物的影响，提高建筑物抵抗地表变形引起的附加作用力的能力，保证建筑物的正常使用。

4) 土洞灾害的防御

①规划场地应避开土洞潜在危险场地，避开岩溶水位高又是集中流动的地带，宜选择稳定场地，对非稳定场地不宜规划重要建筑。

②对不利于建筑的地段规划时，应提出结构措施、地基基础措施和土洞处理等基本要求。

5) 小城镇选址和规划宜选择对防治地质灾害有利的地段，避开地质灾害危险地段，对防治地质灾害不利的地段，应通过评估和采取相应防御灾害的措施。

6) 根据小城镇所处地质环境特点和地质灾害历史、类型、分布和危害等，综合考虑用地规划，提出小城镇区域服务功能区（商业区、生活区、工业区、旅游区等）综合防灾规划的合理布局、规划要求和工程技术规划措施。

7) 对不同场地地质灾害防治地段提出适用条件、指导原则和具体配套措施。制定小城镇发展用地选择原则、指导意见和具体要求。

8) 针对潜在地质灾害类型，根据适宜性评价结果，指出今后建设用地适宜的建筑类型和体系以及相应具体要求。

9) 根据使用效益和风险评估，提出小城镇发展用地优先考虑序列和相应减灾对策。根据小城镇总体规划的发展要素，提出中、长期土地合理使用的减灾策略和可能发生的场地灾害的控制策略。

2.2.10.4 防洪规划

2.2.10.4-1 提出小城镇防洪工程规划依据。

小城镇防洪工程规划是小城镇重要基础设施规划，是小城镇总体规划的组成部分；同时小城镇防洪工程又是所在河道水系流域防洪规划的一部分，小城镇防洪标准与防洪方案的选定，以及防洪设施与防洪措施都要依据小城镇总体规划和河道水系的江河流域总体规划、防洪规划。

2.2.10.4-2 我国大多数河流的洪水由暴雨形成，可以利用暴雨径流关系，推求出所需要的设计洪水。

条款规定编制小城镇防洪工程规划方案除调查相关基础资料外，应同时了解分析设计洪水、设计潮位的计算和历史洪水暴雨的调查考证。并重点调查考证历史洪水发生时间的洪水位、洪水过程、河道糙率及断面的冲淤变化，同时了解雨情、灾情、洪水来源，洪水的主流方向、有无漫流、分流、死水以及流域自然条件有无变化等。

2.2.10.4-3～2.2.10.4-4 阐明小城镇防洪工程规划的基本原则和要求。

小城镇河道水系的流域总体防洪规划是流域整体的防洪规划，兼顾了流域城镇的整个防洪要求；小城镇防洪规划不仅要与流域防洪规划相配合，同时还要与小城镇总体规划相协调，要统筹兼顾小城镇建设各有关部门的要求和所在河道水系流域防洪的相关要求，作出全面规划。

处于不同水体位置的小城镇有不同的防洪特点和防洪要求，小城镇防洪工程规划和防洪措施必须考虑其处于不同水体位置的防洪特点，因地制宜、因害设防并应以防为主、防治结合。

2.2.10.4-5 提出小城镇防洪规划按不同洪灾类型选用相应防洪标准，制定相应防洪措施的基本要求。

2.2.10.4-6 提出沿江河湖小城镇确定防洪标准和防洪工程措施的依据和基本要求。

从小城镇所处河道水系的流域防洪规划和统筹兼顾流域城镇的防洪要求考虑，小城镇防洪标准应不低于其所处江河流域的防洪标准。

2.2.10.4-7 大型工矿企业、交通运输设施、文物古迹和风景区受洪水淹没损失大，影响严重，防洪标准相对较高。本条款从统筹兼顾上述防洪要求，减少洪水灾害损失考虑，对邻近大型工矿企业、交通运输设施、文物古迹和风景区等防护对象的小城镇防洪规划，当不能分别进行防护时，应按就高不就低的原则，按其中较高的防洪标准执行。

2.2.10.4-8 阐明小城镇防洪规划中防洪、防涝设施的主要组成。

2.2.10.4-9 对水流流态、泥沙运动、河岸、海岸的不利影响，将直接影响城镇防洪，本条款规定小城镇防洪设施选线应适应防洪现状和天然岸线走向，并与小城镇总体规划的岸线规划相协调，合理利用岸线。

对于生态旅游主导型的小城镇，还应强调沿岸防洪堤规划与岸线景观规划、绿化规划的结合与协调。

2.2.10.5 抗震防灾规划

2.2.10.5-1　提出小城镇抗震防灾规划编制依据。

小城镇的地震基本烈度应按国家规定权限审批颁发的文件或图件采用：地震动峰值加速度的取值根据现行《中国地震动参数区划图》确定；地震基本烈度按照《中国地震动参数区划图使用说明》中地震动峰值加速度与地震基本烈度的对应关系确定。

2.2.10.5-2　小城镇抗震防灾规划，对小城镇总体规划确定用地性质和规划布局具有指导作用，其中的抗震设防标准和抗震防灾措施对小城镇工程建设具有强制性。

2.2.10.5-3　提出小城镇抗震防灾应达到的基本防御目标。

地震是一种具有很大不确定性的突发灾害。因此规划编制时，对可能遭遇的不同概率水准的地震灾害提出不同的防御目标。这些目标是在总结以往抗震经验的基础上提出的，各地可根据实际情况，对整个小城镇或其局部地区、行业、系统提出不低于本标准的防御目标，必要时还可区分近期与远期目标。

2.2.10.5-4　提出处于抗震设防区的小城镇规划建设选址的基本要求与规定。

2.2.10.5-5　提出土地利用抗震适宜性规划的基本要求。

场地适宜性评价目的是指出今后建设用地适宜建设的要求以及相应建议。

2.2.10.5-6　提出抗震防灾规划研究次生灾害源种类分布危害估计的要求。

地震次生灾害是指由于地震造成的地面破坏、建筑和生命线系统等破坏而导致的其他连锁性灾害。发生于城镇附近的强烈地震表明，次生灾害可能会造成灾难性后果，因此地震次生灾害的分析是非常重要的。一般包括次生灾害源的地震破坏评价和造成的后果影响估计。抗震防灾规划的编制中主要针对布局要求、重点抗震措施等总体抗震防灾要求进行。

次生火灾的评估是地震次生灾害评估的重点。主要是确定高危险区和危害影响估计。高危险区的划定一般与结构物的破坏、易燃物的存在与可燃性、人口与建筑密度、引发火灾的偶然性因素等直接相关，因此应在调查资料和历史震害资料相结合的基础上，进行火灾危险性评估。

次生水灾的发生与水利设施的容量等密切相关，重点是水灾影响范围的估计。专项研究时，可与相关的水库大坝、江河堤防的地震破坏危险性，发生次生水灾的可能性等评价相结合进行。

2.2.10.5-7 提出地震次生灾害防御的相关要求。

考虑到地震诱发的次生灾害与平时发生的相关灾害有较大区别，地震次生灾害规划的编制可考虑以下编制原则：

1）地震次生灾害具有多样性、多发性、同时性和诱发性等特点。制定次生灾害对策，可考虑采取多种措施，争取多方配合、协同工作。

2）应坚持预防为主的方针，统筹安排资源。

3）因地制宜，根据各区域自身特点采取有针对性的对策。

4）防御和处置次生灾害可从规划管理和工程技术两方面综合考虑。

2.2.10.6 防风减灾规划

2.2.10.6-1～2.2.10.6-4 提出小城镇防风减灾规划相关

的一般规定。

风力是最具破坏性的自然力之一。由于它的难以预测和不可避免性,对人民的财产构成威胁。小城镇建筑需采取相应的对策和措施,从建房的选址,房屋结构的形式,房屋构件之间的连接等制定技术措施,从而保障人民生命和财产的安全,减少经济损失。

2.2.10.6-5~2.2.10.6-6 提出小城镇风灾危害性评价的相关要求。

小城镇建筑的风灾易损性是反映基于灾前的建筑结构对于一旦发生风灾害的敏感状况,与建筑结构本身和风灾可能造成的后果有关。

风灾易损性指标通过以下3种方法综合而得:

——根据灾后损失评价体系反推确定;

——由风灾实例采用信息量法确定;

——对建筑物进行实体或模拟实验确定。

其中主要包括:区域风灾频数、风灾等级、破坏等级、可修复程度。前两项侧重于风灾发生频率和各等级次数的评价,反映建筑的易损程度,后两项侧重于风灾损失的评估,反映结构的受损强度。

2.2.10.6-7~2.2.10.6-9 提出小城镇风灾防御规划的防御相关基本要求和措施。

2.2.10.7 消防规划

2.2.10.7-1 规定小城镇消防规划的主要内容。

2.2.10.7-2~2.2.10.7-3 提出结合消防,小城镇相关用地选择的要求和消防安全布局的规定。

2.2.10.7-4 提出小城镇消防给水的相关规定。

2.2.10.7-5 提出小城镇消防站设置的依据和相关规定。

2.2.10.7-6 提出小城镇消防车通道的基本要求。

2.2.10.7-7 提出小城镇消防通信系统的相关要求。

2.2.10.8 小城镇建设用地防灾适宜性评价

提出小城镇建设用地防灾适宜性评价的相关规定。从防灾角度评价建设场地分适宜、较适宜、适宜性差（较不适宜）、不适宜、危险地段5个等级。规划相关评价可简化为适宜、较适宜、不适宜3个等级或适宜、较适宜、较不适宜、不适宜4个等级。

2.2.10.9 地质环境条件复杂程度分类

提出小城镇地质环境条件复杂程度分类规定。

2.2.10.10 地质灾害危险性评估

2.2.10.10-1 提出小城镇地质灾害危险性评估的组成及评估有关规定。

2.2.10.10-2 提出小城镇地质灾害危险性分级。

2.2.10.10-3~2.2.10.10-5 提出小城镇地质灾害危险性现状评估、预测评估和综合评估的内涵和相关要求。

2.2.11 小城镇工程管线综合规划优化导则

2.2.11.1 规划内容与基本要求

2.2.11.1-1 小城镇工程管线综合规划应以统筹安排工程管线的地上和地下空间位置、协调小城镇工程管线之间及其与其他各项工程之间的关系为目的。

2.2.11.1-2 小城镇工程管线综合规划应包括给水、排水、电力、通信、燃气管线规划的综合（含供热工程规划的小城镇尚应包括热力管线）。

2.2.11.1-3 小城镇工程管线综合规划确定综合工程管线在地下敷设时的排列顺序和工程管线间的最小水平净距、最小垂直净距，在地下敷设时的最小覆土深度；架空线路与管道的平面位置及与周围建（构）筑物、道路、相邻工程管线间的最小水平净距和最小垂直净距。

2.2.11.1-4 小城镇工程管线综合规划应在满足各相关专业管网规划优化的基础上综合协调规划。

2.2.11.1-5 小城镇工程管线综合规划应结合小城镇用地布局和道路交通网络规划,以及景观风貌规划,在综合管网规划优化的基础上,提出小城镇地下工程管线综合的敷设方式、路由和规划的高压线走廊及其他架空工程管线的敷设要求。

2.2.11.1-6 小城镇工程管线综合规划优化应以远期规划为主,近期规划与远期规划相结合,进行多方案经济技术比较后确定。

2.2.11.1-7 小城镇工程管线综合规划应同时遵循以下原则:

1)工程管线敷设方式与小城镇社会经济发展水平相适应;

2)工程管线综合布置应与总平面布置、竖向设计和绿化布置统一进行;

3)工程管线综合规划与敷设应符合各类管线专业特点及其协调要求;

4)工程管线综合敷设应符合地下空间合理开发利用和占用空间(地上、地下)最小的基本要求,并应与周围环境相协调;

5)工程管线综合敷设应符合节省投资、便于运行管理和维修的基本要求。

2.2.11.2 地下敷设综合

2.2.11.2-1 小城镇工程管线的平面位置和竖向位置应采用城镇统一的坐标系统和高程系统。

2.2.11.2-2 小城镇工程管线综合规划要符合下列规定:

1)结合镇区道路网规划,路由选择应考虑线路短捷;

2）管线路由应避开工程不良地段，并应结合镇区地形特点合理布置工程管线。

2.2.11.2-3　小城镇工程管线综合规划应减少管线在道路交叉口处的交叉，在工程管线竖向位置发生矛盾时应按以下原则处理：

1）压力管线让重力自流管线；

2）可弯曲管线让不易弯曲管线；

3）分支管线让主干管线；

4）小管径管线让大管径管线。

2.2.11.2-4　小城镇工程管线最小覆土深度及覆土深度的其他相关要求应符合《城市工程管线综合规划规范》（GB 50289—98）的相关规定和要求。

2.2.11.2-5　小城镇工程管线应布置在人行道或非机动车道下面，给水输水、燃气输气、污雨水排水等工程管线可布置在非机动车道或机动车道下面。

2.2.11.2-6　工程管线从道路红线向道路中心方向平行布置的次序，应根据工程管线的性质、埋设深度确定。小城镇地下敷设工程管线综合布置次序宜为：电力电缆、电信电缆、燃气配气、给水配水、（热力干线）、燃气输气、给水输水、雨水排水、污水排水。

2.2.11.2-7　各种工程管线不应在垂直方向重叠直埋敷设。

2.2.11.2-8　当工程管线交叉敷设时自地表面向下的排列顺序宜为电力管线、（热力管线）、燃气管线、给水管线、雨、污水排水管线。

2.2.11.2-9　工程管线之间及其与建（构）筑物之间的最小水平净距以及工程管线交叉时的最小垂直净距应按《城市工程管线综合规划规范》（GB 50289—98）的要求。

2.2.11.3 架空敷设

2.2.11.3-1 小城镇镇区架空敷设管线主要为电力架空线路与通信架空线路。

2.2.11.3-2 电力架空线路与通信架空线路宜分别架设在道路两侧,并且与同类地下电缆位于同侧。

2.2.11.3-3 小城镇电力架空线路与通信架空线路敷设的其他相关要求按本规划导则2.2.7、2.2.8的相关要求。

小城镇工程管线综合规划优化导则
(条文说明)

2.2.11.1 规划内容与基本要求

2.2.11.1-1 提出小城镇工程管线综合规划的宗旨和指导思想。

2.2.11.1-2~2.2.11.1-3 针对小城镇实际,提出小城镇工程管线综合规划应包括的各专业管线规划及综合规划的主要内容要求。

目前有燃气管网的小城镇比例较少,但从远期发展考虑,一般小城镇燃气管网都会有规划考虑;而供热工程规划则侧重于属国家规定供热地区的小城镇和对供热有较大需求的小城镇。

2.2.11.1-4 各相关专业管网规划的优化不仅对其工程布局、效益起重要作用,而且对搞好工程管线综合规划来说也十分重要。工程管线的综合协调应在相关专业管网规划优化的基础上进行。小城镇各相关专业管网规划优化是其工程管线综合规划与协调的必要基础。

2.2.11.1-5 小城镇工程管线敷设与其用地、道路、景观风貌关系密切,对其影响较大。以与镇区道路规划结合来说,不仅有利于满足道路排水、照明等道路功能本身的要求和便于管线施工、维修，而且也有利于工程管线与主干系统的连接，合理利用镇区用地和地下空间。

本条提出小城镇管线综合规划应结合小城镇的用地布局、道路交通网规划及景观风貌规划，在规划优化的基础上确定地上、地下管线的综合要求。

2.2.11.1-6　提出小城镇工程管线综合规划优化以远期规划为主，近远期结合，多方案比较的基本要求。

我国小城镇建设基础比较薄弱，但发展较快，许多小城镇近期工程管线比较小，但远期涉及的工程管线会比较多。因此，工程管线综合规划优化以远期规划为主则显得尤为必要。

2.2.11.1-7　提出小城镇工程管线综合规划应同时遵循的若干原则要求。

值得指出的是，我国小城镇量大面广，不同地区、不同性质、类别，不同规模小城镇的社会经济发展和相关的基础设施建设差别甚大，强调小城镇工程管线规划优化和敷设方式的要求与小城镇社会经济发展水平相适应十分重要。

2.2.11.2　地下敷设综合

2.2.11.2-1　为确保工程管线在平面位置和竖向高程上系统之间综合的相互一致和协调衔接，各相关专业管网规划及其管线综合规划必须采用统一的坐标系统和高程系统。

2.2.11.2-2　提出小城镇工程管线综合规划路由选择和合理布置的相关规定，原则同城市工程管线综合。

2.2.11.2-3～2.2.11.2-4　工程管线竖向位置发生矛盾的处理原则和覆土要求同城市工程管线综合规划。

2.2.11.2-5　提出小城镇工程管线布置在相关道路下面的要求。原则同城市工程管线综合。

2.2.11.2-6　提出小城镇地下敷设工程管线综合布置次序

要求，原则同城市工程管线综合。

2.2.11.2-7～2.2.11.2-8 工程管线垂直方向重叠直埋敷设不利于工程管线维修。

2.2.11.3 架空敷设综合

2.2.11.3-1 针对小城镇特点和实际情况提出小城镇镇区架空敷设管线主要是电力架空线路和通信架空电缆。

2.2.11.3-2～2.2.11.3-3 提出小城镇电力架空线路与通信架空电缆敷设的基本要求。

相关要求在小城镇基础设施综合布局与统筹规划导则2.2.7、2.2.8中详细说明。

1、2 章 主 要 参 考 文 献

1 费孝通. 小城镇区域分析. 北京：中国统计出版社，1987
2 费孝通、罗涵先. 乡镇经济比较模式. 重庆：重庆出版社，1988
3 郑弘毅. 农村城市化研究. 南京：南京大学出版社，1998
4 中国城市规划设计研究院、中国建筑设计研究院、沈阳建筑工程学院编著. 刘仁根、汤铭潭主编. 小城镇规划标准研究. 北京：中国建筑工业出版社，2003（电子版）
5. 汤铭潭等主编. 小城镇发展与规划概论. 北京：中国建筑工业出版社，2004
6 汤铭潭主编. 小城镇规划技术指标体系与建设方略. 北京：中国建筑工业出版社，2006
7 汤铭潭. 城市次区域小城镇的规划模式与理念探析——以苏州西部次区域小城镇为例.《小城镇规划新视角》. 北京：中国建筑工业出版社，2004
8 汤铭潭. 小城镇规划及标准研究的分类分级指导探析. 全国小城镇规划学术年会论文集，2005
9 汤铭潭. 我国小城镇基础设施的优化配置与资源共享. 中外小城镇建设高层论坛. 北京：《城乡建设》2005.1

10 汤铭潭. 基础设施在小城镇经济社会发展中的作用调查与研究. 中国经济技术发展文库. 北京：中国文史出版社，2003
11 汤铭潭. 我国小城镇基础设施的现状调查与研究.《21世纪中国社会发展战略研究文集》. 北京：长征出版社，2001
12 李光素. 我国县镇供水发展概况. 北京：《小城镇建设》，2007.7
13 汤铭潭. 论城市规划的多方法多方案预测.《中国现代化建设研究文库》. 北京：中央文献出版社，2001
14 郑一淳等. 城郊小城镇发展研究. 北京：《小城镇建设》，2001.4
15 苏州西部次区域发展战略研究. 中国城市规划设计研究院. 2003
16 湖州市区城镇群总体规划. 中国规市规划设计研究院. 1996
17 唐山市城市总体规划. 中国城市规划设计研究院. 2006
18 徐州市城市总体规划. 中国城市规划设计研究院. 2005

3 小城镇道路交通工程规划

3.1 道路交通的作用特点和道路分类分级

3.1.1 道路交通的作用与特点

(1) 道路交通的作用

小城镇道路交通包括对外道路交通和镇区道路交通。

小城镇对外道路交通是城乡联系的桥梁,在小城镇经济和社会发展以及人们生活中起着十分重要的作用。

小城镇镇区道路既是小城镇中行人和车辆交通来往的通道,也是布置小城镇公用管线、街道绿化,安排沿街建筑、消防、卫生设施和划分街坊的基础,并在一定程度上关系到临街建筑的日照、通风和建筑艺术造型的处理;同时,对小城镇的布局、发展方向及小城镇的集聚和辐射作用均起着重要作用。小城镇镇区道路是小城镇各用地地块的联系网络,是整个小城镇的骨架和"动脉"。小城镇道路交通规划是小城镇规划和建设的重要组成部分。

(2) 道路交通的特点

了解掌握小城镇道路交通的特点和规律是搞好小城镇道路规划的前提。

小城镇道路交通的主要特点有下列 4 个方面。

1) 交通运输工具类型多,机动车中慢速农用车占有较大

比例

一般小城镇道路上的交通工具主要有卡车、拖挂车、拖拉机、客车、小汽车、吉普车、摩托车等机动车,还有自行车、三轮车、平板车和一定数量的兽力车等非机动车。这些车辆的大小、长度、宽度差别大,特别是车速差别很大,在道路上混杂行驶,相互干扰大,对行车和安全均不利。据部分富裕地区调查,一些小城镇农用车占机动车比例50%左右,小汽车(含摩托车)的比例仅为16%~18%,县城镇农用车比例一般在20%左右,少数达到30%。

2) 人流、车流的流量和流向变化大

随着市场经济的深入,乡镇企业发展迅速,小城镇居民以及迅速增多的"离土不离乡"的亦工亦农流动人口和暂住人口,使得小城镇中行人和车辆的流量大小在各个季节、一周和一天中均变化很大。各类车辆流向均不固定,在早、中、晚上下班时造成人流、车流集中,形成流量高峰时段。

3) 一般小城镇镇区交通以非机动车与步行方式为主

一般小城镇的交通结构组成中,非机动车与步行的出行占90%以上。小城镇的人口和用地规模差别大,但一般规模较小,居民出行距离一般在自行车合理骑行范围(6~8km)之内,除县城镇、中心镇和大型一般镇外,其他一般小城镇只需考虑镇际公共交通,一般不需考虑镇区公共交通。

4) 过境交通和入镇交通流量增长快,占小城镇交通比例高

我国许多小城镇沿公路干线和江河发展,交通条件便利,随着经济发展和城乡繁荣,小城镇在县(市)域综合交通网络中承担着的城乡物资商品交流与过境中转交通的双重任务也越来越重,加上近些年来我国不断加大投入交通基础设施建设力度,城乡交通网络不断改善,小城镇过境交通与入镇交通流量增长很快,占小城镇交通比例高。

3 小城镇道路交通工程规划

20世纪90年代,随着我国小城镇的快速发展和小城镇人口增长和范围扩大,随着人们生活水平的提高,小城镇交通需求增长很快,加上小城镇布局、道路网络结构固有的问题,使得我国小城镇道路交通问题十分突出:诸如许多小城镇的道路交通设施基础十分落后,规划缺少标准和技术指标,建设水平低,道路及其功能混杂等问题,特别是在小城镇过境交通、渠化交通、交通管理等方面。

当前小城镇道路交通存在的主要问题是:

1)道路基础设施差

许多小城镇由于长期缺乏规划,其道路性质不明确,道路断面功能不分,技术标准低,往往是人行道狭窄,或人行道挪作他用,甚至根本不分车行道和人行道,致使人车混行。由于小城镇的建设资金有限,在道路建设中过分迁就现状,尤其是在地段复杂的小城镇中,道路平曲线、纵坡、行车视距和路面质量等,很多不符合规定的标准。有些小城镇还有过境公路穿越中心区,这样不但使过境车辆通行困难,而且加剧了小城镇中心的交通混乱。

2)城镇镇区交通与对外交通不协调

一些小城镇规划建设各自为政,缺乏区域统一规划与协调,小城镇镇区道路交通与对外道路交通之间很不协调。对小城镇的车流和人流缺乏动态分析,交通道路规划不能满足小城镇经济社会发展的需要。

3)缺少停车场,道路两侧违章建筑多

小城镇中缺少专用停车场,加之管理不够,各种车辆任意停靠,占用了车行道与人行道,造成道路交通不畅。道路两侧违章搭建房屋多,以及违章摆摊设点、占道经营多,造成交通不畅。

4)交通管理落后、设施缺乏、体制不健全

小城镇中交通管理人员少,体制不健全,交通标志、交通指挥信号等设施缺乏，致使交通混乱，一些交通繁忙道路常常受阻。

3.1.2 小城镇镇域、镇区涉及的道路分类与分级

县（市）域小城镇涉及的道路按主要功能和使用特点，主要应划分为公路和城镇道路两类。

(1) 公路分类分级

公路是联系城镇乡村的主要道路。小城镇所辖地域范围内可涉及的公路按其在公路网中的地位分干线公路和支线公路；并可分国道、省道、县道和乡道；按现行的交通部《公路工程技术标准》（JTGB 01—2003），公路按使用任务、性质和交通量大小分为两类 5 个等级：

1）汽车专用公路

高速公路。具有特别重要的政治、经济意义，专供汽车分道高速行驶并控制全部出入的公路。一般能适应按各种汽车折合成小客车的年平均昼夜交通量为 25000 辆以上，计算行车速度为 60~120km/h。

一级公路。联系重要政治、经济中心，通往重点工矿区、港口、机场，专供汽车分道快速行驶并部分控制出入的公路。一般能适应按各种汽车（包括摩托车）折合成小客车的年平均昼夜交通量为 10000~25000 辆，计算行车速度为 40~100km/h。

二级公路。联系政治、经济中心或大工矿区、港口、机场等地的汽车专用公路。一般能适应按各种汽车（包括摩托车）折合成中型载重汽车的年平均昼夜交通量为 4500~7000 辆，计算行车速度为 40~80km/h。

2）一般公路

二级公路。联系政治、经济中心或大工矿区、港口、机场等地的高运输量繁忙的城郊公路。一般能适应按各种车辆折合成中型载重汽车的年平均昼夜交通量为 2000~5000 辆，计算

3 小城镇道路交通工程规划

行车速度为 40~80km/h。

三级公路。沟通县以上城市,运输任务较大的一般公路。一般能适应按各种车辆折合成中型载重汽车的年平均昼夜交通量为 2000 辆以下,计算行车速度为 30~60km/h。

四级公路。沟通县、乡(镇)、村,直接为农业运输服务的公路。一般能适应按各种车辆折合成中型载重汽车的年平均昼夜交通量为 200 辆以下,计算行车速度为 20~40km/h。

以上 5 个等级的公路构成全国公路网,其中二级公路相互交叉,既有汽车专用公路,又有一般公路。

(2) 镇区道路分类分级

小城镇道路是小城镇中各用地功能地块之间的联系网络,是小城镇的骨架与"动脉"。

中国城市规划设计研究院在科技部"小城镇规划标准体系研究"课题中,根据不同性质、类别、不同规模、不同地区、不同经济发展水平小城镇对道路交通的不同需求和小城镇道路交通的特点与内在规律,提出小城镇镇区道路 4 个等级,并区别不同小城镇提出不同分级,如表 3.1.2。

小城镇道路分级 表 3.1.2

镇等级	人口规模	干路		支(巷)路	
		一	二	三	四
县城镇	大	●	●	●	●
	中	●	●	●	●
	小	○	●	●	●
中心镇	大	●	●	●	●
	中	●	●	●	●
	小	●	●	●	●
一般镇	大	○	●	●	●
	中	—	●	●	●
	小	—	○	●	●

注:其中 ● —应设,○ —可设。

小城镇及相关区域规划中的道路交通规划包括下列规划的道路交通规划：

1）县（市）域城镇体系规划；
2）镇域规划；
3）镇区总体规划；
4）控制性详细规划；
5）修建性详细规划。

上述规划中的道路交通规划，按不同规划阶段、不同规划层面的要求，规划编制内容和基本要求各有不同。

3.2 小城镇及相关区域的不同道路交通工程规划编制要求

3.2.1 县（市）域城镇体系规划中的道路交通工程规划

县（市）域城镇体系规划中的道路交通工程规划编制内容和基本要求，主要包括：

（1）提出县（市）域交通发展策略；
（2）确定县（市）域公路、铁路、水路系统网络布局及运输站场、码头等其他重要交通设施的布局。

重点提出县（市）驻地城镇与县（市）际相邻城镇、县（市）域其他小城镇之间以及县（市）域其他小城镇与小城镇之间道路网的布局骨架。

3.2.2 镇域规划中道路交通工程规划

镇域规划中道路交通规划编制内容和基本要求，主要包括：

（1）提出镇域交通发展策略；
（2）确定镇域公路、铁路、水路走向和运输站场、码头等其他主要交通设施布局。

重点提出镇区与邻近城镇、镇区与镇域中心村、镇域中心村与中心村之间的道路网布局。

3.2.3 镇区总体规划道路交通工程规划

镇区总体规划纲要应提出交通发展战略及主要对外交通设施布局的原则。

镇区总体规划道路交通工程规划编制内容和基本要求，应包括：

（1）道路交通现状分析；

（2）交通量需求预测；

（3）对外交通组织和主要对外交通设施（包括公路、铁路、水路交通设施）布局；

（4）镇区道路网规划，包括道路横断面（断面形式与路宽）、交叉口规划、出入口道路规划等；

（5）公共交通、自行车交通、步行交通规划，提出综合交通规划原则；

（6）道路交通设施规划，包括公共运输站场、公共停车场、公共加油站的布局，以及广场的分布。

上述规划内容中的干道系统网络、交通枢纽布局为总体规划强制性内容。

其近期建设规划中道路交通规划的内容应包括：

（1）提出近期交通发展策略；

（2）确定主要对外交通设施布局；

（3）确定主要道路交通设施布局。

3.2.4 控制性详细规划道路交通工程规划

控制性详细规划道路交通工程规划应以上一阶段总体规划

为指导，在总体规划的基础上深入编制，编制内容和基本要求应包括：

（1）根据交通需求分析确定地块出入口位置、停车泊位、公共交通场站用地范围和站点位置、步行交通以及其他交通设施。

（2）规定各级道路的红线、断面、交叉口形式及渠化措施、控制点坐标和标高。

3.2.5 修建性详细规划道路交通工程规划

修建性详细规划道路交通工程规划编制内容和基本要求除3.2.4 一般要求外，尚应包括：

（1）道路空间布局和道路景观规划设计（与相关建筑、绿地综合规划设计）；

（2）根据交通影响分析，提出交通组织方案和设计。

3.3 交通需求分析与需求预测

3.3.1 交通需求分析

- 交通需求相关因素

小城镇交通需求与小城镇性质、地位、类别、规划、小城镇的区位条件、经济、社会发展水平、主导产业、居民生活水平以及交通方式密切相关。

上述相关因素直接影响到小城镇的对外交通和镇区交通需求，也影响到小城镇居民交通方式和交通工具的选择。

- 镇外交通需求分析

在 1.4.1 中对不同空间分布形态的小城镇发展依托基础设施条件相关分析中已提出我国小城镇按不同空间分布和不同空间形态划分的三种小城镇类型。

此外，小城镇按功能分类一般可分为：

（1）综合型小城镇：一般为政治、经济、文化中心的小城镇。

（2）特色产业型小城镇：利用当地特色资源，形成主导产业的小城镇。

1）工业主导型小城镇：工业主导地位的小城镇。

2）商贸流通型小城镇：包括以工贸为主的工贸型、以边贸为主的边贸型等类型小城镇。

（3）其他类型小城镇，如历史文化名镇等。

小城镇按功能详细分类见表3.3.1

小城镇按功能的分类　　　　　表3.3.1

大 类	小 类	特 征
作为社会实体的小城镇	行政中心小城镇	一定区域内的政治、经济、文化中心。县政府所在地的县城镇，镇政府所在地的建制镇，乡政府所在地的集镇。城镇内的行政机构和文化设施较齐全
作为经济实体的小城镇	工业型小城镇	产业结构以工业为主，在农村社会总产值中，工业产值占的比重大，从事工业生产的劳动力占劳动力总数的比重大。工农关系密切，镇乡关系密切。乡镇工业有一定规模，生产设备和生产技术有一定水平，产品质量、品种能够占领市场。工厂设备、仓储库房、交通设施比较完善
	农业型小城镇	产业结构以第一产业为基础，多数是我国商品粮、经济作物、禽畜等生产基地，并有为其服务的产前、产中、产后的社会服务体系
	渔业型小城镇	沿江河、湖海的小城镇，以捕捞、养殖、水产品加工、储藏等为主导产业
	牧业型小城镇	以保护野生动物、饲养、放牧、畜产品加工为主导产业，主要分布在我国的草原地带和部分山区，同时又是牧区的生产生活、交通服务中心
	林业型小城镇	分布在江河中上游的山区林带，由森林开发、木材加工基地转化为育林和生态保护区，以森林保护、培育、木材综合利用为主导产业，同时也是林区生产生活、流通服务中心

续表

大类	小类	特征
作为经济实体的小城镇	工矿型小城镇	随着矿产资源的开采与加工逐渐形成,基础设施建设比较完善,商业、运输业、建筑业、服务业等也随之发展
	旅游观光型小城镇	具有名胜古迹或自然风景及人文资源,以发展旅游业及为其服务的第三产业或无污染的第二产业为主。交通方便,游乐服务、饮食业等都比较发达
	交通型小城镇	具有位置优势,多位于公路、铁路、水运、海运的交通中心,能形成一定区域内的客流、物流中心
	流通型小城镇	以商品流通为主,运输业和服务业比较发达,多由传统的农副产品集散地发展而来,服务半径一般在15~20km,设有贸易市场或专业市场、转运站、客栈、仓库等
	口岸型小城镇	位于沿海、沿江河的港口口岸,以发展对外商品流通为主,也包括那些与邻国有互贸资源和互贸条件的边境口岸的小城镇,这些小城镇多以陆路或界河的水上交通为主
其他类型小城镇	历史古镇、文化名镇	历史悠久,有些从12世纪的宋朝或14世纪的明朝开始就已经聚居了上千人口。具有一些代表性的、典型民族风格的或鲜明地域特点的建筑群,有历史价值、艺术价值和科学价值的文物,"文、古"特色显著

小城镇的对外交通需求与小城镇的性质、地位、类别以及规模、区位条件有密切关系。不同类别、不同区位条件和不同经济、社会发展的小城镇对外交通需求各不相同。

对于县(市)域政治、经济、文化中心的县城镇和县(市)域中一定农村区域经济、文化中心的中心镇来说,由于其中心集聚、辐射作用和城镇间政治、经济、文化往来的需要,无论对外客运和货运交通都有较大需求。

对于交通型、流通型和口岸型小城镇,由于其交通区位优势往往是一定城镇、农村区域内的客流、物流中心,其对外交通需求显然也比较大。

对于商贸流通型小城镇,其对外交通需求与其商贸活动的物流、人流密切相关。

对于工业型、特色产业型小城镇和工矿型小城镇,其对外交通需求与生产、销售等的物流、人流密切相关。

对于旅游观光型小城镇和历史文化名镇,观光人流是其对外、对内交通需求的一大特点。

对于交通区位条件较好的"密集型"、"线轴型"小城镇,由于多在主要交通干线等交通便利地方集中分布,城镇之间联系紧密、便捷,同时多处在经济发达、较发达地区,小城镇对外交通需求较大,其交通需求分析应结合较大区域相关因素分析。

对于点状(分散型)小城镇,则一般在县(市)域范围,结合县(市)域城镇体系规划和小城镇的实际具体分析。其中经济欠发达地区、偏远地区和山区小城镇,受其相关交通基础和经济发展基础薄弱的影响,对外交通需求相对较小。

- 镇区交通需求分析

小城镇的镇区交通需求与小城镇的性质、地位、规模及居民交通方式选择直接相关。

小城镇居民的交通方式按所采用的交通工具可分为机动车交通、非机动车交通和步行交通三种。

小城镇居民在考虑交通方式时的基本要素是交通距离。影响交通距离与交通方式的相关关系的因素有体能、交通时间和交通费用三项。不同的人在其选择时对三类因素考虑的侧重点是不同的。对老年人、儿童和青少年来说,选择交通方式时体能是最主要的考虑因素;对低收入者来说,费用是其选择交通方式的主要方面;对高收入者来说,可能时间对他来说价值最高。但是,在绝大部分情况下,在比较短的距离内(一般为

500~1000m），步行是大部分小城镇居民首选的交通方式，因为其方便，体力能够承受，而且不发生任何费用。对距离较长的出行（一般在7km以上），应采取机动车作为交通工具。在1~7km的范围内，自行车交通将会是大部分拥有自行车的小城镇居民的主要交通方式。

我国中小型小城镇面积的规模一般在 $1.5~4km^2$，县城镇、中心镇、大型镇面积规模一般也在 $15km^2$ 以内。小城镇居民出行交通方式还是以自行车和步行为主。小城镇镇区道路交通规划，应特别重视步行交通系统和自行车交通系统的规划；对于大型的县城镇、中心镇和一般镇应考虑镇区公共交通需求，县城镇、中心镇应根据小城镇经济社会发展和居民生活水平的提高，同时考虑出租车的公共交通需求。

小城镇机动车交通需求，应注意摩托车的迅速发展。因为摩托车价格便宜，其行驶速度、出行距离范围都较为适合小城镇。随着我国经济的发展，小城镇内摩托车的数量必然会有较快速度的增长。由于摩托车有极强的机动性，在安全性上比小汽车等其他机动车差，在进行小城镇道路规划时，需要对摩托车交通进行特别考虑，否则容易引起交通混乱和交通事故上升。

小城镇的私人小汽车发展速度相对摩托车来说比较缓慢。镇区交通中汽车的增长量主要受小城镇工业发展的刺激，属于生产性需要，除与镇区交通相关外，与对外交通关系更大。在道路规划时，应考虑小城镇的经济发展速度、工业类别等因素，重点规划好对外的货运交通系统。

随着小城镇经济和乡镇企业的发展，小城镇居民和迅速增多的"离土不离乡"、亦工亦农的暂住人口和流动人口对交通的需求，使得小城镇中行人和车辆的流量大小在各个季节、一周和一天中均变化很大。各类车辆流向均不固定，在早、中、晚上下班时造成人流、车流集中，形成流量高峰时段。小城镇经济的不断繁荣，车流、人流、物流增长很快，各类生产性交通流量、旅游出行人流和各类物资集散的物流交通在小城镇交通需求和预测中都是必须考虑的因素。

3.3.2 交通量预测方法

在原有小城镇道路的规划改造设计中，道路的远期交通量一般可按现有道路的交通量进行预测；对新建的小城镇，道路的远期交通量可参考比较规模相当的同级同类小城镇进行预测。对小城镇道路的交通量，目前一般还没有条件进行复杂的理论推算，通常可采用以下预测方法。

- 按年平均增长量估算

按小城镇道路上机动车历年高峰小时（或平均日）交通量，来预测若干年后高峰小时（或平均日）交通量。该方法考虑了不同交通区的不同交通发生量的增长情况，并假定各区之间远景的出行分布模式与现在是一样的。该方法适用于用地性质等因素变化不大的小城镇。即 $N_{远} = N_0 + n \times \Delta N$

式中　$N_{远}$——远期 n 年高峰小时（平均日）交通量；

N_0——最后统计年度的高峰小时（平均日）交通量；

ΔN——年平均增长量；

n——预测年数（年）。

- 按年平均增长率估算

在缺少历年高峰小时（或平均日）交通量的观测资料的情况下，可以采用按年平均增长率来估算远期交通量。年平均增长率可以参照规模相当的同级同类小城镇的观测资料，并分析考虑随着经济发展及小城镇道路网变化可能引起该道路上交通量的变化，来选择确定一个合适的年平均增长率，也可以参照工农业生产值的年平均增长率（一般来说，交通量的年平均增长率与工农业生产值的年平均增长率是相一致的)来确定。

$$N_{远} = N_0(1 + nK)$$

式中 $N_{远}$——远期 n 年高峰小时(平均日)交通量;

N_0——最后统计年度的高峰小时(平均日)交通量;

K——年平均增长率(%);

n——预测年数(年)。

应该指出,上述两种方法算出的远期高峰小时交通量,不能直接用于道路的横断面设计。因为按高峰小时交通量设计的路面宽度,对其他时间的交通量来说,路面就显得过宽,尤其当有些道路的高峰小时交通量与其他小时交通量相差悬殊的情况下更要注意,否则将使路面设计过宽,造成浪费。一般做法是将此数据乘上一个折减系数作为设计高峰小时交通量。系数的大小,视高峰小时交通量与其他时间交通量的相差幅度而定,相差大的取小值,相差小的取大值,一般为 0.8~0.93。

- 按车辆的年平均增长数估算

小城镇一般都有机动车辆增长的历史资料,可以用来估算道路交通量的增长。但车辆增长与交通量增长不成正比,因为车辆多了,车辆的利用率就低,因此,估算时可将车辆增长率打折扣,作为交通增长率。

以上介绍的 3 种方法,只是把交通量的增长看成单纯的数字比率,而均未很好分析小城镇的性质、类型、经济发展速度等对道路规划设计所起的影响,因而并不全面。不过,在没有详细的小城镇各用地相关的出行和交通运输资料的情况下,这种根据现况观测资料,考虑可能的发展趋势来确定一定的增长率,可应用于小城镇道路交通工程规划的宏观交通需求预测,在预测中应强调同时作相关因素调查分析比较修正和其他预测方法比较修正。

- 按生成率估算

根据出行生成率估算新增交通量。

对非机动车的交通量也可以参照机动车的方法来估算。但对自行车的利用率,却不会随自行车的增长而降低,这同它的使用特点有关。自行车的增长量同交通增长量是一致的,在小城镇道路规划中,应特别注意自行车的增长趋势,因为这是小城镇镇区的主要交通工具。

三轮车、板车、兽力车目前还是小城镇重要的运输工具,它们在小城镇交通运输中所占比例与小城镇的性质、地理位置、自然条件、经济发展程度等有关。目前我国有些小城镇的某些路段上这些车辆所占比重还很大,在一定时期内仍有增长的趋势,在进行远期交通量预测时,应根据实际情况正确估算,考虑对小城镇道路交通规划的影响。

在商业街、居住小区道路等生活性道路上,行人是主要的交通量,因此在其远期交通量预测时应充分注意到小城镇的特点和实际情况。一是随着小城镇居民物质文化水平的提高,出行次数将会增加;二是农民进入小城镇,增加了行人数量。行人交通量的估算,应结合调查观测资料及人口增长数来计算。

3.4 道路交通规划及优化

3.4.1 交通组织及优化

小城镇交通在地域上可分为小城镇对外交通和小城镇内部交通两个系统。内外交通通过交通换乘、转运相互衔接,以实现乘客出行和货物运输的全过程。通过交通运输的合理组织,使小城镇的内外交通便捷,客货运交通在小城镇中均匀分布,流动有序。

(1) 对外交通及其组织优化

小城镇对外交通包括小城镇对外客运交通和对外货运交通。

小城镇对外交通运输是指以小城镇为基点,与小城镇外部进行联系的各类交通运输的总称。它是小城镇存在与发展的重要条件,也是构成小城镇不可缺少的物质要素,它把小城镇与其他地区城镇联系起来,促进了它们之间的政治、经济、科技、文化交流,为发展工农业生产、提高人民生活质量服务。

小城镇的对外交通运输方式主要为公路、铁路、水路交通3项,其中公路交通与小城镇的关系最为密切。

- 对外交通组织对小城镇发展与规划布局的影响

1) 对外交通对小城镇的形成和发展影响

①小城镇对外交通对小城镇的形成和发展影响很大。改革开发后首先发展起来的是沿陆路交通线(包括公路、铁路)、沿水上交通线(包括江、海)的城镇,形成城镇发展轴。历史上形成的城镇也大多位于水陆交通的枢纽。

②对外交通运输设施的布置、线路走向,很大程度上影响到小城镇的工业仓储、居住用地的位置,影响到小城镇的发展方向和建设用地的选择。

③对外交通还影响到小城镇的道路系统和交通组织。小城镇对外交通的车站、码头是小城镇内部交通的衔接点,它必须通过小城镇道路与小城镇的各用地功能组成部分取得方便的联系。所以,对外交通的变化也必将带来小城镇道路系统的调整。

2) 公路对小城镇布局的影响

公路运输几乎在所有的小城镇都存在,它对小城镇的总体布局,尤其是道路系统的布局影响甚大。在小城镇范围内的公路,有的是小城镇道路的组成部分,有的是小城镇道路的延续。在进行小城镇规划时,应结合小城镇的总体布局合理地选定或调整公路的走向及其站场的位置。

我国许多小城镇一开始往往是依靠公路、沿着公路两边逐渐发展形成的,常常是公路和小城镇道路不分设,它既是小城镇的对外公路,又是小城镇的主要道路,两侧布置有大量的商业服务设施,行人密集,车辆来往频繁,相互干扰很大。由于过境交通穿越,分割小城镇建设用地,既不利于交通安全,又影响小城镇人居环境和风貌,给小城镇人们工作和生活带来很大干扰,对小城镇发展也带来很大影响。

- 对外交通组织及优化

1)客运、货运交通组织

①小城镇对外交通量预测应以小城镇经济社会发展和小城镇总体规划及县(市)域城镇体系规划为依据。

②小城镇应结合自然地理和环境特征等因素合理选择对外交通运输方式。

③小城镇客运、货运道路应能满足小城镇客运、货运交通的要求,以及救灾和环境保护的要求,并与客运、货运流向相一致。

④小城镇内的主要客运交通和货运交通应各成系统,货运交通不应穿越城镇中心区和住宅区,并应与对外交通系统有方便的、直接的联系。

⑤小城镇道路应尽量减少与公路的交叉,以保证公路交通的畅通、安全和有序。

2)过境交通组织

①小城镇过境交通应尽可能与小城镇内交通分离,互不干扰又有机联系。

②小城镇公共交通规划应主要考虑镇际公共交通,同时也考虑镇到中心村的公共交通。

③小城镇过境公路应遵循下列原则：

小城镇过境公路应与镇区道路分开布置，过境公路不得穿越镇区；

小城镇过境公路选线应结合小城镇远期规划，在小城镇镇区之外，规划区边缘设置；

对原穿越镇区的过境公路段应采取合理手段改变穿越段道路的性质与功能。在改变之前应按镇区道路的要求控制两侧用地布局。

3）对外场站交通组织

①小城镇的铁路场站、水运码头和公路场站等客货集散点应与城镇对外路网和镇区路网、交通组织有机结合。

②县城镇、中心镇和大型一般镇应设置公交客运枢纽，以便镇区线与镇际线的衔接，各线的客运能力应与客流量相协调，线路的走向应考虑均衡服务性和客流的主流向，满足客流量的要求。

（2）镇区交通及其组织优化

小城镇镇区交通包括镇区客运交通和镇区货运交通。

根据小城镇特点，小城镇镇区客运交通方式主要包括步行交通、自行车交通、公共交通三种方式；镇区货运交通主要为干道交通。

1）人车分流

县城镇、中心镇、大型一般镇中心区等人流较多地区，应组织人车分流，以使交通各从其类、各行其道、互不干扰，避免交通混杂、冲突及拥塞，确保交通安全。

2）客运货运分流

镇区内主要的客运交通和货运交通流应各成系统。货运交通不应穿越小城镇中心区和住宅区，同时应与对外交通系统有方便的、直接的联系。

3) 镇区内部交通与外部交通分流

小城镇内部交通与外部交通应通过交通分流,形成内部交通和外部过境交通互不干扰、又有机联系的两大系统。

4) 客货流码头和渡口的交通集散应与小城镇道路统一规划。码头附近的民船停泊和岸上农贸市场的人流集散和公共停车场的车辆出入,均不得干扰小城镇干路的交通。

5) 县城镇、中心镇和大型一般镇公共交通规划应在考虑镇际公共交通的同时考虑镇区公共交通。

6) 小城镇镇区客运交通应综合、协调考虑步行交通、自行车交通和公共交通。

小城镇自行车道路网规划应保证自行车交通的安全性和连续性。

小城镇步行交通系统规划应遵循以人为本的原则,以步行人流的流量和流向为基本依据。并应根据小城镇集市贸易等特点,因地制宜地采取各种有效措施,满足行人活动的要求,保障行人的交通安全和交通连续性,避免无故中断和任意缩减人行道。

3.4.2 道路系统规划及优化

(1) 道路系统规划的基本要求

小城镇道路系统规划除以小城镇现状、发展规模、用地规划及交通运输为基础外,还要很好地结合自然地理条件、环境保护、景观布局、地面水的排除、各种工程管线布置以及处理铁路和其他各种人工构筑物等的关系,在道路系统规划中,应满足下列基本要求:

1) 交通运输的要求

规划道路系统时,应使所有道路主次分明、分工明确,并有一定的机动性,以组成一个高效、合理的道路交通系统,从而使小城镇各功能区之间有安全、方便、迅速、经济的交通联系，具体要求是：

①小城镇各主要用地和功能区之间应有短捷的交通路线，使全年最大的平均人流、货流能沿最短的路线通行，以使运输工作量最小，交通运输费用最省。例如，小城镇中的工业区、居民区、公共中心以及对外交通的车站、码头等都是大量吸引人流、车流的地点，规划道路时应注意使这些地点的交通畅通，以便能及时地集散人流和车流。这些交通量大的用地之间的主要连接道路，就成为小城镇的一级干路和二级干路，并构成小城镇规划的平面骨架。

路线短捷的程度，可用曲度系数来衡量。曲度系数亦称非直线系数，是指道路始、终点间的实际交通距离与其空间直线距离之比。

在小城镇中交通运输费用大致与行程远近成比例，因而这个系数也可作为衡量行车费用的经济指标之一。不同形式的干道网，有不同的曲度系数。对于一条干道，衡量其路线是否合理，一般要求其曲度系数在 1.1~1.2 之间，最大不能超过 1.4；对次干道的曲度系数也不能超过 1.4，即不出现反向迂回的路线。对山区、丘陵地区的干道，因地形复杂，展线需克服地形高差，曲度系数可适当放宽。

②小城镇各分区用地之间的联系道路应有足够而又恰当的数量，同时要求道路系统尽可能简单、整齐、醒目，以便行人和行车辨别方向和组织交叉口的交通。

通常以道路网密度作为衡量道路系统的技术经济指标。所谓道路网密度是指道路总长（不含居住小区、街坊内通向建筑物组群用地内的通道）与小城镇用地面积的比值。

确定小城镇道路网密度一般应考虑下列因素：

道路网的布置应便利交通，居民步行距离不宜太远。

交叉口间距不宜太短,以避免交叉口过密,降低道路的通行能力和降低车速。

适当划分小城镇各区及街坊的面积。

道路网密度越大,交通联系也越方便;但密度过大,势必交叉口增多,影响行车速度和通行能力,同时也会造成小城镇用地不经济,增加道路建设投资和旧村(镇)改造拆迁工作量。特别是干道的间距过小,会给街坊、居住小区临街住宅带来噪声干扰和废气污染。

现在在相关规划技术指标中更多应用道路间距代替道路网密度指标。

小城镇干道上机动车流量不大,车速较低,且居民出行主要依靠自行车和步行。因此,其干道网与道路网(含支路,连通路)的密度可较小城市高,道路网密度可达 8~13km/km^{2}道路间距可为 150~250m;其干道密度可为 5~6.7km/km^2,干道间距可为 300~400m。实际规划中应结合现状、地形环境来布置,不宜机械规定,但是道路与支路(连通路)间距至少也应大于100m,干道间距有时也达 400m 以上。对山区道路网密度更应因地制定,其间距可考虑 150~400m。

干道网密度一般从小城镇中心地区向近郊,从建成区到新区逐渐递减,建成区高一些,近郊及新区低一些,以适应居民出行流量分布变化的规律。我国小城镇建成区道路网既密而路幅又窄,因此,在旧小城镇扩建、改建过程中应注意适当放宽路幅,打通必要卡口、蜂腰,并将某些过密、过窄的街道改为禁止机动车通行的内部道路,以及从机动车行驶考虑,封闭某些与干道垂直相交的胡同、街坊路,来控制道路网密度与道路间距,提高道路网通行能力显然是有益的。

③为交通组织管理创造良好条件。

道路系统应尽可能简单、整齐、醒目，以便行人和行驶的车辆辨别方向，易于组织和管理道路交叉口的交通。一个交叉口上交汇的街道不宜超过 4~5 条，交叉角不宜小于 60° 或不宜大于 120°。一般情况下，不要规划星形交叉口，不可避免时，宜分解成几个简单的十字形交叉。同时，应避免将吸引大量人流的公共建筑布置在路口，增加交通负担。

2）道路网选线布置与走向要求

小城镇道路网规划的选线布置，既要满足道路行车技术的要求，又要结合地形、地质水文条件，并考虑到与临街建筑、街坊、已有大型公共建筑的出入联系的要求。道路网尽可能平而直，尽可能减少土石方工程，并为行车、建筑群布置、排水、路基稳定创造良好条件。

在地形起伏较大的小城镇，主干道走向宜与等高线接近于平行布置，避开接近垂直切割的等高线，并视地面自然坡度大小对道路横断面组合作出经济合理安排。当主、次干道布置与地形有矛盾时，次干道及其他街道都应服从主干道线形平顺的需要。一般当地面自然坡度达 6%~10% 时，可使主干道与地形等高线交成一个不大的角度，以使与主干道交叉的其他道路不致有过大的纵坡；当地面自然坡度达 12% 以上时，采用之字形的道路线形布置，其曲线半径不宜小于 13~20m，且曲线两端不应为小于 20~25m 长的缓和曲线。为避免行人在之字形支路上盘旋行走，常在垂直等高线上修建人行梯道。

在道路网规划布置时，应尽可能绕过不良工程地质和不良水文工程地质，并避免穿过地形破碎地段。这样虽然增加了弯路和长度，但可以节省大量土石方和大量建设资金，缩短建设周期，同时也使道路纵坡平缓，有利于交通运输。

确定道路标高时，应考虑水文地质对道路的影响，特别是地下水对路基路面的破坏作用。

小城镇道路网走向应有利于小城镇的通风。我国北方小城镇冬季寒流主要受来自于西伯利亚冷空气的影响,所以冬期寒流风向主要是西北风,寒冷往往伴随风沙、大雪,因此主干道布置应与西北向成垂直或成一定的偏斜角度,以避免大风雪和风沙直接侵袭小城镇;对南方小城镇道路的走向应平行于夏季主导风向,以创造良好的通风条件;对海滨、江边、河边的道路应临水避开,并布置一些垂直于岸线的街道。

道路走向还应为两侧建筑布置创造良好的日照条件,一般南北向道路较东西向好,最好由东向北偏转一定角度。从交通安全来看,街道最好能避免正东西方向,因为日光耀眼会导致交通事故。事实上,小城镇干道有南北方向,也必须有与其相交的东西方向干道,以共同组成小城镇干道系统,不可能所有干道都符合通风和日照的要求。为此,干道的走向最好取南北和东西方向的中间方位,一般取南北子午线成$30°\sim60°$的夹角为宜,以兼顾日照、通风和临街建筑的布置。

3) 保护环境,突出景观要求

随着小城镇经济的不断发展,交通运输也日益增长,机动车噪声和尾气污染也日趋严重,必须引起足够的重视。一般采取的措施有:合理地确定小城镇道路网密度,以保持居住建筑与交通干道间有足够的消声距离;过境车辆一律不得从小城镇内部穿过;控制货车进入居住区;控制拖拉机进入小城镇;在街道宽度上考虑必要的防护绿地来吸收部分噪声、二氧化碳和放出新鲜空气;沿街建筑布置方式及建筑设计作特殊处理,如宜使建筑物后退红线、建筑物沿街面作封闭处理或建筑物山墙面对街道等。

小城镇道路不仅用作交通运输,而且对小城镇景观的形成有着很大的影响。所谓街道的造型即通过线形的柔顺、曲折起伏、两侧建筑物的进退、高低错落、丰富的造型与色彩、多样

3.4 道路交通规划及优化

的绿化，以及沿街公用设施与照明的配置等等，来协调街道平面和空间的组合，同时还把自然景色（山峰、水面、绿地）、历史古迹（塔、亭、台、楼、阁）、现代建筑（纪念碑、雕塑、建筑小品、电视塔等）贯通起来，形成统一的街景，对体现整洁、舒适、美观、大方、丰富多彩的现代化小城镇面貌起着重要的作用。

干道的走向应对向制高点、风景点（如：高峰、水景、塔、纪念碑、纪念性建筑物等），使路上行人和车上乘客能眺望如画的景色。对临水的道路应结合岸线精心布置，使其既是街道，又是人们游览休息的地方。当道路的直线路段过长，使人感到单调和枯燥时可在适当地点布置广场和绿地，配置建筑小品（雕塑、凉亭、画廊、花坛、喷水池、民族风格的售货亭等），或作大半径的弯道，在曲线上布置丰富多彩的建筑。

对山区小城镇，道路竖曲线以凹形曲线为赏心悦目，而凸形曲线会给人以街景凌空中断的感觉。这样的情况，一般可在凸形顶点开辟广场、布置建筑物或树木，使人远眺前方景色，有新鲜不断、层出不穷之感。

但必须指出，不可为了片面的追求街景，把主干道规划成错位交叉、迂回曲折，致使交通不畅。

4) 满足地面排水要求

小城镇街道中心线的纵坡应尽量与两侧建筑线的纵坡方向取得一致，街道的标高应稍低于两侧街坊地面的标高，以汇集地面水，便于地面水的排除。主干道如沿汇水沟纵坡，对于小城镇的排水和埋设排水管是非常有益的。

在作干道系统竖向规划设计时，干道的纵断面设计要配合排水系统的走向，使之通畅地排向江、海、河流。由于排水管是重力流管，管道要具有排水纵坡，所以街道纵坡设计要与排水设计密切配合。因为街道纵坡过大，排水管道就需要增加跌水井；而纵坡过小，则排水管道在一定路段上又需设置泵站，显然，这些都将增加工程投资。

5）满足各种工程管线布置的要求

随着小城镇的不断发展，各类公用事业和市政工程管线将越来越多，一般都埋在地下，沿街道敷设。但各类管线的用途不同，其技术要求也不同。如电信管道，要靠近建筑物布置，且本身占地不宽，但它要求设较大的检修人孔；排水管为重力流管，埋设较深，其开挖沟槽的用地较宽；煤气管道要防爆，须远离建筑物。当几种管线平行敷设时，它们相互之间要求有一定的水平间距，以便在施工时不致影响相邻管线的安全。因此，在小城镇道路规划设计时，必须摸清道路上要埋设哪些管线，考虑给予足够的用地，且给予合理安排。

6）满足其他有关要求

小城镇道路系统规划除应满足上述基本要求外，还应满足：

①小城镇道路应与公路、铁路、水路等对外交通系统密切配合，同时要避免公路、铁路穿过小城镇内部。对已在公路两侧形成的小城镇，宜尽早将公路移出或沿小城镇边缘绕行。

对外交通以水运为主的小城镇，码头、渡口、桥梁的布置要与道路系统互相配合。码头、桥梁的位置还应注意避开不良地质。

②小城镇道路要方便居民与农机通往田间，要统一考虑与田间道路的相互衔接。

③道路系统规划设计，应少占田地，少拆房屋，不损坏重要历史文物。应本着从实际出发，贯彻以近期为主，远、近期相结合的方针，有计划、有步骤地分期发展、组合实施。

（2）镇区道路网规划类型的优化比较

小城镇道路系统规划是小城镇总体平面规划的基础，它不仅要满足上述基本要求，而且在几何形状上也要满足合理要求。小城镇道路系统规划直接影响整个小城镇的布局和小城镇建设发展以及小城镇人居环境的好坏。一般来说，小城镇道路系统的形式，都是在一定历史条件和自然条件下，根据当地政治、经济和文化发展的需要，逐渐演变而形成的。因此，规划或调整道路系统时，采用的基本图形也应根据当地的具体条件，本着"有利于生产，方便生活"的原则，因地制宜，合理地、灵活地选择，决不能单纯为了追求整齐平直和对称的几何图形等来生搬硬套某种形式。一般街道密度应根据街坊布置综合考虑，以每隔 $100\sim200m$ 设置一个交叉口为宜，不要太稀，也不宜太密。

目前常用的道路系统可归纳成 4 种类型：方格网式（也称棋盘式）、放射环式、自由式、混合式。前 3 种是基本类型，混合式道路系统是由几种基本类型组合而成。

1）方格网式（棋盘式）

方格网式道路系统最大特点是街道排列比较整齐，基本呈直线，街坊用地多为长方形，用地经济、紧凑，有利于建筑物布置和识别方向；从交通方面看，交通组织简单便利，道路定线比较方便，不会形成复杂的交叉口，车流可以较均匀地分布于所有街道上；交通机动性好，当某条街道受阻车辆绕道行驶时其路线不会增加，行程时间不会增加。为适应汽车交通的不断增加，交通干道的间距宜为 $400\sim500m$，划分的小城镇用地就形成功能小区，分区内再布置生活性的街道。

这种道路系统也有明显的缺点，它的交通分散，道路主次功能不明确，交叉口数量多，影响行车畅通。同时，由于是长方形的网格道路系统，因此，使对角线方向交通不便，行驶距离长，曲度系数大，一般为 $1.27\sim1.41$。

方格网式道路系统一般适用于地形平坦的小城镇，规划中应结合地形、现状与分区布局来进行,不宜机械地划分方格。为改善对角线方向上的交通不便,在方格网中常加入对角线方向的道路,这样就形成了方格对角线形式的道路系统,与方格网式道路系统相比,对角线方向的道路能缩短27%~41%的路程,但这种形式易产生三角形街坊,而且增加了许多复杂的交叉口,给建筑布置和交通组织上带来不利,故一般较少采用。

2) 放射环式

放射环式道路系统就是由放射道路和环形道路组成。放射道路担负着对外交通联系,环形道路担负着各区域间的运输任务,并连接放射道路以分散部分过境交通。这种道路系统以公共中心为中心,由中心引出放射道路,并在其外围地区敷设一条或几条环形道路,像蜘蛛网一样,构成整个小城镇的道路系统。环形道路有周环,也可以是半环或多边折线式;放射道路有的从中心内环放射,有的可以从二环或三环放射,也可以与环形道路切向放射。道路系统布置要顺从自然地形和小城镇现状,不要机械地强求几何图形。

这种形式的道路系统优点是使公共中心区和各功能区有直接通畅的交通联系,同时环形道路可将交通均匀地分散到各区。路线有曲有直,较易于结合自然地形和现状。曲度系数平均值最小,一般在1.10左右。

其明显的缺点是容易造成中心交通拥挤、行人以及车辆的集中,有些地区的交通联系要绕行,其交通灵活性不如方格网式好。如在小范围内采用此种形式,道路交叉会形成很多锐角,出现很多不规则的小区和街坊,不利于建筑物的布置,另外道路曲折不利于辨别方向,交通不便。

放射环式道路系统适用于大型县城镇、中心镇。对一般的小城镇而言,从中心到各区的距离不大,因而没有必要采取纯粹的放射环式。为克服中心拥挤的问题,对放射性道路的布置应采取终止于中心区的内环路或二环路上,严禁过境车辆进入中心区。也可利用旧小城镇中心和新发展区,布置2个甚至2个以上中心,以改善中心交通拥挤的状况。

3) 自由式

自由式道路系统是以结合地形起伏、道路迁就地形而形成,道路弯曲自然,无一定的几何图形。

这种形式道路系统优点是充分结合自然地形,道路自然顺适,生动活泼,可以减少道路工程土石方量,节省工程费用。其缺点是道路弯曲、方向多变,比较紊乱,曲度系数较大。由于道路曲折,形成许多不规则的街坊,影响建筑物的布置,影响管线工程的布置。同时,由于建筑分散,居民出入不便。

自由式道路系统适用于山区和丘陵地区的小城镇。由于地形坡差大,干道路幅宜窄,因此多采用复线分流的方式,借平行较窄干道来联系沿坡高差错落布置的居民建筑群。在这样的情况下,宜在坡差较大的上下两平行道路之间,顺坡面垂直等高线方向,适当规划布置步行梯道或梯级步行商业街,以方便居民交通和生活。

4) 混合式

混合式道路系统是结合小城镇的自然条件和现状,小城镇道路系统吸收前3种基本形式的优点,克服其缺点,采取因地制宜混合布置的一种形式。

事实上在道路规划设计中,不能机械地单纯采用某一种形式,应本着实事求是的原则,立足地方的自然和现状特点,采用综合方格网式、放射环式、自由式道路系统的特点,扬长避短,科学、合理地进行小城镇道路系统规划布置。如小城镇能在原方格网的基础上,根据新区及对外公路过境交通的疏导,加设切向外环或半环,则改善了方格网式的布置。

以上4种形式的道路系统,各有其优缺点,在实际规划中,应根据小城镇自然地理条件、现状特点、经济状况、未来发展的趋势和民族传统习俗等综合考虑,进行合理的选择和运用,绝对不能生搬硬套某种形式。

(3) 镇区道路网布局要求及规划技术指标

1) 小城镇道路网规划应适应小城镇用地扩展,并考虑机动化的发展;道路网的形式和布局,应根据用地规划,客货交通源和集散点的分布,交通流量流向,并结合地形、地物、河流走向、沿线铁路位置和原有道路系统因地制宜地确定。

2) 小城镇道路网的道路间距应符合表3.4.2-1规定的指标要求,土地开发的强度应与交通网的运输能力和道路网的通行能力相协调。

小城镇道路规划技术指标 表3.4.2-1

规划技术指标	道路级别			
	干路		支(巷)路	
	一级	二级	三级	四级
计算行车速度(km/h)	40	30	20	—
道路红线宽度(m)	24~32 (25~35)	16~24	10~14 (12~15)	≥4~8
车行道宽度(m)	14~20	10~14	6~7	3.5~4
每侧人行道宽度(m)	4~6	3~5	2~3.5	—
道路间距(m)	500~600	350~500	120~250	60~150

注:①表中一、二、三级道路用地按红线宽度计算,四级道路按车行道宽度计算;
②一级路、三级路可酌情采用括号值,对于大型县城镇、中心镇道路,交通量大、车速要求较高的情况也可考虑三块板道路横断面,增加红线宽度,但不宜大于40m。

3) 县城镇、中心镇和大型一般镇主要出入口每个方向应有两条以上对外联系的道路。其他一般镇主要出入口每个方向宜有两条对外联系的道路。

4) 河网地区小城镇道路网应符合下列规定：

①道路宜平行或垂直于河道布置；

②对跨越通航河道的桥梁，应满足桥下通航净空要求，并应与滨河路的交叉口统筹考虑；

③桥梁的车行道和人行道宽度应与两端相连道路的车行道和人行道等宽，桥梁建设应满足市政管线敷设的要求。

④客货流码头和渡口的交通集散应与小城镇道路统一规划。码头附近的民船停泊和岸上农贸市场的人流集散及公共停车场的车辆出入，均不得干扰小城镇干路的交通。

5) 山区小城镇道路网规划应符合下列规定：

①道路网应基本与等高线平行设置，并应考虑防洪要求。干道宜设在谷地或坡面上。双向通行的道路宜分别设置在不同的标高上。

②地形高差特别大的地区，宜设置人、车分离的两套系统。

③山区城镇道路网的道路间距宜大于平原城镇，并应采用表3.4.2-1中的上限值。

6) 当旧镇道路网改造时，在满足道路交通的情况下，应兼顾旧镇的历史、文化、地方特色和原有道路网形成的历史；对有历史文化价值的街道应适当加以保护。

7) 小城镇道路应避免设置错位T形交叉路口。已有的错位交叉路口，在规划时应加以改造。

8) 小城镇应根据相交道路的等级、分向流量、公共交通站点设置、交叉口周围用地性质，确定交叉口的形式及其用地范围。

① 小城镇相关道路交叉口的形式应符合表3.4.2-2的规定。

小城镇道路交叉口形式　　　　表3.4.2-2

镇等级	规模	相交道路	干路	支路
县城镇中心镇	大	干路	C、D、B	D
		支路		E
	中、小	干路	C、D、E	E
一般镇	大、中	干路	D、E	E
		支路		E
	小	支路		E

注：B 为展宽式信号灯管理平面交叉口；
　　C 为平面环形交叉口；
　　D 为信号灯管理平面交叉口；
　　E 为不设信号灯的平面交叉口。

② 小城镇道路平面交叉口用地宜符合表3.4.2-3的规定。

小城镇道路平面交叉口规划用地面积（万 m²）　　表3.4.2-3

	T字形交叉口	十字形交叉口	环形交叉口		
			中心岛直径(m)	环道宽度(m)	用地面积(万 m²)
干路与干路	0.25	0.40	30~50	16~20	0.8~1.2
干路与支路	0.22	0.30	30~40	14~18	0.6~0.9
支路与支路	0.12	0.17	25~35	12~15	0.5~0.7

9）小城镇干路上机动车与非机动车宜分道行驶，交叉口之间分隔机动车与非机动车的分隔带宜连续。

10）小城镇支路规划应符合下列要求：

① 支路应与二级干路和居住小区、镇中心区、市政公用设施用地、交通设施用地等内部道路相连接。

② 三级支路应满足公共交通线路行驶的要求。

11) 小城镇道路规划，应与小城镇防灾规划相结合，并应符合下列规定：

①抗震设防小城镇，应保证震后镇区道路和对外公路的畅通，并应符合下列要求：

Ⓐ干路两侧的高层建筑应由道路红线后退 10~15m；

Ⓑ路面宜采用柔性路面；

Ⓒ道路网中宜设置小广场和空地，并应结合道路两侧的绿地，划定疏散避难用地。

②山区或河网地带易受洪水侵害的小城镇，应设置通向高地的防灾疏散道路，并适当增加疏散方向的道路网密度。

（4）道路横断面规划设计

道路横断面是指沿着道路宽度、垂直于道路中心线方向的剖面。小城镇道路横断面规划设计的主要任务是根据道路功能和建筑红线宽度，合理地确定道路各组成部分的宽度及不同形式的组合、相互之间的位置与高差。对横断面规划设计的基本要求为：

保证车辆和行人交通的畅通和安全，对于交通繁重地段应尽量做到机动车辆与非机动车辆分流、人车分流、各行其道；

满足路面排水及绿化、地面杆线、地下管线等公用设备布置的工程技术要求；路幅综合布置应与街道功能、沿街建筑物性质、沿线地形相协调；

节约小城镇用地，节省工程费用；减少由于交通运输所产生的噪声、扬尘和废气对环境的污染；

必须远、近期相结合，以近期为主，同时为小城镇交通发展留有必要的余地。做到一次性规划设计，如需分期实施，应尽可能使近期工程为远期所利用。

● 道路横断面规划宽度与横坡度的确定

道路横断面的规划宽度，称为路幅宽度。它通常指小城镇总体规划中确定的建筑红线之间的道路用地总宽度,包括车行道、人行道、绿化带以及安排各种管(沟)线所需宽度的总和。

1) 车行道的宽度

车行道是道路上提供每一纵列车辆连续安全按规定计算行车速度行驶的地带。车行道宽度的大小以"车道"或"行车带"为单位。所谓车道,是指车辆单向行驶时所需的宽度,其数值取决于通行车辆的车身宽度和车辆行驶中在横向的必要安全距离。车身宽度一般应采用路上经常通行的车辆中宽度较大者为依据,对个别偶尔通过的大型车辆可不作为计算标准。常用车辆的外轮廓尺寸,见表 3.4.2-4。

各种车辆宽度和车道宽度(m)　　表 3.4.2-4

车辆名称	机动车	自行车	三轮车	大板车	小板车	兽力车
车辆宽度	2.5	0.5	1.1	2.0	0.9	1.6
车道宽度	3.5	1.5	2.0	2.8	1.7	2.6

车辆之间的安全距离取决于车辆在行驶时横向摆动与偏移的宽度,以及与相邻车道或人行道侧石边缘之间的必要安全间隙,其值与车速、路面类型和质量、驾驶技术、交通规划等有关。在小城镇道路上行驶车辆的最小安全距离可为 1.0 ~ 1.5m,行驶中车辆与边沟(侧石)的距离为 0.5m。

车行道宽度计算公式为 $N = (A + B)M + C$

式中　A——车辆距边沟(侧石)的最小安全距离(m);

　　　B——车辆宽度(m);

　　　C——两车错车时的最小安全距离(m);

　　　M——车道数。

车行道的宽度是几条车道宽度的总和。以设计小时交通量与一条车道的设计通行能力相比较,确定所需的车道个数,从而确定车行道总宽度。对我国小城镇,一条车道的平均通行能力可参考表 3.4.2-5 的数值论证分析确定。

各种车道的通行能力（辆/h） 表 3.4.2-5

车辆名称	机动车	自行车	三轮车	大板车	小板车	兽力车
通行能力	300~400	750	300	200	380	150

应当注意,车道总宽度不能单纯按公式计算确定。因为这样既难以切合实际,又往往不经济。实际工作中应根据交通资料,如车速、交通量、车辆组成、比例、类型等,以及规划拟定的道路等级、红线宽度、服务水平,并考虑合理的交通组织方案,加以综合分析确定。如小城镇道路上的机动车高峰量较小,一般单向 1 个车道即可。在客运高峰小时期间,虽然机动车较少,为了交通安全也得占用一个机动车道,而此时自行车交通量增大,可能要占用 2~3 个机动车道。这样货运高峰小时所要求的车道宽度往往不能满足客运高峰小时的交通要求,所以常常以客运高峰小时的交通量进行校核。

小城镇的客运高峰期一般有 3 个:第一个是早上 8 点前的上班高峰;第二个是中午的上下班高峰;第 3 个是下午 5 点至 6 点的下班高峰。这 3 个高峰以中午的高峰最为拥挤。因在此高峰期间不但有集中的自行车流,还有一定数量的其他车流和人流。因此,以中午客运高峰小时的交通量进行校核较为恰当。

2）人行道的宽度

人行道是小城镇道路的基本组成部分。它的主要功能是满足步行交通的需要,同时也应满足绿化布置、地上杆柱、地下管线、护栏、交通标志和信号,以及消火栓、清洁箱、邮筒等公用附属设施布置安排的需要。

人行道宽度取决于道路类别、沿街建筑物性质、人流密度和构成（空手、提包、携物等）、步行速度，以及在人行道上设置灯杆和绿化种植带，还应考虑在人行道下埋设地下管线及备用地等方面的要求。

一条步行带的宽度一般为 0.75m；在火车站、汽车站、客运码头以及大型商场（商业中心）附近，则采用 0.85～1.0m 为宜。步行带的条数取决于人行道的设计通行能力和高峰小时的人流量。一般干道、商业街的通行能力采用 800～1000 人/h；支路采用 1000～1200 人/h，这是因为干道、商业街行人拥挤，通行能力降低。

由于影响行人交通流向、流量变化的因素错综复杂，远期高峰小时的行人流量难以准确估计，因此，通常多根据小城镇规模、道路性质和特点来确定步行带的宽度，表 3.4.2-6 为小城镇道路、人行道宽度的综合建议值。

小城镇道路人行道宽度建议值（m）　　表 3.4.2-6

道路类别	最小宽度	步行带最小宽度
主干道	4.0～4.5	3.0
次干道	3.5～4.0	2.25
车站、码头、公园等路	4.5～5.0	3.0
支路、街坊路	1.5～2.5	1.5

3）道路绿化与分隔带的宽度

道路绿化是整个小城镇绿化的重要组成部分，它将小城镇分散的小园地、风景区联系在一起，即所谓绿化的点、线、面相结合，以形成小城镇的绿化系统。

在街道上种植乔木、绿篱、花丛和草皮形成的绿化带，可以遮阳，为行人御晒，也延长黑色路面的使用期限，同时对车辆驶过所引起的灰尘、噪声和振动等能起到降低作用，从而改善道路卫生条件，提高小城镇交通与生活居住环境质量。绿化带分隔街道各组成部分可限制横向交通，能保证行车安全和畅通，体现"人车分隔、快慢车分流"的现代化交通组织原则。在绿地下敷设地下管线，进行管线维修时，可避免开挖路面和不影响车辆通行。如果为街道远期拓宽而预留的备用地可在近期加以绿化。若街道能布置林荫道和滨河园林，可使街道上空气新鲜、湿润和凉爽，给居民创造一个良好的休息环境。

我国大多数小城镇的街道绿化占街道总宽度的比例还比较低，在某些小城镇中，由于旧街过窄，人行道宽度还成问题，因而道路绿化比重更小，行道树生长也不良，更需亟待改善。结合我国小城镇用地实际及加强绿化的可能性，一般近期对新建、改建道路的绿化所占比例宜为15%~25%，远期至少应在20%~30%内考虑。

人行道绿化布置。人行道绿化根据规划横断面的用地宽度可布置单行或双行行道树。行道树布置在人行道外侧的圆形或方形（也有用长方形）的穴内，方形坑的尺寸不小于1.5m×1.5m，圆形直径不小于1.5m，以满足树木生长的需要。街内植树分隔带兼作公共车辆停靠站台或供行人过街停留之用，宜有2m的宽度。

种植行道树所需的宽度：单行乔木为1.25~2.0m；两行乔木并列时为2.5~5.0m；在错列时为2.0~4.0m。对建筑物前的绿地所需最小宽度：高灌木丛为1.2m；中灌木丛为1.0m；低灌木丛为0.8m；草皮与花丛为1.0~1.5m。若在较宽的灌木丛中种植乔木，能使人行道得到良好的绿盖。

布置行道树时还应注意下列问题：

行道树应不妨碍街侧建筑物的日照通风，一般乔木要距房屋5m为宜。

在弯道上或交叉口处不能布置高度大于0.7m的绿丛，必须使树木在视距三角形范围之外中断，以不影响行车安全。

行道树距侧石线的距离应不小于0.75m，便于公共汽车停靠。并需及时修剪,使其分枝高度大于4m。

注意行道树与架空杆线之间的干扰,常采用将电线合杆架设,以减少杆线数量和增加线高度。一般要求电话电缆高度不小于6m;路灯低压线高度不小于7m;馈线及供电高压线高度不小于9m;南方地区架线高度宜较北方地区提高0.5~1.0m,以利于行道树的生长。

树木与各项公用设施要保证必要的安全间距,宜统一考虑,避免相互干扰。行道树、地下管线、地上标线最小安全距离见表3.4.2-7。

行道树、地下管线、地上杆线最小安全距离(m) 表3.4.2-7

管线名称 树木杆线名称	建筑线	电力管道沟边	电讯管道沟边	煤气管道	上水管道	雨水管道	电力杆	电讯杆	污水管道	侧石边缘	挡土墙陡坡	围墙(2m以上)
乔木(中心)	3.0	1.5	1.5	1.5~2.0	1.0~1.5	2.0	2.0	1.0~1.5	1.0	1.0	2.0
灌木	1.5	1.5	1.5	1.5~2.0	1.0	—	>1.0	1.5	—	1.0~2.5	0.3	1.0
电力杆	3.0	1.0	1.0	1.0~1.5	1.0	1.0	—	>4.0	1.0	0.6~1.0	>1.0	—
电讯杆	3.0	1.0	1.0	1.0~1.5	1.0	1.0	>4.0	—	1.0	2.0~4.0	>1.0	—
无轨电车杆	4.0	1.5	1.5	1.5	1.5	1.5			1.5	2.0~4.0		
侧石边缘	—	1.0	1.0	1.0~2.5	1.5	1.0			1.0			

分隔带又称分布带,它是组织车辆分向、分流的重要交通设施。但它与路面划线标志不同,在横断面中占有一定宽度,是多功能的交通设施,为绿化植树、行人过街停歇、照明杆柱、公共车辆停靠、自行车停放等提供了用地。

分隔带分为活动式和固定式两种。活动式是用混凝土墩、石墩或铁墩做成,墩与墩之间缀以铁链或钢管相连。一般活动式分隔墩高度为0.7m左右，宽度为0.3~0.5m，其优点是可以根据交通组织变动灵活调整。国内小城镇的一块板式干道和繁忙的商业大街，限于路幅宽度不足，则随着交通量剧增，为了保证交通安全和解决机动车、非机动车和行人混行而发生阻滞，大多采用活动式分隔带，借此来分隔机动车道和非机动车道以及人行道。固定式一般是用侧石围护成连续性的绿化带。

分隔带的宽度宜与街道各组成部分的宽度比例相协调，最窄为1.2~1.5m。若兼作公共交通车辆停靠站或停放自行车用的分流分隔带，不宜小于2m。除了为远期拓宽预留用地的分隔带外，一般其宽度不宜大于4.5~6.0m。

作为分向用的分隔带，除过长路段而在增设人行横道线处中断外，应连绵不断直到交叉口前。分流分隔带仅宜在重要的公共建筑、支路和街坊路出入口，以及人行横道处中断，通常以80~150m为宜，其最短长度不少于1个停车视距。采用较长的分隔带可避免自行车任意穿越进入机动车道，以保证分流行车的安全。

分隔带足够宽时，其绿化配置宜采用高大直立乔木为主；若分隔带窄时，限用小树冠的常青树，间以低矮黄杨树；地面栽铺草皮，逢节日以盆花点缀，或高灌木配以花卉、草皮并围以绿篱，切忌种植高度大于0.7m的灌木丛，以免妨碍行车视线。

4）路边沟宽度

为了保证车辆和行人的正常交通，改善小城镇卫生条件，以及避免路面的过早破坏，要求迅速将地面雨雪水排除。根据设施构造的特点，道路的雨雪水排除方式有明式、暗式和混合式3种。

明式是采用明沟排水，仅在街坊出入口、人行横道处增设某些必要的带漏孔的盖板明沟或涵管，这种方式多用于一些村庄的道路和乡镇或临街建筑物稀少的道路，明沟断面尺寸原则上应经水力计算确定，常采用梯形或矩形断面，底宽不小于0.3m，深度不宜小于0.5m。暗式是用埋设于道路下的雨水沟管系统排水，而不设边沟。混合式是明沟和暗管相结合的排水方式，在小城镇规划中，宜从环境、卫生、经济和方便居民交通等方面综合考虑，因路因段采取适宜的排水方式。

5) 道路的横坡度

为了使道路上的地面雨、雪水，街道两侧建筑物出入口以及毗邻街坊道路出入口的地面雨、雪水能迅速排入道路两侧（或一侧）的边沟或排水暗管，在道路横向必须设置横坡度。

道路横坡度的大小，主要根据路面结构层的种类、表面平整度、粗糙度和吸湿性、当地降雨强度、道路纵坡大小等确定。一般地，路面愈光滑、不透水、平整度与行车车速要求高，横坡就宜偏小，以防车辆横向滑移，导致交通事故；反之，路面愈粗糙、透水且平整度差，车速要求低，横坡就可偏大。结合交通部《公路工程技术标准》，我国小城镇道路横坡度的数值可参考表3.4.2-8取用。

小城镇道路横坡度参考值　　表3.4.2-8

车道种类	路面结构	横坡度（%）
车行道	沥青混凝土、水泥混凝土	1.0~2.0
	其他黑色路面、整齐石块	1.5~2.5
	半整齐石块、不整齐石块	2.0~3.5
	粒料加固土、其他当地材料加固土或改善土	3.0~4.0
人行道	砖石铺砌	1.5~2.5
	砾石、碎石	2.0~3.0
	砂石	3.0
	沥青面层	1.5~2.0
自行车道		1.5~2.0
汽车停车场		0.5~1.5
广场行车路面		0.5~1.5

- 道路横断面的综合布置
1）道路横断面的基本形式

根据小城镇道路交通组织特点不同，道路横断面可分为一、二、三块板等不同形式。一块板（又称单幅路）就是在路中完全不设车行道分隔带的道路断面形式；二块板（又称双幅路）就是在路中心设置分隔带将车行道一分为二，使对向行驶车流分开的道路断面形式；三块板（又称三幅路）就是设置两道分隔带，将车行道一分为三，中央为机动车道，两侧为非机动车道的道路断面形式。

三种形式的断面，各有其优缺点。从交通安全上来看：三块板比一、二块板都好，这是由于三块板解决了经常产生交通事故的非机动车和机动车相互干扰的矛盾，同时分隔带还起到了行人过街的安全岛作用，但三块板分隔带上所设的公共车辆停靠站，对乘客上下车穿越非机动车道较为不便。从行车速度上来看：一、二块板由于机动车和非机动车混合行驶，车速较低，三块板由于机动车和非机动车分流，互不干扰，车速较高。从道路照明上来看：板块划分越多，照明越易解决，二、三块板均能较好地处理照明杆线与绿化种植之间的矛盾，因而照度易于达到均匀，有利于夜间行车。从绿化遮阳上来看：三块板可布置多条绿化带，遮阳面大，因而非机动车在盛夏行车比较舒适，同时也利于防止黑色路面发生泛油等现象。从环境质量上来看：三块板由于机动车道在中央，距离两侧建筑物较远，并有分隔带和人行道上的绿化带隔离，可吸尘和消声，因而有利于沿街居民保持较为宁静、良好的生活环境。从小城镇用地和建设投资上来看：在相同的通行能力下，以一块板占用土地量最少，建设投资也省；三块板由于机动车和非机动车分流后，非机动车道路面质量要求可降低些，这方面能做到一定的经济合理，但总造价仍要大一些；二块板大体介于一、三块板之间。

2）道路横断面的选择

道路横断面的选择必须根据具体情况，如小城镇规模、地区特点、道路类型、地形特征、交通性质、占地、拆迁和投资等因素，经过综合考虑、反复研究及技术经济比较后才能确定，不能机械地规定。

一块板形式，这是目前普遍采用的一种形式。它适用于路幅宽度较窄（一般在40m以下），交通量不大，混合行驶四车道已能满足，及非机动车不多等情况。在占地困难和大量拆迁地段以及出入口较多的繁华道路等可优先考虑，还有如规定节日有游行队伍通过或备战等特殊功能要求时，即使路幅宽度较大，也可考虑采用一块板形式。三块板形式适用于路幅较宽（一般在40m以上，特殊情况至少36m），非机动车多，交通量大，混合行驶四车道已不能满足交通要求，车辆速度要求高及考虑分期修建等情况。但一般不适用于两个方向交通量过分悬殊，或机动车和非机动车高峰小时不在同一时间的道路；也不宜用于用地紧张、非机动车较少的山村道路。二块板形式适用于快速干道，如机动车辆多、非机动车辆很少及车速要求高的道路，可以减少对向行驶的机动车之间互相干扰，特别是经常有夜间行车的道路。另外在线形上有可能导致车辆相撞的路段以及道路横向高差较大或为了照顾现状、埋设高压线等，有时也可适当地考虑采用。经各地多年的实践证明，二块板形式可保障交通安全，同时车辆行驶时灵活性差，转向需要绕道，以致车道利用率降低，而且多占用地，因此此种形式近年来很少采用，对于已建的二块板道路有的也在改建。

道路横断面设计除考虑交通外，还要综合考虑环境、沿街建筑使用、小城镇景观以及路上、路下各种管线、杆柱设施的协调、合理安排。

路幅与沿街建筑物高度的协调。道路路幅宽度应使道路两侧的建筑物有足够的日照和良好的通风；在特殊情况（对应防空、防火、防震要求）下，还应考虑街道一侧的建筑物一旦发生倒塌后，仍需保证街道另一侧车道宽度能继续维持交通和进行救灾工作。

此外，路幅宽度还应使行人、车辆穿越时能有较好视野，看到沿街建筑物的立面造型，感受良好的街景。一般认为 $H:B=1:2$ 左右为宜，具体实施时，东西向道路稍宽，南北向道路可稍窄。

当个别建筑物高度超出街道上多数建筑物的平均高度过多时，则应后退红线布置以形成高低错落、平面进退的有机灵活线形，既不增大整个路幅的宽度，又能丰富街景。

横断面布置与工程管线布置的协调。小城镇中的各种工程管线，由于其性能、用途各不相同，相互之间在平面、立面位置上的安排与净距要求常发生冲突和矛盾，加上现状管线和规划设计管线之间的矛盾错综复杂，如不加以综合协调，往往会出现道路横断面难以安排，甚至影响道路工程建筑和交通。因此，道路横断面各组成部分的宽度及其组合形式的确定，必须与管线综合规划相协调；个别情况下，路幅宽度甚至取决于管线敷设所需用地的宽度要求。

横断面总宽度的确定与远近结合。道路横断面总宽度的确定，除上述各组成部分的计算、分析与汇总结果得出所需用地的宽度之外，还应根据小城镇规模及总体规划中对各类干道、支路提出的红线间路幅控制宽度的可调宽度加以组合，并尽可能做到协调一致，注意留有余地。这是因为控制红线范围是横断面总宽度设计的依据；另一方面，在进行道路间规划与红线设计时，也必须考虑横断面选型及各组成部分的必要宽度，从而使总体规划确定的各类干道红线宽度经济、合理。

有关小城镇道路的路幅宽度值,目前尚无统一规定,表3.4.2-9的数值可供参考。

小城镇道路路幅宽度及组成建议 表3.4.2-9

人口规模 (万人)	道路类别	车道数	单车道宽 (m)	非机动车道宽 (m)	红线宽 (m)
>1.0~2.0	主干道	3~4	3.5	3.0~4.5	25~35
	次干道	2~3	3.5	1.5~2.5	16~20
	支路	2	3.0	1.5	9~12
0.5~1.0	干道	2~3	3.5	2.5~3.0	18~25
	支路	2	3.0	1.5或不设	9~12
0.3~0.5	干路	2	3.5	2.5~3.0	18~20
	支路	2	3.0	1.5或不设	9~12

道路工程建设应贯彻"充分利用,逐步改造"与"分期修建,逐步提高"的原则。因此,道路断面上各组成部分的位置,不仅要注意适应近、远期交通量组成和发展的差别,而且也要为今后路网规划布局的调整变动留有余地。对于近、远期宽度的相差部分,可用绿化带、分隔带或备用地加以处理。有些街道根据拆迁条件,也可采取先修建半个路幅的做法。

(5)道路交叉口规划设计

道路与道路相交的部位称为道路交叉口,各向道路在交叉口相互联结而构成道路网。道路上各种车辆和行人在交叉口汇集、转向和穿行,互相干扰或发生冲突,不但造成车速减慢、交通拥挤阻塞,而且容易发生事故,可以说交叉口是道路交通的咽喉。因此,道路的运输效益、行车安全、车速、运营费用和通过能力等在很大程度上取决于交叉口的正确规划和良好设计。

根据交叉口交通运行的特点,为使交叉口获得安全畅通的效果,必须对交叉口的交通流进行科学的组织和控制。其基本原则是：限制、减少或消除冲突点，引导车辆安全顺畅地行驶，一般可分为平面交叉和立体交叉两大基本类型。小城镇道路上一般车速低、流量少，因此多采用平面交叉的措施，下面主要介绍道路平面交叉口的类型及其设计。

- 平面交叉口的类型

道路平面交叉口的类型，主要取决于相交道路的性质和交通要求（交通量及组成和车速等），还和交叉口的用地、周围的建筑物性质和交通组织方式等有关。常见的有十字形交叉、T形交叉、X形交叉、Y形交叉、错位交叉和环形交叉等形式。

十字形交叉是常见的交叉口形式，适用于相同或不同等级道路的交叉，构型简单，交通组织方便，街角建筑容易处理。

T形交叉，包括倒T形交叉，适用于次干道连接主干道或尽端式干道连接滨河干道的交叉口，这也是常见的一种形式。

X形交叉为两条道路斜交，一对角为锐角（<75°），另一对角为钝角（>105°）。这种交叉口，转弯交通不便，街角建筑难处理，锐角太小时此种形式不宜采用。

Y形交叉是道路分叉的结果，一条尽端式道路与另两条道路以锐角（<75°）或钝角（>105°）相交，要求主要道路方向车辆畅通。

错位交叉是两个相距不太远的T形交叉相对拼接，或由斜交改造而成。多用于主要道路与次要道路的交叉，主要道路应该在交叉口的顺直方向，以保证主干道上交通通畅。

环形交叉是用中心岛组织车辆按逆时针方向绕中心岛单向行驶的一种形式，多用于两条主干道的交叉。

平面交叉口类型的选择，应根据主要道路与相交道路的交通功能、设计交通量、计算行车速度、交通组成和交通控制方法，结合当地地形、用地和投资等因素综合分析进行。改善现有平面交叉口时，还应调查现有平面交叉口的状况，收集交通事故和相交道路、路网的交通量增长资料进行分析研究,作出合理的设计。

小城镇道路交叉的形式如表 3.4.2-10 所示。

小城镇道路交叉口形式　　　表 3.4.2-10

镇等级	规　模	相交道路	干　路	支　路
县城镇中心镇	大	干路	C、D、B	D、E
		支路		E
	中、小	干路	C、D、E	E
一般镇	大、中	干路	D、E	E
		支路		E
	小	支路		E

注：B 为展宽式信号灯管理平面交叉口；
　　C 为平面环形交叉口；
　　D 为信号灯管理平面交叉口；
　　E 为不设信号灯的平面交叉口。

- 平面交叉口规划设计

平面交叉口设计的主要任务是合理解决各向交通流的相互干扰和冲突,以保证交通安全和顺畅,提高交叉口以至整个路网的通行能力。对小城镇简单平面交叉口的设计,主要解决的问题是：交叉口上行驶的车辆有足够的安全行车视距；交叉口转角缘石有适宜的半径。此外,还应合理布置相关的交通岛、绿化带、交通信号、标志标线、行人横道线、安全护栏、公交停靠站、照明设施以及雨水口排水设施等。

1) 交叉口视距

平面交叉口必须有足够的安全行车视距,以便车辆在进入交叉口前一段距离内,驾驶员能够识别交叉口的存在,看清相交道路上的车辆运行情况以及交叉口附近的信号、标志等,以便控制车辆避免碰撞。这一段距离必须大于或等于停车视距。

对于无信号控制和停车标志控制的交叉口，交叉视距可采用各相交道路的停车视距。用两条相交道路的停车视距作为直角边长，在交叉口所组成的三角形，称为视距三角形。在此三角形范围内，应保证通视，并不得有阻碍驾驶员视线的障碍物存在。

对于信号交叉口，驾驶员从认准信号到制动停车所行驶的距离与驾驶员的反应、判断时间，以及制动前的行车速度、路面粗糙度等有关。

视距三角形应依据最不利的情况来确定。对十字形交叉口，最危险的冲突点应为靠中线的那条直行车道与最靠右的那条另一方向直行车道的轴线的交点。

2）交叉口转角的缘石半径

为使各种右转弯车辆能以一定的速度顺利地转弯行驶，交叉口转弯处车行道边缘应做成圆曲线或多圆心曲线，以适应车轮运行轨迹。这种车行道边缘通常称为路缘石或缘石，其曲线半径称为路缘石（或缘石）半径。

缘石半径过小，会引起右转弯车辆降速过多，或导致右转弯车辆向外侵占直行车道，从而引起交通事故。据统计，街道交叉口车速为路段车速的50%左右，因此对小城镇道路交叉口的车速主干道用 20~25km/h；一般道路用 15~20km/h。

此外，缘石半径还应满足小城镇道路上一般车辆的最小转弯半径要求。国产主要载重汽车的最小转弯半径为 8.0~11.0m；公共汽车为 9.5~12.0m；小汽车为 5.6~7.5m。

综上所述，小城镇道路平面交叉口缘石半径的取值对主干道可为 20~25m；对一般道路可为 10~15m；居住小区及街坊道路可为 6~9m。另外，对非机动车可为 5m，不宜小于 3m。

小城镇道路平面交叉口规划用地面积如表 3.4.2-11 所示。

小城镇道路平面交叉口规划用地面积（万 m²）　　表 3.4.2-11

	T字形交叉口	十字形交叉口	环形交叉口		
			中心岛直径（m）	环道宽度（m）	用地面积（万 m²）
干路与干路	0.25	0.40	30~50	16~20	0.8~1.2
干路与支路	0.22	0.30	30~40	14~10	0.6~0.9
支路与支路	0.12	0.17	25~35	12~15	0.5~0.7

（6）出入口道路规划

小城镇出入口道路是小城镇道路系统的有机组成部分，也是小城镇对外交通的重要组成部分。出入口道路介于城镇道路与公路之间，而城镇道路与公路又是两种性质、功能、任务、特点和环境不同的系统；同时，随着小城镇用地的向外扩展，出入口道路临近地区的部分也就变成了小城镇道路，因此，小城镇出入口道路具有城镇道路和城镇对外交通的双重功能。它必须满足城镇与对外交通发展的需要，适应城镇的发展，保证城镇与其周围地区的交通联系，并在城镇道路和公路之间起协调作用，使进出城镇的汽车安全、方便、迅速，过境车流能以较高车速顺畅通过，并对城镇无干扰影响。同时，出入口道路规划也应和城镇道路规划一样留有适当的余地。

小城镇出入口道路规划首先应考虑城镇的客货运交通源的分布、客货运集散点的分布、交通的流量流向，出入口道路应能将小城镇镇区周围主要的交通源、集散点和镇区联系起来，出入口道路的布局、走向、级别应尽量和预测的汽车交通的流量流向相一致；同时，小城镇出入口道路规划还应综合考虑小城镇的性质（农业性、工业性、风景游览性、山区和矿区等）、城镇的发展和总体布局、其他运输方式情况、自然环境条件（包括地理位置、地形、地质、地貌、水系等）、城镇道路网、区域公路网、城镇规模等诸因素的影响而进行。

出入口道路是小城镇道路的延伸发展，因此，出入口道路两侧的永久性建筑应退后道路红线一定距离，留有发展余地。同时，小城镇道路网对出入口道路规划布局影响很大。

对于棋盘式道路网，出入口道路一般是小城镇道路网中纵横向道路的延伸和发展；对于放射环式城镇道路网，出入口道路多为放射道路的延伸和发展；对于自由式城镇道路网，由于城镇道路网及城镇总体布局主要受地形、地质、水系等的限制，出入口道路规划布局多采用结合地形、地质、水系和城镇道路网，呈自由状态；对于混合式城镇道路网，出入口道路多为纵、横向道路和放射道路的延伸和发展。

出入口道路规划布局还应与区域公路网的布局相协调，使之能顺直地将城镇道路网和区域公路网连接起来。

3.5 公共交通规划

3.5.1 公共交通系统

小城镇规模与范围小，点多而面广，同一县（市）域或跨县（市）域行政区的相邻区域相邻小城镇间的联系比较密切。由此，小城镇公共交通系统不同于城市公共交通系统。前者主要考虑与县（市）域内客流较多的临近镇之间的镇际公共交通，县城镇、中心镇和大型一般镇公共交通系统应同时包括镇区公共交通；后者就城市而言，公共交通系统主要是市区公共交通，而通往郊区公共交通则相对为次要公共交通。

小城镇公共交通系统规划应依据小城镇的发展规模、用地布局、所属县（市）城镇体系布局和道路网规划，并在客流预测的基础上，确定公交车辆数、线路网、换乘枢纽和场站设施用地等，并应使公共交通的客运能力满足镇区、镇际高峰客流的需要。

根据我国小城镇特点和实际调查,提出小城镇镇际公共交通系统,一般来说在客运高峰时,单程最大出行时耗小于80min,镇域内单程最大出行时耗小于25min是适宜的。

3.5.2 公共交通线路网规划要求

(1) 小城镇公共交通系统应由镇区线、枢纽、镇际线、车场四部分组成。

(2) 小城镇公共交通线路网应综合考虑,并应设置公交客运枢纽,以便镇区线、镇际线的衔接。各线的客运能力应与客流量相协调。线路的走向应考虑均衡服务性和客流的主流向,满足客流量的要求。

(3) 镇中心区的公共交通线路网规划密度应达到 $2\sim3km/km^2$,在非中心区应达到 $1.5\sim2.5km/km^2$。镇与镇之间应有适当密度的公共交通线路,镇域内中心村与镇区之间、中心村之间应有公共交通线路。

(4) 小城镇公共交通平均换乘系数不应大于1.3。

(5) 小城镇镇域内公共交通线路非直线系数不应大于1.4。

3.5.3 公共交通站场规划要求

(1) 县城镇、中心镇、大型一般镇镇区公共交通站距宜按 $400\sim800m$ 设置,镇际线按相邻镇公交站设置。

(2) 县城镇、中心镇、大型一般镇镇区公共交通站的设置应符合下列规定:

1) 在小城镇路段上,同向换乘距离不应大于50m,异向换乘距离不应大于100m;对置设站,应在车辆前进方向迎面错开30m。

2）在小城镇道路平面交叉口上设置的车站应设在交叉口出口道外50m外，换乘距离不宜大于150m，不得大于200m，不得影响交叉口交通组织。

3）小城镇长途客运汽车站、火车站、客运码头主要出入口50m范围内应设公共交通车站。

（3）小城镇公共汽车首末站规划应设置在镇区道路以外的用地上，单独设置公共汽车首末站每处用地面积可按1000~1400m² 预留。

（4）小城镇公共交通停车场、车辆保养场、公共交通调度中心等场站设施应综合布置，并与公共交通发展规模相匹配，可与临近城镇统筹安排。

3.6 道路交通设施规划

小城镇道路交通设施包括公共运输站场、公共停车场和公共加油站。

小城镇道路交通设施规划是小城镇道路交通规划的重要组成部分之一。

3.6.1 公共停车场规划

一般而言，停车需求分为两大类，一类称之为车辆拥有之停车需求，另一类是，车辆使用过程之停车需求。前者所谓夜间停车需求，主要是为居民或单位车辆夜间停放服务，较易从各区域车辆注册数的多少估计出来；后者所谓日间停车需求，主要是由于社会、经济活动所产生的各种出行所形成的。

（1）停车需求预测方法

1）产生率模型

本方法的基本原理是建立土地使用性质与停车产生率的关

系模式。表 3.6.1-1 为我国停车需求产生率规划指标。

我国停车需求产生率规划指标　　表 3.6.1-1

建筑类型	停车需求车位指标(标准小汽车)	
	机动车	自行车
(1) 商业、办公（每 100m² 建筑面积泊位数）		
旅馆　　　　大城市	0.08~0.20	—
中等城市	0.06~0.18	—
商业场所	0.30	7.5
办公楼　　一类（中央、涉外）	0.40	0.4
二类（一般）	0.25	2.0
(2) 饮食业（每 100m² 营业面积泊位数）	1.7	3.6
(3) 展览馆、医院（每 100m² 建筑面积泊位数）		
展览馆	0.20	1.5
医院	0.20	1.5
(4) 游览场所（每 100m² 游览面积泊位数）		
古典园林、风景名胜	0.08（市区）	0.5（市区）
	0.12（郊区）	0.20（郊区）
一般性城镇公园	0.05	0.20
(5) 文体场所（每 100 座位泊位数）		
大型体育馆（大于 4000 座位）体育场（大于 1.5 万座位）	2.5	20.0
一般体育场（小于 4000 座位）体育场（小于 1.5 万座位）	1.0	20.0
省市级影剧院	3.0	15.0
一般影剧院	0.8	15.0
(6) 大车站	（机动车）	（自行车）
泊位/高峰日每千旅客	2.0	4.0
(7) 码头		
泊位/高峰日每百旅客	2.0	2.0
(8) 住宅（每户泊位数）		
涉外与高级	0.50	—
普通住宅	—	1.0

另外，还可根据各类土地的职工岗位数或居民数作为产生各类停车需求的相关基本指标，比一般的建筑面积作相关基本指标更贴近实际。

2）多元回归分析模型

停车需求与经济活动、土地使用等多因素相关，可根据小城镇实际情况分析归纳相关因素进行多元回归分析，此类模型应用时所需要资料的精度比产生率模型低，因此收集资料较为容易，是一种简单易行的方法。

3）出行吸引模型

停车需求产生与地区的经济活动强度有关，而经济社会活动强度又与该地区吸引的出行车次多少有密切关系。此模型建立的基础条件是开展城镇综合交通规划调查。根据交通小区的车辆出行分布模型和各小区的停放吸引量建立数学模型，由此推算获得停车车次的预测资料。在此基础上，根据城镇人口规模和每一停车车次所需高峰时刻停车泊位数之间的关系来计算各交通分区高峰时间的停车泊位需求量。

（2）路边停车规划设置

1）路边停车的特性

路边停车是将车辆就近停放于路边可供车辆行驶的道路面积内，通常占用一部分慢车道（或巷道）或人行道。路边停车的利弊特征有：

①方便；

②周转快；

③减少道路容量，导致交通拥挤；

④干扰车流、降低车速易发生交通事故。

2）路边停车场设置

根据路边停车利弊特点，原则上在小城镇里应逐步禁止路边停车。但目前在许多小城镇路外停车设施严重短缺的情况下,路边停车又给人最短步行距离、方便,故在不严重影响交通的情况下,允许开发路边停车,而对路边停车场位设置,给予详细的规划与管制。规划时应考虑交通流量、路口特性、车道数、道路宽度、单双向交通、公共设施及两侧土地使用状况等因素。

①容许路边停车的最小道路宽度

若道路车行道宽度小于表 3.6.1-2 禁止停放的最小宽度时,不得在路边设置停车位。

允许路边停车的道路宽度 表 3.6.1-2

道路类别		道路宽度	停车状况
道路	双向道路	12m 以上	容许双侧停车
		8~12m	容许单侧停车
		不足 8m	禁止停车
	单行道路	9m 以上	容许双侧停车
		6~9m	容许单侧停车
		不足 6m	禁止停车
巷弄		9m 以上	容许双侧停车
		6~9m	容许单侧停车
		不足 6m	禁止停车

②容许路边停车的道路服务水平

路边停车的设置应将原道路交通量换算成标准小汽车(pcu)单位,以 V 表示,然后按车道布置,计算每条车道的基本容量以及不同条件下路边障碍物对车道容量的修正系数(如 3.5m 宽车道由于路边障碍物距离为 1.8m、1.2m、0.6m、0m,其车道容量修正系数分别为 1.0、0.99、0.97、0.90),获得路段的交通容量 C,最好根据 V/C 比,当其≤0.8 时容许设置路边停车场。

表 3.6.1-3 为设置路边停车场与道路服务水平关系表。

设置路边停车场与道路服务水平关系表　　表 3.6.1-3

服务水平	交通流动情形			交通流量/容量（V/C）	说　明
	交通状况	平均行驶速率（km/h）	高峰小时系数		
A	自由流动	≥50	pHF≤0.7	V/C≤0.6	容许路边停车
B	稳定流动（轻度耽延）	≥40	0.7＜pHF≤0.8	0.6＜V/C≤0.7	容许路边停车
C	稳定流动（可接受的耽延）	≥30	0.8＜pHF≤0.85	0.8＜V/C≤0.8	容许路边停车
D	接近不稳定流动（可接受的耽延）	≥25	0.85＜pHF≤0.9	0.8＜V/C≤0.9	视情况考虑是否设置路边停车场
E	不稳定流动（拥挤、不可接受的耽延）	约为25	0.9＜pHF≤0.95	0.9＜V/C≤1.0	禁止路边停车
F	强迫流动（堵塞）	＜25	无意义	无意义	禁止路边临时停车

以上两条符合路边停车场的设置条件时，方可设置路边停车。禁停、允许停和限时停均应经详细计算然后以标志标线指示和禁令。

（3）路外停车场规划

路外停车场主要包括社会停车场建筑与住宅附属（配建）停车场和各类专业停车场，其设置原则主要为：

1）停车特性与需求：停车特性足以反映停车者的行为意愿。在规划前应有停车延时与停车目的、停车吸引量等基本调查。以此作为停车场车位与型式选择、容量设计的依据。一般拟定设计容量时，建议将高峰时间总停车需求的85%作为规划的标准。

2）进出方便性：停车者对停车场选择往往将进出方便以及至目的地步行距离长短作为主要考虑因素。进出方便性除了出入口布置，还与邻近道路交通系统的交通负荷有关。

3）建筑基地面积：是决定路外停车场容量与型式选择的

主要因素之一。按标准车辆停车空间面积（如小汽车取宽2.5m，长6.0m）再加上进出通道和回车道等。一般认为基地面积大于4000m²的以建通道式停车场较好，其面积在1500~4000m²可视情况建通道式停车场。

4）地价：由于小城镇中心地价比郊区地价贵，通常郊区停车场采用平面式，中心区停车场与其他公用设施（广场、绿地、学校、车站等）共用地权也是取得土地的有效途径。

5）应在小城镇出入口或外围结合公路和对外交通枢纽设置恰当规模的停车场。

6）应对停车场设置后附近的交通影响做评估，使建设后的邻近道路服务水平维持在D级以上。

（4）静态交通技术指标

● 机动车停车场主要指标

1）标准车型外形尺寸

标准车型外形尺寸如表3.6.1-4。

标准车型外形尺寸　　　　表3.6.1-4

车辆类型	总长（m）	总宽（m）	总高（m）
微型汽车[1]	3.2	1.0	1.8
小型汽车	5.0	1.8	1.6
中型汽车（含拖拉机）[2]	8.7	2.5	4.0
普通汽车（含带挂拖拉机）	12.0	2.5	4.0
铰接汽车	18.0	2.5	4.0

[1]微型车含微型客车、货车和机动三轮车；
[2]中型客车含客车、旅游车以及4t以内的货车。

标准车型的选取应根据各个地区的机动化水平和停车场的实际用途来决定。如大型公共活动场所和学校、医院等，可以选小型车辆为标准车型。为大型集贸市场配备的停车场则应以中型车辆和货车作为标准车型。

2）安全间距

停放车辆安全间距如表3.6.1-5。

停放车辆安全间距表　　　　表3.6.1-5

净 距	小型车辆	大型或铰接车辆
车间纵向净距（m）	2.0	4.0
车辆背对背尾距（m）	1.0	1.5
车间横向净距（m）	1.0	1.0
车辆距围墙、护栏等的净距（m）	0.5	0.5

3）机动车最小转弯半径

部分机动车辆最小转弯半径如表3.6.1-6。

部分机动车辆最小转弯半径　　　　表3.6.1-6

国 别	型 号	最小转弯半径	国 别	型 号	最小转弯半径
国产载重汽车和小汽车	解放 CA10B	9.2	国产自卸汽车、牵引汽车以及平拖拉机	黄河 QD351	6.7
	东风 EQ140	8.0		上海 SH380	9.1
	解放 CA140	8.0		交通 SH361	9.5
	解放 CA150	11.0		汉阳 HY930	8.58
	交通 SH141	7.15		汉阳 HY940A	8.4
	北京 BJ130	5.7		汉阳 HY870	12.0
	上海 JH130	6.0		汉阳 HY881	11.7
	跃进 NJ130	7.6	日本	日野 KM420/440	6.5/5.2
	黄河 JN150	8.25	日本	依士兹 TD50A－D	8.0
	黄河 JN151	8.25	意大利	菲亚特 628N3	7.25
	红旗 CA773	7.2	前苏联	格斯51	7.6
	上海 SH760	5.6	前苏联	吉斯51	11.2
国产农业机械	东方红28型拖拉机	3.0	捷克	太脱拉138	10.0
	丰收27型拖拉机	2.6	捷克	斯格达708R	9.0
	CT4-9A型联合收割机	10.0	前苏联	马斯205	8.5
			捷克	太脱拉111	10.0

4）机动车辆停放方式

以下图示为车辆的停放方式。按其与通行道的关系可分为平行式、垂直式和斜列式。

(A) 平行停放

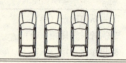

(B) 垂直停放

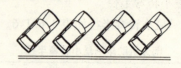

(C) 成一定角度停放

以下图示为停车发车方式。

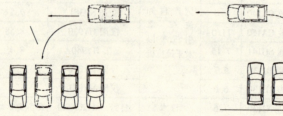

(A) 前进停车，倒车发车

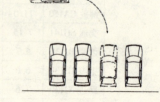

(B) 倒车停车，前进发车

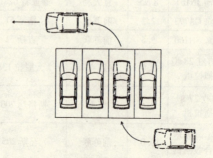

(C) 前进停车，前进发车

3.6 道路交通设施规划

- 非机动车停车场主要指标

目前在小城镇中使用的非机动车辆有：自行车、三轮车、大板车、小板车和兽力车等，其中是使用最多的是自行车。非机动车停车场的标准车定为自行车。

小城镇中自行车大量集中的地方都应该设置自行车停车场，如商业大街、影剧院、公园、大型体育设施以及车站码头等地。

建议按照城镇自行车保有量的20%~40%来规划自行车停车场面积。

自行车尺寸如表3.6.1-7。

自行车尺寸　　　　　　　表3.6.1-7

车型	车长(mm)	车高(mm)	车宽(mm)
28	1940	1150	520~600
26	1820	1000	
20	1470	1000	

自行车停车位参数如表3.6.1-8。

自行车停车位参数　　　　表3.6.1-8

停靠方式		停车宽度(m)		车辆间距(m) C	通道宽度(m)		单位停车面积(m^2/辆)	
		单排 A	双排 B		单侧 D	双侧 E	单排停 $(A+D) \times C$	双排停 $(B+E) \times C/2$
垂直式		2.0	3.2	0.6	1.5	2.5	2.10	1.71
角停式	30	1.7	2.9	0.5	1.5	2.5	1.60	1.35
	45	1.4	2.4	0.5	1.2	2.0	1.30	1.10
	60	1.0	1.8	0.5	1.2	2.0	1.10	0.95

- 停车场综合面积指标

停车场综合面积指标如表3.6.1-9。

停车场综合面积指标　　　　表 3.6.1-9

	平 行	垂 直	与道路成 45°~60°角
单行停车道的宽度（m）	2.0~2.5	7.0~9.0	6.0~8.0
双行停车道的宽度（m）	4.0~5.0	14.0~18.0	12.0~16.0
单向行车时两行停车道之间的通行道宽度（m）	3.5~4.0	5~6.5	4.5~6.0
100 辆汽车停车场的平均面积（公顷）	0.3~0.4	0.2~0.3	0.3~0.4（小型车） 0.7~1.0（大型车）
100 辆自行车停车场的平均面积（公顷）		0.14~0.18	
一辆汽车所需的面积（包括通车道）			
小汽车（m²）	22		
载重汽车和公共汽车（m²）	40		

（5）停车场的选址与设计原则

停车场的位置应尽可能在使用场所的一侧，以便人流、货流集散时不穿越道路。

停车场的出入口原则上要分开设置。

停车区和其服务的设施距离以 50~150m 为宜；对于风景名胜、历史文化保护区以及用地受限制的情况下，也可以为 150~250m，但最大不宜超过 300m。对于学校和医院等对空气和噪声有特殊要求的场所，停车场应保持足够的距离。

停车场的平面布置应结合用地规模、停车方式，合理协调安排好停车区、通道、出入口、绿化和管理等组成部分。停车位的布置以停放方便、节约用地和尽可能缩短通道长度为原则，并采取纵向或横向布置，每组停车量不超过 50 辆，组与组之间若没有足够的通道，应留出不少于 6m 的防火间距。

停车场内交通线必须明确，除注意单向行驶，进出停车场尽可能做到右进右出。利用画线、箭头和文字来指示车位和通道，减少停车场内的冲突。

停车场地纵坡不宜大于 2.0%；山区、丘陵地形不宜大于 3.0%，但为了满足排水要求，均不得小于 0.3%。进出停车场的通道纵坡在地形困难时，也不宜大于 5.0%。

停车场应注意适当考虑绿化来改善停车环境。在南方炎热地区尤其要注意利用绿化来保护车辆防晒。

（6）公共停车场规划要求

1）县城镇、中心镇公共停车场应分为过境机动车停车场、镇内机动车停车场和镇内非机动车停车场 3 类，其用地面积可按规划镇区人口每人 $0.5 \sim 0.9 m^2$ 计算，其中县城镇、中心镇可按规划的镇区人口每人 $0.8 \sim 0.9 m^2$ 计算。三类停车场中机动车停车场的用地比例宜为 70% ~85%，非机动车停车场用地比例宜为 15% ~30%。

2）小城镇过境、外来机动车公共停车场，应设置在过境道路和镇区出入口道路附近，主要停放货运车辆，同时配套相应的服务设施。

3）小城镇镇内机动车停车场停车位数的分布：在镇中心区应为全部停车位数的 50% ~60%；在小城镇对外道路的出入口地区应为全部停车位数的 5% ~10%，在小城镇内其他地区应为全部停车位的 30% ~40%。

4）小城镇镇内公共机动车停车场和非机动车停车场宜结合镇区中心及公共设施设置，居住小区内的停车设施宜结合实际需要设置，不计入停车用地。

县城镇、中心镇和大型一般镇公共停车场的服务半径，在镇中心区不应大于 250m，一般地区不应大于 400m；非机动车停车场的服务半径宜为 100~200m，并不得大于 300m。

5）小城镇机动车公共停车场的设置应符合下列规定：

①出入口应符合行车视距的要求,并应右转出入车道;

②出入口应距离交叉口、桥隧坡道起止线50m以远,距离干路交叉口80m以远,距离支路交叉口50m以远;

③少于50个停车位的停车场可设一个出入口,其宽度宜采用双车道;多于50个停车位(50~300个停车位)的停车场,应设2个出入口。

6)小城镇非机动车公共停车场应符合下列规定:

①长条形停车场宜分成15~20m长的段,每段应设一个出入口,其宽度不得小于3m;

②500个车位以上的停车场,出入口数不得少于2个。

3.6.2 公共运输站场规划要求

(1)小城镇应设置公路长途汽车客运站。县城镇和中心镇应设长途客运站1~2个,人口5万以上的镇区至少应有1个4级或4级以上长途客运站;一般镇宜设1个长途客运站,并综合考虑公路客运站和公交站场合理布局。

(2)小城镇应按不同类型、不同性质规模的货运要求,设置综合性汽车货运站场或物流中心,以及其他经过车辆的集中经营场所。

(3)小城镇公路汽车客运站、汽车货运站场等公共运输站场预留的用地面积、停车场的规模应按照服务对象的要求、车辆到达与离去的交通特征、高峰日平均吸引车次的总量、停车场地日有效周转次数,以及平均停放时间和车位停放不均匀性等因素,结合小城镇交通发展规划确定。

3.6.3 公共加油站规划要求

(1)小城镇公共加油站宜结合镇区对外出入口道路和镇区内主要交通干路进行设置。加油站的选址应符合现行国家标准《小型石油库及汽车加油站设计规划》的有关规定。

(2) 小城镇公共加油站用地面积应符合表3.6.3规定。

小城镇公共加油站的用地面积（万 m^2） 表3.6.3

昼夜加油车次数	300	500
用地面积（万 m^2）	0.12	0.18

3.7 交通管理设施规划

交通管理对于简化交通设施，确保小城镇道路畅通与安全十分重要。

3.7.1 主要交通管理设施

当前我国小城镇的道路交通管理员少，体制不健全，交通标志、交通指挥信号等设施缺乏，致使交通混乱，一些交通繁忙道路常常受阻。因此，小城镇的道路交通管理，主要从交通标志标线、行人过街设施、交叉口渠化、交通指挥信号设置等方面着手，同时明确管理主体，健全管理体制。

对于行人过街设施的设置，主要采用人行横道的形式。大多数小城镇没有必要设置人行天桥或地道，小城镇中心区的行人过街设施主要应为人行横道，而且主要设置在小城镇中心区的干路或连接干路的交叉口上，人行横道的间距可比城市标准稍高。个别经济发达的小城镇，达到设置人行天桥或地道的标准要求时，可按国家相应标准设置。

对于交通标志标线，小城镇道路交通标志标线的设置应符合国家标准《道路交通标志标线》，从而形成全国统一的道路交通标志标线系统，有利于提高交通效率，保障交通安全，具体设置时，应重点设置在干路或连接干路的交叉口以及连接对外交通的道路上。设置的标志标线的种类和设置方法，都按国家标准《道路交通标志标线》执行。

对于交通指挥信号设施，小城镇道路的信号控制设施不能盲目设置，因为信号控制设施对交通的作用有两面性：正确的设置可以提高交通效率和安全；错误的设置可以增加交通延误、引发交通事故。所以，在进行信号控制设施设置时，一定要综合考虑各种因素，并在停车（让路）标志管制能力接近饱和的情况下才能进行信号控制设施的设置。在小城镇中，机动车与非机动车混行相互干扰的情况特别严重，此类情况仅仅依靠信号控制设施往往控制不了，需配备相应的交通疏导指挥人员在适当的地点配合信号控制设施的使用。

对于交叉口的渠化问题，小城镇渠化交通的处理思路，从道路交通的运行原理上来说，与大城市的渠化交通并无不同，都要遵循相同的原则，即：

（1）应对交叉口的通行能力和道路安全性进行全面分析，然后再确认是否应进行渠化；

（2）渠化交通应使交叉口的点面积适当缩小，应通过渠化岛和渠化带明确车辆的行驶位置，渠化后交通流应不再有锐角冲突，渠化后分流或合流的角度应尽可能小且避免分流、合流点集中；

（3）渠化交通后的车道宽度设计要合理，不应过宽，渠化交通所设置的交通岛、安全岛的面积要合适且数量不宜过多。

因为交叉口形式多样，对应的交通情况又各不相同，所以标准中给出的只是定性的原则。在实施具体的渠化交通方案时，还应根据原则做出合理的设计。

3.7.2　交通管理设施规划要求

（1）县城镇、中心镇、大型一般镇中心区设置行人过街设施时应遵循如下原则：

1）县城镇、中心镇、大型一般镇中心区行人过街设施主要为人行横道，一般设置在干路或连接干路的交叉口处；

2）在小城镇的一级和二级干路的路段上，人行横道或过街通道的间距不宜大于300m。

(2) 小城镇道路交通标志标线的设置应符合国家标准《道路交通标志标线》(GB 5769—1999)，设置时应全盘考虑，整体布局，重点设置在小城镇干路、连接干路的交叉口和连接对外交通的道路上。

(3) 小城镇道路信号控制设施应遵循如下原则：

1）设置道路信号控制设施前，宜先采用停车标志（或让路标志）来管理交叉口的车辆运行，当次要道路交通量接近停车（让路）标志管制下的通行能力，次要道路车辆拥挤严重时，方考虑设置道路信号控制设施；

2）道路信号控制设施的设置应综合考虑车流量、人流量、学童过街、交通事故记录等因素，设置在合理位置；

3）小城镇道路信号控制设施宜设置在干路或连接干路的交叉口上；

4）当机动车与非机动车、行人混行较为严重时，应配备交通疏导指挥人员，配合道路信号控制设施进行管理。

(4) 县城镇、中心镇、大型一般镇的渠化交通规划设计应遵循如下原则：

1）应对交叉口的通行能力和道路安全性进行全面分析，然后再确认是否应进行渠化；

2）渠化交通应使交叉口的点面积适当缩小，应通过渠化岛和渠化带明确车辆的行驶位置，渠化后交通流应不再有锐角冲突，渠化后分流或合流的角度应尽可能小，并应避免分流、合流点集中；

3) 渠化交通后的车道宽度设计要合理，不应过宽，渠化交通所设置的交通岛、安全岛的面积要合适且数量不宜过多。

主 要 参 考 文 献

1　费孝通. 小城镇区域分析. 北京：中国统计出版社，1898
2　杨剑波. 多目标决策方法与应用. 湖南出版社，1996
3　魏世孝. 多属性决策理论方法及其在 C^3I 系统中的应用. 国防工业出版社，1998
4　J. P. 依格尼西奥. 目标规划及其应用. 哈尔滨：哈尔滨工业大学出版社，1988
5　管楚度. 交通区位论及其应用. 北京：人民交通出版社，2000
6　陈航. 中国交通地理. 北京：科学出版社，2000
7　张立. 运输布局学. 北京：中国经济出版社，1988
8　高荣进. 跨世纪公路交通发展战略. 北京：人民交通出版社，1998
9　丁一中. 交通运输网络规划. 大连：大连海事大学出版社，2000
10　陆化普. 交通规划理论与方法. 北京：清华大学出版社，1998
11　杨兆升. 交通运输系统规划. 北京：人民交通出版社，1998
12　杨涛. 公路网规划［M］. 北京：人民交通出版社，1998
13　赵家麟. 交通规划设计. 北京：人民交通出版社，1998
14　中国城市规划设计研究院、中国建筑设计研究院、沈阳建筑工程学院编著，刘仁根、汤铭潭主编. 小城镇规划标准研究. 北京：中国建筑工业出版社，2003（电子版）
15　李勇涛. 小城镇交通系统布局优化理论和方法. 万方学位数据库
16　才永莲. 小城镇交通特征探析. 武汉船舶职业技术学院学报，2005.6
17　汤铭潭，张全. 我国小城镇道路交通规划的优化基础. 北京：《城市交通》，2005.3
18　颜仁. 小城镇道路交通规划的探讨.《科技与产业》，2005.4
19　李琳，肖贵平. 浅析我国小城镇交通安全现状及对策.《山西科技》，2006.1

20 王元庆，周伟. 停车设施规划. 北京：人民交通出版社，2003
21 张全，汤铭潭. 小城镇道路交通组织与系统优化比较. 北京：《工程建设与设计》，2006
22 汤铭潭，张全. 小城镇道路交通规划技术指标体系研究. 北京：《工程建设与设计》，2006

4 小城镇给水工程规划

4.1 规划原则

水是人类在生活、生产和社会活动过程中十分重要的、不可替代的自然资源,是小城镇可持续发展的制约因素。地球上的水域面积约占全球面积的1/6,但其中开发条件较好、逐年更新的淡水资源仅约占全球总水量的0.03‰,而在一定技术经济条件下能为人们利用的水量又极为有限。我国是世界上水资源短缺的国家之一,人均水资源占有量不到世界平均水平的1/4。并且,如此有限而珍贵的水资源,正在受到不同程度的污染。为了提高人民的生活水平,促进我国小城镇健康、有序、可持续发展,如何在满足用户对水质、水量和水压要求的前提下,合理开发、利用和保护水资源,节约用水,优化小城镇给水设施配置和建设,降低小城镇给水工程建设费用和经营管理费用,避免重复建设,是小城镇给水工程规划的主要任务。小城镇给水工程规划的目的是要保证所规划的小城镇及其相关区域有良好的供水保障条件。

小城镇给水工程规划应以小城镇总体规划及相关区域和城镇体系规划为依据,在编制过程中,应充分考虑我国小城镇的特点,小城镇可持续发展的要求,以及小城镇人口变化、小城镇功能布局、交通运输、供电、通讯、地域与气候条件等相关因素。

4.1 规划原则

小城镇给水工程规划应遵循以下原则：

（1）符合国家及地方有关法规标准要求的原则；

（2）实行社会、经济、环境效益的统一和可持续发展的原则；

（3）整体规划、合理布局、因地制宜、节约用地的原则；

（4）近远期结合、分期实施、经济实用的原则；

（5）依据小城镇总体规划及相关区域和城镇体系规划的原则。

同时，规划中应考虑下列要求：

（1）小城镇用水量预测，应充分考虑小城镇的性质、用地布局，人口规模、工业和商业服务业等经济发展，水资源量的变化趋势，工业生产技术进步以及生活水平的提高等因素，采用多种方法预测。

（2）编制小城镇及其相关区域供水水源开发利用规划，必须正确处理小城镇用水、工业用水、农业用水的关系，正确处理小城镇与中心小城镇用水的关系，统筹兼顾，综合合理开发利用水资源，实现水资源的合理配置，高效利用，保证小城镇的可持续发展。开发水资源必须进行综合科学考察和充分的调查研究，在水资源不足的地区，应限制小城镇发展规模，限制耗水量大的工业、农业的发展。

（3）小城镇给水水源的选择应在保证水量的前提下，采用优质水源以确保居民身体健康不受影响。采用地下水源时，应慎重估计可供开采的地下水储量，防止地下水过量开采，造成地面沉降引起次生灾害或地下水质污染。

（4）在合理开发利用水资源的同时，必须采取有效措施，保护水资源。包括保护植被、防止水土流失、控制污染、改善生态环境。在规划水资源开发利用的同时，要进行水资源保护规划。

(5) 根据小城镇功能分区、地形条件、用户对水量水质和水压的要求，通过充分的技术经济比较，确定水厂的数量和位置，确定供水方式（集中或统一供水方式），确定水压保障方式（一次加压或中途加压），确定水量调节方式。

(6) 在制定小城镇给水工程规划的同时，必须制定小城镇节约用水发展规划。提倡多渠道开发水资源，逐步实施污水资源化，实行计划用水，厉行节约用水。有条件的地区，给水工程规划与水环境污染治理规划要统筹考虑。

(7) 小城镇给水工程规划，应积极采用被科学试验和生产实践证明的先进而经济的新技术、新工艺、新材料和新设备。以提高供水水质和供水的安全可靠性，降低能耗、药耗，减少无谓的水量损失。

(8) 与排水工程规划等相协调。

(9) 对于原有给水工程的扩建和改建，应在充分的技术经济分析论证的基础上，发挥原有设施的功能。

4.2 规划内容与步骤

小城镇给水工程规划分总体规划和详细规划两个阶段，其中小城镇给水工程详细规划分控制性详细规划和修建性详细规划。前者针对用地地块及其相关指标控制的给水工程详细规划，后者针对地块在建筑平面布置及其相关指标控制的给水工程详细规划。

小城镇及相关区域给水系统工程规划的主要内容应包括：相关区域给水系统统筹规划；相关区域小城镇用水量预测，小城镇相关区域需水量与水资源之间的供需平衡分析；小城镇相关区域给水水源选择并提出相应的给水系统布局框架；给水枢纽工程的位置和用地确定；提出水资源保护以及开源节流的要求和措施；确定水质净化方法；给水管网布置与水力计算；给水系统方案的技术经济比较与优化。

4.2.1 小城镇给水工程总体规划的内容与步骤

(1) 确定用水量标准，估算小城镇用水总量；

(2) 根据水源水质、水量情况，选择水源，确定取水位置和取水方式；

(3) 提出水源卫生防护措施要求，确定水源保护带范围；

(4) 根据小城镇及其区域小城镇群发展布局及用地规划、小城镇地形，选择给水处理厂或配水厂、泵站、调节构筑物的位置和用地，输配水干管布置方向，估算干管管径；

(5) 确定小城镇节约用水目标和计划用水措施。

4.2.2 小城镇给水工程详细规划的内容与步骤

小城镇给水工程详细规划是在总体规划的基础上进行的详细规划范围内的进一步规划，它是小城镇详细规划范围内给水工程设计的基础和主要依据。

(1) 预测用水总量，确定规划区供水规模；

(2) 根据用户对水质的要求，确定水质目标，选定给水处理厂位置；

(3) 根据小城镇及其所在区域用户所要求的水质、用户分布情况，确定小城镇供水方式（统一或分区供水，或分质供水），确定泵站、调节构筑物位置、标高；

(4) 确定输配水管走向、管径，进行必要的水力计算；

(5) 对详细规划进行工程投资估算；

(6) 对近期规划部分进行规划设计、工程估算和效益分析。

4.3 用水量预测与给水工程规模确定

在小城镇给水工程规划中，规划期内需水量的预测直接关系到小城镇水源的选择、供水系统规模和市政用地规模的确定。小城镇用水量预测，既要与小城镇的性质、类型、地理区域位置、经济、社会发展与城镇建设水平、人口规模、小城镇用水现状水平等实际情况相结合，又要为以后的发展充分留有余地；既要考虑近期投资的见效率，又要考虑远期的发展。因此，合理预测需水量，是保证小城镇给水工程规划合理的前提。

4.3.1 小城镇用水分类

小城镇用水量应由两部分组成：第一部分为规划期内由小城镇给水工程系统统一供给的居民生活用水、工业用水、公共设施用水及其他用水量的总和。第二部分应为规划期内小城镇给水工程系统统一供给以外的所有用水水量总和。其中包括：工业和公共设施自备水源供给的用水、河湖环境用水和航道用水、农业灌溉和养殖及畜牧业用水、农村居民和乡镇企业用水等。

按用水功能，小城镇用水可分为：住区生活用水、公共设施用水、工业用水、交通运输用水、市政用水、消防用水、农业用水和畜牧业用水等。其中，住区生活用水与公共设施用水可统称为综合生活用水。

4.3.2 水质标准

水的用途不同，水质标准也就不同。小城镇给水工程规划所涉及的标准主要有：

（1）地表水环境质量标准（GB 3838—2002）（Environmental Quality Standard for Surface Water）；

（2）生活饮用水卫生标准（GB 5749—2006）；

（3）生活饮用水卫生规范（Sanitary Standard for Drinking Water）；

（4）生活饮用水水源水质标准（CJ 3020—1993）（Water Quality Standard for Drinking Water Sources）；

（5）城市污水再生利用城市杂用水水质（GB/T 18920—2002）；

（6）工业企业设计卫生标准（GBZ 1—2002）；

（7）人工游泳池水质卫生标准；

（8）农田灌溉水质标准（GB 5084—1991）；

（9）渔业水质标准（GB 11607—1989）；

（10）放射性防护规定（GBJ 8—1974）。

其中，《生活饮用水卫生标准》正在修订之中，因而《生活饮用水卫生标准（GB 5749—2006）》很快即行作废。所以，在小城镇规划中，可参考建设部2005年发布的《城市供水水质标准》（CJ/T 206—2005）。

4.3.3 用水量计算

预测小城镇用水量是给水系统规划的基础，也是选择小城镇给水水源和确定给水系统各部分规模的基础。

（1）小城镇综合生活用水量

小城镇的综合生活用水量宜按表4.3.3-1中规定的指标预测，并应结合小城镇地理位置、水资源状况、气候条件、小城镇经济、社会发展与小城镇公共设施水平、居民经济收入、居住、生活水平、生活习惯等，综合分析比较，确定用水指标。

4 小城镇给水工程规划

小城镇人均综合生活用水量指标[1] [L/(人·d)]

表 4.3.3-1

地区区划	小城镇规模分级					
	一		二		三	
	近期	远期	近期	远期	近期	远期
一区	190~370	220~450	180~340	200~400	150~300	170~350
二区	150~280	170~350	140~250	160~310	120~210	140~260
三区	130~240	150~300	120~210	140~260	100~160	120~200

注：①一区包括：贵州、四川、湖北、湖南、江西、浙江、福建、广东、广西、海南、上海、云南、江苏、安徽、重庆；

二区包括：黑龙江、吉林、辽宁、北京、天津、河北、山西、河南、山东、宁夏、陕西、内蒙古河套以东和甘肃黄河以东的地区；

三区包括：新疆、青海、西藏、内蒙古河套以西和甘肃黄河以西的地区（下同）。

②用水人口为小城镇总体规划确定的规划人口数（下同）。

③综合生活用水为小城镇居民日常生活用水和公共建筑用水之和，不包括浇洒道路、绿地、市政用水和管网漏失量。

④指标为规划期最高日用水量指标（下同）。

⑤特殊情况的小城镇，应根据实际情况，用水量指标酌情增减（下同）。

在选定了综合生活用水量标准后，可按下式计算小城镇综合生活用水量：

$$Q_1 = \frac{qN}{1000} \quad (4-1)$$

式中 Q_1——小城镇综合生活用水量（万 m³/d）；

q——小城镇综合生活用水量标准 [L/(人·d)]；

N——小城镇规划人口数（万人）。

（2）小城镇工业用水量

工业用水量预测方法，有万元产值用水量法、单位用地用水量指标法、单位产品耗水量法等。对小城镇规划而言，往往很难预测远期的工业产值，对于每一块规划工业用地也很难明确今后的项目内容，也就更难确定其产品及数量。所以，万元产值用水量法、单位产品耗水量法在小城镇规划的工业用水量预测中，是很难操作的，一般而言宜采用单位工业用地用水量指标法来预测工业用水量。单位工业用地指标的大小主要取决于规划区内主体工业的性质、生产规模、技术先进程度等。其中起决定性作用的是主体工业的性质。小城镇企业多以加工型的轻工业为主，所以，单位工业用地用水量指标可参照取 $0.8\sim1.5$ 万 $m^3/(km^2\cdot d)$[2]。

小城镇工业用水量，可参考下式计算：

$$Q_2 = q_2 M_{gy} \qquad (4-2)$$

式中 Q_2——小城镇工业用水量（万 m^3/d）；

q_2——小城镇单位工业用地用水量标准 [万 $m^3/(km^2\cdot d)$]；

M_{gy}——小城镇规划工业用地（km^2）。

（3）市政及绿化用水量 Q_3

市政浇洒道路和绿化用水，应根据路面种类、绿化面积、气候和土壤等条件确定。浇洒道路用水量一般为每次每平方米路面 $1\sim1.5L$。大面积绿化用水量可采用 $1.5\sim2.0L/(m^2\cdot d)$。

（4）未预见用水量及管道漏失水量 Q_4

在用水量计算中，未可预见用水量和管道漏损水量通常合并计算，可按前3项用水量之和的 $15\%\sim25\%$ 计算。

（5）消防用水量 Q_5

小城镇消防用水量，可参考表4.3.3-2采用。

室外消防用水量[4] 表4.3.3-2

人数（万人）	同一时间内火灾次数	一次灭火用水量（L/s）
≤1.0	1	10
≤2.5	1	15
≤5.0	2	25
≤10.0	2	35

小城镇消防用水量,可不计入小城镇总用水量中。

(6) 小城镇总用水量

根据小城镇的具体情况,小城镇总用水量预测,可采用以下几种方法进行计算。

1) 各项用水量总和法

如果小城镇的各分项用水量可以直接预测,则小城镇总用水量可按下式进行计算。

$$Q_d = Q_1 + Q_2 + Q_3 + Q_4 \tag{4-3}$$

2) 综合生活用水量比例法

若小城镇工业用水量等不具备直接预测的条件,则小城镇总用水量预测,可在综合生活用水量预测的基础上,按小城镇相关因素分析或类似比较确定的综合生活用水量与总用水量比例或综合生活用水量与工业用水量、其他用水量之比例,测算总用水量。

3) 单位用地用水量法

单位居住用地用水量法　采用小城镇单位居住用地用水量方法,应根据小城镇特点、居民生活水平等因素确定,并根据小城镇实际情况,按表4.3.3-3中的指标选用。

单位居住用地用水量指标[1] [万 m³/ (km²·d)]　表 4.3.3-3

地区区划	小城镇规模		
	一	二	三
一区	1.00~1.95	0.90~1.74	0.80~1.50
二区	0.85~1.55	0.80~1.38	0.70~1.15
三区	0.70~1.34	0.65~1.16	0.55~0.90

注:表中指标为规划期内最高日用水量指标,使用年限延伸至2020年,即远期规划指标,近期规划使用应酌情减少,指标已含管网漏失水量。

$$Q_d = q_{jz} M_{jz} \tag{4-4}$$

式中　Q_d——小城镇最高日用水量(万 m³/d);

q_{jz}——小城镇单位居住用地用水量指标［万 m^3/($km^2 \cdot d$)］；

M_{jz}——小城镇规划居住用地（km^2）。

单位其他用地用水量法 小城镇单位公共设施用地、工业用地及其他用地用水量指标，应根据现行国标《城市给水工程规划规范》，结合小城镇具体情况选用。

进行小城镇水资源供需平衡分析时，小城镇给水工程统一供水部分所要求的水资源供水量为小城镇最高日用水量除以日变化系数，再乘以供水天数。小城镇的日变化系数可取1.6~2.0。

小城镇自备水源供水的工业企业和公共设施的用水量应纳入小城镇用水量中，并由小城镇给水工程统一规划。

4.3.4 给水工程规划规模确定

小城镇给水工程规划规模，即小城镇最高日供水量 Q_d，应根据小城镇总体规划所确定的小城镇性质、人口规模、居民生活水平、经济发展目标，预测的小城镇规划期用水量，同时考虑镇区自备水源现状及发展规划情况，进行确定。

4.4 小城镇给水系统各部分设计流量

小城镇给水系统中各部分的设计流量均以最高日用水量 Q_d 为基础进行设计。

4.4.1 取水构筑物、一级泵站、原水输水管、处理构筑物

取水构筑物至水厂处理构筑物（含处理构筑物）的设计流量均按最高日平均时流量计算：

4 小城镇给水工程规划

$$Q = \frac{\alpha Q_d}{T} \tag{4-5}$$

式中 Q——取水构筑物至水厂处理构筑物（含处理构筑物）的设计流量（m^3/h）；

Q_d——最高日设计用水量（m^3/h）；

α——水厂自用水系数，取决于水处理工艺、构筑物类型及原水水质等因素，一般在 1.05~1.10 之间。若采用水质良好，除消毒外，无需其他处理的地下水时，自用水系数可取 1.0；

T——一级泵站每天工作小时数。

如果是远距离输水，还应考虑输水漏失量。

4.4.2 二级泵站、水塔（高地水池）和配水管网

二级泵站、从泵站到管网的输水管、配水管网和调节构筑物等的设计流量，应按照用水量变化和二级泵站工作情况确定。

（1）二级泵站和输水管

二级泵站和输水管的设计流量与管网中是否设置调节构筑物有关。

1）管网中不设调节构筑物时，二级泵站任一时刻的供水量应等于总用水量，因此，二级泵站和输水管设计流量为最高日最高时用水量 Q_h；

2）当管网中设有调节构筑物时，二级泵站可以采用分级供水。当二级泵站供水量大于管网用水量时，调节构筑物向管网供水，即管网用水量由二级泵站和管网中调节构筑物共同供给。此时，二级泵站和输水管的设计流量应为最高日最高时用水量与调节构筑物供水量之差。而当二级泵站供水量低于管网用水量时，则管网中多余水量进入调节构筑物储存。有条件

时,该流量可根据小城镇的用水资料绘制成图 4.4.2-1 所示的小城镇用水量变化曲线确定。图中阴影部分是用水量 24 小时变化情况,虚线是一级泵站供水曲线。

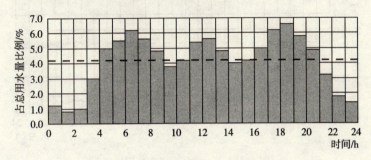

图 4.4.2-1　小城镇用水量变化曲线

进行小城镇给水系统二级泵站、水厂至管网的输水管、配水管网规划设计时,应考虑小城镇实际情况,适当降低其规模,即减小二级泵站、水厂至管网的输水管、配水管网的时变化系数,而通过各用水点(小区)的蓄水能力调节用水的变化。

(2)清水池和水塔(高地水池)

水厂清水池的主要作用是调节一级泵站和二级泵站供水量的差额,其容积由 4 部分组成:

$$W = W_1 + W_2 + W_3 + W_4 \qquad (4-6)$$

式中　W——清水池总容积(m^3);

　　　W_1——清水池调节容积(m^3)。其值为二级泵站供水量与一级泵站供水量时累积值。如图 4.4.2-2 中一级泵站和二级泵站供水曲线所形成、位于虚线上方的面积 A 或下方的面积 B,图中假设二级泵站一日内分二级供水,粗实线是二级泵站供水曲线,虚线为一级泵站供水曲线;

　　　W_2——清水池消防贮水量(m^3);

W_3——水厂自用水量,一般为(5%~10%)Q_d(m³);
W_4——安全贮量(m³)。

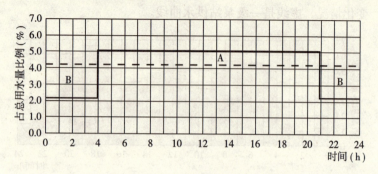

图 4.4.2-2　清水池调节容积计算

(3)配水管网

配水管网设计流量,视有无水塔或高地水池及其在管网中的位置而定。对于无水塔(高地水池)或设有网前水塔的管网,设计流量按最高日最高时用水量计算。当设有对置水塔或网后水塔(高地水池)时,管网设计流量按最高时从泵站和水塔流入管网的流量计算。

4.5　小城镇给水系统规划

给水系统的组成通常分为四个部分:取水工程、输水工程、净水工程和输配工程。

4.5.1　小城镇给水系统区域统筹规划

作为区域小城镇群、或城镇群中的小城镇,应首先在区域范围、县(市)域范围内进行给水系统统筹规划。处在城市规划区范围内的小城镇,则按城市规划统一考虑。

小城镇区域给水系统统筹规划首先应依据小城镇相关区域

规划或相关城镇体系规划，按照区域水资源开发利用、区域供水、区域节水最优化原则，运用系统工程的方法，对区域给水工程进行统筹规划。

（1）小城镇相关区域用水量估算

根据区域经济发展规划和人口规划，充分考虑居民生活水平的不断提高，工业生产的发展和工业生产技术的不断进步，节约用水设备与设施的不断进步与完善，以及水资源量对用水需求的限制等因素，确定用水量标准，估算区域近远期用水量，避免以往需水量预测总是持续快速增长、造成预测偏差较大的作法。

根据区域经济发展规划和人口规划，充分考虑居民生活水平和节水素养的不断提高，工业生产的发展和工业生产技术的不断进步，节约用水设备与设施的不断进步与完善，水的资源性管理理念与制度的不断强化，尤其是当地或相关区域水资源量对用水需求的限制等因素，分别确定区域内不同性质、不同对象的用水量标准，估算区域近、中、远期用水量，避免以往需水量预测总是持续快速增长、造成预测偏差较大的作法。

在水资源非常短缺、生态环境十分脆弱的地区，可考虑实施虚拟水战略。所谓虚拟水战略是指在整个地区的经济发展战略上实施以生产节水型产品、引进耗水型产品为主的发展战略，从而间接利用丰水地区或国家的水资源。但虚拟水战略的实施，涉及到区域性或城镇的经济发展战略和经济发展规划的制定问题，需要政府相关部门和有关专家予以考虑。

区域用水量标准，可参考4.3.3节中小城镇用水量标准。

（2）小城镇相关区域给水系统方式规划

根据区域内各小城镇功能定位，区域内产业结构发展布局，及其对水量、水质、水压的要求，以及水资源情况，经过充分的技术经济比较，确定区域给水系统方式。根据具体情况,供水模式有两类:区域性供水和分散供水。具体供水方式见图 4.5.1。

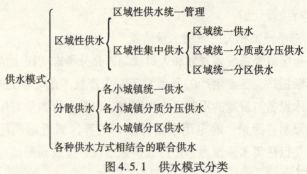

图 4.5.1 供水模式分类

对于小城镇群或城镇群较集中、供水水压差别不大、用户对水质的要求相近的区域,应实施区域统一供水;

对于小城镇群或城镇群较集中,供水水压差别较大,经充分论证,确认分区供水可节约大量能源的区域,应实施区域统一分区供水;

对于小城镇群或城镇群较集中,用户对水质的要求差别较大的区域,应逐步实施区域统一分质供水;

对于较为分散的小城镇,可实施各小城镇统一供水;

对于较为分散的小城镇,用户对水质的要求差别较大,应逐步实实施小城镇分质供水;

对于较为分散的小城镇,且小城镇内各功能区供水水压差别较大,经技术经济比较,分区供水可节约大量能源的,应实施小城镇分区供水;

对于远距离输水的小城镇,应根据具体情况,进行区域或流域水资源合理配置与可持续开发利用的系统分析与预测,并进行供水模式的优化选择论证;

根据区域小城镇和城镇群的具体情况,也可实施各种方式相结合的联合供水方式。

区域性供水，一般按照水源水系、地理环境特征与地理位置，或一定的行政区划，确定供水区域，其服务面积小至数十 km^2，大至数千 km^2。区域性供水模式，是把供水区域内若干个净水厂的取、输、配水系统及其配套企业联合为一体，实施水资源的统一开发与合理配置，水处理、输配系统的统一运行与管理的新型网络供水系统模式。

目前，根据我国城镇供水现状，实施区域性供水模式，应包括两种，即区域性供水集中管理模式和区域性集中供水模式。后者是在具有区域性集中供水优势的地区实施区域性供水的最终模式；前者是根据我国目前基本处于分散状态、各自为政的城镇供水模式向区域性供水集中模式转变的过渡模式，或无区域性供水优势的地区实施分散供水、统一管理的供水模式，其统一的实质在于区域内分散供水系统的统一管理。

区域性集中供水是具有多水源、多水厂并网的区域集中供水系统，与独立分散、小规模的供水系统比较，极大地提高了供水的安全可靠性，并通过强化调度功能，协调供需关系，使系统处于合理、经济的运行状态。这种供水系统在发达国家比较多见，比如英国、美国、法国、日本等。华盛顿北方水厂的供水范围达 $2849km^2$，供水区域内地面高差达 274m，由分别取湖水和取河水的两个水厂统一并网供水。

区域性供水集中管理系统是一个跨行政管理辖区的企业管理系统，这种跨地区的供水企业可浓缩一定数量的技术人才、管理人才，为整个供水区域服务，从而有利于人才素质的提高与效能的发挥。可以不受一城一镇的限制，在区域范围内合理配置水资源，达到水资源的有效利用和可持续利用，为在流域范围内甚至全国范围内实现水资源的可持续开发利用理顺关系。并可借助集团化的优势，开拓相关的诸多工业项目，特别是水工业项目，组织社会化生产，确保原材料、消耗材料的合理调配，减少流动资金的占用。整个企业的运转可以更为有效，以求得较好的经济效益与社会效益。针对我国目前的分散供水、低效率管理的实际状态，在可能实行区域性集中供水的区域，首先实行区域性供水集中管理是必要的，可避免分散管理、各自为政的局面和各种短期行为，避免长期分散重复的小规模建设投资，从而对一定区域统一分配水资源、提高供水基础设施服务能力、发挥区域性供水企业的规模效益起到促进作用。

在我国，区域性供水模式已经在实施。许多地区成立了以中心城市为依托的区域性供水集团或水务集团，开始实施区域性供水、或区域性供排水和污水处理的集中管理供水模式。比如山东济宁市已将该市下属各县镇自来水公司统一联合，成立了济宁市供水集团总公司。一些地区根据具体情况，逐步实施区域性集中供水模式。比如成都市自1990年便开始论证并实施集中供水模式。浙江省针对省内小城镇发展呈现多核分散而又密集分布的空间特征（即在经济发达地区，小城镇密集分布，但又各自为政、独立发展），在1999年前后，所作的浙江省城镇群体系规划中，进行了统一的全局性规划。

（3）小城镇相关区域水源保护规划

由于人类生产活动及各种自然因素的影响，常使水源出现水量降低和水质恶化的现象。而水源一旦出现这种情况，很难在短时期内恢复。因此，为了保证小城镇及其区域内水资源的可持续开发利用，必须对小城镇及其区域水源制定保护规划，以防止水源枯竭和污染。

1）保护给水水源的一般要求

① 配合经济计划部门制定水资源开发利用规划，要全面考虑、统筹安排，正确处理与其他涉水部门的关系，以求合理地综合利用和开发水资源。特别是水资源比较贫乏的地区，综合开发

利用水资源，对于所在地区的可持续发展具有决定性的意义。

② 加强水源管理

对于地表水源要进行水文观测和预报。对于地下水源要进行区域地下水动态观测，尤应注意开采漏斗区的观测，以便对超量开采及时采取有效措施，如开展人工补给地下水、限量开采等。

③ 加强流域范围内的水土保持工作

水土流失不仅使农业遭受直接损失，而且还加速河流淤积，减少地下径流，导致洪水流量增加和常水流量降低。不利于水量的常年利用。为此，要加强流域范围内的植树造林、退耕还林还草和科学依法管理，在河流上游和河源区要防止滥伐森林。

④ 合理规划小城镇住区和工业区，减轻对水源的污染。

⑤ 加强水源水质监督管理，制定科学合理的污水排放标准，并切实保证贯彻实施。

⑥ 勘察水源时，应从防止污染角度，提出水源合理规划布局的意见，提出卫生防护条件与防护措施。

⑦ 对于海滨及其他水质较差的地区，要注意由于开采地下水引起的水质恶化问题，如海水入侵，与水质不良含水层发生水力联系等问题。

⑧ 进行水体污染调查研究，建立水体污染检测网。

2) 水源卫生防护规划要求

① 小城镇及其区域水源必须设置卫生防护地带。卫生防护地带的范围和防护措施，按《生活饮用水卫生标准》（GB 5749—2006）和《生活饮用水卫生规范》的规定，应符合下列要求：

• 地表水源卫生防护

取水点周围半径100m的水域内严禁捕鱼、停靠船只、游泳和从事可能污染水源的任何活动，并应设有明显的范围标志和严禁事项的告示牌。

河流取水点上游1000m至下游100m的水域内，不得排入工业废水和生活污水；其沿岸防护范围内不得堆放废渣，不得设立有害化学物品的仓库，堆栈或装卸垃圾、粪便和有毒物品的码头；不得使用工业废水和生活污水灌溉及施用有持久性毒性或剧毒的农药，并不得从事放牧等有可能污染该段水域水质的活动。

供饮用水水源的水库和湖泊，应根据不同情况将取水点周围部分水域或整个水域及其沿岸防护范围列入此范围，并按上述要求执行。

受潮汐影响河流的取水点上下游防护范围，由自来水公司与当地卫生防疫站、环境卫生检测站根据具体情况研究确定。

水处理厂生产区范围应明确划定并设立明显标志，在生产区外围不小于10m的范围内，不得设置生活住区和修建禽畜饲养场、渗水厕所、渗水坑；不得堆放垃圾、粪便、废渣或铺设污水渠道；应保持良好的卫生状况和绿化。单独设立的泵站、沉淀池和清水池的外围不小于10m的区域内，其卫生要求与水厂生产区相同。

- 地下水源卫生防护

取水构筑物的防护范围应根据水文地质条件、取水构筑物形式和附近地区的卫生状况进行确定，其防护措施应按地表水水厂生产区要求执行。

在单井或井群影响半径范围内，不得使用工业废水或生活污水灌溉和施用有持久性毒性或剧毒的农药，不得修建渗水厕所、渗水坑、堆放垃圾、粪便、废渣或铺设污水渠道，并不得从事破坏深层土层的活动。如取水层在水井影响半径内不露出地面或取水层与地面水没有互相补充的关系时，可根据具体情况设置较小的防护范围。

在地下水水厂生产区范围内,应按地表水生产区要求执行。

(4) 小城镇相关区域取水工程规划

在小城镇相关区域给水系统方式规划的基础上,根据区域经济发展和环境保护规划,估计近远期用水量,按照水资源最优分配原则,制定区域内水资源开发利用规划,对区域各类统一供水方案,选择水源、取水位置和取水方式。对于分质供水的区域,应根据用户对水质的要求,选择不同的水源,避免造成优质水资源的浪费。

(5) 小城镇相关区域输水工程规划

对于小城镇相关区域各类统一供水方案,根据区域内用水量、用水点分布情况和水质要求,选择水处理厂分布与位置,确定输水干管布置方向,估算干管管径。

(6) 小城镇相关区域水处理工艺选择

对于小城镇相关区域各类统一供水方案,根据原水水质和用水水质要求选择水处理工艺。对于分质供水的区域,应根据用户对水质的要求,确定处理工艺,避免造成浪费。

(7) 小城镇相关区域供水工程规划

对于小城镇相关区域各类统一供水方案,根据区域总体规划和区域道路网规划,以及各小城镇功能分区情况,布置区域供水管网,估算干管管径,且应与区域其他各类管线相协调。

(8) 小城镇相关区域节约用水规划

实行计划用水和节约用水,是我国政府提出的建设方针。建设节水型小城镇和节水型社会,对于解决我国水资源短缺与可持续发展之间的矛盾具有积极的现实意义。

节约用水不仅依赖于节水技术,同时涉及到整个小城镇区域的工业布局,产业结构,生产工艺及生活方式的变化和人们资源观念和节水意识的增强。并且,节约用水也受水资源量的制约和水价经济杠杆的调节。

在进行区域给水工程规划的同时,应根据本区域的特点,进行区域节约用水规划,包括工业、小城镇生活、农业,以及其他行业的节水规划,以推动区域内的节水事业,使区域走上可持续发展的良性发展轨道。

1) 小城镇节水对策与措施

① 加强节水宣传,增强人们的资源意识和节水意识,促进人们自觉节水。

② 制定完善的节约用水和保护水资源的法律法规。

③ 制定节水政策,鼓励节约用水。

④ 建立合理的水价形成机制。确定合理的各类水价,充分体现水的资源性、不可替代性和商品性,以经济杠杆作用促进节水。保证涉水企业的自我生存和发展,以便为小城镇提供更优良的水务服务。同时,要避免行业垄断,促使水务部门和企业管理效率的提高,保障公众的利益。

⑤ 推广节水型器具和设备,提倡一水多用,鼓励多渠道开发水资源。

⑥ 加强用水规划和管理,提倡有条件的地区实行区域性供水。

2) 工业节水途径

① 工艺节水。采用先进的节水型生产工艺或无水生产工艺。

② 技术节水。实施闭路生产工艺或"闭合生产工艺圈",以减少污(废)水排放或达到零排放。

③ 污水回用。

④ 海水利用。

⑤ 雨水利用。

⑥ 完善计量,加强管理,减少漏失和浪费。

3）农业节水途径

① 合理拟定农业种植结构。

② 实施经济灌溉定额。

③ 提高灌区水的利用效率。包括降低水渠的漏失率，采用先进的喷灌、滴灌和渗灌等节水灌溉技术。

4.5.2 小城镇给水系统规划

（1）给水系统方式确定

小城镇给水系统方式有统一供水、分区供水和分质供水。小城镇给水系统方式应根据小城镇的具体情况，经技术经济比较确定。

对于水压差别不大、用水点不太分散的小城镇，应采用统一供水方式；对于水压差别较大或用户分散的小城镇，经技术经济比较，确有分区供水的必要，可采用分区供水方式；对于用户水质要求差别较大的小城镇，经技术经济比较，采用分质供水较统一供水能节约优质水资源，并有较大效益的，应采用分质供水方式。

（2）给水系统规划

确定了小城镇给水系统的供水方式后，给水系统规划的具体内容包括：水源选择及保护规划、水厂选址与处理工艺确定、输水管布置及管径确定和配水管网规划。各项规划内容的要求与原则，详见本章后面的相关内容。

4.6 水源选择、配置与保护

4.6.1 水源分类与特点

小城镇给水水源一般分为两类：地表水源和地下水源。

地表水源主要有江河水、湖泊水和水库水，海水也可作为水源。

地表水源水浑浊度较高，水温受气候影响较大，四季变化较大。水质易于受环境污染，例如，有机物、重金属、病原菌和病毒等，易于滋生藻类。水量充沛，且受季节降水影响。

江河水水质直接受上游排水影响，水源卫生防护管理较难。近沿海河流受潮汐影响常出现氯化物偏高现象，应考虑避咸措施。湖泊水源水流缓慢，通过自然净化，常表现为浊度低、碱度低、色度高、滋生藻类等特点。水库水源水质较好，除具有一般地表水源特点外，有时水中矿化度较低，缺乏 Ca^{2+}、Mg^{2+}、Fe^{2+} 等离子。

海水水源多用于设备冷却，主要考虑设备的防腐。海水淡化用于饮用水或其他用途，由于制水成本高，目前尚未大量采用。

4.6.2 水源选择

小城镇统一或自备水源供给生活饮用的水源水质应符合现行国家标准《生活饮用水水源水质标准》(CJ 3020—93)(Water Quality Standard for Drinking Water Sources) 的规定。

选择小城镇给水水源，应以水资源勘察或分析研究报告和小城镇供水水源开发利用规划、有关区域、流域水资源规划为依据，并满足小城镇用水量和水质等方面的要求。应根据小城镇国土规划、江河流域规划、土地利用总体规划及小城镇用水要求、功能分区，确定水源数目及取水规模。根据小城镇有关水利、航运、防洪、污水排放等规划，以及河流河床变迁情况或地下水源水文地质情况，确定取水位置和取水构筑物的型式。

小城镇选择地下水为水源时，不得过量开采，同时考虑地面沉降的可能性。选择地表水作为供水水源时,其枯水流量的保证率不得低于90%。受降水影响较大的季节性河流,可取用水量不大于枯水流量的25%。受潮汐影响的河流,应考虑合理避咸措施。远距离引水时,应进行充分的技术经济比较,并对因此可能引起的对引入地、引出地生态环境以及人文环境的影响进行充分的论证和评价。

水资源不足的小城镇,宜将雨水、污水处理后用做工业用水、生活杂用水及河湖环境用水、农业灌溉用水等,其水质应符合相应标准的规定。

小城镇给水系统应满足小城镇的水量、水质、水压及消防安全给水的要求,有地形可供利用时,宜采用重力输配水系统。

小城镇水源地应设在水量、水质有保证和易于实施水源环境保护的地段。

(1) 地表水水源

小城镇地表水取水构筑物位置的选择是否恰当,直接影响到取水的水质和水量、取水的安全可靠性、工程投资、施工、运行管理。因此,正确选择取水构筑物位置是规划设计中一个十分重要的问题,应深入现场,做好调查研究,全面掌握河流、库湖的特性,根据取水地段的水文、地形、地质、卫生等条件,全面分析,综合考虑,提出几个可能的取水位置方案,进行技术经济比较。在条件复杂时,尚需进行水工模型试验,从中选择最优的方案。

选择地表取水构筑物位置时,应注意以下基本要求:

1) 选择水质较好的地点

小城镇地表水源应位于水量充沛、水质较好的地段。供应生活饮用水时,水源应位于小城镇和工业区的上游、水质清洁的地段。在污水排放口的上游约 $100 \sim 150 m$ 以上。

应避开河流中的回流区和死水区,以减少进水中的泥沙和漂浮物。如图 4.6.2-1 所示。

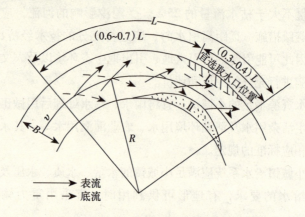

图 4.6.2-1 凹岸河段取水构筑物位置
Ⅰ—泥沙最小区;Ⅱ—泥沙淤积区

在沿海地区受潮汐影响的河流上设置取水构筑物时,应考虑到咸潮的影响,尽量避免吸入咸水。河流入海处,由于海水涨潮等原因,导致海水倒灌,影响水质。设置取水构筑物时,应注意这一现象,以免日后对工业和生活用水造成危害。

在湖泊、水库取水时,不要选择湖岸芦苇丛生处及附近。以免堵塞取水设施。不要选择在夏季主导风向的向风面的凹岸处。以免影响水质和处理构筑物的正常运行。为防止泥沙淤积取水头部,取水构筑物应选择在靠近大坝附近,或远离支流的汇入口,如图 4.6.2-2 所示。

取水口应位于含藻量较低、水深较大和水域开阔的位置。取水口不得设在"水华"频发区,一般不适宜设在高藻季节主导风向的下侧凹弯区。

2)取水构筑物应建造在稳定的河床、湖岸或库岸处。具有稳定的河床或岸边,靠近主流,有足够的水深。

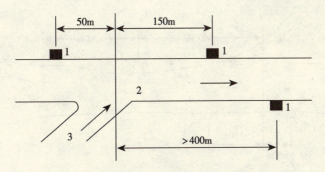

图 4.6.2-2 湖泊、水库支流入口处取水口位置
1—取水口；2—支流入口区；3—支流

在弯曲河段上，宜设在河流的凹岸。

在河岸凸岸，一般不宜设置取水构筑物。但是如果在凸岸的起点，主流尚未偏离时，或在凸岸的起点或终点，主流虽已偏离，但离岸不远有不淤积的深槽时，仍可设置取水构筑物。

在顺直河段上，宜设在河床稳定、深槽主流近岸处，通常是河流较窄、流速较大、水较深的地方。在取水构筑物处的水深一般要求不小于 2.5～3.0m。

在有边滩、沙洲的河段上取水时，取水构筑物不宜设在可移动的边滩、沙洲的下游附近，以免日后被泥沙堵塞。

在有支流入口的河段上，取水构筑物应离开支流出口处上下游有足够的距离。如图 4.6.2-3 所示。

在风浪的冲击和水流的冲刷下，湖岸和库岸常常遭到破坏，甚至发生坍塌和滑坡。一般在岸坡坡度较小、岸高不大的基岩或植被完整的湖岸和库岸是比较稳定的地方。

3) 具有良好的地质地形及施工条件

取水构筑物应设在地质构造稳定、承载力高的地基上，不宜设在淤泥、流沙、滑坡、风化严重和岩熔发育地段。在地震地区不宜将取水构筑物设在不稳定的陡坡或山脚下。取水构筑

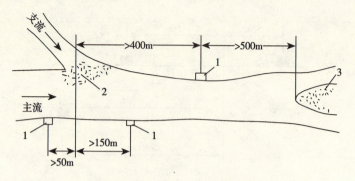

图 4.6.2-3 两江（河）汇合处取水口位置
1—取水口；2—支流入口区；3—淤积区

物也不宜设在有宽广河漫滩的地方，以免进水管过长。

选择取水构筑物位置时，要尽量考虑到施工条件，要求交通运输方便，有足够的施工场地。尽量减少土石方量和水下工程量，以节省投资，缩短工期。

4) 应注意人工构筑物或天然障碍物

河流上常见的人工构筑物，如桥梁、码头、丁坝、拦河坝等与天然构筑物，往往造成河流水流条件的改变，从而使河床产生冲刷或淤积。桥梁通常设于河流最窄处和比较稳定的河段上。在桥梁上游河段，由于桥墩处缩小了水流归水断面使水位壅高，流速减慢，泥沙易于淤积。在桥梁下游河段，由于水流流过桥孔时流速增大，致使下游近桥段成为冲刷区。再往下，水流又恢复原来流速，冲积物在此淤积。因此，取水构筑物应避开桥前水流滞缓段和桥后冲刷淤积段。取水构筑物一般设在桥前 0.5~1.0km 以外的地方。

丁坝是常见的河道整治构筑物。由于丁坝将主流挑离本岸，逼向对岸，在丁坝附近形成淤积区。因此，取水构筑物如与丁坝同岸时，应设在丁坝上游，与坝前浅滩起点相距一定距离（岸边式取水构筑物不小于 150~200m，河床式取水构筑物可以小些）。取水构筑物也可设在丁坝的对岸（须有护岸设施），但不宜设在丁坝同一岸侧的下游，因主流已经偏离，易产生淤积。如图 4.6.2-4 所示。

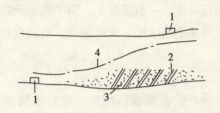

图 4.6.2-4 取水构筑物与丁坝布置
1—取水构筑物；2—丁坝系统；3—淤积区；4—主流线

5) 避免冰凌的影响

在北方地区的河流、湖库上设置取水构筑物时，应避免冰凌的影响。取水构筑物应设在水内冰较少和不受流冰冲击的地点，不宜设在易于产生水内冰的急流、冰穴、冰洞及支流出口的下游，尽量避免将取水构筑物设在流冰易于堆积的浅滩、沙洲、回流区和桥孔的上游附近。在水内冰较多的河段，取水构筑物不宜设在冰水混杂地段，而宜设在冰水分层地段，以便从冰层下取水。

（2）地下水源

地下水取水构筑物的位置，应根据水文地质条件选择，并应符合下列要求。

1) 位于水质良好、不易受污染的富水地段；

2) 在保证水质水量前提下，取水构筑物位置应尽量靠近集中用水区，减少输水投资；

3) 取水构筑物应建设在交通方便、靠近电源的地方，以利于施工、运行管理维护和降低输电线路造价；

4) 取水构筑物应建在不受洪水威胁的地方，否则，应考虑防洪措施；

5）当地下水铁、锰含量较高，需要建造除铁除锰构筑物时，可以在每个取水构筑物旁安装小型除铁除锰设备，也可集中设置除铁除锰设施。一般情况下，集中建造除铁除锰构筑物便于管理，但需建造清水池、送水泵房，造价相对较高。

4.6.3　水源配置

在小城镇所在的流域或区域内，应对水资源进行优化配置，以期使有限而宝贵的水资源得到高效利用，保证流域或区域的可持续发展。

4.6.4　水源保护

小城镇水源保护的要求，与小城镇相关区域水源保护要求相同，详见4.5.1节。

4.7　净水工程规划

净水工程规划包括，根据水源水质变化情况，国家生活饮用水标准，以及其他用户对水质的要求，确定净水厂工艺流程，预测净水工程规划用地。

4.7.1　水厂厂址选择

小城镇的水厂设置应以小城镇总体规划和县（市）小城镇体系规划为依据，较集中分布的小城镇应统筹规划区域水厂，不单独设水厂的小城镇可酌情设配水厂。

厂址应选择在不受洪水威胁，工程地址条件较好，地下水位低，地基承载能力较大，湿陷性等级不高的地方。

地表水水厂的位置应根据给水系统的布局确定。宜选择在交通方便以及供电安全可靠和水厂生产废水处置方便的地方。

地下水水厂位置应根据水源地的地点和不同的取水方式确定,宜选择在取水构筑物附近。

4.7.2 水厂处理工艺选择

给水处理厂处理工艺流程的确定,应根据用户类型、水源水质和《生活饮用水卫生标准》(GB 5749—2006)及《生活饮用水卫生规范》、水厂所在地区的气候情况、设计水量规模等因素,通过调查研究,参考相似水厂的设计运行经验,经技术经济比较确定。

以下介绍几种较典型的给水处理工艺流程以作参考。

(1) 地表水净化工艺一

原水→混合→絮凝沉淀或澄清→过滤→消毒→用户

以地表水作为水源时,通常包括混合、絮凝、沉淀、过滤及消毒。

(2) 地表水净化工艺二

原水→混合→过滤→消毒→用户

当原水浊度较低(一般在50NTU以下,短时间内最高不超过100NTU)、且水源未受污染时,可采用直接过滤法。滤池应采用双层或多层滤料,为提高净化效果,可考虑采用高分子助凝剂。

(3) 地表水净化工艺三

原水→预沉池或沉沙池→混合→絮凝沉淀或澄清→过滤→消毒→用户

当原水浊度高,含沙量大时,为了达到预期混凝效果,减少混凝剂用量,应增设预沉池或沉沙池。

(4) 地表水净化工艺四

原水→生物氧化→混合→絮凝沉淀或澄清→过滤→消毒→用户

当水源属于微污染水源时,可采用生物氧化预处理工艺,以去除水中有机物及氨氮。

(5) 地表水净化工艺五

原水→混合→气浮→沉淀或澄清→过滤→消毒→用户

当水源为湖泊水库，水中藻类较多时，可采用气浮法去除水中藻类。若原水浊度也较低（小于100NTU），可省去沉淀或澄清单元。

(6) 地表水净化工艺六

原水→O_3预氧化→混合→絮凝沉淀或澄清→过滤→O_3接触氧化→活性炭吸附→消毒→用户

当原水受到严重污染，水中含有有机物、重金属离子时，可在砂滤池后加设臭氧—活性炭处理。

(7) 地下水净化工艺一

原水→消毒→用户

对于除卫生学指标外，其他指标均符合饮用水卫生标准的地下水，可采用简单的消毒工艺。

(8) 地下水净化工艺二

原水→曝气→接触氧化过滤→消毒→用户

当地下水中含有铁锰时，应进行除铁除锰处理。

4.7.3 水厂用地规划

小城镇水厂用地应按规划期给水规模确定，用地控制指标应按表4.7.3，结合小城镇实际情况选定。

小城镇水厂用地控制指标[1]　　单位：$[m^2 \cdot d/m^3]$

表 4.7.3

建设规模 (万m^3/d)	地表水水厂		地下水水厂
	沉淀净化	过滤净化	除铁净化
0.50~1			0.40~0.70
1~2	0.50~1.0	0.80~1.4	0.30~0.40

续表

建设规模 (万 m³/d)	地表水水厂		地下水水厂
	沉淀净化	过滤净化	除铁净化
2~5	0.40~0.80	0.60~1.1	
2~6			0.30~0.40
5~10	0.35~0.60	0.50~0.80	

注：指标未包括厂区周围绿化地带用地。

水厂厂区周围应设置宽度不小于10m的绿化带[3]。

4.7.4 水厂总体设计

规划阶段的水厂总体设计，一般应考虑以下一些要求：

1）水厂生产构筑物间距宜紧凑，但应满足各构筑物货物管线的施工要求；生产构筑物与水厂生产附属建筑物（修理间、车库、仓库等）宜分别集中布置；

2）加药间、沉淀池和滤池相互间的布置，宜通行方便；

3）水厂内应根据需要，设置滤料、管配件等露天堆放场地；

4）水厂内应采用水洗厕所，厕所和化粪池的位置应与净水构筑物保持大于10m的距离；

5）水厂内应设置通向各构筑物和附属建筑物的道路。一般可按下列要求设计：

主要车行道的宽度：单车道为3.5m，双车道为6m，并应有回车道。人行道的宽度为1.5~2.0m。大型水厂一般可设双车道，中、小型水厂一般可设单车道。

车行道转弯半径不宜小于6m。

6）水厂应考虑绿化，新建水厂绿化占地面积不宜少于水厂总面积的20%。

4.7.5 水厂附属建筑物

水厂的附属建筑物一般包括：办公用房、化验室、机修车间（机修、电修、仪表修理、泥木工场）、车库、仓库、食堂、浴室及锅炉房、托儿所、传达室、宿舍（值班、单身、家属）以及露天堆场等。

4.8 给水管网布置与水力计算

输水系统和配水系统是保证输水到给水区内，并配水到所有用户的全部设施。对输水系统和配水系统的总要求是，供给用户所需要的水量，保证配水管网足够的水压，保证不间断供水，并且保证水在输配过程中不受污染。

小城镇输水系统和配水系统应与小城镇供电、通讯、供燃气、排水等管线和防洪、人防工程相协调。

4.8.1 输配水系统规划的内容与步骤

在给水工程总投资中，输水管渠和管网所占费用很大，一般约占70%～80%，因此，小城镇输水管渠和管网规划方案，必须进行多方案技术经济比较，以获得最佳输配水方案。

小城镇输配水系统规划的内容与步骤包括：
1）输水管渠、配水管网定线；
2）计算沿线流量、节点流量和管段流量；
3）初步确定管径；
4）管网水力计算；
5）确定水泵扬程和水塔高度；
6）对于扩建的小城镇输配水系统，除上述步骤外，还应对原有管网现状进行详细的调查分析，确定现有管网管段的实际管径、管道阻力系数和管网各点实际水压情况,以便经济合理地确定扩建方案、进行水力计算。

4.8.2 输水干管布置

1)输水管定线时,必须与小城镇建设规划相结合,尽量缩短管线长度。少穿越障碍物和地质不稳定的地段。

2)在可能的情况下,尽量采用重力输水,或分段重力输水。

3)输水干管一般应设两条,中间要设连通管;若采用一条,必须采取措施保证满足小城镇用水安全的要求。

4)输水干管的设计流量,应根据小城镇的实际情况考虑。若无调节构筑物,应按小城镇最高日最高时用水量设计,并适当考虑自用水量和漏失量;若有调节构筑物,应按最高日平均时用水量设计,并考虑自用水量和漏失量。

4.8.3 配水管网布置

1)小城镇给水管网布置应符合小城镇用地建设规划发展和供水设施分期发展的要求,给供水的分期发展留有充分的余地。

2)干管的方向应与给水主要流向一致;管网布置形式应按不同小城镇、不同发展时期的相关分析比较确定,并宜根据条件,逐步布置成环状管网。干管的间距,可根据街区情况,采用 500~800m,连接管间距可采用 800~1000m。

3)干管一般按小城镇规划道路定线,但尽量避免在高级路面或重要道路下通过。管线在道路下的平面位置和标高,应符合小城镇地下管线综合设计的要求,给水管线和建筑物、铁路以及其他管道的水平净距,应参照《城市工程管线综合规划规范》(GB 50289—98)。当工程管线交叉敷设时,自地表向下的排列顺序宜为:电力管线、热力管线、给水管线、雨水排水管线、污水排水管线。

给水管线与其他管线及其他建筑物之间最小水平净距见表4.8.3。

给水管线与其他管线及其他建筑物之间最小水平净距[3]（m） 表4.8.3

名称	建筑物	污水雨水排水管	燃气管					热力管	电力电缆		电缆电信	
			低压	中压		高压		直埋	直埋	缆沟	直埋	管道
				B	A	B	A	地沟				
$D \leq 200$	1.0	1.0	0.5			1.0	1.5	1.5	0.5		1.0	
$D > 200$	1.0	1.5										

乔木	灌木	地上杆柱			道路侧石边缘	铁路钢轨（或坡脚）
		通信照明 <10kV	高压铁塔基础边			
			≤35kV	>35kV		
1.5	0.5		3.0		1.5	5.0

4）生活饮用水的管网严禁与非生活饮用水管网连接。

5）负有消防给水任务的管道最小管径不应小于100mm，室外消火栓的间距不应大于120m。

4.8.4 管段流量、管径和水头损失

新建和扩建的小城镇管网，首先按最高时用水量计算，据此求出管段的管径、水头损失、水泵扬程和水塔高度或高地水池的标高。并在最高时确定的管径及其他设施的基础上，按消防时、事故时、对置水塔（高地水池）系统最大转输时所需流量，核算管网水压，从而确定满足各种工况的给水系统的管径、水泵扬程和水塔高度（高地水池标高）。

(1) 管网图形简化

一般情况下,小城镇管网的规划与设计多为在已有管网的基础上进行,而现状管网往往错综复杂,因此,应在保证计算结果基本反映实际用水状况的前提下,对其进行简化,以减少工作量。此外,对于一些管径相对较小的管线,也无必要全部纳入管网进行计算。

(2) 沿线流量

管段沿线流量是该管段沿线配出的总流量。如图 4.8.4-1 所示,管网干管上接有很多分配管和用户,用水并不均匀,且经常变化。为了简化计算,通常假设沿干管长度的用水量是均匀分布的,即沿途均匀泄流,则可确定单位长度管线的用水量,称为比流量:

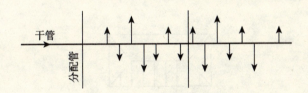

图 4.8.4-1 干管沿线配水情况

$$q_{ls} = \frac{Q - \sum q}{\sum l} \quad (4-7)$$

式中 q_{ls}——单位管线长度比流量 [L/ (s·m)];

Q——管网总用水量 (L/s);

$\sum q$——大用户集中用水量总和 (L/s);

$\sum l$——配水干管总长度 (m);只计实际配水管线的长度。只有一侧配水的管线,长度按一半计算。

管段沿线流量为:

$$q_l = q_{ls}l \quad (4-8)$$

式中 q_l——管段沿线流量（L/s）；

l——对应管段配水长度（m）。

管网所有管段沿线流量总和等于该管网总用水量与集中用水量总和的差值。

单位管线长度比流量是假定在整个管网系统中，沿干管长度用水量均匀分布，忽略了沿管线长度用水人口和其他小规模用户分布不均匀的情况，即用水量沿线不均匀的实际情况。同时也忽略了干管沿街区分布不均匀的情况。由此计算的管网节点流量与实际节点流量不一致。根据小城镇的具体情况，当沿干管长度用户用水均匀性较差、干管沿街区分布不均匀，可能造成按管段长度比流量计算的沿线流量（节点流量）与实际情况差别较大时，可考虑采用服务面积比流量法计算沿线流量和节点流量。

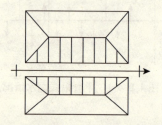

图 4.8.4-2　干管服务面积分配

如图 4.8.4-2 所示，将干管两侧的街区供水区域，按长边梯形、短边三角形的原则，分配给配水干管，以供水区总面积 $\sum A$ 代替配水干管总长度 $\sum l$，由此计算面积比流量 q_A，再以配水管段服务面积 A 代替管段长度 l，计算管段沿线流量。

$$q_{As} = \frac{Q - \sum q}{\sum A} \tag{4-9}$$

式中 q_{As}——单位服务面积比流量 [L/(s·m²)];

$\sum A$——供水区域总面积 (m²),不包括供水区域范围内非供水面积。

管段沿线流量为:

$$q_l = q_{As} A \qquad (4-10)$$

式中 A——管段服务面积 (m²)。

(3) 节点流量

管网节点流量即管网中管段连接点配出的流量。在管网计算过程中,管网节点是指简化后的管网节点。

在实际城镇的配水管网中,管网节点特别多,而且极为复杂。整个镇区用户也不均匀。管网计算,不可能调查每一管段服务面积的用户情况,而对于沿线供水变化的管段,则无法确定其管径,因此,必须进行简化。即将管段沿线流量简化为管段两端的节点流量。

管网中任一节点的节点流量为:

$$q_i = 0.5 \sum_j q_{lij} \qquad (4-11)$$

式中 q_{lij}——与 i 节点连接的 ij 管段的沿线流量。

(4) 管段计算流量

管网中任一管段的计算流量,包括该管段的沿线流量和通过该管段输送给下游管段的转输流量。

确定管段的转输流量,首先需对管网供水量进行分配。

对于树状供水管网,任一管段的计算流量是惟一的,只要从管网末端开始,沿管网供水反方向进行节点流量的累加,直至该管段上游节点即可。

树状管网管段计算流量的确定,如图 4.8.4-3 所示。管段 1-2 的计算流量为除节点 1 外的各节点流量之和:

$$q_{1-2} = \sum_{i=2}^{9} q_i \qquad (4-12)$$

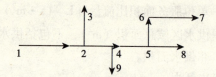

图 4.8.4-3 树状管网流量分配

同样,管段 4-5 的计算流量为:

$$q_{4-5} = \sum_{i=5}^{8} q_i \qquad (4-13)$$

环状管网的管段流量是随时间和供用水状况变化的,并且,同样的管网和用户,不同人员初次分配的管段流量也是不惟一的。因此,进行环状管网管段流量的计算,需首先将供水量沿供水方向进行分配,或沿供水反方向进行节点流量累加。直至末端用户或供水水源。

环状管网中管段计算流量的确定,如图 4.8.4-4 所示。已知某时刻管网总供水量和管网节点流量,首先对总供水量 Q 沿管段进行分配,并确定管段流量方向,从而得到所有管段的计算流量 q_{ij}。假设流入节点的管段流量为负,流离节点的管段流量为正。在流量分配过程中,须遵循节点水流连续原则:

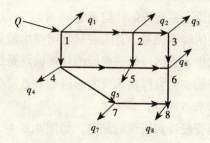

图 4.8.4-4 环状管网流量分配

$$q_i + \sum_j q_{ij} = 0 \qquad (4-14)$$

式中 q_{ij}——管段 ij 的计算流量（L/s）。

(5) 管径计算

管段直径应按分配的流量，即管段计算流量确定：

$$D = \sqrt{\frac{4q}{\pi v}} \qquad (4-15)$$

式中 D——管段管径（m）；

q——管段计算流量（m^3/s）；

v——流速（m/s）。

在管段流量确定的条件下，管段流速的大小决定着管径的大小。若流速大些，管径就会小些，可降低管网投资，但将提高供水水泵的扬程，从而提高了电耗；若流速小些，管径就会大些，则会提高管网投资，但将降低水泵扬程，减少电耗。各小城镇应根据具体情况，确定当地管网造价和运行管理费用之和最低的经济流速。

为了防止管网因水锤现象而出现事故，管段最大设计流速不应超过 2.5~3.0m/s；在输送浑浊的原水时，为防止水中杂质在管内沉积，最低流速通常不得小于 0.6m/s。

(6) 水头损失计算

管网管段计算流量和管径确定之后，便可计算各管段的水头损失了。管段的水头损失，包括沿程损失和局部损失。对于供水管网来说，主要考虑沿程水头损失，局部水头损失，如阀门、三通、四通、弯管、渐缩、渐扩管等，相对管线沿程损失，数值较小，可忽略不计。

管网中任一管段的水头损失，与该管段两端节点水压之间有如下关系：

$$H_i - H_j = h_{ij} \qquad (4-16)$$

$$h_{ij} = il_{ij} \qquad (4-17)$$

式中 H_i、H_j——以某一基准面为标高零点的 ij 管段两端节点

的水压标高 (m);

h_{ij}——管段 ij 的水头损失 (m);

i——管段水力坡度,即单位管段长度的水头损失;

l_{ij}——管段 ij 的长度 (m)。

根据均匀流流速公式,

$$i = aq_{ij}^2 \tag{4-18}$$

$$a = \frac{64}{\pi^2 C^2 D^5} \tag{4-19}$$

式中 q_{ij}——ij 管段计算流量 (m^3/s);

a——管段比阻;

C——谢才系数;

D——水管内径 (m)。

管段水头损失的通用公式为:

$$h_{ij} = kl_{ij}\frac{q_{ij}^n}{D_{ij}^m} = al_{ij}q_{ij}^n = s_{ij}q_{ij}^n \tag{4-20}$$

式中 k, m, n——常数;

l_{ij}——ij 管段长度 (m);

$s_{ij} = al_{ij}$——管段摩阻。

给水管中水流流态有 3 种情况:

1) 阻力平方区,比阻 a 仅与管径及管内壁粗糙度有关,与雷诺数 Re 无关。例如旧钢管和旧铸铁管在 $v < 1.2 m/s$ 时,或金属管内壁无特殊防腐措施时;

2) 过渡区,比阻 a 与管径、管内壁粗糙度及 Re 有关。例如任何流速下的石棉水泥管,流速 $v < 1.2 m/s$ 时的旧钢管和旧铸铁管;

3) 水力光滑区,比阻 a 仅与管径、雷诺数 Re 有关,与管内壁粗糙度无关。例如塑料管和玻璃管。

进行管网水力计算时,可根据管段流量、管材(钢管、铸铁管、钢筋混凝土管、石棉水泥管)、当地经济流速情况,直接查《给水排水设计手册》第一册中的水力计算表,得到千米水头损失1000i,按式(3-17)计算管段的水头损失。

对于塑料、镀锌钢管管材的水力计算,可按A. Hazen, G. S. Williams公式和C. F. Colebrook公式计算。

A. Hazen, G. S. Williams公式[5]:

$$h_{ij} = \frac{10.67 q_{ij}^{1.852} l_{ij}}{C^{1.852} D_{ij}^{4.87}} \qquad (4-21)$$

式中　q_{ij}——ij管段计算流量(m^3/s);

　　　l_{ij}——ij管段长度(m);

　　　C——系数,见表4.8.4-1;

　　　D_{ij}——ij管段管径(m)。

A. Hazen, G. S. Williams式系数 C 值　　表4.8.4-1

管材	C 值
塑料管	150
新铸铁管,涂沥青或水泥的铸铁管	130
混凝土管,焊接钢管	120
旧铸铁管和旧钢管	100

C. F. Colebrook公式[5]:

$$\frac{1}{\sqrt{\lambda}} = -2\lg\left(\frac{k}{3.71D} + \frac{2.51}{\text{Re}\sqrt{\lambda}}\right) \qquad (4-22)$$

$$i = \frac{\lambda v^2}{2gD} \qquad (4-23)$$

式中　λ——阻系数;

　　　k——绝对粗糙度(mm)。见表4.8.4-2;

　　　其他同上。

绝对粗糙度 k 值　　　　　　表 4.8.4-2

管材	k 值（mm）
涂沥青铸铁管	0.05~0.125
涂水泥铸铁管	0.50
涂沥青钢管	0.05
镀锌钢管	0.125
石棉水泥管	0.03~0.04
离心法钢筋混凝土管	0.04~0.25
塑料管	0.01~0.03

4.8.5 管网水力计算基础方程

管网水力计算的目的是各水源节点（如多水源供水的水源、水塔或高地水池等）的供水量、管段计算流量、管径、各节点的供水压力和水泵扬程。

任一环状管网的管段数 P、节点数 J（包括水源节点）和环数 L 之间满足以下关系：

$$P = J + L - 1 \tag{4-24}$$

对于树状管网，式（4-24）仍然适用，此时，$L=0$，则

$$P = J - 1 \tag{4-25}$$

管网的节点流量、管段流量、管段水头损失之间，遵循质量守恒和能量守恒原理，即连续性方程和能量方程。

连续性方程，即任一节点流进与流出流量的代数和等于零（流入节点的流量为负，流离节点的流量为正）：

$$q_i + \sum_j q_{ij} = 0 \tag{4-26}$$

式中　i——编号为 i 的节点，$i=1, 2, \cdots\cdots, J-1$。

能量方程，即管网中任一环所有管段的水头损失代数和等于零（在该环中，顺时针方向流动的管段流量，水头损失为正；逆时针方向流动的管段流量，水头损失为负）：

$$\left(\sum_{i,j} h_{ij}\right)_k = 0 \tag{4-27}$$

式中 k——编号为 k 的环,$k=1$,2,……,L。

在环状管网中,有 P 个管段,即有 P 个管段流量未知,因此,需要有 P 个($J+L-1$ 个)独立方程组成的方程组。式(4-26)、式(4-27)即所需的方程组。

将式(4-16)、式(4-20)带入式(4-26),可得管段压降方程:

$$q_i = \sum_{m=1}^{N}\left[\pm\left(\frac{H_i - H_j}{S_{ij}}\right)^{1/n}_m\right] \tag{4-28}$$

式中 N——连接 I 节点的管段数;

其他同上。

式中正负号视各管段流量的方向而定,这里假定管段流量流入节点时为负,流离节点时为正。

由于树状管网中管段流量惟一,所以只需进行流量分配,即可计算管段水头损失。

4.8.6 管网水力计算

根据小城镇现状,小城镇管网规划建设课题,可分为新建、改建和扩建三种。据调查,目前我国小城镇给水工程发展现状极不平衡,东南沿海等发达地区小城镇的给水工程相对比较完善,用水水平也较高;而北方及西南地区小城镇的给水工程则相对落后,有些小城镇甚至没有集中供水设施,居民生活用水靠手压井、提水井或直接取用河水,工业用水靠自备机井。而西北地区有些小城镇无地下水可取,完全靠收集雨水。一般来说,已经建有给水设施的小城镇,给水管网多为树状网,这类小城镇给水管网的规划建设,基本是将树状网改扩建成环状。

对于改建、扩建的管网,必须详细调查小城镇给水工程现状,调查居民、工业等用户现状用水量,并对现状给水管网进行适当简化,在此基础上进行给水工程规划。

(1) 管网计算方法

小城镇给水管网水力计算,就是求解管网连续性方程、能量方程和管段压降方程。根据所求未知数是管段流量或节点水压,管网水力计算类型可分为解环方程、解节点方程和解管段方程三种。

1) 解环方程

解环方程就是在各管段流量初步确定后,求解在管网某种状态下,满足各环能量方程的各管段流量的过程。如前所述,进行管网流量分配后,管网中各管段已经有了初分流量,即各节点已经满足了连续性方程,但初分的流量通常不满足各环的能量方程,必须反复进行调整,直至管段流量所产生的水头损失满足各环的能量方程。

Hardy Cross 法是最常用的解环方程的方法。由于环方程组方程数最少,所以是手工计算常用的方法。

2) 解节点方程

解节点方程是在假定各节点水压的条件下,应用连续性方程和管段压降方程,通过反复计算调整,求得管网中各节点水压的过程。即在满足能量方程式(4-27)的条件下,求解连续性方程式(4-28)。

Hardy Cross 法也是最常用的解节点方程的方法。虽然节点方程组方程数较多,但应用计算机求解时,其计算过程较快,所以该法是应用计算机求解管网问题最常用的方法。

3) 解管段方程

解管网管段方程,是应用连续性方程和能量方程,求得各管段流量和水头损失,再根据已知节点水压,求出其余节点水压。

(2) 树状网水力计算

我国小城镇经济发展水平差距较大,很多小城镇没有集中给水设施或者设施很简陋。因而,小城镇给水工程规划中的给水管网往往是树状,或者近期规划为树状。所以,树状管网的水力计算在小城镇的给水工程规划中占有重要地位。

由于树状网中管段水流流向惟一,因而管段流量也惟一,故其水力计算简单。

树状网水力计算步骤:

1)计算比流量;
2)计算管段沿线流量;
3)计算管网节点流量;
4)按连续性方程确定管段流量;
5)选择经济流速,确定管径;
6)计算管段水头损失;
7)选定最不利点,确定最不利点服务水头,并由该点推求管网各节点水压;
8)计算泵站扬程和水塔高度或高地水池位置。

【例题】 某小城镇近期规划最高日供水量10000m^3/d,时变化系数1.6。最高日供水量中,工业集中用水量1000m^3/d,其中,工厂甲用水量500m^3/d,工厂乙用水量300m^3/d,工厂丙用水量200m^3/d。3个工厂均为两班制工作,均匀用水。最高用水时发生在工厂用水期间。供水管网布置见图4.8.6-1,水厂至节点1不配水。各节点地面标高、各管段长度见表4.8.6-1。最高时水塔供水量28.5L/s。假设供水区域最小自由水压为16m,管材采用铸铁管。试进行最高用水时管网水力计算。

某小城镇管网节点标高、管段长度 (单位:m) 表4.8.6-1

节点号	1	2	3	4	5	6	7	8
地面标高	121.50	120.20	119.80	118.90	118.60	121.60	120.00	119.60
管段号	1~2	2~3	3~4	4~5	1~6	2~7	7~8	3~9
管长/m	260	300	340	350	360	420	600	360

续表

节点号	9	10	11	12	13	14	15	16
地面标高	119.50	118.70	118.60	119.00	118.00	119.70	118.20	118.40
管段号	9~10	10~11	4~12	12~13	13~14	13~15	12~16	0~1
管长/m	370	366	360	580	340	330	336	800

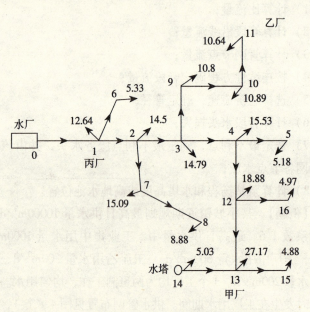

图 4.8.6 供水管网布置图

【解】

1）最高时供水量 Q_h

$$Q_h = k_h \frac{Q_d}{24} = \frac{10000}{24} \times 1.6 = 667 \text{m}^3/\text{h} = 185 \text{L/s}$$

最高时工业用水量（集中用水量）：

$$\sum q = \frac{1000}{16} = 62.5 \text{m}^3/\text{h} = 17.36 \text{L/s}$$

2）比流量

按照单位管线长度计算比流量。

$$q_s = \frac{185 - 17.36}{5672} = 0.0296 \text{L}/(\text{m} \cdot \text{s})$$

3) 管段沿线流量

$$q_l = q_s l$$

其中管段 0-1 不配水，各管段沿线流量见表 4.8.6-2。

4) 管网节点流量

$$q_i = 0.5 \sum_j q_{lij}, i = 1, 2, \cdots, 16_\circ$$

管网各节点流量见表 4.8.6-2。

5) 管段计算流量

由管网各支线末端开始，利用节点流量及管段连接关系，推求管段计算流量，例如，管段 4-12 的计算流量为：

$$q_{4-12} = q_{12-16} + q_{12-13} + q_{12} = 4.97 + 8.58 + 18.88 = 32.43 \text{L/s}$$

其他管段计算流量见表 4.8.6-2。

6) 管径确定及水头损失

根据各管段计算流量，适当考虑不同大小管径的流速，管段管径、千米水头损失可查水力计算表确定。

7) 节点水压

根据水力计算及节点地面标高。

沿线流量、节点流量、管段流量、管径、水头损失

表 4.8.6-2

管段号	1~2	2~3	3~4	4~5	1~6	2~7	7~8	3~9
管长（m）	260	300	340	350	360	420	600	360
沿线流量	7.6929	8.876	10.06	10.356	10.652	12.43	17.75	10.65
管段流量	138.73	100.26	53.14	5.18	5.33	23.97	8.88	32.33
管段流速	1.11	0.8	0.75	0.3	0.3	0.49	0.51	0.67
管径/mm	400	400	300	150	150	250	150	250
水头损失/m	1.15	0.71	1.05	0.51	0.54	0.77	2.28	1.13
节点号	1	2	3	4	5	6	7	8

续表

管段号	1~2	2~3	3~4	4~5	1~6	2~7	7~8	3~9
节点流量	12.64	14.5	14.79	15.53	5.18	5.33	15.09	8.88
地面标高	121.50	120.20	119.80	118.90	118.60	121.60	120.00	119.60
节点水压标高	140.32	139.17	138.46	137.32	136.81	139.78	138.40	136.12
管段号	9~10	10~11	4~12	12~13	13~14	13~15	12~16	0~1
管长（m）	370	366	360	580	340	330	336	800
沿线流量	10.948	10.829	10.652	17.161	10.06	9.764	9.942	0.000
管段流量	21.53	10.64	32.43	8.58	23.47	4.88	4.97	156.7
管段流速	0.69	0.61	0.67	0.27	0.76	0.28	0.29	1.25
管径/mm	200	150	250	200	200	150	150	400
水头损失/m	1.68	1.90	1.14	0.50	1.82	0.43	0.45	4.40
节点号	9	10	11	12	13	14	15	16
节点流量	10.8	10.89	10.64	18.88	27.17	5.03	4.88	4.97
地面标高	119.50	118.70	118.60	119.00	118.00	119.70	118.20	118.40
节点水压标高	137.41	136.28	134.60	136.81	136.38	138.20	135.95	136.36

(3) 环状网水力计算

尽管我国小城镇经济发展水平差距较大，多数具有供水设施的小城镇现状给水工程或规划的给水工程的给水管网是树状，但随着我国小城镇经济实力的增强，将有许多小城镇会建成完善的环状供水管网设施。

由于环状网中管段水流流向不惟一，因而不同时刻的管段流量也会发生变化。

环状网水力计算步骤：

1）计算比流量；

2）计算管段沿线流量；

3）计算管网节点流量；

4）按连续性方程初步确定各管段流量；

5）选择经济流速，初步确定各管段的管径；

6）根据初步确定的各管段流量和管径，依据能量方程进行管网平差计算，从而确定各管段的管径和水头损失；

7）选定最不利供水点，确定最不利点服务水头，并由该点推求管网各节点水压；

8）计算泵站扬程和水塔高度或高地水池位置。由于管网平差计算误差的存在，根据管网中不同水量路径计算的泵站扬程和水塔高度或高地水池的高度会有差别，一般可根据2个以上路径的计算结果，求平均值。在利用计算机进行平差计算时，可设定比较小的误差。

除第4）、5）、6）步以外，环状管网的计算过程基本与树状管网相同。

4.9 规划案例例解

某镇给水工程总体规划案例例解

（1）相关资料收集

1）自然概况

某镇位于辽宁省中部。地势由东北向西南倾斜。东部多丘陵，西部为平原，境内平均海拔高度38m，最高50m，最低31m。年平均降雨量711mm，年平均气温8.4℃，月平均最高气温（7月）34.7℃，月平均最低气温（1月）-11.3℃。平均无霜期160天，最大冻土深度1.2m。地震烈度7度。

城镇常年夏季主导风向为南风，冬季主导风向为北风。

城镇区内地质状况良好，地基承载力均在$1kg/m^2$以上。

2）现状与存在问题

① 镇域概况

某镇辖区总面积$94km^2$，其中耕地面积$63\ km^2$。镇区面积$301.2\ hm^2$。下辖26个行政村，全镇总人口5万，其中非农业人口1万人,暂住人口1万人,是重要的产粮基地。其中二、三产业主要集中在镇区。

现状社会总产值26.1亿元,工农业总产值23.8亿元,人均纯收入2329元。

② 镇区现状

现状建成区总人口2万人,占地301.2 hm²。

居住用地214.2 hm²,占城建总用地的71%,新区主要是5~6层住宅楼,老区主要是1~2层庭院式住宅。

公共设施总面积34.4 hm²,占总用地的12.6%。商业服务业主要集中在新昌大街、广场路两侧。现有小学2所,初中2所,占地13.4 hm²。镇中心有中心医院1座,占地1 hm²。有箱包、鸡蛋、农贸、水果和牲畜市场各1座,占地5.8 hm²,年成交额12亿元,日上市人数达1万人。

生产建筑用地18.4 hm²,占城建用地的6.1%。主要工业有建筑机械、PVC建材、陶瓷、纺织、饲料加工等,工业总产值21.4亿元。

镇内有国家二级储备粮库1座,占地9.4 hm²,占城建总用地的3.1%。

建成区道路总长8000m,面积14.3万 m²,占城建总用地的4.8%。主要道路宽6m。

市政设施用地3.1 hm²。

镇内有三级火车站1座,占地8.4 hm²,占城建总用地的3%。

③ 存在问题

Ⓐ工业布局分散,与居住用地交错建设,不便管理,而且对居民健康形成直接威胁;

Ⓑ公共设施很不完善,缺少文化活动和休闲娱乐场所。

Ⓒ基础设施建设水平低,排水设施严重不足,供热方式

落后；

Ⓓ无公共停车场，无公共绿地。

Ⓔ道路建设不完善。旧城区道路狭窄，且很多道路不连续。

（2）总体规划依据

1）发展总目标

根据城镇发展建设规划，到2010年将形成完善的社会主义市场经济体系，农业生产实现产业化、机械化；工业生产实现集团化、规模化。建成辽中经济圈独具特色的城镇，经济实力达到东南沿海地区先进城镇的现有水平。

2000年城镇化水平达55%；2010年城镇化水平达70%。

2）人口规划

现状全镇总人口5万人，建成区总人口2万人。近期全镇规划总人口5.5万人，其中镇区人口3万人；远期全镇规划总人口7万人，镇区人口5万人。远景规划人口控制在8万人。

3）经济发展规划

近期全镇国民生产总值20亿元，年递增20%；远期100亿元，年递增17%。

4）村镇体系规划

将现状镇区和26个行政村合并为1个镇区和9个中心村，其中位于镇区两侧的两个中心村划为镇区的两个街道办事处。镇区是全镇的政治、经济和文化中心，工业以箱包业为主。9个中心村以种植业为基础，兼有箱包加工、养殖业等，是为中心镇箱包市场、鸡蛋市场服务的贸、工、农相结合的村庄。

（3）给水工程规划

1）现状分析

某镇现有26个村中，只有A（烟台）、B（前五道河）、C（土河铺）、D（福来屯）村，4个自然村各由自备水源井统一供水，其他村庄采用分散的农家井。镇域供水普及率30%。镇区由5眼水井统一供水，属于浅层承压水，水质良好。镇区供水普及率100%。

2）镇域给水工程规划

镇域内，22个村庄没有统一的供水设施。4个设有自备井统一供水的村庄，水源容量小，供水管径小、水压不足，供水可靠性差。不能满足规划建设发展的要求。

现有水源容量小、且分散布置，供水效益低下。不能满足镇域发展规划的要求。

① 水量估算

近期镇域生活用水量标准定为100L/（人·d），远期150L/（人·d）。供水普及率100%。

镇域近期用水量11860m^3/d，远期24530m^3/d。其中镇区近期用水量9360m^3/d，远期用水量21528m^3/d。镇区用水量估算见后续镇区给水工程规划。

② 水源规划

某镇东西长约16km，南北长约13km，镇区基本位于镇域中心。由于镇域不大，各村之间的距离较小，本着水源统筹规划、合理利用原则，根据水文地质资料和镇域布局，确定镇域采用统一供水方案，并分近、远期分别进行建设。

根据镇域总体规划与村镇体系规划，由于镇区原水源容量不能满足近远期镇区用水量要求，所以，需要增加水源取水量。规划水源为两处：一处为原镇区水源的五眼井，另一处选择距离镇区较近的张胡台村为镇域新增水源，取42m以下承压裂隙岩含水层水，水质符合生活饮用水卫生标准。近期打井3眼，井径300mm，并就近设贮水池1座。远期增打7眼井。

③ 供水管网布置

根据全镇的居住区和工业发展规划，除镇区外，镇域其他部分对供水可靠性的要求相对较低，确定全镇采用以树状管网供水为主的供水系统，镇区采用环状管网供水系统的供水方案。由张胡台村铺设1条输水管至镇区。近期，距张胡台较近的前驼龙、崔庄两个中心村，由张胡台铺设单管供水，其他村庄仍采用原有水源供水。远期，9个中心村由张胡台水源供水。并在前驼龙、前五道、二道河子、老爷庙分别建设加压站供水。远期镇域供水普及率达到100%。除镇区外，其余中心村均采用单管供水，满足用户对供水的要求。

3）镇区给水工程规划

镇区现状给水工程，水源容量不能满足近期发展要求，管网采用树状网供水，且管径偏小，供水压力不足，可靠性差。

①水量估算

根据某镇的具体情况，确定采用居民生活用水量比例法预测镇区近远期规划用水量。

根据某镇地理位置、自然气候情况，以及镇区人口和经济发展规划，确定近期镇区生活用水量标准为120 L/（人·d），远期180L/（人·d）。公共建筑用水按生活用水量的30%计。工业用水量按生活用水量的40%计。未预见水量按除消防用水量以外的总用水量的20%计。近期镇区总用水量9360m^3/d，远期21530m^3/d。

②水源规划

保留镇区现有水源，近远期规划所缺水量，由规划的张胡台水源供给。

③供水管网布置

镇区现状供水为树状管网系统，供水管线管径较小，并且在主干道上铺有两条平行的供水管线。

近期由张胡台新建水源铺设一条专线至镇区。根据规划道路及用地布局,采用原有管线与新管线结合的环状供水系统,将原同一条街道双线布置的主干管改为单线布置。供水普及率100%。

④消防规划

消防采用低压消防系统,与生活及生产采用同一套管道系统。根据规划人口,用水量按同一时间火灾次数为2次,延续时间为2小时,一次灭火用水量标准近远期均采用25L/s。由于给水系统规模小,消防用水量相对较大,为了满足镇区消防要求,将消防用水量计入给水系统总用水量。

镇区内近期建设1座消防站,镇区供水管线按不大于150m的距离设置室外消火栓。

4) 规划成果分析

某镇给水工程规划基本合理,尤其在镇域水源统一规划方面体现了水资源统筹规划、合理利用原则。镇域供水分期建设规划,充分考虑了当地的实际需求情况和经济发展水平。镇区管网规划采用新旧管网结合、并对现有管线进行改造,形成环状供水,既提高了供水可靠性,又兼顾了实施的可行性。

但在以下几方面应予改进或补充:

①镇区水源和规划的张胡台水源,尽管远离工业区,而处在住区和种植区域内,但必须作水源保护规划。应要求在取水井群周围,不得排放各种污水,不得修建渗水厕所、渗水坑,不得堆放垃圾、粪便、废渣,不得修建污水渠道,不得施用有持久毒性农药、剧毒农药。并应明确划定具体的保护范围。

②现状地下水源水质符合生活饮用水卫生标准,即水质无须处理,但不能排除远期水源受污染的可能性,规划中应予以考虑。

③根据给水工程规划,张胡台水源最远供水距离在10km

左右，采用统一供水是否合理，应作经济比较确定。

④镇区工业用水量估算，近远期均按生活用水量的40%计，似有不妥。应根据人口及工业发展规划，选择合适的比例进行估算，或按万元工业产值用水量法估算。

⑤镇区管网建设也应分近远期分期建设。

主 要 参 考 文 献

1 中国城市规划设计研究院，中国建筑设计研究院，沈阳建筑工程学院. 小城镇规划标准研究 [M]. 北京：中国建筑工业出版社，2002.
2 陈礼洪. 小城镇给水工程规划中需水量的预测及水源选择 [J]. 福建建筑高等专科学校学报，2002，4（1）：33~35.
3 中华人民共和国国家标准 GB 50282—98 城市给水工程规划规范 [M]. 北京：中国建筑工业出版社，1999.
4 郑毅. 城市规划设计手册 [M]. 北京：中国建筑工业出版社，2000.
5 严煦世，范瑾初. 给水工程 [M]. 中国建筑工业出版社，1999.
6 黄富国. 小城镇与大中城市乡村的规划比较及认识 [J]. 城市规划，23（2），1999.

5 小城镇排水工程规划

水在人类的生活和生产的使用过程中受到不同程度的污染，改变了原有的化学成分和物理性质，成为污水或废水。

污水按照不同的来源，可分为生活污水、工业废水和降水3类。

生活污水是指人们日常生活中使用过的水，含有大量的有机物、病原微生物及肥皂和合成洗涤剂，也含有植物生长所需要的氮、磷、钾等肥分，应当予以适当处理和利用。

工业废水是指生产过程中排出的水，它包括生产废水和生产污水。生产污水是指被污染的工业废水，包括水温过高，排放后造成热污染的工业废水。生产废水是指未受污染或受轻微污染以及水温稍有升高的工业废水。工业废水含有大量的污染物质，这些物质多数既是有害和有毒的，同时也是有用的，必须处理或回收利用。

小城镇雨水和冰雪融化水也需要及时排除，否则将积水为害，妨碍交通，甚至危及人们的生产和日常生活。

小城镇污水是排入城镇污水系统的污水的统称。为了保护小城镇环境免受污染，以促进工农业生产的发展和保障人民的健康与正常生活。小城镇建立收集、输送、处理和利用污水的一整套工程设施，即称为排水工程。

排水工程系统通常由排水管道系统（排水管网）、污水处理系统（污水处理厂）及出水口组成。排水管道系统是收集和输送废水的设施，它包括排水设备、检查井、管渠、污水泵站等工程设施。污水处理系统是处理和利用污水的工程设施，它包括小城镇及工业企业污水厂（站）中的各种处理构筑物及除害设施。出水口是使废水排入水体并与水体很好混合的工程设施。

小城镇排水工程规划是小城镇规划与建设的重要组成部分。它具有保护和改善小城镇环境，消除污水危害，保障人民的健康和保护水资源的作用。

5.1 小城镇排水工程规划的基本原则

小城镇排水工程规划的主要任务是划定小城镇排水范围；根据小城镇自然环境和用水状况，预测小城镇排水量；合理确定小城镇排水体制与污水排放标准；科学布局污水处理厂等各种污水处理与收集设施、排涝泵站等雨水排放设施以及各级污水管网；制定水环境保护、污（雨）水处理方式和综合利用等对策与措施。

小城镇排水工程规划应符合国家小城镇建设的方针政策，并遵循下列原则：

（1）科学、合理地进行小城镇排水系统规划，遵循小城镇整体规划，实行经济效益、社会效益与环境效益的统一，坚持可持续发展的原则。

（2）符合环境保护的要求，有利于水环境水质的改善。小城镇排水工程规划应贯彻"全面规划、合理布局、综合利用、化害为利、依靠群众、大家动手、保护环境、造福人民"的环境保护方针。规划中对于污（废）水的污染问题，要防患于未然。依靠各有关部门共同搞好治理工作，解决污染问题，保护和改善环境，造福人民。

（3）小城镇排水工程规划的合理水平和定量化指标，应主要依据小城镇性质、类型、地理地域位置、经济、社会发展和城镇建设水平、人口规模和小城镇相关现状水平等,并考虑排水设施规划的适当超前。

(4)充分发挥排水系统的功能,满足使用要求。规划中应力求排水系统完善,技术先进,规划合理,使污(废)、雨水能迅速排除,避免积水为患,妥善地处理与排放污(废)水,保护水体和环境卫生。根据小城镇的实际情况做出具体安排,对于缺水的小城镇,在规划阶段应充分考虑污水及污泥的资源化,考虑处理水的再利用,化害为利,变"废"为宝。

(5)考虑现状,充分发挥原有排水设施的作用。从实际出发,充分掌握原有排水设施的情况,分析研究存在的主要问题及改造利用的可能途径,使新规划系统与原有系统有机结合。

(6)小城镇排水设施用地应按规划期规划规模控制,以节约用地,保护耕地。

(7)小城镇排水工程规划期限应与小城镇总体规划期限一致。在小城镇排水规划中应重视近期建设规划,应考虑小城镇远景发展的需要。分期建设应首先考虑建设最急需的工程设施,使它能尽早地服务于最迫切需要的地区与建筑物。

(8)小城镇排水工程规划应尽量采用新技术、新工艺、新办法,满足排水工程建设中经济方面的要求。规划中,要考虑尽可能降低工程的总造价与经常性运行管理费用,节省投资。

(9)小城镇排水工程规划应与给水工程、环境保护、道路交通、竖向、水系、防洪以及其他规划专业相协调。

总之,小城镇排水工程规划中必须认真贯彻执行国家和地方有关部门制定的现行有关标准、规范或规定。

5.2 小城镇排水工程规划内容、步骤与方法

5.2.1 小城镇排水工程规划的内容

小城镇排水工程规划是根据小城镇总体规划要求制定的总排水方案，使小城镇有合理的排水条件。

(1) 小城镇排水工程总体规划的内容

1) 小城镇排水工程总体规划的主要内容

①划定小城镇排水范围。小城镇排水工程规划范围应与小城镇总体规划范围一致；当小城镇污水处理厂或污水排出口设在小城镇规划区范围以外时，应将污水处理厂或污水排出口及其连接的排水管渠纳入小城镇排水工程规划范围。

②预测小城镇排水量与污染负荷。要求分别估算预测小城镇生活污水量、工业废水量和雨水径流量。一般将生活污水量和工业废水量之和称为城镇总污水量，而雨水径流量单独估算。

③拟定小城镇污水、雨水的排除方案。要求确定排水区界和排水方向；研究生活污水量、工业废水量和雨水的排除方式，确定排水体制；研究原有排水设施的利用和改造方案，确定小城镇在规划期限内排水系统的建设要求，近远期结合、分期建设等问题。

④确定不同地区的污水的排放标准。从污水受纳水体的全局着眼，既符合近期的可能，又要不影响远期的发展。采取有效的措施，如加大处理力度、控制或减少污染物数量、充分利用受纳水体的环境容量，使污水排放污染物与受纳水体的环境容量相平衡，以达到保护自然资源，改善水体环境的目的。

⑤进行排水管、渠系统的平面布置。确定排水区界，划分

排水流域，进行污水管网、雨水管网、防洪沟的布置。在管网布置中要确定干管、渠的走向和出口位置，确定雨、污水主要泵站数量、位置以及水闸位置。

⑥确定污水处理厂位置、规模、处理等级以及用地范围。

⑦根据国家环境保护规定与城镇的具体条件，提出污水、污泥综合利用的措施。

2）小城镇排水工程总体规划图纸

①小城镇排水工程现状图：图中表示现状小城镇排水系统的布置与主要设施情况。

②小城镇排水工程规划图：图中表示规划末期小城镇排水设施的位置、用地，排水干管、渠的布置、走向，出水口的位置等。

（2）小城镇排水工程详细规划的内容

小城镇排水工程详细规划，主要是在总体规划的指导下，对涉及规划地块的有关规划内容，进行详细的计算与具体的落实安排。

1）小城镇排水工程详细规划的主要内容

①对污水排放量和雨水量进行具体的统计与计算；

②对排水系统的布局、管线走向、管径进行计算复核，确定管线平面位置、主要控制点标高；

③对污水处理工艺提出初步方案；

④尽量在可能的条件下，提出基建投资估算。

2）小城镇排水工程详细规划图纸

小城镇排水系统详细规划图中应表示规划范围内各类排水设施的位置、设计规模、用地范围；排水管（渠）的走向、位置、管径、长度和主要控制点的标高，出水口的位置等。

小城镇排水工程详细规划分控制性详细规划与修建性详细规划。

5.2.2 小城镇排水工程规划的步骤与方法

(1) 明确规划任务

进行排水工程规划,首先要明确规划的目的与任务。其中包括:规划项目的性质;规划任务的内容与范围;有关部门对排水工程规划的指示与文件等。

(2) 收集必要的基础资料和现场踏勘

小城镇排水工程系统规划需要有自然环境、小城镇基本状况、小城镇规划、各专业工程等方面的资料。

自然环境资料

①水文气象资料:历年最高洪水位、洪峰流量及持续时间,历史洪水调查资料;历年暴雨资料(至少10年至20年以上);河道含砂量及变迁情况;地区水位图集及水文计算手册;小城镇区域的分水岭线、受纳水体的服务范围。

②地质资料:地质构造及地貌条件;地震设防资料,包括地震断裂带、滑坡、陷落段资料;地基岩石和土壤物理性质。

③其他资料:汇水流域内的地貌和植被情况;洪水汇水区域图,比例1:2000~1:5000;小城镇总体规划、河湖及小城镇市区、工业区、郊区布局规划图,比例1:2000~1:5000;当地建材及其价格、运输等与规划有关的资料;现有防洪、排水、人防工程的设施及使用情况;有关河道湖泊管理的文件规定等;小城镇排水现状图,比例1:1000~1:2000;生活、生产污水的水质、水量、环境污染状况以及造成的危害情况资料;环保、卫生、农业、水利部门对水体保护的要求;工业发展预测资料;规划地区地形图,1:500~1:2000;市区道路规划图,1:500~1:2000。

(3) 进行小城镇排水工程规划

在掌握基本资料的基础上,着手考虑排水工程规划方案,分析方案的优缺点，进行技术经济比较，选择最佳方案。其规划程序分为前后两部分。前部分为小城镇污水量预测——确定小城镇排水系统规划目标。后部分有污水处理与雨水排放两个主体程序。

1) 污水处理的主体程序为：小城镇污水处理设施规划——小城镇污水管网系统规划——详细规划范围内污水管网规划。

2) 雨水排放的主体程序为：小城镇雨水排放设施规划——小城镇雨污水管网系统规划——详细规划范围内雨水管网规划。

- 小城镇排水工程规划工作程序

1) 小城镇污水预测

在研究小城镇自然环境的基础上，根据小城镇发展总目标、小城镇规划用水量及重复利用状况，进行小城镇污水预测。

2) 确定小城镇排水系统规划目标

通过小城镇气象、水文等自然环境，小城镇现状雨水、污水排放与处理状况研究，根据区域水利以及污水处理规划，小城镇污水量预测，确定排水系统规划目标，选择排水体制。

3) 小城镇污水处理设施规划

通过对小城镇现状污水处理设施与水环境的分析，根据小城镇规划总体布局、排水系统规划目标、区域水利以及污水处理规划，进行小城镇污水处理设施规划。

4) 小城镇污水管网规划

根据小城镇污水处理设施规划、小城镇规划总体布局、结合小城镇现状污水管网布局，进行小城镇污水管网规划，并且反馈到有关方面，综合协调，落实污水输送设施的用地布局。

5）详细规划范围内的小城镇污水管网规划

在此项工作之前，先根据详细规划布局，估算该范围内的污水量。然后根据该范围内的污水量分布、污水管网总体规划、结合小城镇详细规划布局，布置污水管网。初步确定污水管网布置后，反馈至有关方面，综合协调，具体落实污水管网与设施的位置。

6）小城镇雨水排放设施系统规划

首先进行小城镇降水等自然环境及现状雨水排放系统研究，依据小城镇排水系统规划目标，结合小城镇规划总体布局，进行雨水排放口、水闸、排涝站等雨水排放设施管网规划。

小城镇雨水排放设施涉及流域规划，应及时反馈至相关流域水利、防洪主管部门，调整与完善流域水利规划。同时反馈至小城镇规划有关方面，综合协调，具体落实雨水排放设施的用地布局。

7）小城镇雨水管网规划

根据降水等自然环境和现状雨水排放设施研究，结合小城镇规划总体布局，进行雨水管网规划。反馈至小城镇规划有关方面，具体落实雨水管网与设施的用地布局，适当调整小城镇规划总体布局。

8）详细规划范围内的小城镇雨水管网规划

在此项工作之前，先根据小城镇暴雨强度公式计算该范围内的降雨量。然后根据该范围内的雨水量分布、雨水管网总体规划、结合小城镇详细规划布局，布置雨水管网。同时，反馈至小城镇规划有关方面，具体落实雨水管网与设施的位置。

具体程序见图 5.2.2。

5 小城镇排水工程规划

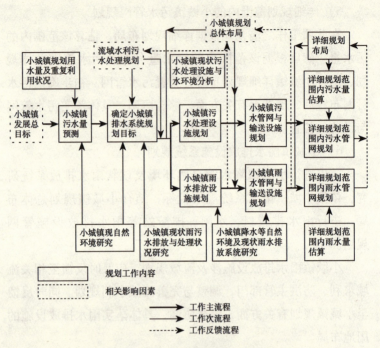

图 5.2.2 小城镇排水工程规划工作程序

5.3 小城镇排水体制及选择

对生活污水、工业废水和雨水采用不同的排除方式所形成的排水系统，称为排水体制。小城镇排水体制一般可分为分流制和合流制两种基本类型。

5.3.1 合流制排水系统

合流制排水系统是将生活污水、工业废水和雨水用同一套管渠排除的系统。可分为直排式合流制与截流式合流制。

排水管渠系统的布置就近坡向水体，分若干个排出口，混合的污水未经处理直接排入水体，称为直排式合流制（图

5.3.1-1)。污水未经处理就排入水体,使受纳水体遭受严重污染。但管渠造价低,不需建污水处理厂,投资省。目前,我国大多数小城镇的排水方式是这种系统。随着现代小城镇与工业的发展,污水量不断增加,水质日趋复杂,造成的污染危害很大,因此,这种直排式合流制排水系统目前一般不宜采用。

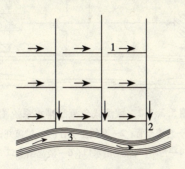

图 5.3.1-1 直泄式合流制排水系统图
1—合流支管;2—合流干管;3—河流

  截流式合流制是在早期的直排式合流制排水系统的基础上,临河岸边建造一条截流干管,同时在合流干管与截流干管相交前或相交处设置溢流井,并在截流干管下游设置污水处理厂(图5.3.1-2)。晴天和初雨时,混合污水全部输送至污水处理厂;雨天时当雨水、生活污水和工业废水的混合水量超过截流干管的输水能力时,其超出部分通过溢流井直接排入水体。截流式排水系统较直排式排水系统有了较大改进,但由于在雨天有一部分混合污水直接泄入水体,对水体仍会造成一定程度的污染,因此不建议推广使用该排水体制。近年来,世界各国都在致力于探求有效的控制合流制溢流污水污染的途径与方法。截流式合流制一般常用于老城区的排水系统改造。

5 小城镇排水工程规划

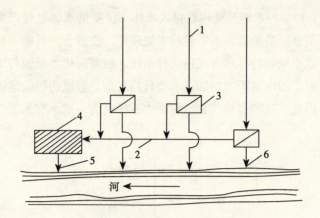

图 5.3.1-2 截流式合流制排水系统图
1—合流干管；2—截流主干管；3—溢流井；
4—污水厂；5—出水口；6—溢流出水口

5.3.2 分流制排水系统

将生活污水、工业废水、雨水采用两套或两套以上的管渠系统内排放的排水系统，称为分流制排水系统。其中汇集输送生活污水和工业废水的排水系统称为污水排水系统；排除雨水的排水系统称为雨水排水系统；只排除工业废水的排水系统称为工业废水排水系统。

按雨水不同的排除方式，分流制排水系统又分为完全分流制（图 5.3.2-1）和不完全分流制（图 5.3.2-2）两种排水系统。完全分流制排水系统具有污水排水系统和完善的雨水排除系统。不完全分流制排水系统是指暂时不设置雨水管渠系统，雨水沿着地面、道路边沟和明渠等方式泄入天然水体，因而投资比较省，该排水体制适用于有合适的地形条件，雨水能顺利排放的地区。对于新建的城镇或地区，在建设初期，往往也采用这种雨水排除方式，待今后配合道路工程的不断完善，再增设雨水管渠系统。

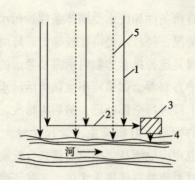

图 5.3.2-1　完全分流制排水系统图

1—污水干管；2—污水主干管；3—污水厂；4—出水口；5—雨水干管

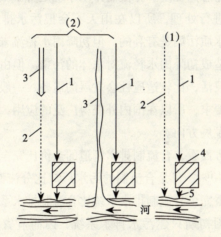

图 5.3.2-2　不完全分流制排水系统图

1—污水管道；2—雨水管渠；3—原有渠道；4—出水口；5—雨水干管

5.3.3　排水体制的选择

合理选择排水体制，是小城镇排水系统规划中一个十分重要的问题。它关系到排水系统是否经济实用，能否满足环境保护要求，同时也影响排水工程总投资、初期投资和经营费用。

小城镇排水体制的选择，应根据小城镇总体规划、环境保护要求、当地自然条件和废水受纳体条件、污水量和其水质及原有排水设施情况，经技术经济比较确定。环境保护和保证小城镇可持续发展是选择排水体制时所需要考虑的主要问题。

从环境保护方面看，如果将小城镇生活污水、工业废水全部截流送往污水厂进行全部处理，然后再排放，可以较好地控制和防止水体的污染，但截流主干管尺寸较大，容量增加很多，建设费用也相应地增高。采取截流式合流制时，雨天有部分混合污水通过溢流井直接排入水体。实践证明，采用截流式合流制的小城镇，随着建设的发展，河流的污染日益严重，甚至达到不能容忍的程度。分流制排水系统是将小城镇污水全部送往污水厂进行处理，所以在雨天不会把污水排放到水域中去，对防止水质污染是有利的。但初降雨水径流未加处理直接排入水体，造成初降雨水径流对水体的污染。但由于分流制排水系统比较灵活，比较适应社会发展的需要，一般又能符合小城镇卫生的要求，所以在国内外获得广泛的应用，也是小城镇排水系统的发展方向。

从造价方面看，合流制排水管道的造价比完全分流制一般要低20%~40%。可是合流制的污水厂却比分流制的造价高。从总造价来看完全分流制排水系统比合流制排水系统高。但不完全分流制因初期只建污水排水系统，因而节省初期投资费用，此外，又可缩短施工期，较快地发挥工程效益。而完全分流制和截流式合流制的初期投资均比不完全分流制要大。

从维护管理方面来看，晴天和雨天时流入污水厂的水量变化较大，增加了合流制排水系统污水厂运行管理中的复杂性。而分流制排水系统可以保持管内的流速，不致发生沉淀，同时流入污水厂的水量和水质比合流制变化小得多，污水厂的运行易于控制。合流制管渠不存在管道误接情况，而分流制管渠容易出现管道误接。合流管道的维护费用可以降低。

总之，小城镇排水体制的选择应因时因地而宜，结合小城镇实际，分析比较选定不同的排水体制。小城镇排水体制原则上一般宜选分流制，经济发展一般地区和欠发达地区小城镇近前可采用不完全分流制，有条件时宜过渡到完全分流制，某些条件适宜或特殊地区小城镇宜采用截流式合流制。并在污水排入系统前应采用化粪池、生活污水沼气池等方法进行预处理。

5.4 小城镇排水系统的组成与布置

5.4.1 小城镇排水系统的组成

（1）小城镇污水排水系统

小城镇污水排水系统由污水管网和污水处理系统组成。污水管网包括收集和输送小城镇生活污水和工业废水的管道系统。它包括室内污水管道系统及卫生设备，室外污水管道系统及附属构筑物，污水提升泵站及压力管道，污水处理厂，排入水体的出水口及事故排放口。

（2）工业废水排水系统

有些工业废水排入小城镇污水管道或雨水管道，形成排水系统，而有些工厂单独形成工业废水排除系统。工业废水排水系统由车间内部管道系统及设备，厂区管道系统及附属构筑物，必要的污水处理系统，污水泵站及压力管道，出水口（渠）或接入小城镇排水系统的管网组成。

（3）雨水排水系统

排除降雨径流和雪融水的管渠系统称为雨水排水系统。它的组成为房屋雨水系统，包括天沟、竖管及房屋周围的雨水管沟；街坊或厂区及道雨水管渠系统，包括雨水口、庭院雨水沟、支管、干管等；雨水泵站；排入水体的出水口及排洪沟。

(4) 合流制排水系统

只有一套管渠系统,具有雨水口、溢流井、溢流口和截流干管,其他组成部分同污水排水系统。

5.4.2 小城镇排水系统布置

(1) 影响因素

1) 小城镇规划

一般小城镇规划范围就是排水系统的服务范围,规划设计人口影响污水管网系统的设计标准,小城镇的铺砌程度影响雨水径流量的大小,排水管网沿规划道路定线。所以小城镇是小城镇排水系统平面布置最重要的依据,排水规划必须与小城镇总体规划一致。并作为小城镇总体规划的一个重要组成部分。

2) 地形和用地布局

在一定条件下,地形是影响管道定线的主要原因。定线时应充分利用地形,使管道的走向符合地形趋势,一般应顺坡排水。排水主干管一般布置在排水区域内地势较低的地带,沿集水线或沿河岸等敷设,以便支管、干管的污水能自流接入。

3) 排水体制和线路数目

采用分流制系统,布置管道必须注意不同管道系统在平面和高程上的相互配合。采用合流制系统时要确定截流干管及溢流井的正确位置。采用混合体制,要考虑两种体制管道连接的方式。

4) 污水厂和出水口位置

污水厂和出水口的位置决定了排水管网总的走向,所有管线都应朝出水口方向铺设并组成支状管网。

5) 水文地质条件

排水管网应尽量敷设在水文地质条件好的街道下面,最好埋设在地下水位上。如果不能保证在地下水位以上铺管时,在施工时必须考虑地下水的影响和向管内渗水的问题。

6) 道路宽度

管道定线时还需要考虑街道宽度和交通问题。排水干管一般不宜设在交通繁忙而狭窄的街道下。若街道宽度超过40m时，为了减少连接支管的数目和减少地下管线的交叉，可考虑设置两条平行的排水管道。

7) 地下管线和构筑物的位置

在现代化小城镇和工厂的街道下，有各种地下设施：各种管道——给水管、排水管、雨水管、煤气管、供热管等；各种电缆线；各种隧道等。设计排水管道在街道横断面上的位置时，应与各种地下设施的位置联系起来综合考虑，并应符合排水设计规范的有关规定要求。

8) 工业企业和产生大量污水的构筑物的分布情况。

9) 排水方式的选择

传统的排水系统采用重力流排水方式，需要较大的管径和一定的坡度，通常埋设较深，工程费用较高，对地域较广、人口密度较低、地形受限制的地区很不适用。近年来，一些小城镇开始采用压力式或真空式排水方式，得到较好的应用，尤其适用于地形地质变化较大的地区，管网密集，施工困难的地区，居民分散、人口密度较低的别墅、观光区。

(2) 布置原则

规划小城镇排水管道系统，首先要进行排水管道的平面布置，也称为排水管道系统定线。即确定排水管道的平面位置和水流方向。正确合理的排水管道平面布置能使排水管道系统规划经济合理。管网定线一般按主干管、干管、支管顺序依次进行。在城镇排水总体规划中，一般只决定排水主干管和干管的走向与平面布置。在详细规划中，还要进行排水支管的走向与平面布置。

污水管道定线应遵循的主要原则是：在城镇排水管道系统的布置中，要尽量用最短的管线，在较小的埋深下，把最大面积的污废水、雨水能自流送往污水处理厂和水体。为实现这一原则，在定线时应尽可能地考虑到各种影响因素，因地制宜地利用其有利的因素而避免不利因素。根据城镇地形特点和污水处理厂、出水口的位置，充分利用有利的地形，合理布置城镇排水管道。

(3) 排水工程系统的布置形式

1) 正交式（图 5.4.2-1）：地势向水体有适当倾斜的地区，干管以最短距离沿与水体垂直相交的方向布置，这种布置也称正交布置。正交布置的干管长度短、管径小，因而经济，污水排放迅速。由于污水未经处理就直接排放，使水体污染，因此这种布置形式仅适用于雨水的排除。

2) 截流式（图 5.4.2-2）：正交布置的发展，沿河岸敷设主干管，并将各干管的污水截流到污水厂，这种布置也称截流布置。截流布置减轻了水体的污染，改善和保护了环境。适用于分流制的污水系统、区域排水系统和截流式合流制排水系统。

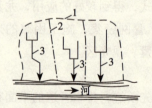 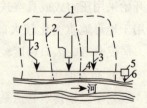

图 5.4.2-1 正交式排水系统　　图 5.4.2-2 截流式排水系统
1—城镇边界；2—排水流域分界线；　1—城镇边界；2—排水流域分界线；
3—干管　　　　　　　　　　　　3—干管；4—主干管；5—污水处理厂；6—出水口

3) 平行式（图 5.4.2-3）：地势向水体有较大倾斜的地区，避免因干管坡度较大，管内流速过大，使管内受到严重冲刷，可使干管基本与等高线及河道基本平行、主干管与等高线及河道成一定斜角敷设，这种布置也称平行布置。平行布置可减少跌水井数量，降低工程总造价。

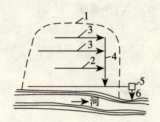 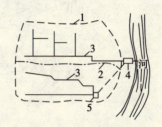

图 5.4.2-3　平行式排水系统　　图 5.4.2-4　分区式排水系统
1—城镇边界；2、3—干管；4—主干　　1—城镇边界；2—排水流域分界线；
管；5—污水处理厂；6—出水口　　　　3—干管；4—污水处理厂；5—污水泵站

4）分区式（图 5.4.2-4）：地势相差较大地区。高区污水靠重力流入污水厂，低区的污水用水泵送入污水厂，这种布置也称分区布置。分区布置充分利用地形排水，节省能源。

5）分散式（图 5.4.2-5）：小城镇周围有流域或小城镇中央部分地势高、地势向倾斜的地区，各排水流域的干管常采用辐射状分散布置，各排水流域具有独立的排水系统。这种布置也称分散式布置。分散式布置具有干管长度短、管径小、管道埋深浅、便于雨水排放等优点。

6）环绕式（图 5.4.2-6）：分散式的发展，即在四周布置污水总干管，将干管的污水截流送往污水厂。这种布置水厂占地小，污水处理厂经营和基建费用较低。

7）区域式（图 5.4.2-7）：把两个以上城镇地区的污水统一排除和处理的系统，称为区域布置形式。区域布置污水处理设施集中化，有利于水资源的统一规划管理，节省投资，污水处理厂经营和基建费用较低，更有效地防止地面水污染，保护水环境。比较适用于小城镇密集区及区域水污染控制的地区，

5 小城镇排水工程规划

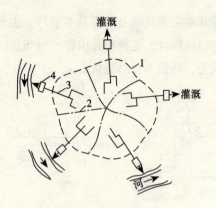

图 5.4.2-5 分散式排水系统
1—城镇边界；2—排水流域分界线；3—干管；4—污水处理厂

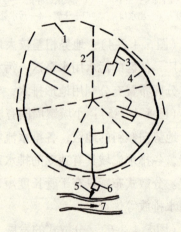

图 5.4.2-6 环绕式排水系统
1—城镇边界；2—排水流域分界线；3—干管；4—环绕干管；
5—出水口；6—污水处理厂；7—河流

并应与区域规划相协调。

小城镇地形非常复杂，加之城市竖向规划的限制，排水管网的平面布置很难只用上述某一种形式进行布置，而必须根据实际条件灵活掌握。

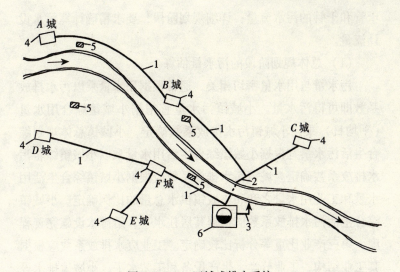

图 5.4.2-7 区域式排水系统
1—污水主干管;2—压力管道;3—排放管;4—泵站;
5—废除的小城镇的污水处理厂;6—区域污水处理厂

5.5 小城镇排水量的预测与计算

小城镇排水量应包括污水量和雨水量,其中污水量包括由小城镇给水工程统一供水的用户和自备水源供水的用户排出的小城镇综合生活污水量和工业废水量;生活污水包括小城镇居住区生活污水和工业企业内的生活污水;工业废水量包括部分生产废水和生产污水。污水量的预测就是对这些排水进行水量计算,以利于及时排除和处理。

5.5.1 污水量的预测与计算

正确确定小城镇污水量是合理进行小城镇排水系统规划的前提,也是进行小城镇排水系统设计的关键。不同的规划阶段对污水量的计算要求不同。总体规划阶段,估算排水区域内主干管和干管的污水流量;详细规划阶段,要求精确计算污水设计流量。

(1) 总体规划阶段的污水量估算

污水量与用水量密切相关,通常根据用水量乘以污水排放系数即可得污水量。小城镇污水量宜根据小城镇综合用水量(平均日)乘以小城镇污水排放系数确定。小城镇总体规划综合生活污水量宜根据小城镇综合生活用水量乘以小城镇综合污水排放系数确定。城镇污水排放系数应根据小城镇综合生活用水量和工业用水量之和和小城镇供水总量的比例确定。小城镇综合生活污水排放系数应根据其居住水平,给排水设施完善程度,第三产业比重等分析比较确定。工业废水排放系数应根据其工业结构、工业分类、生产设备和工艺水平、小城镇排水设施普及率等分析比较。其中小城镇污水排除率、生活污水排除率和工业废水排除率见表 5.5.1-1。

城镇污水排除率　　　　　表 5.5.1-1

污水性质		排除率
小城镇污水		0.70~0.80
小城镇综合生活污水		0.75~0.90
工业废水	一类工业	0.80~0.90
	二类工业	0.80~0.90
	三类工业	0.70~0.95

注:①排水系统完善的地区取大值,一般地区取小值。
②工业分类按《城市用地分类与规划建设用地标准》(GBJ 137—1990)中对工业用地的分类。

另外,还可根据人口数和人均用地面积指标或容积率与人均建筑面积指标,推算单位面积上的污水量,用汇水面积或总建筑面积推算污水量。

(2) 详细规划阶段的污水量计算

详细规划阶段应尽量计算出污水的设计流量。污水管道的设计流量是污水管道及其附属构筑物能保证通过的污水最大流量,通常采用规划末期的最大日最大时的污水量。污水量可以用水量的计算结果为依据,也可利用有关污水指标计算污水量。

(3) 污水设计总流量计算

1) 住区生活污水设计流量

住区平均生活污水设计流量按下式计算:

$$Q_1 = \frac{n \cdot N \cdot K_z}{24 \times 3600} \tag{5-1}$$

式中 Q_1——住区生活污水设计流量(L/s);

n——住区生活污水量标准[L/(cap·d)];

N——住区规划设计人口数;

K_z——生活污水量总变化系数。

cap——"人"的计量单位。

①住区生活污水量标准:城镇居民每人每日的平均污水量,称为住区生活污水量标准。它取决于用水量标准,并与城镇所在地区的气候、建筑设备及人们的生活习惯、生活水平有关。住区生活污水量标准应根据城镇排水现状资料,按城镇的近、远期规划年限并综合考虑各影响因素确定,可按当地用水定额的80%~90%采用。

②设计人口数:设计人口数是指污水排水系统设计期限终期的人口数,规划中应按小城镇近期和远期的发展规模,分别估算其设计人口数。在我国一般按规划部门根据统计资料提供的参数选用。

住区的设计人口数可用人口密度与排水面积的乘积表示。人口密度是指单位面积上的居民人数,单位以 cap/ha 表示。

③变化系数:城镇生活污水量逐年、逐月、逐日都在变化,

是不均匀的。污水量的变化情况常用变化系数表示。变化系数有日变化系数（K_d）、时变化系数（K_h）和总变化系数（K_z）：

日变化系数 K_d = 最高日污水量/平均日污水量

时变化系数 K_h = 最高日最高时污水量/平均日平均时污水量

总变化系数 $K_z = K_d \times K_h$

污水量变化系数随污水量的大小而不同。污水量愈大，其变化幅度愈小，其变化系数较小；反之则变化系数较大。表5.5.1-2是我国《室外排水设计规范》（GB 50014—2006）采用居住区生活污水量总变化系数值。

生活污水量总变化系数　　　表5.5.1-2

污水平均日流量（L/s）	5	15	40	70	100	200	500	≥1000
总变化系数	2.3	2.0	1.8	1.7	1.6	1.5	1.4	1.3

注：当污水平均日流量为中间数值时，总变化系数用内插法求得。

工业废水的变化系数应根据生产工艺过程以及生产性质确定。

2）公共建筑生活污水设计流量

公共建筑生活污水的计算公式如下：

$$Q_2 = \frac{s \cdot N \cdot K_h}{24 \times 3600} \tag{5-2}$$

式中 Q_2——公共建筑生活污水设计流量（L/s）；

s——公共建筑生活污水量标准 [L/(cap·d)]，一般按《室内给水排水和热水供应设计规范》推荐的参数选用。排水量大的建筑也可以通过调查或参考相似建筑选用；

K_h——时变化系数。

3）工业企业生活污水及淋浴污水设计流量

工业企业的生活污水主要来自于生产区的食堂、浴室、厕所等。其污水量与工业企业的性质、污染程度、卫生要求等因素有关。工业企业职工的生活污水量标准应根据车间性质确定，一般采用 25~35L/(cap·班)，时变化系数为 2.5~3.0。淋浴污水在每班下班后 1 小时均匀排出。

工业企业生活污水及淋浴污水的设计流量按下式计算：

$$Q_3 = \frac{A_1 \cdot B_1 \cdot K_1 + A_2 \cdot B_2 \cdot K_2}{3600T} + \frac{C_1 D_1 + C_2 D_2}{3600} \quad (5\text{-}3)$$

式中 Q_3——工业企业的生活污水及淋浴污水设计流量(L/s)；

A_1——一般车间最大班职工人数（cap）；

A_2——热车间最大班职工人数（cap）；

B_1——一般车间职工生活污水量标准，以 25 [L/(cap·班)]计；

B_2——热车间职工生活污水量标准，以 35 [L/(cap·班)]计；

K_1——一般车间污水量时变化系数，以 3.0 计；

K_2——热车间污水量时变化系数，以 2.5 计；

C_1——一般车间最大班使用淋浴的职工人数（cap）；

C_2——热车间最大班使用淋浴的职工人数（cap）；

D_1——一般车间淋浴污水量标准，以 40 [L/(cap·班)]计；

D_2——热车间淋浴污水量标准，以 60 [L/(cap·班)]计；

T——每班工作时间（h）。

淋浴时间以 60min 计。

4) 工业废水设计流量

工业废水设计流量按下式计算：

$$Q_4 = \frac{m \cdot M \cdot K_z}{3600T} \quad (5-4)$$

式中 Q_4——工业废水设计流量（L/s）；

m——生产过程中每单位产品的废水量（L/单位产品）；

M——产品的平均日；

T——每日生产时数（h）；

K_z——总变化系数。

工业废水量计算所需资料通常由工业企业提供，规划设计人员应调查核实。若无工业企业提供的资料，可参照条件相似的工业废水量确定。必要时可参照工业废水量参考指标中的数值估算（见表5.5.1-3）。

部分工业废水量参考指标　　　表5.5.1-3

工业分类	废水来源	单位产品废水量（m³/t）
钢铁	冷却、锅炉、工艺、冲洗	10～347
石油化工	冷却、锅炉、工艺、冲洗	1.2～71
印染	空调、冷却、锅炉、工艺、冲洗	13～36 m³/千米布
棉纺厂	空调、冷却、锅炉、工艺	6.3～40 m³/千米布
造纸	水力、锅炉、工艺、冲洗	910～1610
皮革	冷却、锅炉、工艺、冲洗	95～190
罐头	原料、冷却、锅炉、工艺、冲洗	5.8～42
饮料	原料、冷却、锅炉、工艺、冲洗	2.1～96
制药	空调、冷却、锅炉、工艺、冲洗	133～38000
机械	冷却、锅炉、工艺、冲洗	1.3～96

5）小城镇污水设计总流量

小城镇污水量是居住区生活污水、公共建筑生活污水、工业企业生活污水和工业废水设计流量四部分之和。其中不排入小城镇污水管道的工业废水不予计算。在地下水位较高的地区，还应加上10%左右的地下水渗入量（Q_5），即：

$$Q = Q_1 + Q_2 + Q_3 + Q_4 + Q_5 \tag{5-5}$$

式中　Q——小城镇污水设计总流量（L/s）。

5.5.2　雨水量计算

小城镇雨水量计算应与小城镇防洪、排涝系统规划相协调，宜按当地或地理环境、气候相似的所属城市或邻近城市的标准，按降雨强度公式计算确定。

（1）雨水流量公式

雨水设计流量按下式计算：

$$Q = \psi q F = 167 i \psi F \tag{5-6}$$

式中　Q——雨水量（L/s）；

q——暴雨强度 [L/(s·hm^2)]；

ψ——径流系数，其数值小于1；

F——汇水面积（hm^2）；

i——降雨量（mm/min）。

雨水设计流量公式是根据一定假设条件，由雨水径流成因加以推导而得出的，是半经验半理论的公式，通常称为推理公式。当有生产废水排入雨水管道时，应将其水量计算在内。

（2）雨量设计参数

1）降雨量

降雨量是指降雨的绝对深度。用 H 表示，单位以 mm 计。也可用单位面积上降雨体积（L/ha）表示某场雨的降雨量是指这场雨降落在不透水平面上的深度，可以用雨量计测定。

2）降雨历时

降雨历时是指连续降雨的时段，可以指一场雨全部降雨的时间，也可以指其中个别的连续时段。用 t 表示，单位以 min

或 h 计,从自计雨量记录纸上读得。

3) 暴雨强度

暴雨强度是指某一连续降雨时段内的平均降雨量,即:

$$i = \frac{H}{t} \ (\text{mm/min}) \tag{5-7}$$

暴雨强度是描述暴雨特征的重要指标,也是决定雨水设计流量的主要因素。

4) 降雨面积和汇水面积

降雨面积是指降雨所笼罩的面积,汇水面积是指雨水管渠汇集雨水的面积。用 F 表示,单位以公顷 ha 或 km^2 计。

5) 暴雨强度的频率和重现期

暴雨强度的频率是指等于或超过某指定暴雨强度值出现的次数与观测资料总项之比。其中有经验频率和理论频率之分,在水文统计中,常采用以下公式计算经验频率。

$$P_n = \frac{m}{n+1} 100\% \tag{5-8}$$

式中 m——出现的次数(序号);

n——资料的总项数。

暴雨强度重现期是指等于或超过它的暴雨强度值出现一次的平均间隔时间,单位以年 a 表示。在水文统计中,常采用以下公式计算重现期。

$$T = \frac{N+1}{m} \tag{5-9}$$

式中 N——统计资料的年数。

(3) 暴雨强度公式

暴雨强度公式是在各地的自计雨量记录分析整理的基础上,按一定的方法推求出来的。暴雨强度公式是暴雨强度—降雨历时—重现期 P 三者间关系的数学表达式,是设计雨水管渠的依据。我国常用的暴雨强度公式形式为:

$$q = \frac{167A_1(1+c\lg P)}{(t+b)^n} \qquad (5-10)$$

式中　　q——设计暴雨强度 [L/(s·ha)];

　　　　P——设计重现期 (a);

　　　　t——降雨历时 (min);

A_1, c, b, n——地方参数,根据统计方法进行确定。

目前,我国小城镇尚无暴雨强度公式,规划中选用附近地区的暴雨强度公式。或在当地气象部门收集自计雨量记录(一般不少于10年),确定计算地方参数及当地的暴雨强度公式。

(4) 径流系数 ψ

径流量与降雨量的比值称为**径流系数** ψ,其值常小于1。径流系数的值因汇水面积的覆盖情况、地面坡度、地貌、建筑密度的分布、路面铺砌等情况的不同而异。由于影响因素很多,要精确地求出其值很困难,目前在雨水管渠设计中,径流系数提出采用按地面覆盖种类确定的经验值(见表5.5.2-1)。

径流系数 ψ 值　　　　表5.5.2-1

地面种类	ψ 值
各种屋面、混凝土和沥青路面	0.85~0.95
大块石铺砌路面和沥青表面处理的碎石路面	0.55~0.65
级配碎石路面	0.40~0.50
干砌砖石和碎石路面	0.35~0.40
非铺砌土路面	0.25~0.35
公园和绿地	0.10~0.20

注:引自《室外排水设计规范》(GB 50014—2006)

通常汇水面积是由各种性质的地面覆盖组成,随着它们占有的面积比例变化,径流系数 ψ 值也各异,所以,整个汇水面积上的平均径流系数 ψ 值是按各类地面面积用加权平均法计算而得到的。

在设计中也可以采用区域综合径流系数,综合径流系数按

表 5.5.2-2 规定取值。

综合径流系数　　　　　　　　　　　表 5.5.2-2

区域情况	4
城镇建筑密集区	0.60~0.85
城镇建筑较密集区	0.45~0.60
城镇建筑稀疏区	0.20~0.45

(5) 设计重现期 P

降雨重现期是指等于或大于该值的暴雨强度可能出现一次的平均间隔时间,一般以年为单位。设计重现期如表 5.5.2-3。

雨水管渠的设计重现期的选用,应根据汇水地区建设性质（广场、干道、厂区、居住区）、地形特点、汇水面积和气象特点等因素确定。一般选用 0.5~3a。对于重要的干道、重要地区或短期积水即能引起较严重损失的地区,宜采用较高的设计重现期,一般选用 2~5a,并应和道路设计相协调,表列有降雨重现期的取值要求,可供规划时参考。对于特别重要的地区可酌情增加,而且在同一雨水排水系统中也可采用同一设计重现期或不同的设计重现期。

设计重现期（年）　　　　　　　　　表 5.5.2-3

地形		地区使用重要性		
地形分级	地面坡度	一般居住区 一般道路	中心区、使馆区、工厂区、 仓库区、干道、广场	特殊重要地区
有两向地面排水出路的平缓地形	<0.002	0.333~0.5	0.5~1	1~2
有一向地面排水出路的谷线	0.002~0.01	0.5~1	1~2	2~3
无地面排水出路的封闭洼地	>0.01	1~2	2~3	3~5

注："地形分级"与"地面坡度"是地形条件的两种分类标准,符合其中一种情况,即可按表选用。两种不同情况同时占有,则宜选表内数据的高值。

(6) 集水时间 t

$$t = t_1 + mt_2 \tag{5-11}$$

$$t_2 = \frac{L}{60v} \text{ (min)} \tag{5-12}$$

式中 m——折减系数,我国《室外排水设计规范》建议折减系数的采用为:暗管 $m=2$,明渠 $m=1.2$,陡坡地区暗管 $m=1.2 \sim 2$;

t_1——地面集水时间(min);

t_2——雨水在管渠内的流行时间(min);

L——各管段的长度(m);

v——各管段满流时的水流速度(m/s);

60——单位换算系数,1 min = 60s。

《室外排水设计规范》规定:地面集水时间 t_1 视距离长短和地形坡度及地面覆盖情况而定,一般采用 $t_1 = 5 \sim 15 \text{min}$。按照经验,一般在建筑密度较大、地形较陡、雨水口分布较密的地区和街区内设置的雨水暗管,宜采用较小的地面集水时间, $t_1 = 5 \sim 8 \text{min}$ 左右。一般在建筑密度较平坦、雨水口分布较稀疏的地区和街区内设置的雨水暗管,宜采用较大值,一般可取 $t_1 = 10 \sim 15 \text{min}$ 左右。

5.5.3 合流水量计算

合流管渠的设计流量包括生活污水量、工业废水量和雨水量三部分。其中生活污水量与工业废水量之和称为旱流量 Q_f。

(1) 第一个溢流井上游管渠的设计流量

$$Q_1 = Q_s + Q_g + Q_y = Q_f + Q_y \tag{5-13}$$

式中 Q_1——第一个溢流井上游管渠的设计流量(L/s);

Q_s——设计生活污水设计流量(L/s);

Q_g——设计工业废水设计流量(L/s);

Q_y——溢流井上游排水面积上的雨水设计流量(L/s);

Q_f——溢流井上游转输的旱流量（L/s）。

(2) 溢流井下游管渠的设计流量

$$Q_2 = (n_0+1)(Q_s+Q_g) + Q'_s + Q'_g + Q'_y$$
$$= (n_0+1)Q_f + Q'_f + Q'_y \quad (5\text{-}14)$$

式中　Q_2——溢流井下游管渠的设计流量（L/s）；

　　　Q'_s——设计管段汇水面积内的生活污水设计流量（L/s）；

　　　Q'_g——设计管段汇水面积内的工业废水设计流量（L/s）；

　　　Q'_f——设计管段汇水面积内的旱流量（L/s）；

　　　Q'_y——设计管段汇水面积内的雨水设计流量（L/s）；

　　　n_0——截流倍数，即溢流时所截流的雨水量与其旱流污水量之比。

(3) 设计重现期 P

合流制排水管渠的雨水设计重现期一般比同一情况下雨水管渠的设计重现期适当提高，一般提高25%~30%左右，防止混合废水从检查井溢出街道。

(4) 截流倍数 n_0

根据旱流量污水性质与水量、水体卫生环境、水位和气象条件等因素确定截流倍数 n。我国《室外排水设计规范》（GB 50014—2006）规定采用 1~5。实践中多用 3（具体见表 5.5.3）。随着水环境保护要求的提高，采用的 n_0 值有逐渐增大的趋势。

不同排放条件下的截流倍数值 n_0　　　　表 5.5.3

排放条件	n_0
在居住区排入大河流	1~2
在居住区排入小河流	3~5
在区域泵站和总泵站前及排水总管的端部，根据居住区内水体不同性质	0.5~2
在处理构筑物前根据不同的处理方法与不同构筑物的组成	0.5~1
工厂区	1~3

5.6 小城镇污水管网系统规划与水力计算

5.6.1 污水管网系统的规划内容

小城镇污水管网系统是由收集和输送小城镇或工业企业生产污水的管道及其附属的构筑物组成的。依据批准的当地小城镇和工业企业总体规划及排水工程总体规划进行小城镇污水管网系统规划。污水管网系统规划设计的主要内容有：确定排水区界，划分排水流域；选择污水厂和出水口的位置，进行污水管道的定线和平面布置；污水和工业废水量及污水管道的水力计算，确定污水管道断面尺寸、设计坡度、埋设深度等；确定需要抽升的排水区域和设置泵站的位置，进行污水管道系统上某些附属构筑物的设计计算；确定污水管道在街道横断面上的位置等。

5.6.2 确定排水区界并划分排水流域

排水区界是污水排水系统设置的界限，它根据小城镇总体规划的设计规模决定，一般具有完善卫生设备的建筑区都应设置污水管道。

在排水区界内，根据地形及小城镇的竖向规划，划分排水流域。一般在丘陵地带及地形起伏的地区，可按等高线划出分水线，通常分水线与流域分界线基本一致。在地形平坦无明显分水线的地区，可依据面积大小划分，使各流域的管道系统能合理分担排水面积。每一个排水流域有一个或一个以上的干管，根据流域地势可标明水流方向和污水需要抽升的地区。

5.6.3 污水管网平面布置

(1) 污水管网的平面布置形式

正确合理的污水管道平面布置能使污水管道系统规划设计经济合理。污水管道平面布置一般按主干管、干管、支管顺序依次进行。在总体规划中,只决定污水主干管、干管的走向与平面位置。在详细规划中,还要决定污水支管的走向与平面位置。

1) 污水干管的布置形式

污水干管管道的布置形式按干管与地形等高线的关系主要有截流式与平行式(具体详见5.4有关内容)。

2) 街坊内污水管网的布置形式

居住区内街坊污水管道的布置形式主要取决于小城镇地形、建筑规划和用户接管方便,一般有三种布置形式。

①低边式:污水管道布置在街坊地形较低的一边,承接街坊内的污水,这种布置形式管线较短,适用于街坊狭窄或地形倾斜,在小城镇排水系统规划中采用较多,如图5.6.3-1所示。

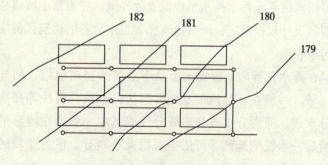

图 5.6.3-1 低边式排水系统

②围坊式:沿街坊四周布置污水管,街坊内污水由四周流

入污水管道。这种布置形多用于地势平坦的大街坊,如图 5.6.3-2 所示。

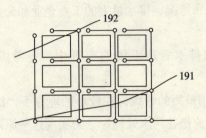

图 5.6.3-2 围坊式排水系统

③穿坊式:街坊的四周不设污水管道,其管道穿坊而过,这种布置形式管线较短,工程造价低,适用于街坊内部建筑规划已确定或街坊内部管线自成体系。但由于管道维护管理不便,故一般较少采用,如图 5.6.3-3 所示。

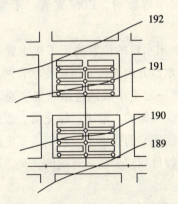

图 5.6.3-3 穿坊式排水系统

(2) 污水管网的平面布置原则

污水管道定线时,应尽可能地考虑到各种影响因素,因地制宜地利用其有利的因素而避免不利因素。通常影响污水管道平面布置的主要因素有:小城镇总体规划、竖向规划和分期建设情况；小城镇地形、用地布局和水文地质条件；排水体制和线路数目；污水厂和出水口位置；道路和交通情况；地下管线和构筑物的分布情况；排水量大的工业企业和公共建筑物的分布情况等。

在小城镇排水管道系统的布置中，要考虑以下的一些原则：

1）尽量用最短的管线，在较小的埋深下，把最大面积的污、废水能自流送往污水处理厂。为实现这一原则，在定线时根据城镇地形特点和污水处理厂、出水口的位置，充分利用有利的地形，合理布置城镇排水管道。

2）在一定条件下，地形是影响管道定线的主要原因。定线时应充分利用地形，使管道的走向符合地形趋势，一般应顺坡排水。排水主干管一般布置在排水区域内地势较低的地带，沿集水线或沿河岸等敷设，以便支管、干管的污水能自流接入。

3）污水厂和出水口的位置决定了排水管网总的走向，所有管线都应朝出水口方向铺设并组成支状管网。

4）排水干管一般沿小城镇道路布置。通常设置在污水量大或地下管线较少一侧的人行道、绿化带、或慢车道下，而不宜设在交通繁忙而狭窄的街道下。若街道宽度超过40m，为了减少连接支管的数目和减少底下管线的交叉，可考虑设置两条平行的排水管道。

5）污水管道尽可能避免穿越河道、铁路、地下建筑或其他障碍物，也要减少与其他地下管线和构筑物交叉。

6）管线布置应简捷，要特别注意节约管道的长度，以减少管道的埋深。为节省工程造价及经营管理费，要尽可能不设或少设中途泵站。

5.6.4 污水管道在街道上的位置

污水管道一般沿道路敷设并与道路中心线平行。在交通繁忙的道路上应尽量避免污水管道横穿道路以利维护。

城市街道下常有多种管道和地下设施。这些管道和地下设施相互之间，以及与地面建筑之间，应当很好地配合。

污水管道与其他地下管线或建筑设施之间的互相位置，应满足下列要求：（1）保证在敷设和检修管道时互不影响；（2）污水管道损坏时，不致影响附近建筑及基础，不致污染生活用水。

污水管道与其他地下管线或建筑设施的水平和垂直最小净距，应根据两者的类型、标高、施工顺序和管道损坏的后果等因素，按管道综合设计确定。

5.6.5 污水管网的水力计算

污水在管道内的流动是重力流。污水中含有一定数量的悬浮物，但含水率一般在 99% 以上。可以假定污水的流动按照一般液体流动规律，并假定管道内的水流是均匀的。在设计中可采用水力学公式计算。

由于管道中水流流经转变、交叉、变径、跌水等地点时水流状态发生改变，流速也就发生变化，实际管道内污水的流动属于非均匀流。但在一段直线管段上，当流量变化不大，管内的水流可视为均匀流，在设计计算中每一计算管段按均匀流公式计算。

（1）水力计算的基本公式

根据以上所述，如果在设计与施工中注意改善管道的水力条件，可使管内的流速接近均匀流。为了简化计算工作，目前在排水管道的计算中仍采用均匀流公式，即：

流量公式 $$Q = \omega v \tag{5-15}$$

流速公式 $$v = \frac{1}{n} R^{\frac{2}{3}} I^{\frac{1}{2}} \tag{5-16}$$

$$Q = \frac{1}{n} \omega R^{\frac{2}{3}} I^{\frac{1}{2}} \tag{5-17}$$

式中 Q——设计流量（L/s）；

ω——过水断面面积（m²）；

v——流速（m/s）；

R——水力半径（m）；

I——水力坡度（渠底坡降）；

n——管壁粗糙系数。该值根据管渠材料而定，混凝土和钢筋混凝土污水管道的管壁粗糙系数一般采用 0.014。

(2) 污水管渠的断面与衔接

污水管渠的断面形式必须满足静力学、水力学、经济及养护管理上的要求。即要求管道有足够的稳定性、良好的输水性、管材造价低且便于清通养护等。常用的断面形式有圆形、半椭圆形、马蹄形、矩形、梯形及蛋形等。其中圆形管道具有水力条件好，能适应流量变化，并且便于预制和运输，造价低等优点而应用较广。对于大型管渠，常采用砖石砌筑、预制组装及现场浇筑的方法施工，管渠断面多为较宽浅的形式。

污水管道在管径、坡度、高程、方向发生变化及支管接入的地方都需设置检查井，满足污水管渠中的衔接与维护的要求。在设计时，检查井中上下游管渠的衔接时尽可能提高下游管段的高程，以减少管道埋深，减低造价；避免上游管段中形成回水而产生淤积。

管道的衔接方法，通常采用水面平接和管顶平接两种。

水面平接（图 5.6.5-1）指污水管道水力计算中，使上下游管段在设计充满度的情况下,其水面具有相同的高程。同径管段往往是下游管段的充满度大于上游管段的充满度,为避免上游管段回水而采用水面平接。在平坦地区,为减少管道埋深,异管径的管段有时也采用水面平接。

管顶平接(图 5.6.5-2)是指污水管道水力计算中,使上游管段终端与下游管段起端的管顶标高相同。采用管顶平接时,可以避免上游管段产生回水,但增加了下游管段的埋深,管顶平接一般用于不同口径管道的衔接。

特殊情况下,下游管段的管径小于上游管段的管径(坡度突然变陡时)而不能采用管顶平接或水面平接时,应采用管底平接,以防下游管段的管底高于上游管段的管底。有时为了减少管道系统的埋深,虽然下游管道管径大于上游,也可采用管底平接。

污水管道一般都采用管顶平接法。在坡度较大的地段,污水管道可采用阶梯连接或跌水井连接(图 5.6.5-3)。无论采用哪种衔接方法,下游管段的水面和管底部都不应高于上游管段的水面和管底。污水支管与干管交汇处,若支管管底高程与干管管底高程的相差较大时,需在支管上设置跌水井,经跌落后再接入干管,以保证干管的水力条件。

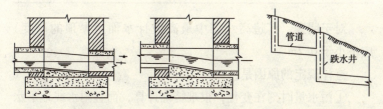

图 5.6.5-1 水面平接　　图 5.6.5-2 管顶平接　　图 5.6.5-3 跌水连接

(3) 水力计算规定

1) 设计充满度

在设计流量下,污水在管道中的水深 h 和管道直径 D 的比值称为设计充满度(或水深比),如图 5.6.5-4 所示。当 $h/D=1$ 时称为满流;当 $h/D<1$ 时称为非满流。

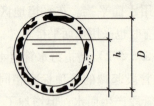

图 5.6.5-4 充满度示意图

我国《室外排水设计规范》规定,污水管道的设计充满度应小于或等于最大设计充满度,其最大设充满度如表 5.6.5-1 所示。在计算污水管道的充满度时,污水设计流量不包括淋浴或短时间突然增加的污水量,但当管径小于或等于 300mm 时,应按满流复核。

最大设计充满度的有关规定　　　表 5.6.5-1

管径 (D) 或暗渠高 (H) (mm)	最大设计充满度 (h/D 或 h/H)
200~300	0.55
350~450	0.65
500~900	0.70
≥1000	0.75

对于明渠,其超高(渠中最高设计水面至渠顶的高度)应不小于 0.2m。

这样规定的原因是:

①污水量时刻在变化,很难精确计算,而且雨水或地下水可能通过检查井盖或管渠接口渗入污水管道。因此有必要保留一部分管道断面,为未预见水量的增长留有余地,避免污水溢出妨碍环境卫生。

②污水管道内沉积的污泥可能会分解析出一些有害的气体。此外,污水中如含有汽油、苯、石油等易燃液体时,可能

形成爆炸气体。故需留出适当的空间,以利管道的通风,排除有害气体,对防止管道爆炸有良好效果。

③便于管道的疏通与管理。

2) 设计流速

设计流速是和设计流量、设计充满度相对应的水流平均速度。污水在管内流动缓慢时,污水中所含杂质可能下沉,产生淤积;当污水流速增大时,可能产生冲刷现象,甚至损坏管道。为了防止管道中产生淤积或冲刷,设计流速不宜过小或过大,应在最大和最小设计流速范围之内。就整个污水管道系统而言,各设计管段的设计流速从上游到下游最好是逐渐增加的。

最小设计流速是保证管道内不产生淤积的流速。这一最低限值与污水中所含悬浮物的成分与粒度有关;与水力半径,管壁粗糙系数有关。根据国内污水管道实际运行情况的观测数据并参考国外经验,污水管道的最小流速定为 0.60m/s。含金属、矿物质或重油杂质的生产污水管道,其最小设计流速宜适当加大,其值要根据试验或运行经验确定。

最大设计流速是保证管道不被冲刷损坏的流速。该值与管道材料有关。我国《室外排水设计规范》规定,金属管道的最大设计流速为 10m/s,非金属管道的最大设计流速为 5m/s。

3) 最小设计管径

一般污水管道系统的上游部分设计污水流量很小,若根据流量计算,则管径会很小。根据养护经验证明,过小的管道极易堵塞,清通频繁且不方便,增加污水管道的维护工作量和管理费用。为此,为了养护工作的方便,常规定一个允许的最小管径。在街区和厂区内最小管径为 200mm,在街道下为 300mm。

在进行管道水力计算时管段由于服务的排水面积小,因设计流量小,按此流量计算得出的管径小,此时就采用最小管径值。

4) 最小设计坡度

在均匀流情况下,水力坡度降等于水面坡度,即管底坡度。由均匀流流速公式看出,管渠坡度和流速之间存在一定关系。相应于管内流速为最小设计流速时的管道坡度叫最小设计坡度。

从水力计算公式看出,水力设计坡度也与水力半径有关,而水力半径是过水断面积与湿周的比值,因此,不同管径的污水管道应有不同的最小坡度。管径相同的管道,因充满度不同,其最小坡度也不同。当在给定设计充满度的条件下,管径越大,相应的最小设计坡度值也就越小。但是,通常对同一直径的管道只规定一个最小坡度,所以设计充满度为1或0.5时的最小坡度作为最小设计坡度。目前我国采用的街坊内污水管道的最小管径为200mm,相应的最小坡度为0.004。街道下污水管道的最小管径为300mm,相应的最小坡度为0.002,规范规定为0.003。若管径增大,相应于该管径的最小设计坡度小于0.003,如管径400mm的最小设计坡度0.0015。

当设计流量很小而采用最小管径的设计管段称为不计算管段。由于这种管段不进行水力计算,因此直接规定管段的最小设计坡度。

5) 污水管道的埋设深度

管道的埋设深度是指从地面到管道内底的距离。管道的覆土厚度则指从地面到管道外顶的距离。如图5.6.5-5所示。污水管道的埋深对于工程造价和施工影响很大。污水管道的埋设深度愈大,施工愈困难,工程愈高。显然,在满足技术要求的条件下,污水管道的埋设深度愈小愈好。但是,管道的覆土厚度有一个最小限值,称为最小覆土厚度,其值取决于下列3个因素:

①在寒冷地区,必须防止管内污水冰冻和因土壤冰冻膨胀而损坏管道。生活污水的水温一般较高,即使在冬季污水的温

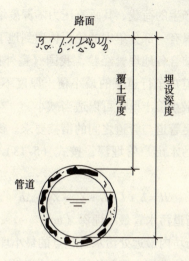

图 5.6.5-5 管道埋深与覆土厚度

度也不会低于4℃,此外污水管道按一定的坡度敷设,管内污水具有一定的流速,经常保持一定的流量不断地流动。因此污水在管道内是不会冰冻的,管道周围的泥土也不会冰冻。因此没有必要把整个污水管道都埋在土壤冰冻线以下。但如果将管道全部埋在冰冻线以上,则会因土壤冰冻膨胀可能损坏管道基础,从而损坏管道。

我国《室外排水设计规范》规定:无保温措施的生活污水管道或水温与生活污水接近的工业废水管道,管底可埋设在冰冻线以上0.15m。有保温措施或水温较高的管道,管底在冰冻线以上的距离可以加大,其数值应根据该地区或条件相似地区的经验确定。

②必须防止管壁因地面荷载而受到破坏。埋设在地下的污水管道承受着覆盖在其上的土壤荷载和地面上交通车辆运行产生的荷载。为了防止管道因外部荷载影响而受到破坏,首先要注意管材质量,另外必须保证管道有一定的覆土厚度。因为车

辆运行对管道产生的荷载,其垂直压力随深度增加而向管道两侧传递,最后只有一部分集中的轮压传递到地下管道上。从这一因素考虑并结合各地埋管经验,我国《室外排水设计规范》规定:污水管道在车行道下的最小覆土厚度不小于0.7m;在非车行道下的最小覆土厚度可以适当减小。

③必须满足管道与管道之间的衔接要求。街道污水管起点埋深,可根据污水出户管埋深,按式(5-18)计算决定(见图5.6.5-6):

$$H = h + I \cdot L + Z_1 - Z_2 + \Delta h \quad (5-18)$$

式中 H——街道污水管最小埋深(m);

h——街坊内最远处污水管起点的最小埋深(m);

I——街坊内污水管和连接支管坡度;

L——街坊内污水管和连接支管坡度总长度(m);

Z_1——街道污水管检查井处地面标高(m);

Z_2——街坊内污水管起点检查井处地面标高(m);

Δh——连接支管与街道污水管的管内底高差(m)。

对于每一个具体管段,按上述决定最小埋深的3个条件,可以得到3个不同的管底埋深或管顶覆土厚度值,其中最大值即是该管段的允许最小埋深或最小覆土厚度。

在污水排水区域内,对排水管渠的埋深起控制作用的地点称为控制点。各条管渠的起点大都是这些管渠的控制点。离最后出水口最远的起点,一般情况是整个管渠系统的控制点。个别低洼地区管道或大工厂较深的排除口,也可能成为整个管渠系统的控制点。这些个别控制点,通常可采用一些特别措施解决,例如,管渠加固;地面填土以保证最小覆土厚度;设置泵站提高管位,减小控制点管渠埋深,从而减小整个管渠系统的埋深,降低工程造价。

污水管渠埋深愈大,工程造价愈高,当地下水位高时更是

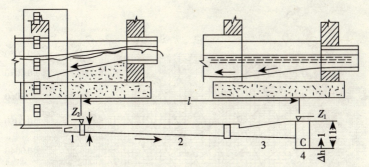

图 5.6.5-6 污水管道起端埋深
1—住宅排除管；2—街坊污水支管；3—连接管；4—街道污水管

如此，并且给管渠施工带来困难。因此必须根据经济指标及施工方法定出管渠埋深允许的最大值，该值称为最大允许埋深。在一般比较干燥的土壤中，最大允许埋深不超过 7~8m；在地下水位高、流沙、石灰岩地层中不超过 5m。当超过最大允许埋深时，应设置泵站以提高管渠的位置。

6) 水力计算方法

在设计管段具体计算中，已知设计流量 Q 和粗糙系数 n，求管径 D、水力坡度和流速 v。由于计算中未知数较多，使用水力计算公式计算比较复杂。为了简化管渠水力计算，常采用水力计算图表进行计算。

非满流圆形管道的水力计算可以用水力计算图进行。水力计算图的粗糙系数 $n=0.014$，每一张图适用于一种管径，管径从 200mm 到 1000mm。附图中包括流量 Q、充满度 h/D、管径 D、粗糙系数 n、水力坡度 i 和流速 v 6 个水力因素。图中管径 D 和粗糙系数 n 是已知的，图上曲线表示流量 Q、充满度 h/D、水力坡度 i 和流速 v 四者之间的关系。只要知道 2 个因素，就可查出另外 2 个。

【例 5.6-1】 已知 $n=0.014$、$D=300$mm、$Q=30$L/s、$i=0.004$，求 v 及 h/D。

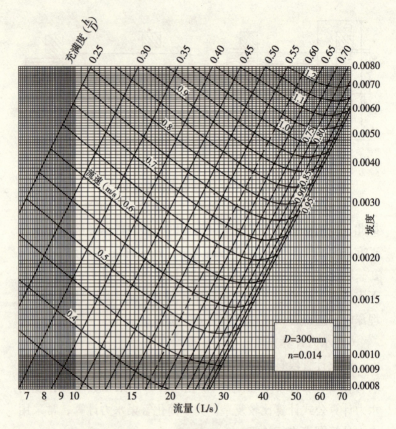

图 5.6.5-7 圆形管道水力计算图

【解】 采用 $D=30\text{mm}$ 的水力计算图,如图 5.6.5-7 所示。在横坐标轴上找到 $Q=30\text{L/s}$ 值,作竖线,在纵坐标轴上找到 $i=0.004$ 值,作横线。两线交于一点,从这一点的位置可估算出:

$v=0.82 \text{ m/s}$;

$h/D=0.52$。

也可采用水力计算表进行计算,表 5.6.5-2 为摘录的圆形管($n=0.014$),$D=300\text{mm}$ 水力计算表的部分数据。

每一张表的管径 D 和粗糙系数 n 是已知的,表中流量 Q、充满度 h/D、水力坡度 i 和流速 v 4 个因素,知道其中任意 2 个便可求出另外 2 个。

圆形断面 $D=300\text{mm}$ 水力计算　　表 5.6.5-2

h/D	1‰									
	2.5		3.0		4.0		5.0		6.0	
	Q	v	Q	v	Q	v	Q	v	Q	v
0.10	0.94	0.25	1.03	0.28	1.19	0.32	1.33	0.36	1.45	0.39
0.15	2.18	0.33	2.39	0.36	2.76	0.42	3.09	0.46	3.38	0.51
0.20	3.93	0.39	4.31	0.43	4.97	0.49	5.56	0.55	6.09	0.61
0.250	6.15	0.45	6.74	0.49	7.78	0.56	8.70	0.63	9.53	0.69
0.30	8.79	0.49	9.63	0.54	11.12	0.62	12.43	0.70	13.62	0.76
0.35	11.81	0.54	12.93	0.59	14.93	0.68	16.69	0.75	18.29	0.83
0.40	15.13	0.57	16.57	0.63	19.14	0.72	21.40	0.81	23.44	0.89
0.45	18.70	0.61	20.94	0.66	23.65	0.77	26.45	0.86	28.97	0.94
0.50	22.45	0.64	24.59	0.70	28.39	0.80	31.75	0.90	34.78	0.98
0.55	26.30	0.66	28.81	0.72	33.26	0.84	37.19	0.93	40.74	1.02
0.60	30.16	0.68	33.04	0.75	38.15	0.86	42.66	0.96	46.73	1.06
0.65	33.96	0.70	37.20	0.76	42.96	0.88	48.03	0.99	52.61	1.08
0.70	37.59	0.71	41.18	0.78	47.55	0.90	53.16	1.01	58.23	1.10
0.75	40.94	0.72	44.85	0.79	51.79	0.91	57.90	1.02	63.42	1.12
0.80	43.89	0.72	48.07	0.79	55.51	0.92	62.06	1.02	67.99	1.12
0.85	46.26	0.72	50.68	0.79	58.52	0.91	65.43	1.01	71.67	1.12
0.90	47.85	0.71	52.42	0.78	60.53	0.90	67.67	0.98	74.13	1.11
0.95	48.24	0.70	52.85	0.76	61.02	0.88	68.22	0.90	74.74	1.08
1.00	44.90	0.64	49.18	0.70	56.79	0.80	63.49	0.91	69.55	0.98

7) 设计管段的划分及其流量的确定

两个检查井之间的管段采用的设计流量不变,且采用同样的管径和坡度,称它为设计管段。通常以街坊污水支管及工厂污水出水管等接入干管的位置作为起讫点划分设计管段。设计管段的起讫点应编上号码。

每一管段的污水设计流量包括:从街坊流入设计管段的本段流量 q_1;从上游管段和旁侧管段流入设计管段的转输流量 q_2 及从工业企业或其他生产大量污水的建筑流来的集中污水

量 q_3，见图 5.6.5-8。

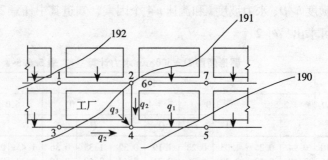

图 5.6.5-8 设计管段设计流量

本段流量可用下式计算：

$$q_1 = F \cdot q_0 \cdot K_z \tag{5-19}$$

式中 q_1——设计管段的本段流量（L/s）；

F——设计管段服务的街坊面积（10^4 m^2）；

K_z——生活污水量总变化系数；

q_0——单位面积的本段平均流量，即比流量 [L/(s·10^4 m^2)]。即：

$$q_0 = n \cdot N/86400 \tag{5-20}$$

式中 n——污水量标准 [L/(cap·d)]；

N——人口密度 [cap/(10^4 m^2)]。

从上游管段和旁侧管段流入设计管段的平均流量以及集中流量对这一管段是不变的。

5.6.6 污水管道设计计算举例

【例 5.6-2】 某小城镇居住区街坊人口密度为 400 人/10^4m^2，居住区生活污水量标准为 100 L/(人·d)。街坊Ⅱ中有一工厂，其污水流量为 15 L/s，街坊Ⅴ中有一公共浴池，每天容纳 600 人洗浴，浴室开放 12h，其污水流量为 150

L/(cap·次),变化系数为1.0。

【解】 污水管设计计算方法与步骤如下:

1) 在街坊平面图上布置污水管道

从街坊平面图可知该区地势自西北向东南倾斜,坡度不大,无明显分水线,可划分一个排水流域。整个管道系统呈低边式布置。如图5.6.6-1所示。

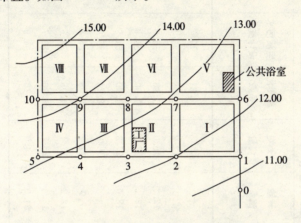

图5.6.6-1 污水管道平面布置图

2) 街坊编号并计算其面积,见表5.6.6-1。

街坊面积　　　　　　　　表5.6.6-1

街坊编号	I	II	III	IV	V	VI	VII	VIII
街坊面积($10^4 m^2$)	20	11.25	11.25	15	20	12.5	11.25	15

3) 划分设计管段,计算设计流量

将各管道中有本段流量进入的点(一般为街坊两端)、集中流量及旁侧支管接入的点作为设计管段的起迄点的检查井,并标上号码。

根据居住区人口密度与污水量标准100 L/(cap·d)计算面积比流量。即:

5 小城镇排水工程规划

表 5.6.6-2　某镇区污水管段设计流量计算

管段编号	沿线流量 街坊编号	沿线流量 街坊面积 (10^4 m^2)	沿线流量 比流量 q_0 [L/(s·10^4 m^2)]	沿线流量 流量 (L/s)	居住区生活污水设计流量 Q_1 转输流量 (L/s)	居住区生活污水设计流量 Q_1 平均流量 (L/s)	总变化系数 K_z	生活污水设计流量 (L/s)	集中流量 本段 (L/s)	集中流量 转输 (L/s)	设计流量 (L/s)
10~9	Ⅷ	15	0.463	7.0	—	7.0	2.24	15.7	—	—	15.6
9~8	Ⅶ	11.25	0.463	5.2	7.0	12.2	2.08	25.4	—	—	25.4
8~7	Ⅵ	12.5	0.463	5.8	12.2	18.0	1.98	35.6	—	—	35.7
7~6	Ⅴ	20	0.463	9.3	18.0	27.3	1.90	51.9	—	—	51.8
6~1	—	—	—	—	18.0	27.3	1.90	51.9	2.1	2.1	53.9
5~4	Ⅳ	15	0.463	7.0	—	7.0	2.24	15.6	—	—	15.6
4~3	Ⅲ	11.25	0.463	5.2	7.0	12.2	2.08	25.4	—	—	25.4
3~2	Ⅱ	11.25	0.463	5.2	12.2	17.4	1.98	34.5	15	—	49.5
2~1	Ⅰ	20	0.463	9.3	17.4	26.7	1.90	50.7	—	15	65.7
1~0	—	—	—	—	54.0	54.0	1.75	94.5	—	17.1	111.6

$$q_0 = 400 \times 100/86400 = 0.463 \ [L/(s \cdot 10^4 \ m^2)]$$

公共浴池最高时污水量计算

$$q_y = 150 \times 600 \times 1.0/(3600 \times 12) = 2.1 \ (L/s)$$

本例中有两个集中流量，在检查井3、6分别进入管道，相应设计流量为15L/s、2.1L/s。

各管段设计流量的计算见表5.6.6-2。

4）水力计算

确定各管段设计流量后，就可以从上游管段开始进行水力计算，见表5.6.6-3。

污水管道水力计算按下列步骤进行：

①从管道平面布置图上量出每一设计管段的长度，列入表中第2项。

②将计算管段的设计流量列入表中第3项，设计管段起讫点检查井处的地面标高列入表中第10、11项。

③计算每一设计管段的地面坡度（地面坡度＝地面高程差/距离），作为确定管道坡度的参考。例如管段10-9的地面坡度＝0.0033。

④确定起始管段的管径D以及设计流速v、设计坡度I、设计充满度h/D。根据管段设计流量，参照地面坡度，试定管径。例如管段10-9的设计流量15.6L/s，如采用200mm的管径，并使得设计充满度h/D不超过规范规定的0.60，则管道坡度必须采用0.0061，大于本管段的地面坡度0.0033。为使管道埋深减小，易采用较小坡度，加大管径，故选用250mm的管道，查水力计算图，当$Q=15.6$L/s时，$v=0.7$m/s、$I=0.0041$、设计充满度$h/D=0.47$，结果符合设计规定。设计数据列入表中4、5、6、7项。

⑤确定其他管段的管径D以及设计流速v、设计坡度I、设计充满度h/D。通常随着设计流量的增加，下一段管段的

管径一般会增大一级或两级（50mm 为一级），或保持不变，这样便可根据流量的变化确定管径。然后根据设计流速随设计流量的增大或不变的规律确定设计流速。查选定管径的水力计算图，查出相应 I 和 h/D 值，如 I 和 h/D 值符合设计规范要求，说明水力计算合理，将计算结果填入表 4.6.6-4 中相应的项。

⑥根据设计管段的设计长度和管道坡度求降落量。例如管段 9-10 的降落量为 $I·L = 180 \times 0.0041 = 0.74 \text{m}$，列入表中第 9 项。

⑦根据管径和充满度求管段的水深。例如管段 9-10 的水深为 $h = D · h/DL = 0.250 \times 0.047 = 0.117 \text{m}$，列入表中第 8 项。

⑧确定管网系统的控制点的埋深，应满足最小埋深的要求，并计算管段起端管底标高。

10 点离污水厂最远，可视为控制点，其埋深定为 1m。列入表中第 12 项。

⑨计算管段起端、终端的管底标高、水面标高及埋深。

10 点的管内底标高等于 10 点的地面标高减 10 点的埋深，为 $14.600 - 1.000 = 13.600\text{m}$，列入表中第 14 项。

9 点管内底标高等于 10 点管内底标高减降落量，为 $13.600 - 0.740 = 12.860\text{m}$，列入表中 15 项。

9 点埋深等于 10 点的地面标高减去 10 点的管内底标高，为 $14.000 - 120.860 = 1.07\text{m}$，列入表中 17 项。

管段起端、终端的水面标高等于相应点的管内底标高加水深。如管段 10-9 中 10 的水面标高为 $13.600 + 0.117 = 13.717\text{m}$，列入表中 12 项。9 点的水面标高为 $12.860 + 0.117 = 12.977\text{m}$，列入表中 13 项。

根据管段在检查井处采用的衔接方式，可确定下游管段的管内底标高。如管段7-6与6-1管径相同,采用水面平接,即管段7-6与6-1中的6点的水面标高相同,然后用6点的水面标高减去降落量,求得1点的水面标高,将6、1点的水面标高减去水深求出相应点的管内底标高,按上述求埋深的方法求出6、1点的埋深。管段10-9与9-8管径不同,采用管顶平接,即管段10-9与9-8中的9点的管顶标高相同,所以管段9-8中的9点的管内底标高为 12.860 + 0.300 - 0.250 = 12.810m,然后按前述方法求出8点的管内底标高,9、8点的管水面标高及埋深。

5) 污水管道水力计算应注意的问题

①必须仔细研究管网系统的控制点。各条管道的起端、低洼地区的个别街坊和污水出口较深的工业企业或公共建筑都是控制点的研究对象。

②必须仔细研究管道敷设坡度与地面坡度之间的关系。使确定的管道坡度,在保证最小流速的前提下,尽量减小管道埋深,同时便于支管的接入。

③水力计算自上游依次向下游管段进行,管径一般应沿程增大。当管道穿过陡坡地段时,管径可以由大变小,但减小范围不得超过 50~100mm。

④当地面高程有剧烈变化或地面坡度太大时,可采用跌水井,防止管内流速过大而冲刷损坏管壁。通常污水管道的跌落差大于1m时,设置跌水井;跌落差小于1m时,只把检查井中的流槽做成斜坡即可。

⑤在旁侧管与干管的连接点上,要考虑干管已定埋深是否可以允许旁侧管接入。同时避免旁侧管和干管产生回水,旁侧管中的设计流速不应大于干管中的设计流速。

某镇区污水管段水力计算　　表 5.6.6-3

管段编号	管段长度 L (m)	设计流量 Q (L/s)	管径 D (mm)	坡度 I	流速 v (m/s)	充满度 h/D	水深 h (mm)	降落量 IL (m)
1	2	3	4	5	6	7	8	9
10~9	180	15.6	250	0.0041	0.70	0.47	0.117	0.74
9~8	200	25.4	300	0.0035	0.75	0.49	0.153	0.70
8~7	200	35.7	350	0.0035	0.80	0.47	0.164	0.70
7~6	250	51.8	400	0.0030	0.84	0.49	0.196	0.75
6~1	300	53.9	400	0.0030	0.85	0.51	0.204	0.90
5~4	180	15.6	250	0.0041	0.70	0.47	0.117	0.74
4~3	200	25.4	300	0.0035	0.75	0.49	0.153	0.70
3~2	200	49.5	400	0.0025	0.78	0.51	0.204	0.50
2~1	250	65.7	450	0.0023	0.79	0.52	0.230	0.58
1~0	150	111.6	500	0.0026	0.97	0.57	0.285	0.39

计算结果　　表 5.6.6-4

标高 (m)						埋深 (m)	
地面		水面		管内底		起点	终点
起点	终点	起点	终点	起点	终点		
10	11	12	13	14	15	16	17
14.600	14.000	13.717	12.977	13.600	12.860	1.00	1.14
14.000	13.400	12.963	12.263	12.810	12.110	1.19	1.29
13.400	12.800	12.224	11.524	12.060	11.360	1.34	1.44
12.800	12.100	11.506	10.756	11.310	10.560	1.49	1.54
12.100	11.300	10.754	9.854	10.550	9.650	1.55	1.65
13.500	12.750	12.617	11.877	12.500	11.760	1.00	0.99
12.750	12.500	11.863	11.163	11.710	11.010	1.04	1.49
12.500	12.000	11.114	10.605	10.910	10.410	1.59	1.59
12.000	11.300	10.590	10.010	10.360	9.780	1.64	1.52
11.300	10.900	9.835	9.465	9.550	9.160	1.75	1.74

6）绘制管道平面图与纵剖面图

在水力计算结束后，将计算结果标注在图 5.6.6-2 上，该图即为本例题污水管道平面图。污水管道纵剖面图，反映管道沿线高程位置，它和管道平面布置图对应。如图 5.6.6-3 所示。图中画出地面高程线、管道高程线（常用双线表示管顶与管底）并注明检查井号、地面高程及管底高程、管径、长度、管道坡度、基础、管材等。常用比例尺为：横向 1:500～1:1000，纵向 1:50～1:100。

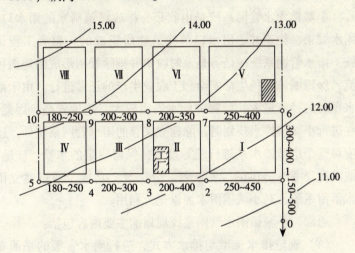

图 5.6.6-2　污水管道平面图

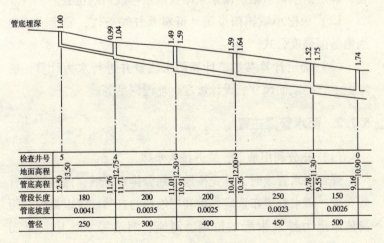

图 5.6.6-3　污水管道纵剖面图

5.7 小城镇雨水管网系统规划与水力计算

5.7.1 雨水管网系统规划内容

小城镇雨水管网系统是由收集、排放城镇雨水的雨水口、雨水管渠、检查井、出水口等构筑物所组成的一整套工程设施。雨水管网系统的任务是及时收集并排除暴雨形成的地面径流,保障城镇人民生命安全和工农业生产的正常进行。由于雨水短时的径流量大,所需的雨水管渠较大,造价较高。因此,在进行小城镇排水规划时,除建立完善的雨水管网系统外,还应对整个小城镇水系进行统筹规划,保留一定的水塘、洼地、截洪沟,考虑防洪的"拦、蓄、分、泄"功能,通过建立雨水蓄留系统,对小城镇雨水加以充分利用。

通常,小城镇雨水管网系统规划的主要内容包括:

(1) 确定排水流域与排水方式,进行雨水管渠的平面布置,确定雨水调节池、雨水泵站及雨水排放口的位置。

(2) 根据小城镇雨量统计资料及气候条件,确定或选定当地暴雨强度公式。

(3) 确定计算参数,计算雨水流量并进行水力计算,确定雨水管渠断面尺寸、设计坡度、埋设深度等。

5.7.2 雨水管渠布置

(1) 充分利用地形,就近排入水体

规划雨水管线时,首先按地形划分排水流域,然后进行管线布置。雨水管渠布置应尽量利用地形的自然坡度以最短的距离依靠重力排入附近的池塘、河流、湖泊等水体中(见图 5.7.2-1)。

5.7 小城镇雨水管网系统规划与水力计算

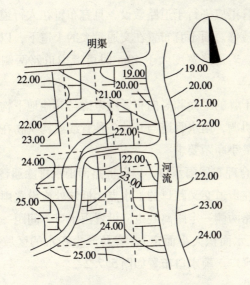

图 5.7.2-1 某地区雨水管渠平面布置示意图

一般情况下，当地形坡度变化大时，雨水干管宜布置在地形较低处或溪谷线上；当地形平坦时，雨水干管宜布置在排水流域中间，以便于支管的接入，尽可能扩大重力流排除雨水的范围。在地势较高的地方，雨水尽量就近自流排入河流。在地势较低的地方，尽量利用原有排水干渠、农灌渠和自然水沟把雨水相对集中到其出口处，并设置雨水排涝泵站。

（2）尽量避免设置雨水泵站

由于暴雨形成径流量大，雨水泵站的投资相对较大，而且雨水泵站一年中工作时间较短，利用率低。因此应尽量利用地形，使雨水靠重力排入水体，避免设置雨水泵站。如需设置，应把经过泵站排泄的雨水径流量减小到最小。

应根据建筑物的分布，道路布置及街区内部的地形等布置雨水管道，使街区内绝大部分雨水以最短的距离排入街道低侧雨水管道。

雨水管渠应平行于道路敷设，且宜布置在人行道或绿化带下，以便检修。而不宜布置在交通量大的干道下，以免积水时影响交通。若道路宽度大于40m时可考虑道路两侧分别设置雨水管道。

雨水干管的平面和竖向布置应考虑与其他地下构筑物在相交处相互协调，雨水管道与其他各种管线或构筑物在竖向布置上要满足最小净距要求。

（3）合理布置雨水口，以保证路面雨水排除通畅

一般在街道交叉路口的汇水点、低洼处应设置雨水口。此外，在道路两侧一定距离处也应设置雨水口，间距一般为25～50m（视汇水面积大小而定），容易产生积水的区域适当加密或增加雨水口。雨水口布置如图5.7.2-2。

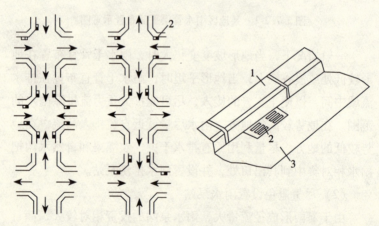

图5.7.2-2　雨水口布置

1—路边石；2—雨水口；3—道路路面

（4）合理开辟水体

规划中尽量利用洼地与池塘，或有计划地修建雨水调节池以便储存一部分雨水径流量，以便减小雨水管渠断面尺寸，节省投资。同时所开辟的水体可供景观娱乐，在缺水地区还可回

用于农业灌溉。

（5）雨水管道采用明渠或暗管应结合具体条件确定

在郊区、建筑密度较低或交通量较小的地区，可考虑采用明渠，以节省工程费用。在城区或工厂区内，建筑密度较大或交通量较大的地区，一般采用暗管。在受到埋深和出口深度限制的地区，可采用盖板明渠排除雨水。

此外，在每条雨水干管的起端，应尽可能采用道路边沟排除路面雨水，通常可减少暗管长度 100~150m。

（6）合理布置雨水出口

雨水出口有集中与分散两种布置形式。当管道排入池塘或小河沟时，由于雨水出口构造比较简单，一般造价不高，因此宜采用分散出口，有利于雨水就近排放。但当河流的水位变化很大时，管道出口离河道很远时，出水口的建筑费用很大，在这种情况下，不宜采用过多的出水口，宜采用集中出口。

（7）设置排洪沟排除设计地区以外的雨水径流

雨水排除应与防洪结合起来，位于山坡上或山脚下的小城镇，应在城郊设置排洪沟，以拦截从分水岭以内排泄下来的洪水，使之排入水体，保护镇区避免洪水危害。

5.7.3 雨水管渠水力计算

（1）水力计算规定

1）设计充满度

我国《室外排水设计规范》规定，雨水管道的设计充满度按满流考虑，即 $\dfrac{h}{D}=1$。明渠应有大于或等于 0.20m 的超高，街道边沟应有大于或等于 0.03m 的超高。

2）设计流速

为避免雨水所挟带的泥沙等无机物在管渠内沉淀下来而堵塞管道，雨水管道在满流时最小设计流速为 0.75m/s，明渠最小设计流速为 0.40m/s。

为避免管道因冲刷而损坏，影响及时排水，对雨水管渠的最大设计流速规定为：金属管道的最大设计流速为 10m/s，非金属管道的最大设计流速为 5m/s。明渠设计流速的最大值决定于渠道的铺砌材料及水深。当明渠水深为 0.4～1.0m 时，最大设计流速宜按表 5.7.3-1 确定。当水深小于 0.4m 时，表中数值乘以系数 0.85；当水深大于 1m 时，表中数值乘以系数 1.25；当水深大于或等于 2.0m 时，表中数值乘以系数 1.40。

明渠最大设计流速　　　　表 5.7.3-1

明渠类别	最大设计流速（m/s）	明渠类别	最大设计流速（m/s）
粗砂或低塑粉质黏土	0.08	草皮护面	1.6
粉质黏土	1.0	干砌块石	2.0
黏土	1.2	浆砌块石或浆砌砖	3.0
石灰岩或中砂岩	4.0	混凝土	4.0

管渠设计流速应在最小设计流速与最大设计流速范围内。

3) 最小设计坡度与最小管径

雨水管道的最小设计管径为 300mm，相应的最小设计坡度为 0.003，雨水口连接管道的最小设计管径为 200mm，相应的最小设计坡度为 0.01。梯形明渠底宽最小为 0.3m。

4) 最小埋深与覆土厚度

具体规定同污水管道。在冰冻深度小于 0.6m 的地区，可采用无覆土的地面式暗沟。

5) 雨水管道在检查井内连接

一般采用管顶平接。不同断面管道必要时也可采用局部管段管底平接。

(2) 水力计算的方法

雨水管渠水力计算仍按均匀流考虑，其水力计算公式与污水管道相同，但按满流（即 $h/D=1$）计算。在实际计算中，通常采用根据公式计算制成的水力计算图或水力计算表，供设计时使用。

对每一计算管段而言，通过水力计算主要确定5个水力因素：管径 D、粗糙系数 n、水力坡度 I、流量 Q、流速 v。在工程设计中，通常选定管材之后，n 即为已知数值，而设计流量 Q 也是经过计算后求得的已知数，在实际中，可以参考地面坡度，假定管底坡度，从水力计算图（图5.7.3-1）或水力计算表求得 D 及 v 值，并使所求得的 D、v、I 各值符合水力计算基本数据的技术规定。

【例 5.7-1】 已知：$n=0.013$，$Q=200\text{L/s}$，该管段地面坡度为 $i=0.004$，试计算该管段的管径 D、流速 v 及管底坡度 I。

【解】 设计采用 $n=0.013$ 的水力计算图，如图5.7.3-1所示。

在横坐标轴上找到 $Q=200\text{L/s}$ 值，作竖线，在纵坐标轴上找到 $I=0.004$ 值，作横线。两线相交，得到 $v=1.17\text{m/s}$，D 值界于 $D=400\sim500\text{mm}$ 两斜线之间，须进行调整。

设 $D=400\text{mm}$，将 $Q=200\text{L/s}$ 值的竖线与 $D=400\text{mm}$ 的斜线交点，图中得到 $I=0.00092$，及 $v=1.60\text{m/s}$，此结果符合要求，但 I 与原地坡度相差较大，将增加管道埋深，不宜采用。

设 $D=500\text{mm}$，将 $Q=200\text{L/s}$ 值的竖线与 $D=500\text{mm}$ 的斜线相交，得到 $I=0.0028$，及 $v=1.02\text{m/s}$，此结果合适，故决定采用。

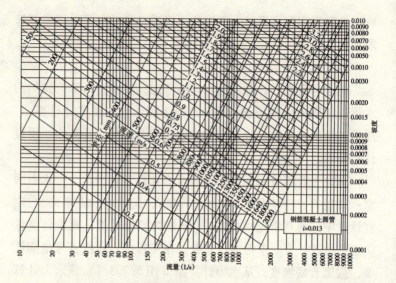

图 5.7.3-1 钢筋混凝土圆管水力计算图（D 以 mm 计）

(3) 规划设计步骤

1) 划分排水流域和管道定线

根据小城镇规划和排水区的地形，划分排水流域。结合建筑物及雨水口分布，布置雨水管渠系统，绘制水力计算简图。

2) 划分设计管段

把两个检查井之间流量没有变化且预计管径和坡度也没有变化的管段定为设计管段，并从上游往下游按顺序进行检查井的编号。

3) 划分并计算各设计管段的汇水面积

各设计管段汇水面积的划分结合地形坡度、汇水面积的大小、以及雨水管段布置等情况而划定。地形平坦时，可按就近排入附近雨水管道的原则，把汇水面积按周围管道布置，用分角线划分汇水面积；地形坡度较大时，应按地面雨水径流的水流方向划分汇水面积。并将每块面积进行编号，计算面积的数值标注在图中。汇水面积除街区外，还包括街道、绿地。

4）确定各排水流域的平均径流系数

通常根据排水流域内各类地面的面积数或所占比例，计算出该排水流域的平均径流系数。也可根据规划地区类别，采用区域径流系数。

5）确定设计重现期 P、地面集水时间

结合区域性质、汇水面积、地形及管渠溢流后的损失大小等因素，确定设计重现期 P。

根据该地区建筑密度情况，地形坡度和地面覆盖种类，街区设置雨水暗管与否等，确定雨水管道的地面集水时间。

6）求单位面积径流量

暴雨强度与径流系数的乘积，称为单位面积径流量。只要求得各管段的管内雨水流行时间，就可求出相应与该管段的值。

7）列表进行雨水管渠流量和水力计算，确定管渠断面尺寸、坡度、管底标高及管道埋深等值。

8）绘制雨水管渠平面图及纵剖面图。

(4) 管道水力计算举例

【例 5.7-2】 已知1）某小区局部地段其旁侧有河，河底标高 -1.50m，河床水位标高为 $-1.00 \sim -1.50$ m。

2）小区内地面高出道路 0.5m，小区内雨水管起点最小覆土 0.5m（冰冻线极值在地面下 0.57m）。小区内雨水水流长度 $200 \sim 250$m，平均坡降 $0.004 \sim 0.005$，地形平坦，无明显分水线。

3）该小城镇暴雨强度公式为 $q = 880(1 + 0.86 \lg P)/(t + 4.6)^{0.62}$；

4）该区综合径流系数为 0.52；

5）设计重现期 $T = 2$a。试进行该区雨水排水系统的水力计算。

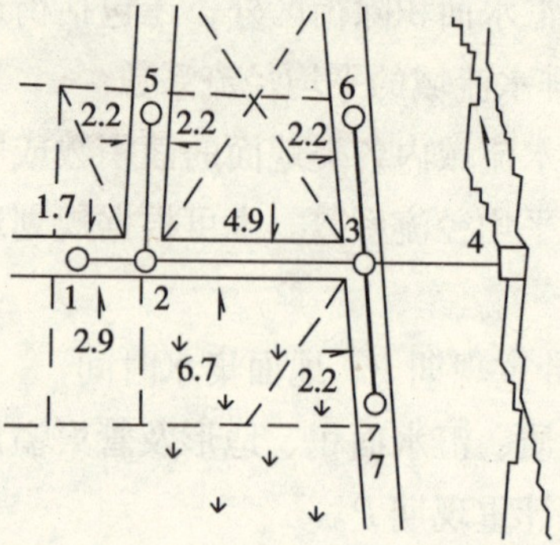

图 5.7.3-2 雨水管道汇水面积划分

【解】 1）因河床很浅，该区地形平坦低洼，部分管道在正常水位以下，对雨水排出不利，为控制管道埋深，避免修建众多雨水泵站，节约投资，尽量减少雨水汇流，靠重力流就近排出。根据小区内雨水排水情况，定出道路上雨水管最小覆土为1.0m，最大管底高程控制在绝对标高 −1.50m 以内。

2）该地区地形平坦，无明显分水线，故排水流域按城镇主要街道的汇水面积划分。其中某局部地段雨水管道布置和沿线汇水面积见图 5.7.3-2。

3）划分设计管段，并将设计管段的检查井依次编号，将各设计管段的长度记入表 5.7.3-3 中第 2 项。计算每一设计管段所承担的汇水面积，见表 5.7.3-2。

汇水面积计算表　　表 5.7.3-2

设计管段编号	本段汇水面积（$10^4 m^2$）	转输汇水面积（$10^4 m^2$）	总汇水面积（$10^4 m^2$）
1~2	4.6	0	4.6
5~2	4.4	0	4.4
2~3	11.6	9	20.6
6~3	2.2	0	2.2
7~3	2.2	0	2.2
3~4	—	25	25

4）根据街坊面积、地面坡度、地面覆盖及街坊内部雨水管渠情况，取地面集水时间为10min，$m=2.0$。

5）重现期采用2a，单位面积径流量为：

$$q_0 = \psi q = 0.52 \times \frac{880\ (1+0.86\lg 2)}{(t+4.6)^{0.62}}$$

$$= \frac{1107.8}{\left(14.6+2\sum\dfrac{L}{60v}\right)^{0.62}}\ [\mathrm{L/(s \cdot ha)}]$$

其中管段2~3、7~3汇水面积的径流系数因林木公园应重新计算数值，2~3管段径流系数为0.42、7~3管段径流系数为0.20。

6）已确定道路上雨水管最小覆土为1.0m，故1、5、6、7点的覆土深度定为1.0m。列表进行水力计算，结果见表5.7.3-3和图5.7.3-3。

雨水管道水力计算表　　　表5.7.3-3

设计管段编号	管长L (m)	汇水面积F ($10^4\mathrm{m}^2$)	管内雨水流行时间 (min) $2\sum L/60v$	管内雨水流行时间 (min) $2L/60v$	单位面积径流量 ($\mathrm{L/s \cdot 10^4 m^2}$)	设计流量Q (L/s)	管径D (mm)	流速 (m/s)
1	2	3	4	5	6	7	8	9
1~2	120	4.6	0	3.92	109.29	502.7	800	1.02
5~2	265	4.4	0	9.01	109.29	480.9	800	0.98
2~3	375	20.6	9.01	10.50	65.52	1349.78	1200	1.19
6~3	250	2.2	0	9.58	109.29	240.44	600	0.87
7~3	250	2.2	0	11.26	42.03	92.48	400	0.74
3~4	175	25	12.93		73.75	1843.87	1400	1.21

续表

坡度 I (‰)	管道输水能力 (L/s)	坡降 (m)	设计地面标高 (m)		设计管内底标高 (m)		埋深 (m)	
			起点	终点	起点	终点	起点	终点
10	11	12	13	14	15	16	17	18
1.5	512	0.18	2.35	2.35	0.55	0.37	1.80	1.98
1.4	494	0.37	2.15	2.35	0.35	−0.02	1.80	2.37
1.2	1350	0.45	2.35	2.30	−0.42	−0.87	2.77	3.17
1.6	246	0.40	2.15	2.30	0.55	0.15	1.60	2.15
2.0	93	0.50	2.45	2.30	1.05	0.55	1.40	1.75
1.0	1860	0.18	2.30	2.30	−1.07	−1.25	3.37	3.55

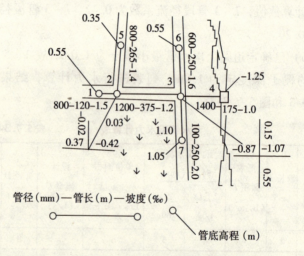

图 5.7.3-3 雨水管道水力计算结果图

5.8 小城镇合流制管网系统规划与水力计算

5.8.1 合流制管网系统的使用条件

（1）排水区域内有一处或多处水源充沛的水体，其流量和流速足够大，一定量的混合污水溢入水体后对水体的污染在允许范围内。

(2) 街坊和街道建设比较完善，必须采用暗管（渠）排除雨水，而街道横断面较窄，管渠的设置位置受到限制。

(3) 地面有一定的坡度坡向水体，当水体水位较高时，岸边不受淹没，污水中途不需要设置泵站提升。

(4) 水体卫生要求特别高的地区，污、雨水均需要处理者。

规划中考虑采用合流制排水系统时，必须要满足环境保护要求，充分考虑水体环境容量的限制，根据当地小城镇建设和地形条件合理选用。

5.8.2 合流制管网系统的布置

合流制管网系统除应满足管渠、泵站、污水处理厂、出水口等布置的一般要求外，尚应考虑以下要求：

(1) 管渠的布置应充分考虑生活污水、工业废水及雨水的顺利排除，结合地形以最短的距离坡向水体。支管、干管布置基本同雨水管渠布置方法相同。

(2) 沿水体岸边布置与水体平行的截流干管，在截流干管的适当位置设置溢流井，使溢流混合污水能顺利通过溢流井就近排入水体。

(3) 溢流井数目不宜过多，位置选择要恰当，并适当集中，最好靠近水体，以缩短排放管渠的长度，尽可能结合排涝泵站与中途泵站一起修建，降低工程造价。

(4) 在合流制管网的上游排水区域，如果雨水可沿地面的街道边沟排泄，则该区域可只设置污水管道。只有当雨水不能沿地面排泄时，才考虑布置合流管渠。

5.8.3 合流制排水管网水力计算

(1) 设计计算规定

1) 合流制排水管渠的设计充满度一般按满流考虑，即 $h/$

$D=1$。

2)合流管道(满流时)最小设计流速为 0.75m/s。晴天时,合流管内污水充满度较小,污水在管渠内沉淀而堵塞管道,需校核旱流量时管内流速,一般不宜低于 0.2~0.5m/s。

3)最大设计流速、最小设计坡度、最小管径与最小埋深要求基本上和雨水管渠的设计相同。

(2)水力计算内容

合流制排水管网水力计算内容通常包括:溢流井上游合流管渠的计算,截流干管及溢流井的计算,晴天旱流情况校核。

溢流井上游合流管渠的计算与雨水管网的计算基本相同,只是它的设计流量要包括雨水、生活污水和工业废水。

截流干管及溢流井的计算主要是合理地确定所采用的截流倍数,根据截流倍数确定截流干管的设计流量及通过溢流井的泄入水体的流量,然后进行截流干管和溢流井的水力计算。

晴天旱流量校核应使旱流时流速能满足污水管渠最小流速的要求。当不能满足这一要求时,可修改设计管段的管径与坡度。但由于河流管渠中旱流量相对较小,特别是在上游管段,旱流量校核往往不能满足最小流速的要求,此时可在管渠底设置缩小断面的流槽以保证旱流时的流速,或加强养护管理,利用雨天流量冲洗管渠,以防淤塞。

5.8.4 小城镇旧合流制排水管网系统的改造

目前,许多小城镇缺乏完善的排水系统,排水管网普及率约为 40%~60%,多数为直泄式合流制系统,对水体造成严重污染。随着小城镇经济的迅速发展,小城镇水环境污染加剧,在进行小城镇排水规划时,必须对原有的排水管渠进行改建。

(1)改合流制为分流制

一般将旧合流制管渠改建后作为单纯排除雨水(或污水)

的管渠系统，另外新建污水（或雨水）管渠系统。这样，比较彻底地解决了污水对水体的污染问题。住房内部有完善的卫生设备；小城镇街道横断面有足够的位置，允许设置由于改建成分流制需增设的管道，并且施工中对交通不会造成较大影响；旧排水管渠输水能力不足，或管渠损坏渗漏比较严重，需彻底翻修，增大管径，铺设新管线。通常，在以上情况下可考虑将合流制改为分流制。

(2) 保留合流制，修建截流干管

有的小城镇将合流制改为分流制往往很困难，并受到巨大投资的限制，短期内很难实现。所以，旧合流制排水系统的改造大多数改为截流式合流制。且截流干管的设置与小城镇河道整治及防洪、排涝工程规划结合起来。

为解决溢流对水体的污染，应对合流制溢流进行严格控制，其措施与方法有以下几点：

1) 源控制

通过保持街道路面的洁净；经常冲刷沉积于管道内的沉积物及控制大气沉降物等，控制造成雨水径流污染的污染源。

2) 优化流量调节、控制系统

加强改善现有管道系统的流量调节、控制系统，可以提高截流管的运载能力。例如运用在线与真时控制系统，调节截流管的流量，优化溢流时间与地点。

3) 通常采取对溢流的混合污水进行适当处理

修建地下贮水池或管道贮存初期雨水，并进行格栅沉淀处理，在非雨季时慢慢泄空或利用。

4) 对溢流的混合污水量进行控制

在土壤有足够渗透性且地下水位较低的地区，可采用提高地表持水能力和地表渗透能力的措施减少暴雨径流，从而降低溢流混合污水量。

5.9 排水泵站、管渠材料及管道附属构筑物

5.9.1 排水泵站

小城镇污水、雨水因受地形条件、地址条件、水体水位等因素的限制，不能以重力流方式排除，以及污水处理厂为了提升污水（或污泥）时，需要设置排水泵站。

排水泵站按排水的性质可分为污水泵站、雨水泵站、合流泵站和污泥泵站四类。按泵站在排水系统中所处的位置可分为中途泵站、局部泵站和终点泵站（图5.9.1-1）。按排水泵启动的方式可分为自灌式泵站和非自灌式泵站。为了使排水泵站设备简单、启动和管理方便，应首先考虑采用自灌式泵站。

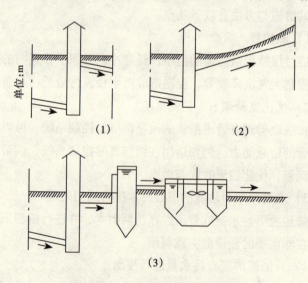

图 5.9.1 污水泵站的设置地点
1—中途泵站；2—局部泵站；3—终点泵站

排水泵站主要由泵房、集水池、格栅、辅助间及变电室组成。

排水泵站的型式主要根据进水管渠的埋深、进水流量、地质条件等而定。排水泵站按泵房与集水池的组合方式分为合建式和分建式两种。当集水池很深，泵房很大时，宜采用分建式。按泵站的平面形状可分为圆形和矩形两种。对于雨水泵站，按水泵是否浸入水中可分为湿式泵站和干式泵站。

小城镇排水泵站宜单独设置，与住宅、公共建筑间距应符合有关要求，周围宜设置宽度不小于10m的绿化隔离带，以减轻对周围环境的影响。在受洪水淹没的地区，泵站入口设计地面高程应比设计洪水位高出0.5m以上，必要时可设置闸槽等临时防洪措施。

排水泵站占地面积随流量、性质等不同而相异。应参考全国市政工程投资估算指标的雨（污）水泵站用地指标（表5.9.1），结合当地实际情况，分析、比较选定。

泵站建设用地指标（m²）　　表 5.9.1

泵站性质	建设规模			
	Ⅰ	Ⅱ	Ⅲ	Ⅳ
污水泵站	2000~2700	1500~2000	1000~1500	600~1000
合流泵站	1500~2200	1200~1500	800~1200	400~800

注：①建设规模：Ⅰ类：20~50万 m³/d；Ⅱ类：10~20万 m³/d；Ⅲ类：5~10万 m³/d；Ⅳ类：0.5~2万 m³/d。

②表中指标为泵站围墙内，包括整个流程中构筑物和附属建筑物、附属设施等占地面积。

③小于Ⅳ类规模的泵站，用地面积按Ⅳ类规模的控制指标。大于Ⅰ类规模的泵站，每增加10万 m³/d，用地指标增加300~400m²。

5.9.2 排水管渠材料

排水管渠必须满足一定的要求，才能保证正常的排水功能。如排水管渠必须具有足够的强度，以承受外部的荷载和管道内部的水压；能抗冲刷、防渗、耐磨损和防止腐蚀；内壁整齐光滑，水流阻力小；便于就地取材，以降低管渠的造价及运输和施工的费用。

目前常用的排水管渠主要是混凝土管和钢筋混凝土管、陶土管、金属管、砖石管渠及塑料管等。

(1) 混凝土管和钢筋混凝土管

混凝土管和钢筋混凝土管在排水工程中应用极为广泛。多用于污水和雨水的排除。它们一般有承插式、企口式和平口式3种接口方式。混凝土管管径一般不超过600mm，长度不大于1m，适用于管径较小的无压管；当直径大于400mm时，一般做成钢筋混凝土管，长度为1~3m，多用在埋深较大或地质条件不良的地段。混凝土管和钢筋混凝土管可以在专门的工厂预制，也可以现场浇制。

(2) 陶土管

陶土管是用塑性黏土焙烧而成。根据需要做成无釉、单面釉及双面釉的陶土管。陶土管的管径一般不超过500~600mm，有效长度为400~800mm，其接口形式有承插式和平口式等。适用于排除腐蚀性工业废水或铺设在地下水侵蚀性较强的地方。

(3) 金属管

金属管有铸铁管和钢管。室外重力排水管道较少采用。只用在抗压或防渗要求较高的地方。如泵站的进出水管，穿越河流、铁路的倒虹管。

(4) 大型排水管渠

排水管道的预制管径一般小于2m，当设计管道断面大于1.5m时，可建造大型排水管渠。常用材料有砖、石、陶土块、混凝土和钢筋混凝土等。一般现场浇制、铺砌和安装。

(5) 其他

随着新型建筑材料的不断研制，用于排水管渠的材料日益增多。例如玻璃纤维钢筋混凝土管、玻璃纤维离心混凝土管和聚氯乙烯管等。

5.9.3 常用附属构筑物

（1）雨水口

雨水口是在雨水管渠或合流管渠上收集雨水的构筑物。地面及街道路面上的雨水经雨水口通过雨水连接管流入排水管渠。

雨水口一般应设置在交叉路口、道路两侧边沟的一定距离处及设有道路边石的低洼处。雨水口的形式与数量通常按汇水面积所产生的径流量确定。雨水口设置间距一般为25～50m，在低洼地段适当增加雨水口的数量。

雨水口由连接管和街道排水管渠的检查井连接。连接管的最小管径为200mm，坡度一般为0.01，连接到同一连接管上的雨水口不宜超过3个。

（2）检查井

检查井是排水管渠上连接其他管渠以及供养护工人检查、清通的构筑物。通常设在管渠交汇、变径、变坡及方向改变处，以及相隔一定距离的直线管段上。检查井在直线管段上的最大间距一般按表5.9.3采用。检查井有不下人的浅井和需下人的深井。

	检查井最大间距	表5.9.3
管径或暗渠净高（mm）	最大间距（m）	
	污水管道	雨水（合流管道）
200～400	40	50
500～700	60	70
800～1000	80	90
1100～1500	100	120
1600～2000	120	120

注：管径或暗渠净高大于2000mm时，检查井的最大间距可适当增大。
引自《室外排水设计规范》(GB 50014—2006)。

(3) 跌水井

跌水井是设有消能设施的检查井。常用的跌水井有竖管式和溢流堰式。前者适用于管径等于或小于 400mm 的管道系统，后者适用于管径大于 400mm 的管道系统。当跌水落差小于 1m 时，一般只把检查井底部做成斜坡，不设跌水井。

(4) 溢流井（图 5.9.3-1）

在截流式合流制管渠系统中，通常在合流管渠与截流干管的交汇处设置溢流井。分为截流槽式、溢流堰式和跳跃堰式 3 类。

(5) 出水口

出水口是使废水或雨水排入水体并与水体很好地混合的工程设施。其位置与形式，应根据出水水质、水体水位及其变化幅度、水流方向、主导风向、岸边地质条件及下游用水情况而定。并取得当地卫生主管部门和航运管理部门的同意。

雨水出水口一般都采取非淹没式，管底最好不低于多年平均洪水位，一般在常水位以上，以免倒灌。污水管的出水口一般都采取淹没式，出水口管顶高程在常水位以下，利于污水与水体充分混合。

常用的出水口形式有淹没式、江心分散式、一字式和八字式。

出水口最好采用耐浸泡、抗冻胀的材料砌筑。

(6) 倒虹管

小城镇污水管道穿越河道、铁路及地下构筑物，不能按原有坡度埋设，而是按凹的折线方式穿越障碍物，这种管道称为倒虹管。倒虹管一般由进水管、下行管、水平管、上行管和出水管组成。图 5.9.3-2 为一穿越河道的倒虹管。

倒虹管应尽量与障碍物正交通过，以缩短倒虹管的长度。倒虹管的管顶与河床距离一般不小于 0.5m，工作管线一般不

5.9 排水泵站、管渠材料及管道附属构筑物

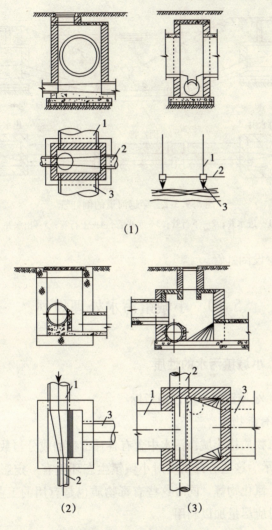

图 5.9.3-1 溢流井
(1) 截流槽式；(2) 溢流堰式；(3) 跳跃堰式
1—合流管渠；2—截流干管；3—排出管渠

少于 2 条，但通过谷地、旱沟或小河时，可以敷设一条。倒虹管施工困难，造价高，不易管理维护，在小城镇排水规划时，

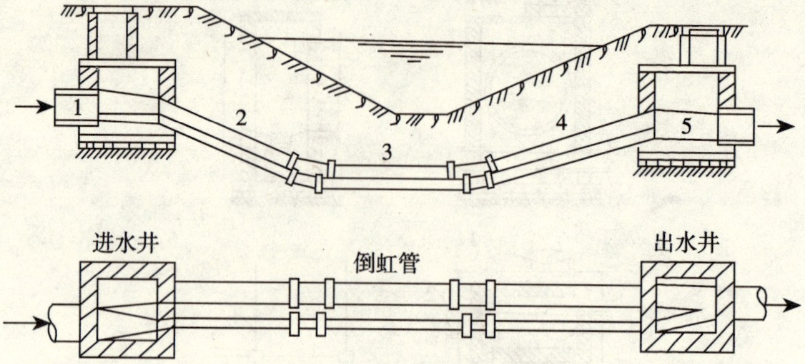

图 5.9.3-2　穿越河道的倒虹管
1—进水井；2—下行管；3—水平管；4—上行管；5—出水井

应尽量少设倒虹管。

5.10　小城镇污水处理规划

5.10.1　小城镇污水的性质

（1）小城镇污水的污染指标

1) 有毒物质

有毒物质指小城镇污水中含有各种毒物的成分与数量，用 mg/L 表示。这些有毒物质对小城镇生态环境有一定影响，如汞、镉、氰化物等。同时这些有毒物质也是有用的工业原料，有条件时应尽量加以利用。

2) 有机物

小城镇污水中含有大量的有机物，当它排入水体后，使水中溶解氧降低，甚至完全缺氧。由于污水中有机物的种类繁多，成分复杂，直接测定污水中有机物的含量较为困难。一般采用生化需氧量（BOD）和化学需氧量（COD）两个指标，间接地表示污水中有机物。

生化需氧量（BOD）指水中有机物在有氧的情况下被微生物分解过程中所消耗的氧量。单位通常用 mg/L 表示，即单位体积污水所消耗游离氧的数量。化学需氧量（COD）指用强氧化剂—重铬酸钾氧化水中有机物所耗的氧化剂的当量，单位为 mg/L。化学需氧量（COD）高于生化需氧量（BOD）。

3）固体物质

污水中呈固体状态的物质，称为固体物质。它可分为悬浮固体物质与溶解固体物质两类。单位用 mg/L 表示，悬浮固体物质与溶解固体物质之和，称为总固体。

4）pH 值

表示污水呈酸性或碱性的标志。生活污水一般呈碱性，而工业废水则是多种多样，其中不少呈强酸性或强碱性。它对水环境的保护、污水处理工艺及水工构筑物有一定影响。

5）氮、磷

氮和磷属于植物性营养物质，是导致湖泊、水库等缓流水体富营养化的主要物质。

6）感官指标

小城镇污水呈现颜色、气味，影响水体的物理状态，降低水体使用价值。水温升高，使得水中溶解氧含量降低，破坏水环境的生态平衡。

以上是衡量污水水质的几项主要的常用指标，对于某些特殊水质，根据实际需要酌情考虑。

(2) 小城镇污水的性质

小城镇污水水质完全不同于城市污水，各个小城镇之间的污水水质完全不同，没有类比性。小城镇污水的性质取决于其成分，不同性质的污水反映出不同的特征。它受小城镇性质和城镇现有的排水系统，特色工业废水量、水质，气温，水资源以及经济发展水平等因素的影响。

我国大多数小城镇属于综合性城市,即居住、商贸、工业混杂在一起,所以小城镇污水既具有生活污水的特征,又具有工业废水的特征。

生活污水含有碳水化合物、蛋白质、氨基酸、脂肪等有机物,具有一定的肥效,可用于农田灌溉。生活污水一般不含有毒物质,但含大量的细菌和寄生虫卵,其中可能包括致病细菌,具有一定危害,需处理。生活污水成分比较固定,只是各城市生活污水的浓度有所不同。

生产废水的成分主要取决于生产过程中所用的原料和工艺情况。其特点是所含成分复杂,变化大,多半具有危害性。只有根据每一工厂的具体情况来分析其污水的性质。

(3) 小城镇污水排放标准

为了保护小城镇水环境,必须严格控制排入水体的污水水质。通常污水在泄入水体前,必须处理,以减少或消除污水对水体的污染。

1) 凡直接排入市区污水管道内的污、废水要符合国家排放标准《污水排入城市下水道水质标准》(CJ 3028—1999)的要求。

2) 凡有毒、有害及不易生物降解物质的工业废水,不允许直接排入市政排水管道,必须自行处理,达到国家标准《污水综合排放标准》(GB 8978—1996)的要求。

3) 排入受纳水体的污水水质,应符合国家标准《地面水环境质量标准》(GB 3838—2002)、《工业设计卫生标准》(GBZ 1—2002)、《海水水质标准》(GB 3097—1997)、《渔业水质标准》(GB 11607—89) 等的要求。

4) 污水处理厂出水应满足《城市污水处理厂污水污泥排放标准》(CJ 3025—1993) 的要求。

(4) 水体自净

水体具有一定净化水中污染物的能力，称为水体自净。水体自净过程很复杂，经过水体的物理、化学与生物的综合作用，使排入水体的污染物浓度，随时间的推移在向下游流动的过程中自然降解。经过一段距离后，水体逐渐恢复到未污染前的清洁状态。

水体自净能力有一定限度，即水环境对污染物质都有一定的承受能力，叫环境容量。如果水体承纳过多污水，则会破坏水体自净能力。随着小城镇发展，污水量不断增加，往往上游河流的污染尚未净化，又再次受到下游小城镇或工厂排出污水的污染，以致整段河流都处于污染状态。所以小城镇总体规划和排水工程系统规划，一定要充分考虑流域水体的环境容量，并从整个区域和流域来处理水污染控制问题。

5.10.2 小城镇污水处理与利用的基本方法简介

(1) 污水处理方法

小城镇污水中含有许多有害及有用的物质，需经处理后才能排放。污水处理技术，就是采用各种技术与手段，将污水中所含的污染物质分离去除、回收利用，或将其转化为无害物质，使水得以净化。

现代污水处理技术，按其作用原理，可分为物理法、化学法和生物法三类。对于小城镇污水的处理，普遍采用物理法和生物法，化学法通常用于工业废水处理。

1) 物理处理法

小城镇污水物理处理主要是利用物理作用去除水中呈悬浮固体状态的污染物质，在处理过程中不改变其化学性质。属于物理法的处理技术主要有以下几种：

①筛滤（截留）　利用筛滤介质截留水中的悬浮物。属于筛滤处理的设备有格栅、筛网、滤池、微滤机等。

②沉淀（重力分离）　利用污水中的悬浮物和水密度不同的原理，借助重力沉降（或上浮的作用），使其从水中分离出来。沉淀处理设备有沉砂池、沉淀池、隔油池、气浮池。

③离心与旋流分离　利用悬固体和废水质量不同造成的离心力不同，让含有悬浮固体或乳化油的废水在设备中高速旋转，结果质量大的悬浮固体被抛甩到废水外侧，使悬浮固体与废水通过不同的排出口得以分离。其处理设备有离心机、旋流分离器。

④气浮　将空气打入污水中，并使其以微小气泡的形式由水中析出，污水中密度接近于水的颗粒状的污染物质粘附到空气泡上，并随气泡上升至水面，形成泡沫浮渣而去除。根据空气打入方式的不同，气浮处理设备有加压溶气气浮法、叶轮气浮法和射流气浮法等。

⑤反渗透　用一种特殊的半渗透膜，在一定的压力下将水分子压过膜的一侧，而溶解于水中的污染物质则被膜所截留，污水被浓缩，而被压透过膜的水就是处理过的水。

2）化学处理法

污水的化学处理法，就是通过投加化学物质，利用化学反应作用来分离、回收污水中的污染物，或使其转化为无害的物质。其基本工艺主要有：混凝法、中和法、氧化还原法、吸附法、离子交换法、电渗析法等。

3）生物处理法

污水的生物处理法，就是利用微生物的新陈代谢作用，使污水中的不稳定有机物降解和稳定的过程，主要去除污水中胶体和溶解性的有机物。

生物法分为自然生物处理与人工生物处理两类。自然生物处理就是利用土壤与水体中的微生物，在自然条件下进行的生物化学过程来净化污水的方法。人工生物处理是人为地创造微生物生活的有利条件，使其大量繁殖，提高污水净化效率。此外，根据微生物在分解氧化有机物过程中对游离氧的要求不同，生物法又可分为好氧生物处理和厌氧生物处理。污水处理常用好氧生物处理，高浓度有机废水及污泥处理常用厌氧生物处理。污水的好氧生物处理技术又分为活性污泥法和生物膜法两类。

①活性污泥法　活性污泥法是在人工充氧条件下，对污水和各种微生物群体进行连续混合培养，形成活性污泥。利用活性污泥的生物凝聚、吸附和氧化作用，以分解去除污水中的有机污染物。然后污泥与水分离，大部分污泥再回流到曝气池，多余部分则排出活性污泥系统。活性污泥处理系统主要由反应器—曝气池、曝气系统、污泥回流系统、二次沉淀池等单元组成。这是目前使用很广泛的一种生物处理方法。

活性污泥法经过几十年的发展与变革，已出现多种运行方式。其工艺主要有：传统活性污泥法，BOD 去除率可达 90% 左右，适于处理净化程度和稳定程度要求较高的污水；分段进水活性污泥法、延时曝气活性污泥法，适于处理对处理水质要求高又不易采用污泥处理技术的小城镇污水和工业废水，水量不易超过 $1000 m^3/d$ 的污水；厌氧—耗氧活性污泥法（A/O）、间歇式活性污泥法（SBR）、AB 法、氧化沟法等。

②生物膜法　生物膜法是采用各种不同载体，通过污水与载体的不断接触，在载体上繁殖生物膜，利用膜的生物吸附和氧化作用，降解去除污水中的有机污染物，脱落下来的生物膜与水进行分离。活性污泥处理法的工艺包括生物滤池（普通生物滤池、高负荷生物滤池、塔式生物滤池）、生物转盘、生物接触氧化设备和生物硫化床等。

③自然生物处理法　小城镇污水自然生物处理系统的特点，是利用生态工程学的原理及自然界微生物的作用对废水污

水进行净化处理。在稳定塘、水生植物塘、湿地（天然的、人工的）、土地处理系统以及上述处理工艺的组合系统中，菌藻及其他微生物、浮游动物、底栖动物、水生植物和农作物及水生动物等进行多层次、多功能的代谢过程，可使污水中的有机物、N、P等营养素的某些其他污染物进行多级转换、利用和去除，从而实现污水的无害化、资源化和再利用。因此，自然生物处理符合生态学的基本原理，且具有投资省、运行维护费用低、净化效率高等特点，在小城镇应优先使用。

自然生物处理的基本工艺包括土地处理系统（慢速渗滤、快速渗滤、地表漫流、湿地、地下渗滤）和稳定塘处理系统（厌氧塘、兼氧塘、耗氧塘、曝气塘、深度处理塘、控制出水塘、水生生物塘）两种。实际运用中，往往采用多种工艺的结合，如：稳定塘+土地处理的复合工艺系统，不同稳定塘的串联系统等，充分发挥各自特点和优势，组合成优化的工艺流程，使出水达到预定的标准。例如，我国目前广泛采用灌溉田技术，它是利用土地对污水进行天然处理一种设施。一方面利用污水培育植物；另一方面利用土壤和植物净化污水。

④厌氧生物处理法　厌氧生物处理法就是利用兼性厌氧菌在无氧的条件下降解有机污染物。主要用于处理高浓度、难降解的有机工业废水及有机污泥。厌氧生物处理法的基本工艺包括污泥消化法（消化池）、厌氧接触法（厌氧滤池、厌氧转盘）、厌氧污泥床（上流式厌氧污泥床、厌氧流化床）等。该法能耗低且能产生能量，污泥产量少。

（2）污泥处置与利用

污泥是污水处理过程中的副产物，约占处理水量的0.3%~0.5%左右。污泥中含有大量的细菌和寄生虫卵、有毒有害物质、有机物及重金属离子及N、P、K等有用物质。为满足环境卫生方面要求，污泥需要及时处理与处置，使污泥达到减量、稳定、无害化与综合利用的目的。

污泥处理的主要方法包括减量处理（如浓缩法、脱水等），稳定处理（如厌氧消化法、耗氧消化法），综合利用（如消化气利用、污泥农业利用等），最终处置（如干燥、焚烧、填埋、投海等）。污泥处理与利用方法的选择取决于当地条件、环境保护要求、投资情况、运行费用及维护管理等多种因素。污泥处理与利用的基本流程如图5.10.2所示。

图 5.10.2　污泥处理与利用的基本流程

5.10.3　小城镇污水处理方案的选择

（1）主要原则

小城镇污水处理耗资较大，运行管理费用较高，对环境卫生影响大。规划中必须慎重选择小城镇污水处理方案，并明确以下几个问题。

1）小城镇工业废水的处理

工业废水与生活污水一并处理与排放还是单独分散处理，通常除了大型集中的工业与工业区采用独立的污水处理系统外，对于多数分散的中小型工业企业的废水，大多采用与生活污水共同处理的方式。工业废水排入小城镇污水管网必须符合《室外排水设计规范》（GB 50014—2006）的规定，否则应在厂内设置局部处理设施，对生产污水进行处理，符合排入排水管道规定的要求后，再排入小城镇污水管道。

2）小城镇污水的水质特点

我国大多数小城镇以居民生活污废水为主，工业废水所占比重不大，城镇污水性质相差不大，一般 BOD 为 100~150

mg/L，COD 为 250~300 mg/L，SS 为 200 mg/L 左右。当然也有部分小城市例外，在浙江省就有一些小城市由于乡镇企业的飞速发展而集中了大批具有地方特色的工业企业。这些小城镇的工业废水量所占比重就相当大。对于那些工业废水量所占比重较大从而影响到城市污水处理效果的小城镇来说，则应根据具体情况采取相应的措施，如将工业废水进行预处理后再进入城市污水系统或将工业废水集中进行工业废水的联片处理等。

由于不少小城镇的排水系统是雨污合流系统，而且年代已久，质量很差，有的还是砖石渠道，即使是管道也存在不少问题。这样的系统在雨季或在地下水位高的时候，大量雨水和地下水进入，造成污水的浓度很低。很多小城镇居民住宅的粪便污水是通过化粪池直接排入水体的（生活污水和化粪池出水相混合）。这种生活污水 BOD 的浓度很低，往往只有 30~40 mg/L，对生化处理不利。

另外，气候炎热的地区、水资源丰富的地区以及经济发展水平较高的地区，用水量就大，排水量亦大，城市污水浓度相对较低。

3）贯彻"预防为主，综合治理"的方针

污水处理方案的选择在于最经济、合理地解决小城镇污水的管理、处理和利用问题。在研究小城镇污水处理与利用方案中，要全面规划、统一安排、综合治理、互相协作。

不同地区、不同等级层次和规模、不同发展阶段的小城镇排水和污水处理系统相关的合理水平，应根据小城镇经济社会发展规划、环境保护要求、当地自然条件和水体条件、污水量和其水质情况、水体自净、污水回用等综合分析和经济比较而确定。

4）合理决定污水处理程度

现代污水处理技术，按处理程度划分，可分为一级、二级和三级处理。

一级处理是去除污水中的飘浮物和悬浮物的净化过程,物理处理法大部分只能完成一级处理的要求。经过一级处理后的污水,BOD 去除率达 30% 左右,一般达不到排放标准。

二级处理是污水经一级处理后,用生物处理方法继续除去污水中胶体和溶解性有机物的净化过程。BOD 去除率达 90% 以上,有机物达到排放标准。

三级处理的目的在于进一步去除二级处理所未能去除的某些污染物质,所使用的方法随目的而异。一般情况下,小城镇污水通过一、二级处理后基本能达到国家规定的污水排放标准,三级处理用于对排放标准要求特别高的水体或为了使污水处理后回用。

污水处理程度受环境保护、当地具体条件、污水处理后供灌溉农田或养殖的可能性及污水处理投资等影响。

(2) 污水处理工艺流程

随着我国经济的不断发展和人们环保意识的进一步增强,小城市(镇)的污水处理已经提到议事日程上来。针对小城市(镇)污水处理特点,制定切实可行的工艺方案已刻不容缓。在选择小城镇污水处理工艺时,一般要考虑以下条件:

1) 处理工艺应具有较强的适应冲击负荷的能力,因为小城镇污水量昼夜变化大,从而水质波动较大。

2) 要求管理简单、运行稳定、维修方便。这对于小城市尤为重要,因为小城镇往往技术力量比较薄弱。

3) 所选择的处理工艺具有可以方便地改变其处理流程的能力。这主要为了满足数量众多的小城镇的各种不同需求。如:有的小城镇地处封闭水体,污水需要除磷脱氮;而有些小城镇附近有大江、大河,只需要处理 BOD 即可。这就要求所选择的处理工艺流程能很方便地创造好氧、缺氧、厌氧的环境。

4）建设费用和运行费用低

污水处理的方法较多，按照不同的分类标准可以分成不同的工艺流程。因此应该根据污水水质和回用水水质的要求，对水处理单元进行多种组合，通过技术经济比较来选择出经济可行的污水处理流程。

目前我国小城镇污水处理厂的工艺流程可按以下几种流程进行选择。分别如图 5.10.3-1~图 5.10.3-6 所示：

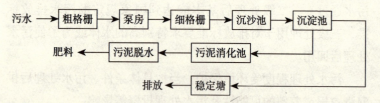

图 5.10.3-1　污水一级处理后排入稳定塘

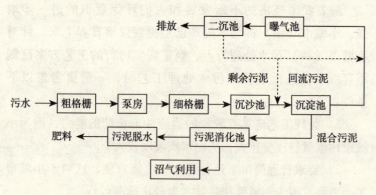

图 5.10.3-2　普通曝气工艺

其中氧化沟工艺具有：工艺流程简单，运行管理方便；运行稳定，处理效果好，BOD 平均处理水平可达到 95% 左右；能承受水量、水质的冲击负荷，对浓度较高的工业废

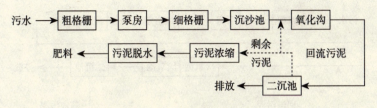

图 5.10.3-3 氧化沟工艺

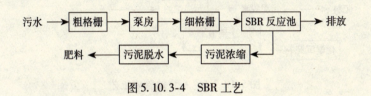

图 5.10.3-4 SBR 工艺

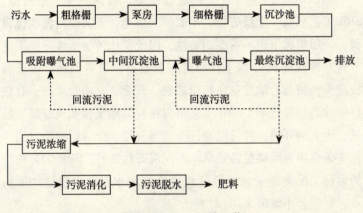

图 5.10.3-5 AB 法工艺

水有较强的适应能力；污泥量少、性质稳定；污泥产量少，从而管理简单，运行费用低；可以除磷脱氮；基建投资省、运行费用低，和传统活性污泥法工艺相比，在去除 BOD、去除 BOD 和 NH_3-N 及去除 BOD 和脱氮三种情况下，基建费用和运行费用都有较大降低等特点。在小城镇受到广泛运用。

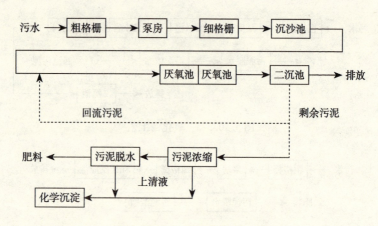

图 5.10.3-6 A/O 法除磷工艺

而 SBR 工艺也具有工艺流程简单、管理方便、造价低。SBR 工艺只有一个反应器，不需要二沉池，不需要污泥回流设备，一般情况下也不需要调节池，因此要比传统活性污泥工艺节省基建投资 30% 以上，而且布置紧凑，节省用地。由于科技进步，目前自动控制已相当成熟、配套。处理效果好；有较好的除磷脱氮效果。SBR 工艺可以很容易地交替实现好氧、缺氧、厌氧的环境，并可以通过改变曝气量、反应时间等方面来创造条件提高除磷脱氮效率。污泥沉降性能好。SBR 工艺独特的运行工况决定了它能很好地适应进水水量、水质波动等特点。很适合小城市采用。

总之，小城镇污水处理应因地制宜地选择不同的经济、合理的处理方法，处于城镇较集中分布的小城镇应在区域规划的基础上联建区域污水处理厂；远期（2020 年）70%～80% 的小城镇污水应得到不同程度的处理，其中大部分宜为二级生物处理。

5.11 小城镇污水处理厂规划

小城镇污水处理厂是排水工程的重要组成部分。恰当地选择污水处理厂的位置，进行合理的水厂平面布置，对于小城镇规划的总体布局、小城镇环境保护、污水利用与出路、污水管网系统的走向与布置、污水处理厂的投资与运行管理等都有重要的影响。

5.11.1 污水处理厂厂址选择

污水处理厂的厂址选择应在整个排水系统设计方案中全面规划，综合考虑，要根据污染物排放量控制目标、小城镇布局、受纳水体功能及流量等因素来选择。当污水厂厂址有多种方案可供选择时，应根据各种方案的优缺点作综合评价，一般包括：投资与经营指标、土地及耕地的占有、施工难易程度及建设周期、节能分析、运行管理等，进行综合技术经济比较与最优化分析，并通过反复论证再行确定。厂址的选择应考虑以下原则：

(1) 应与选定的污水处理工艺相适应，如选定土地处理系统为处理工艺时，必须有适当的面积。

(2) 尽量做到少占或不占农田，且留有适当的发展余地。同时考虑便于污水灌溉农田，污水作农肥的利用，污水处理厂和出水口应选在小城镇河流的下游或靠近农田灌溉区，污水处理厂应尽可能与出水口靠近，以缩短输送距离。

(3) 厂址必须位于集中给水水源下游，并应位于小城镇夏季最小频率风向的上风侧，与居住小区或公共建筑物有一定的卫生防护带，卫生防护地带一般采用300m，处理污水如用于农田灌溉时，宜采用 500~1000m。

(4) 厂址不宜设在雨季易受水淹的低洼处。靠近水体的处理厂，应选择在不受洪水威胁的地方，否则应考虑防洪措施。

(5) 厂址应选择在工程地质条件较好的地方。一般选在地下水位较低，地基承载力较大，湿陷性等级不高，岩石较少的地层，以方便施工，降低造价。

(6) 应结合小城镇规划要求，充分利用地形，应选择有适当坡度的地段，以满足污水在水处理流程上自流要求。用地形状宜是长方形，以便按污水处理流程布置构筑物。

(7) 厂址一般尽可能地安放在各河系下游、城镇郊区。但是这种系统布局使污水厂距离再生水用户较远，需铺设的回用水管网费用相应增加，不利于污水的资源化。因此，在确定污水处理厂厂址时，还应对再生水的用户进行调查分析（小城镇中的自然水面、小河、绿地和工业再生水用户），并根据回用水的需求，在小城镇中适当位置设置污水净化厂（再生水厂），收集附近区域的小城镇污水，根据回用水质要求加以处理之后就近回用。

(8) 厂址应考虑污泥的运输与处置，宜近公路与河流。厂址处要有良好的水电供应，最好是双电源。

(9) 污水处理厂厂址的选择应结合小城镇总体发展规划，考虑长期发展的可能性，有扩建的余地。

5.11.2 污水处理厂的用地面积

小城镇污水处理厂占地面积与处理水量和采用的处理工艺有关。表 5.11.2-1 中列出不同规模、不同处理方法的污水厂用地指标，污水处理厂在规划预留用地面积时参考表中数值，并结合当地实际情况，分析、比较选取。

小城镇污水处理厂面积估算 [(m²·d)/m³]　　表 5.11.2-1

处理水量（m³/d）	一级处理	二级处理（一）	二级处理（二）
1~2	0.6~1.4	1.0~2.0	4.0~6.0
2~5	0.6~1.0	1.0~1.5	2.5~4.0
5~10	0.5~0.8	0.8~1.2	1.0~2.5

注：一级处理工艺流程大体为泵房、沉砂、沉淀及污泥浓缩、干化处理等。
二级处理（一）工艺流程大体为泵房、沉砂、初次沉淀、曝气、二次沉淀及污泥浓缩、干化处理等。
二级处理（二）工艺流程大体为泵房、沉砂、初次沉淀、曝气、二次沉淀、消毒及污泥提升、浓缩、消化、脱水及沼气利用等。
表 5.11.2-1 引自《小城镇规划标准研究》。

5.11.3　污水处理厂的平面布置

污水处理厂的总平面布置包括：污水处理构筑物布置，各种管渠布置，辅助建筑物布置，道路、绿化、电力、照明线路布置等。污水处理厂厂区平面规划、布置中应考虑下列要求：

（1）根据污水处理的工艺流程，决定各处理构筑物的相对位置，相互有关的构筑物应尽量靠近，以减少连接管渠长度及水头损失，并考虑运转时操作方便。

（2）构筑物布置应尽量紧凑，以节约用地，但必须同时考虑敷设管渠的要求、维护、检修方便及施工时地基的相互影响等。一般构筑物的间距为 5~8m。对于消化池，从安全的角度出发，与其他构筑物之间的距离应不少于 20m。

（3）构筑物布置结合地形、地质条件尽量减少土石方工程量及避开劣质地基。

（4）厂内污水与污泥的流程应尽量缩短，避免迂回曲折，并尽可能采用重力流。

（5）各种管渠布置要使各处理构筑物能独立运转，当某一处理构筑物因故停止工作时，使其后接处理构筑物，仍能保持正常的运行。

(6) 应设超越全部处理构筑物、全部排放水体的超越管。

(7) 在厂区内还设有：给水管、空气管、消化气管、蒸汽管，以及输配电线路。这些管线有的敷设在地下，但大部分都在地上。对它们的安排，既要便于施工和维护管理，但也要紧凑，少占用地，也可以考虑采用架空的方式敷设。

(8) 附属构筑物的位置应根据方便、安全的原则确定。

(9) 在污水厂区内，应有完善的雨水管道系统，必要时应考虑防洪要求。

(10) 道路布置应考虑施工中及建成后的运输要求，厂区加强绿化以改善卫生条件。

(11) 考虑扩建的可能性，为扩建留有余地，作好分期建设的安排，同时考虑分期施工的要求。

总平面布置图可根据污水厂的规模，采用 1:100~1:1000 比例尺的地形图绘制（图 5.11.3）。

5.11.4　污水处理厂的高程布置

污水处理厂污水处理流程高程布置的主要任务是：确定各处理构筑物和泵房的标高以及其水面标高，从而能够使污水沿处理流程在处理构筑物之间通畅地流动，保证污水处理厂的正常运行。当地形有利，厂内有自然坡度时，应充分利用、合理布置，以减少填、挖土方量，甚至不用提升泵站。

为了降低运行费用和便于维护管理，污水在处理构筑物之间的流动，以按重力流考虑为宜（污泥流动不在此例）。为此，必须精确地计算污水流动中的水头损失。水头损失包括：污水流经各处理构筑物的水头损失、污水流经连接前后两个处理构筑物管渠（包括配水设备）的水头损失、污水流经量水设备的水头损失。

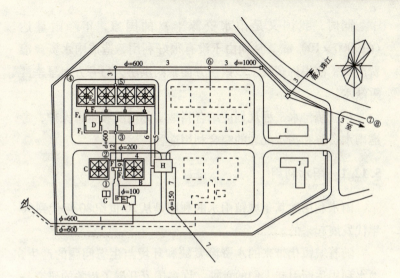

图 5.11.3 某小城镇污水厂总平面布置图

A—格栅；B—曝气沉砂池；C—初次沉淀池；D—曝气池；E—二次沉淀池；F_1、F_2、F_3—计量堰；G—除渣池；H—污泥泵房；I—机修车间；J—办公及化验室等

1—进水压力总管；2—初次沉淀池出水管；3—出厂管；4—初次沉淀池排泥管；5—二次沉淀池排泥管；6—回流污泥管；7—剩余污泥压力管；8—空气管；9—超越管

5.12 小城镇雨水资源和污水处理综合利用及优化规划

我国水资源缺乏，随着我国城市化进程的加快和国民经济的高速发展，水环境污染和水资源短缺日趋严重。目前，许多城镇由于水资源不足影响了当地的社会经济发展，全国每年因为水资源短缺而造成的经济损失高达 2000 多亿元。造成水资源紧张的主要原因：一是水资源总量先天不足；二是绝大部分的污水直接排入江河湖海中，造成水体污染，破坏了天然水体的良性循环。水质日趋恶化，不能满足水体正常使用的功能要求。

同时，我国又是雨水资源丰富的国家，年降雨量达(619000×10) m^3，然而由于没有很好利用，造成雨水资源浪费严重，使得许多缺水城镇一方面暴雨洪涝，另一方面旱季严重缺水。

小城镇排水工程规划应结合当地实际情况和生态保护，考虑雨水资源和污水处理的综合利用途径。

5.12.1 雨水利用

雨水利用尤其是城镇雨水的利用是从20世纪80年代到90年代发展起来的。

随着城镇化带来的水资源紧缺和环境与生态问题的产生，雨水利用逐渐引起人们的重视。许多国家开展了相关的研究并建成一批不同规模的示范工程。城镇雨水的利用首先在发达国家逐步进入到标准化和产业化的阶段。例如，德国于1989年就出台了雨水利用设施标准（D IN 1989），并对住宅、商业和工业领域雨水利用设施的设计、施工和运行管理，过滤，储存，控制与监测4个方面制定了标准。到1992年已出现"第二代"雨水利用技术。又经过近10年的发展与完善，到今天的"第三代"雨水利用技术，新的标准也正在审批中。

我国城镇雨水利用起步较晚，目前主要在缺水地区有一些小型、局部的非标准性应用。例如山东的长岛县、大连的獐子岛和浙江省舟山市葫芦岛等地有雨水集流利用工程。2001年国务院批准了包括雨（洪）水利用规划内容的"21世纪初期首都水资源可持续利用规划"，并且北京市政设计院开始立项编制雨水利用设计指南。

与缺水地区农村雨水收集利用工程不同，小城镇雨水的利用，涉及到小城镇雨水资源的科学管理、雨水径流的污染控制、雨水作中水等杂用水源的直接收集利用、用各种渗透设施将雨水回灌地下的间接利用、城镇生活小区水系统的合理设计及其生态环境建设等方面,是一项涉及面很广的系统工程。

小城镇雨水的利用不是狭义的利用雨水资源和节约用水,它还包括减缓城区雨水洪涝和地下水位的下降、控制雨水径流污染、改善城镇生态环境等广泛的意义。因此,它是一种多目标的综合性技术。目前雨水利用的应用技术可分为以下几大类:分散住宅的雨水收集利用中水系统;建筑群或小区集中式雨水收集利用中水系统;分散式雨水渗透系统;集中式雨水渗透系统;屋顶花园雨水利用系统;生态小区雨水综合利用系统(屋顶花园、中水、渗透、水景)等,充分利用雨水渗透绿地植被,减少硬地铺装,扩大雨水渗透能力,居住区地面水、雨水、污水等尽可能改造为景观水;雨水贮留供水系统,主要是以屋顶、地面集留,可提供家庭生活供水之补充水源、工业区之替代用水、防水贮水及减低城镇洪峰负荷量等多目标用途的系统。雨水的利用受气候、地质、水资源、雨水水质、建筑等因素的影响,小城镇的不同区域或项目之间,各种因素和条件的不同都能决定应采用完全不同的方案。

总而言之,小城镇雨水利用技术应避免生搬硬套,应该充分体现因地制宜、针对性强、灵活多样的特点。

目前,我国在雨水收集利用技术与规范,雨水回用于工业、商业和农业,雨水利用与建筑中水,城镇雨水的收集利用,雨水利用与生态环境,雨水水质控制,湿润与干旱地区的雨水利用,雨水利用与屋顶花园,雨水利用的法律与法规,雨水利用的市场化等方面进行深入研究,在应用中不断完善。

5.12.2 污水的综合利用

恢复我国水环境是解决我国水资源不足的根本所在。其主要途径就是在各小城镇修建和完善污水处理厂,提高污水处理程度，努力促进水的健康循环。

污水深度处理回用减少了城镇对自然水的需求量，减少了水环境的污染负荷，削减了对水自然循环的干扰，是维持健康水环境不可缺少的措施，是解决目前水资源缺乏的有力可行之策。污水的综合利用主要用于：

(1) 回用于小城镇河湖、景观用水：使用回用水补充维持城镇溪流的生态流量，补充公园、庭院水池、景观用水，为创造城镇良好的水溪环境提供保障。

(2) 回用于小城镇市政、杂用及绿化用水：小城镇污水经过深度处理后，可供建筑施工用水、浇洒冲洗街道马路、冲刷厕所、洗车、绿化景观等。

(3) 回用于工业用水：目前，城镇用水的 80% 是工业用水，而工业循环冷却水占到工业用水的 60% 以上，是用水大户，且涉及电力、化工、冶金等许多行业。工业循环冷却水对水质的要求较低，处理过的城镇污水较容易满足工业循环冷却水补充水质的要求。将城镇污水经传统二级处理后回用于工业循环冷却水是目前最为经济可行的方案。

(4) 补充地下水：即 (a) 补充地下水，建立地下水防护堤来防止水质恶化，避免盐碱水的侵入；(b) 平整地表面，补充浅含水层。

(5) 回用于农业用水：利用污水灌溉农田可以充分利用水肥资源发展生产，又可使污水资源化。

5.12.3　污水系统的优化规划

在污水深度处理、超深度处理、污水再生回用已经实用化了的今天，小城镇总体规划与给水排水系统规划都应当重新考虑，将污水的再生和回用放到重要位置上来。在进行排水系统规划时，应对整个小城镇的功能分区、工农业分布、排水管网及污水处理现状等做周密的调查,调查现有的和预测潜在的再生水用户的地理位置及水量与水质的需求,并将这种结果反映到给排水专业规划中。

按照传统规划方法,污水处理厂厂址要根据污染物排放量控制目标、城镇布局、受纳水体功能及流量等因素来选择,一般尽可能地安放在各河系下游、城镇郊区。但是这种系统布局使污水厂距离再生水用户较远,需铺设的回用水管网费用相应增加,不利于污水的资源化。因此,在确定污水处理厂厂址时,还应对再生水的用户进行调查分析(城镇中的自然水面、小河、绿地和工业再生水用户),并根据回用水的需求,在城镇中适当位置设置污水净化厂(再生水厂),收集附近区域的城镇污水,根据回用水质要求加以处理之后就近回用。恰当地确定排水分区、污水净化厂的位置,在进行新建和扩建污水处理厂的设计时,要近远期结合考虑污水回用的需要,选择污水深度处理系统,预留污水深度处理的发展用地,使污水处理、深度处理系统和回用系统的总投资之和为最小。

在进行排水管网的规划时,要把雨水、污水的收集、处理和综合利用结合起来,逐步转变目前的雨、污水合流制或不完全分流制系统为完全的分流制系统。雨、污水的分流有利于对不同性质的污水采用不同方法处理和控制,有利于雨水的收集、贮存、处理和利用,避免洪涝灾害,增加城镇可用水资源,同时也有利于减轻城镇水源污染。

在规划中还应该妥善处理和处置城镇污水处理厂产生的大量污泥,避免产生二次污染,危害小城镇的环境。目前较多的是将污泥填埋,这不但需要大量的土地,而且废弃了大量污泥资源。因此污泥处置的最终出路应该是作为农业肥料——充分利用污泥中富含的N、P、K等营养物质,既可避免污染,又可创造经济效益。

随着全球城镇化的发展,排水系统在社会可持续发展中起着越来越重要的作用,污水的资源化、污水的再生和利用既提高了水的利用率,又有效地保护了水环境,有利于实现小城镇水系统的健康、良性循环,从长远来看,这将是有效地解决我国水资源短缺和水环境恶化问题的优化途径。

区域统筹规划,合理布局,联合共享,切忌各镇规划各自为政,重复建设。

5.12.4 污水系统规划案例例解

某城镇现状人口为50000人,随着城镇的发展,规划近期人口规模为55000人;远期至70000人口控制为远景发展到80000人。城市总体规划阶段,在确定了用地功能分区布局与道路系统规划的基础上,进行该城区排水工程规划。

(1) 规划基础资料收集

1) 地理位置

南台镇位于辽宁中部海城市东北部,地理坐标为东经122°48′,40°55′,南距海城市区9km,北距鞍山城区5km,西与耿庄镇相邻。

2) 自然资料

城镇地势由东北向西南倾斜,东部多丘陵,西部为平原,境内平均高程为38m,最高高程为50m,最低高程为31m。

城镇常年主导风向为南风与北风。

该城镇四季分明,冬季漫长寒冷,夏季炎热多雨,年平均降雨量711mm,年平均气温为8.4℃,7月份温度最高为34.7℃,一月份温度最低为-11.3℃,平均无霜期为160天,雨量公式为:

$$q = \frac{2191(1+0.7021)}{(t+11)^{0.757}} L/(ha \cdot s)$$

最大冻土深度1.2m，城镇区内地质状况良好，地基承载力均在1kg/cm²以上，地震基本烈度为7度。

3）镇域概况

该镇占地面积94km²，其中耕地面积为63km²。全镇总人口为5万，是海城市重要的产粮基地。其中二、三产业主要集中在镇区。

(2) 排水工程资料

1）现状

镇域各村均无市政排水系统，雨水和污水主要靠自然坡度流入河沟、农田或渗入地下。建成区及老区，通过道路两侧排水明渠采用合流制排水方式；新区排水采用分流制，生活污水管用水泥管排除，雨水管采用暗渠排除。

2）存在问题

村庄内道路路面部分为土路，每逢雨季，大街小巷积水漫溢，严重影响了农民的生活。

新区地势较高，致使雨水淤积不能充分排除。

(3) 排水工程规划

1）排水体制

根据小城镇总体规划及排水专项规划，确定镇域排水体制为保留合流制，镇区排水体制为雨、污分流排水。

2）污水系统

污水量：按城市用水量的90%估算，建成区的污水量近期为8424 m³/d，远期为19375 m³/d。

管网系统布置：排水管道根据地形及用地竖向规划进行布置。污水管宜顺地形布置，主干管主要布置在①乡镇企业城南面的城市干道；②环城西路；③玉梧公路—海达大道—五里沟；④老城中心区的东干渠；⑤玉陆路干渠；⑥外环东路干渠；⑦南流江北岸沿江路截流干管；⑧绿心区排洪沟两侧截流干管；⑨苗园路主干管等。由于污水管线较长，为了减少管道埋深，途中设置了 1 座污水提升泵站。排水管最小管径为 D300mm。排水管材采用钢筋混凝土管。

污水处理厂：根据风向，污水处理厂布置在干巴河下游，一级处理设施的处理能力为 38 万 t/d，二级处理设施的处理能力为 28 万 t/d，占地 28 公顷。污水经过处理后方可排入河内或灌溉农田和林地。

生活污水要经过化粪池处理，医院污水要经过源内处理达标后，方可排入市政管道。

3）雨水系统

雨水管渠系统布置：雨水排除应与防洪结合起来，充分利用地形，在地势较高的地方的雨水尽量就近自流排入河流。在地势较低的地方，尽量利用原有排水干渠、农灌渠和自然水沟把雨水相对集中到其出入口处，并设置雨水排涝泵站，本规划共设 6 个排水出口。

本区采用暴雨强度公式进行雨水管道计算。其中 $\Psi = 0.70$；重现期：干管 $P = 1$ 年，支管 $P = 0.5$ 年。

主 要 参 考 文 献

1　车武，李俊奇. 从第十届国际雨水利用大会看城市雨水利用的现状与趋势水. 给水排水. Vol. 28，No. 3，2002

2　汪慧贞，车武，胡家骏. 浅议城市雨水渗透. 给水排水，2001，27（2）：4~7

3　车武，李俊奇等. 对城市雨水地下回灌的分析. 城市环境与城市生态，2001，14（4）：28~30

4　孙嘉，杨万东，史惠祥. 用 BOT 方式建设我国小型污水处理厂的探讨［J］. 给水排水，2002. 28（10）：16~19

5　张杰，李捷，熊必永. 城市排水系统新思维. 给水排水. 28，11，2002

6 陈仁宗，李士畦，陈仁仲. 雨水贮留供水系统简介 水信息网. 2002-08-21, 10: 25: 02
7 张忠祥，钱易. 城市可持续发展与水污染防治对策. 北京：中国建筑工业出版社, 2000
8 郝明家，王莹. 城市水污染集中控制指南. 北京：中国环境科学出版社, 1996
9 污水回用设计规范
10 周律. 城市污水高效低耗处理技术关键. 环境工程. 2001. 6, 27~29
11 聂梅生. 美国污水回用技术调研分析 给水排水. 2001, 9 (27)
12 中国城市规划设计研究院等. 小城镇规划标准研究. 北京：中国建筑工业出版社, 2003
13 孙慧修等. 排水工程. 北京：中国建筑工业出版社, 2000
14 姚雨霖等. 城市给水排水. 北京：中国建筑工业出版社, 2003
15 给水排水设计手册. 北京：中国建筑工业出版社, 1988
16 戴慎志等. 城市工程系统规划. 北京：中国建筑工业出版社, 1999

6 小城镇电力工程规划

电力工程设施是重要的基础设施。小城镇电力工程规划是小城镇规划的重要组成部分,小城镇电力工程总体规划也是县(市)域电力系统和电力网规划的重要组成部分。

小城镇电力工程既涉及到城市电网,又涉及到农村电网,包括农村电网多级电压的水电、火电发电设备、供电设备,以及用电设备。小城镇电网规模虽然较小,但却有其电源、负荷、网络等许多不同特性,不同小城镇的电网构成与电压等级均有较大差别。小城镇电力工程规划应从小城镇实际出发,充分考虑小城镇电网的不同特性与差别,使规划满足不同小城镇不同规划期限发展的不同需要。

6.1 规划原则

(1) 不同规划阶段小城镇电力工程规划,分别是不同规划阶段小城镇规划的重要组成部分。小城镇电力工程规划应依据不同规划阶段的小城镇规划编制,并以上一级电力工程规划和地区电力系统规划为指导,满足小城镇规划期经济社会发展需要和不同规划阶段规划的要求。

(2) 小城镇电力工程规划编制阶段及规划期限同小城镇规划编制的规定。

(3) 小城镇的供电电源,条件许可应优先选择区域电力系统供电,对规划期内区域电力系统电能不能经济、合理供到的地区的小城镇，应充分利用本地区的能源条件，因地制宜地建设适宜规模的发电厂（站）作为小城镇供电电源，对于山区小城镇应充分利用可以利用的水电资源。

（4）对于较集中分布或连绵分布的小城镇，发电厂、水电站、110kV 以上变电站及其电力线路等电力工程设施应统筹规划，联合建设，资源共享。

（5）小城镇用电负荷预测应选两种以上方法预测，以其中一种以上方法为主，一种方法用于校核。

（6）小城镇电力工程规划，电网最高一级电压，应根据电网远期规划的负荷量和其电网与地区电力系统的连接方式确定。

（7）小城镇架空电力线路应根据小城镇地形、地貌特点和道路网规划沿道路、河渠、绿化带架设；35kV 及以上高压架空电力线路应规划专用通道，并应加以保护；镇区内的中、低压架空电力线路宜同杆架设，中心区繁华地段、旅游景区地段等应采用电缆埋地敷设，较重要地段也可采用架空绝缘线敷设。

（8）小城镇基础设施规划的其他共同原则。

6.2 规划内容、深度、方法与步骤

6.2.1 电力工程总体规划内容、深度、方法与步骤

（1）规划内容与深度

1）电力现状分析。

2）各规划期规划区电力负荷和用电量预测。

3）电源规划和电力平衡。

4）小城镇电网电压等级和变压层次的确定。

5）35kV 及以上高压输配电网规划、10kV（6kV）中压配电网规划。

6）规划期发电厂、水电站、电力网主网变电站的厂址、站址选择和容量、规模确定。

7）35kV 及以上高压线路径、位置与走廊宽度确定。

8）提出近期主要扩建、新建电力工程项目，作出近期建设投资估算。

9）小城镇电力工程总体规划图（图纸比例同小城镇总体规划图，一般为 1∶2000～1∶5000），规划说明书、规划文本。

县（市）域城镇体系规划应编制县（市）域电力工程规划，其规划内容主要有以下方面：

1）县（市）域电力现状分析。

2）县（市）域电力负荷预测。

3）电源规划和电力平衡。

4）35kV 及以上电力网主网规划。

5）县（市）域电力工程规划图（图纸比例同县（市）域城镇体系规划图，一般为 1∶50000～1∶100000），规划说明书、规划文本。

（2）规划方法与步骤

1）现场调查，收集基础资料

向县人民政府计划、统计、城镇规划等行政主管部门和电力专业部门调查、收集县（市）域和镇区基础资料，包括地方统计年鉴、五年计划、十年规划人口、GDP、产业结构、三产比例、历史年份和现状基础年份用电负荷、用电构成、现状 35kV 及以上变电站和电厂（站）数量、规模与分布、现状电网地理接线图、专业部门规划等资料。

针对现状及其存在问题的分析，作现场踏勘与调查，绘制规划区范围主要电力设施现状分布图与高压线路现状图。

2）在分析、归纳、整理相关历史资料和现状资料的基础上，作用电负荷预测。

主要选用电力弹性系数法、回归分析法、增长率法、用户密度法等作多种方法宏观预测。

3）在负荷预测和电力平衡的基础上，作出电源规划。

根据负荷预测（适当考虑备用容量）和现有电源变电所、发电厂的供电能力及供电方案，进行电力电量平衡，测算规划期内电力、电量的余缺，提出规划年限内需增加电源变电所和发电厂的装机总容量。确定小城镇供电电源的类型和布局。

4）选定电压等级和变压层次

小城镇电网电压等级可根据国家标准电压 220kV、110kV、66kV、35kV、10kV 和 380/220V，结合所在地区规定的电压标准选择。一般宜选择 3~4 级 3 个变压层次。其中最高一级电压，根据其电网远期规划的负荷量和其电网与地区电力系统的连接方式确定。

5）高压输配电网和中压配电网规划方案的优化与论证

对于县城镇和中心镇电力网主网主要以 110kV 为主，含 35kV 的高压输配电网，酌情考虑中压配电网；对于一般镇电力网主网是以 35kV 为主高压输配电网和中压配电网。

进行多方案经济技术的初步比较，对优选方案的可行性进一步论证。

6）电力网主网主要电力设施选址，确定规划期新建、扩建变电站及数量。

7）确定高压线走廊

在包括接线方式在内的电力网主网规划优化的基础上，确定 35kV 及以上高压电力线路的规划控制走向、路径和位置，以及走廊的宽度。

对于必要的地下埋设高压电缆，应按相关统筹规划，留出规划控制的地下通道。

8）近期规划

结合小城镇总体规划的近期建设规划项目和用地开发,以及电力现状存在的问题,提出近期主要扩建、新建电力工程项目,作出近期投资估算。

9) 完成电力工程总体规划图、规划说明书和规划文本。

10) 整理规划基础资料、归档。

6.2.2 电力工程详细规划内容、深度、方法与步骤

(1) 规划内容与深度

1) 预测各用地地块、小区或规划范围用电负荷。

2) 确定供本规划区(小区)的 35kV 及以上电源点的位置、面积和容量,以及外部电源线路路径。落实经过本规划区的高压电力线路走廊。

3) 规划区(小区)中压配电网规划,包括网络结构、10kV(6kV)变电站位置、结线方式、用地面积、容量和数量确定,并落实到详细规划分图图则。

4) 确定中压配电网的线路回数、导线或电缆规格,以及敷设方式,预留通道用地(对于简单小范围的详细规划,一般同时考虑低压配电网规划)。

5) 电力工程详细规划的控制性详细规划与修建性详细规划中上述规划内容基本相同,后者规划内容尚强调工程量与投资估算,并且,后者其他规划深度也随着修建性详细规划的加深而加深。

6) 电力工程详细规划图(图纸比例同详细规划图,电力工程控制性详细规划图纸比例为 1:1000~1:2000,电力工程修建性详细规划图纸比例为 1:500~1:2000),规划文本(仅电力工程控制性详细规划)与规划说明书。

(2) 规划方法与步骤

1) 现场调查,收集资料

主要调查了解规划区（小区）的现状和上一级规划供本规划区（小区）的 35kV 及以上电源（位置、用地面积、容量、线路路径）、穿越本规划区的高压线走廊、中压配电网现状、用电负荷现状，以及同类小区、同类用地规划建设用电水平和合理的技术指标。相关资料画在规划工作图上。

2）用电负荷预测

主要选用分类用地综合指标和建筑面积负荷指标法，以及单耗法等预测方法，根据不同用地地块的不同用地性质分类和开发强度或不同用地开发的耗电分类，选择合适的指标预测。

3）中压配电网规划

在用电负荷预测的基础上，进行中压配电网规划方案优化选择，对推荐方案作进一步的技术论证，确定配电网 10kV（6kV）变电站位置、结线方式、用地面积、容量和数量，落实到分图图则。

4）电力工程管线规划

确定高压电力线路、中压配电网电力线路及其敷设方式、预留高压线走廊和中压管线通道用地。

5）工程量与投资估算

主要是电力工程修建性详细规划要求。

6）完成电力工程详细规划图、规划说明书和规划文本（规划文本仅对电力工程控制性详细规划）。

6.3 用电负荷预测

小城镇用电负荷预测是编制小城镇电力工程规划的基础。其预测的正确性，直接影响到小城镇电力网的技术经济指标的合理性，直接关系到小城镇电力工程的规划建设能否满足小城镇建设发展的要求。

6 小城镇电力工程规划

电力负荷预测包括用电负荷和用电量的预测。

6.3.1 增长率方法预测

增长率法是根据事物发展的相关因素和事物本身发展规律的分析,求取或确定事物发展的宏观增长率、进行预测的宏观预测方法。这种预测方法适用于小城镇总体规划阶段的电力负荷预测,包括适用于县(市)域城镇体系规划中的县(市)域电力负荷预测。

增长率法中的增长率一般通过"弹性系数"或"平均增长率"来计算。因此,通常又分为弹性系数预测方法和平均增长率预测方法两种预测。

在小城镇总体规划中,电力负荷预测一般把县(市)域和小城镇电力负荷分为第一产业、第二产业负荷和第三产业及市政、生活用电负荷三大部分预测。

(1) 电力弹性系数法预测

相关关系的事物之间,在其一定的发展阶段中,经常有一定的比例的发展平衡关系。

在经济预测中,简单地说,弹性系数是用来表示预测对象(因变量)的变化率与某一相关因素(自变量)的变化率的比例关系。

设 k_y、k_x 分别表示因变量与自变量的变化率,E 为弹性系数,则 $E = \dfrac{k_y}{k_x}$。

E 可为任意实数,$E>0$ 表示因变量与自变量的增大或减少的变化趋势相同,$E<0$ 则表示其趋势不相同;$|E|>1$ 表示因变量的变化率大于自变量的变化率,$|E|<1$ 则表示因变量的变化率小于自变量的变化率。

电力弹性系数法主要用于第一、二产业负荷预测。其电力弹性系数是地区总用电量的平均年增长率之比。其值可根据县（市）域或小城镇的工业结构、用电性质、各类用电比重和发展趋势进行分析后，按下式确定：

$$\text{弹性系数}\ e = 1 + \frac{(1+d)\ \delta}{d}$$

式中　d——工农业总产值的年平均增长率；

　　　δ——产值用电单耗的年平均变化率。

电力超前经济发展，一般在非饱和阶段 $e>1$，到增长趋向饱和阶段，$e<1$。在预测中应注意：

1）e 值应考虑不同规划期相关的发展目标和不同发展趋势，分期（近期、中期、远期）或分规划期若干年段计算和选取；

2）在缺乏统计数据的情况下，宜采用定性分析和定量比较相结合的方法，取定 e 值应作较详细的相关分析与类似比较，特别注意分析近年的增长规律和发展趋势，不同小城镇的不同需求特点和在所处电力网发展中的不同特性阶段；

3）在有较多的历史统计数据时，宜分析采用时序数学模型求出电力需求变化率，再求出其与相关因素工农业总产值变化率的比值（即 e 值）。

表 6.3.1-1 为我国与一些发达国家电力弹性系数的历史值比较。

我国与一些国家历史 e 值比较　　表 6.3.1-1

历史年份 国家	1951 年~1960 年	1961 年~1970 年	1971 年~1980 年
美国	2.23	1.87	1.26
前苏联	1.26	1.36	1.16
前西德	1.25	1.58	1.51
法国	1.77	1.21	1.59
日本	1.57	1.13	1.01
中国	2.24	1.66	1.22

小城镇第一、二产业用电量预测值可用下式计算：

$$A_{(m+n)} = A_m (1+d)^n \cdot \delta$$

式中　$A_{(m+n)}$——预测年份用电量；

　　　A_m——预测基准年份用电量；

　　　d——工农业生产总值年增长率；

　　　δ——电量弹性系数；

　　　n——预测年限。

对于小城镇第三产业和生活用电，可用综合用电水平法预测，即根据规划期人口数 N 及每人的平均用电量（或用电负荷）A_N 来推算小城镇或县（市）域规划范围的第三产业和市政生活用电量（或用电负荷）A，即

$$A = A_N \cdot N$$

A_N 值可对小城镇第三产业及生活用电的大量分项统计结果进行纵向（历年）和横向（各项比例）的分析对比、综合计算后取得，或直接调查分析比较类似小城镇的第三产业和生活用电水平的预测值选取。

上式计算应注意中、远期特别是远期 A_N 值的递增变化。由于远期小城镇经济社会发展、人民生活水平会有较大幅度地提高，第三产业及生活用电的比重将有较大变化，A_N 递增率的变化会较大。远期 A_N 值宜以与其相关的因素（如人口、第三产业比例、市政建设水平、人均收入、居住面积等）作自变量，A_N 作因变量，用回归分析建立数学预测模型的方法预测；也可参考国外同类 A_N 递变的情况，充分考虑 A_N 远期递增率变化的相关因素，采用外推法推测。

表 6.3.1-2 为小城镇第三产业及生活用电 2000 年～2020 年各分段年均增长速度的预测表。

小城镇第三产业及生活用电 2000 年～
2020 年分段年均增长率预测　　表 6.3.1-2

人均第三产业及生活用电负荷	经济发达地区			经济发展一般地区			经济欠发达地区		
	小城镇规模分级								
	一	二	三	一	二	三	一	二	三
2000 年基值 [kWh/(人·a)]	350～400	320～370	270～370	290～340	270～310	220～270	230～280	200～240	150～190
平均年均增长率（%）									
2000 年～2005 年	9.5～10.5			8.5～9.5			9.0～10.0		
2005 年～2010 年	8.8～9.4			9.2～9.8			9.5～10.5		
2010 年～2020 年	8.2～8.8			8.8～9.2			8.9～10.2		
备　注	人均市政生活用电负荷基值为有代表性的调查值或相关调查值的分析比较确定值								

小城镇电力工程总体规划当采用上述预测方法预测时，应结合小城镇的地理位置、经济社会发展与城镇建设水平、人口规模、居民经济收入、生活水平、能源消费构成、气候条件、生活习惯、节能措施等因素，综合分析比较，以现状用电水平为基础，对照表 6.3.1-3 的指标幅值范围选定。

小城镇规划第三产业及生活用电指标 [kWh/(人·a)]
表 6.3.1-3

	经济发达地区			经济发展一般地区			经济欠发达地区		
	小城镇规模分级								
	一	二	三	一	二	三	一	二	三
近期	560～630	510～580	430～510	440～520	420～480	340～420	360～440	310～360	230～310
远期	1960～2200	1790～2060	1510～1790	1650～1880	1530～1740	1250～1530	1400～1720	1230～1400	910～1230

(2) 平均增长率法预测

平均增长率预测法是在统计分析近年用电量平均增长率的基础上，采用相关综合分析，分阶段确定用电量的宏观增长率，再计算预测规划期用电量的一种方法。

小城镇电力平均增长率法预测可以根据小城镇规划期不同的发展阶段，分阶段确定相应年递增率，其用电量（用电负荷）可以按下式计算：

$$A_n = A(1+F)^n$$

式中　A——规划区某年实际用电量；

　　　A_n——规划区框算到 n 年的用电量；

　　　F——年平均递增率；

　　　n——计算年数。

平均增长率法适用于各种用电规划资料暂缺的情况下，对远期综合用电负荷的框算。

6.3.2　相关分析回归法预测

相关分析回归预测是根据相关的经济理论和历史数据，在分析肯定现象间存在着相关关系的前提下，通过回归分析，配合回归趋势线，建立数学模型，进行预测的方法。

相关分析回归预测通过相关分析确定现象之间相关关系及相关程度；通过回归分析，把散布的数据拟合回归线，建立回归方程数学模型。

研究以一种现象为自变量的相关分析回归法，为一元相关回归法，研究以两种或两种以上现象为自变量的相关分析回归法，为二元或多元相关回归法，并均有线性与非线性之分。

相关分析回归法预测可作为小城镇和县（市）域用电量（用电负荷）的宏观预测方法，酌情选择采用。以下着重介绍相关预测的理论。

(1) 一元线性相关回归预测

一元线性相关回归是单因素相关回归。一般形式为：
$$Y = a + bX$$

式中 Y 为预测对象，随机变量，X 是影响它的主要因素，随机变量，a 和 b 为方程参数。

方程参数也可以利用最小二乘法加以估算，其求取公式为：

$$a = \bar{Y} - b\bar{X}$$

$$b = \frac{\sum x_i Y_i - \bar{Y}\sum X_i}{\sum X_i^2 - \bar{X}\sum X_i}$$

$$b = \frac{\sum x_i Y_i - \bar{X}\sum Y_i}{\sum X^2 - \bar{X}\sum X_i}$$

需要注意：

1) 在建立回归分析数学模型之前，必须通过相关经济理论分析，也可观察数据散点图，把影响电信需求因变量的自变量搞清楚。

2) 估计参数以后，还要对线性关系进行检验。检验方法有误差检验、相关性检验和显著性检验。但在相关分析和回归分析中用得最多的、最主要的是相关性检验。

相关性检验是采用相关系数 r 进行检验的。相关系数 r 是检验自变量 X 对因变量 Y 的相关性和判别两者相关程度的指标，同时，它也可以用来说明建立的回归数学模型的应用价值。

相关系数 r 的计算公式：

$$r = \frac{\sum (x_i - \bar{x})(t_i - \bar{Y})}{\sqrt{\sum (x_i - \bar{x})^2 (Y_i - \bar{Y})^2}}$$

式中

$$\bar{x} = \frac{1}{n}\sum X_i$$

$$\bar{Y} = \frac{1}{n}\sum Y_i$$

$$-1 \leqslant r \leqslant 1$$

n——观察数据点数；

X_i、Y_i——分别为相关因素和预测对象的观察值；

X、Y——分别为相关因素和预测对象观察值的平均值；

$r>0$ 表示正相关，即 Y 随 X 增加而增加；$r<0$ 表示负相关，也即 Y 随 X 增加而减少。$|r|$ 越趋近于 1，相关性越好。

（2）多元线性相关回归预测

多元线性相关回归方程的一般表示式：

$$Y = a + b_1 x_1 + b_2 x_2 + \cdots\cdots + b_m x_m$$

式中 Y 为预测对象（因变量），X_1、X_2……，X_m 均为影响因素（自变量），b_1、b_2，……，b_m 为方程参数。

在一般预测中，自变量选取首先要根据相关分析抓住主要因素，选取过多，方程很复杂，而且误差链增大，影响预测的精确度。

当 $m=2$ 时，即为二元线性相关回归方程表示式：

$$Y = a + b_1 x_1 + b_2 x_2$$

式中参数 a_1、b_1 和 b_2 的确定，仍可用最小二乘法进行估算。通过对观察数据点 Y_i 分回归理论推算值 Y 之间的误差的平方和：

$S = \sum(Y_i - Y)^2 = \sum(Y_i - a - b_1 x_1 - b_2 X_2)^2$ 分别对各参数求偏导数，并令

$$\begin{cases} \frac{\partial s}{\partial a} = 0 \\ \frac{\partial s}{\partial b_1} = 0 \\ \frac{\partial s}{\partial b_2} = 0 \end{cases}, 则得计算参程的联立方程：$$

$$\begin{cases} na + b_1 \sum x_1 + b_2 \sum X_2 = \sum Y_i \\ a \sum X_1 + b_1 \sum X_1^2 + b_2 \sum X_1 X_2 = \sum X_1 Y_i \\ a \sum X_2 + b_1 \sum X_1 X_2 + b_2 \sum X_2^2 = \sum X_2 Y_i \end{cases}$$

式中 n——观察数据点数。

在多元线性相关分析中,用偏相关系数检验因变量 Y 与各变量 X_1、X_2……,X_m 之间的线性相关程度。

在计算偏相关系数中,要先计算单相关系数,单相关系数是两个变量(一个因变量和一个自变量)在拟合一元线性回归方程中求得的相关系数。

二元线性相关分析偏相关系数的计算公式为:

$$r_{yx_1,x_2} = \frac{r_{YX_1} - r_{YX_2} \cdot r_{x1x2}}{\sqrt{1 - rY^2 x_2} \cdot \sqrt{1 - rx_1^2 x_2}}$$

式中,r_{yx_1,x_2},r_{yx_2,x_1} 分别为 X_1 和 X_2 对 Y 的偏相关系数;r_{yx1},r_{yx2},r_{x1x2} 分别为 X_1 与 Y,X_2 与 Y 以及 X_1 与 X_2 之间的相关系数,并且:

$$r_{YX1} = \frac{\sum (y_i - \bar{Y})(X_1 - \bar{X}_1)}{\sqrt{\sum (Y_i - \bar{Y})^2 \cdot \sum (X_1 - \bar{X}_1)^2}}$$

$$r_{YX2} = \frac{\sum (y_I - \bar{Y})(X_2 - \bar{X}_2)}{\sqrt{\sum (Y_i - \bar{Y})^2 \cdot \sum (X_2 - \bar{X}_2)^2}}$$

$$r_{X1X2} = \frac{\sum (X_I - XY)(X_2 - \bar{X}_2)}{\sqrt{\sum (X_i - \bar{X}_1)^2 \cdot \sum (X_2 - \bar{X}_2)^2}}$$

一般可认为:偏相关系数≥0.7 为优度相关,≥0.3≤0.7 为中度相关,<0.3 为低度相关,根据偏相关系数,略去低相关的因素,以抓准主要相关因素和达到简化方程的目的。

(3) 一元非线性相关回归预测

一元非线性相关回归预测是建立回归数学模型的基本方法,大多与时间序列预测建立非线性数学模型的方法相似,可以参阅预测相关专著。其中常用的指数相关回归和幂函数相关回归也可通过两边取对数变为线性关系。

一般情况下，用数学回归方法预测，若能采用较多统计数据的分析计算，则更能真正地反映变量的变化规律。

6.3.3 按用地分类综合用电指标法预测

按用地分类综合用电指标法是作者结合国家第一个城市规划标准《城市用地分类与规划建设用地标准》（GBJ 137—1990）实施的城市规划实际，在大量调查和规划设计实践总结、资料分析的基础上，按城市规划用地和用电性质的统一分类，编制分类用地综合用电技术指标，1991年提出的预测方法。这种预测方法建筑面积负荷指标特别适合城镇新区用电负荷预测和详细规划用电负荷预测，也适用于市政设计的相关预测；而用地面积负荷指标也适用于总体规划阶段用电负荷预测的相互校核。近十多年在城市规划部门和专业规划设计部门得到广泛应用。

这种预测方法是按城镇用地和用电性质的统一分类、用地性质和用地开发强度，逐块预测各用地地块负荷，再求出规划范围用电总负荷 P_Σ：

$$P_\Sigma = K_\mathrm{T} \sum_{i=1}^{n} P_i$$

式中 P_i——i 地块的预测用电负荷；

K_T——各地块用电负荷的同时系数；

n——规划范围用地地块数。

在新区规划和详细规划中，可将用地地块的一般用户负荷和大用户负荷分别预测，一般负荷作为均布负荷，大用户作为点负荷。

均布负荷可采用综合用电指标法预测，可根据分类的单位建筑面积综合用电指标和用地地块建筑面积或分类的负荷密度指标和地块用地面积推算出分块用地负荷。

分类的单位建筑面积综合用电指标或分类负荷密度,可通过综合分析典型规划建设和建筑设计的有关用电负荷资料,或实际调查分析类似建成区的分类用电负荷得出。

表6.3.3-1为城镇规划分类综合用电指标表。

城镇规划分类综合用电指标　　　　**表6.3.3-1**

用地用电性质	分类及其代号		综合用电指标	备注
居住用地 R	一类居住用地 R_1	高级别墅	$15\sim18W/m^2$	按每户400m^2,有空调、电视、烘干洗衣机、电热水器、电灶等家庭电气化、现代化考虑
		别墅	$15\sim20W/m^2$	按每户250m^2,有空调、电视、烘干洗衣机、电热水器、无电灶考虑
	二、三类居住用地 R_2、R_3	多层	$12\sim18W/m^2$	按平均每户76~85m^2小康电器用电考虑
		中高层	$14\sim20W/m^2$	按平均每户76~85m^2小康电器用电考虑
公共设施用地 C	行政办公用地 C_1		$15\sim28W/m^2$	行政、党派和团体等机构用地
	商业金融业用地 C_2		$20\sim44W/m^2$	商业、金融业、服务业、旅馆业和市场等用地
	文化娱乐用地 C_3		$20\sim35W/m^2$	新闻出版、文艺团体、广播电视、图书展览、游乐业设施用地
	体育用地 C_4		$14\sim30W/m^2$	体育场馆和体育训练基地
	医疗卫生用地 C_5		$18\sim25W/m^2$	医疗、保健、卫生、防疫、康复和急救设施等用地
	教育科研设计用地 C_6		$15\sim25W/m^2$	高校、中专、科研和勘测设计机构用地
	文物古迹用地 C_7		$15\sim18W/m^2$	
	其他公共设施用地 C_8		$8\sim10W/m^2$	宗教活动场所、社会福利院等

续表

用电性质	用地分类及其代号	综合用电指标	备 注
工业用地 M	一类工业用地 M_1	20~25W/m²	无干扰、污染的工业，如高科技电子工业、缝纫工业、工艺品制造工业
	二类工业用地 M_2	30~42W/m²	有一定干扰、污染的工业，如食品、医药、纺织等工业
	三类工业用地 M_3	45~56W/m²	指部分中型机械、电器工业企业
仓储用地 W	普通仓库用地 W_1 危险品仓库用地 W_2	3~10W/m²	
	堆场用地 W_3	1.5~2W/m²	
对外交通用地 T	T_1、T_2 中的铁路、公路站	25~30W/m²	
	港口用地 T_4	①100~500kW ②500~2000kW ③2000~5000kW	①年吞吐量10~50万t港口；②吞吐量50~100万t港口；③吞吐量100~500万t港口。不同港口用电量差别很大，实用中宜作点负荷，调查比较确定
	机场用地 T_5	35~42W/m²	
道路广场用地 S	道路用地 S_1 广场用地 S_4 社会停车场库用地 S_3	17~20kW/km²	kW/km² 系全开发区考虑的该类用电负荷密度
市政公用设施用地 U	供应（供水、供电、供燃气、供热）设施用地 U_1 交通设施用地 U_2 邮电设施用地 U_3 环卫设施用地 U_4 施工与维修设施用地 U_5 其他（如消防等）	830~850kW/km²	同上

注：①上表中综合用电指标除在备注中注明为开发区该类用电负荷密度者等外，均为单位建筑面积的用电指标，上述指标考虑了同类负荷的同时率。
②R_1、R_2 中有服务设施用地，应按相应的用电指标考虑。

新区详细规划用电负荷预测宜酌情采用详细的分类用电综合指标，详细分类用电综合指标可应用计算机储存、统计、分析有关用电资料，根据详细用电构成和地方实际情况，按照标准用地分类的小类编制得出。

点负荷的预测可依据项目建设规划相关资料，也可采用单耗法预测，即根据产品（或产值）的用电单耗和产品数量（产值）推算出企业大用户的全年用电量，并把电量推算为电力负荷。

表6.3.3-2为小城镇规划单位建筑面积用电负荷指标。

小城镇规划单位建筑面积用电负荷指标　　　表6.3.3-2

建设用地分类	居住建筑	公共建筑	工业建筑
单位建筑面积负荷指标（W/m²）	15~40W/m² （1~4kW/户）	30~80	20~80

注：表外其他类建筑的规划单位建筑面积用电负荷指标的选取，可根据当地小城镇的实际情况，调查分析确定。

小城镇详细规划，当采用单位建筑面积用电负荷指标预测用电负荷时，其居住建筑、公共建筑、工业建筑的规划单位建筑面积负荷指标的选取，应根据三大类建筑的具体构成分类及其用电设备配置，结合当地各类建筑单位建筑面积负荷现状水平，分析比较按表6.3.3-2选定。

6.3.4　负荷密度法预测

负荷密度法可作为一种简便的辅助预测方法用于小城镇总体规划的用电负荷估测和用电负荷预测校验。

小城镇总体规划，当采用负荷密度法进行负荷预测时，其居住、公共设施、工业三大类建设用地的规划单位建设用地负荷指标的选取，宜根据其具体构成分类及负荷特征，结合现状水平和不同小城镇的实际情况，比较分析按表6.3.4选定。

小城镇规划单位建设用地负荷指标　　　表6.3.4

建设用地分类	居住用地	公共设施用地	工业用地
单位建设用地负荷指标（kW/ha）	80~280	300~550	200~500

注：表外其他类建设用地的规划单位建设用地负荷指标的选取，可根据当地小城镇实际情况，调查分析确定。

6.4 电源规划

小城镇供电电源规划是小城镇电力规划的重要组成部分。小城镇供电电源的选择主要考虑经济合理、环境影响；因地制宜、充分利用和开发当地动力资源。小城镇电源规划包括供电电源方案选择比较、电力电量平衡和电源规模确定。

6.4.1 小城镇供电电源分类与方案选择比较

小城镇供电电源有所在区域电力系统供电和小城镇及其邻近地区水电站、火电站供电两种。

（1）区域电力系统供电

区域电力系统具有容量大、运行稳定、安全经济、供电可靠性高、质量好，能适应小城镇快速发展多种负荷迅速增长的需要，对农业的季节性负荷适应能力强。在靠近大电网的地方，小城镇由区域电力系统供电要比其他电源优越得多。

不同地区乡镇负荷分布情况差别很大，区域电力系统向小城镇供电的经济合理范围应通过技术经济比较的方法确定，并应主要考虑：

1）区域电力系统现状与规划，与小城镇电力负荷中心的距离、建设投资和运行费用，以及网损率等。

2）小城镇及周边建小型电站条件与经济合理性。

(2) 小城镇及其邻近地区联建的发电站供电

在近期区域电力系统还发展不到的地区，在有水力、煤炭、风力等动力资源的地方，小城镇宜利用当地能源，发展小水电、酌情建设小火电和风力发电。

1) 水电站供电

对具有丰富水力资源的地区，特别是地处偏僻山区的小城镇，充分利用水力廉价能源，建设小水电，见效快，成本低。对于这类地区小城镇应首先开发小水电，选择水电站供电。

2) 火力发电厂供电

对于一定时期大电网未能延伸到或供电不足而影响小城镇经济发展和人民生活水平提高的地区，如果煤炭资源丰富，输煤、输电距离不长，因地制宜建设小城镇火电厂仍然是可取的，并且在县（市）域范围统筹规划，联建共享，但应作技术经济和环境影响分析论证。

3) 风力发电站供电

风力发电站适用于风力平稳、负荷小而分散，远离电力系统的海岛、草原牧区和偏僻山区的小城镇供电。

风力发电站的特点是：容量小、运行人员少、管理简便、不消耗燃料，能充分利用天然资源，不污染环境，不需要兴建规模巨大的土建工程，发电成本大体与柴油发电相同。但电站出力很不稳定。

因此，小城镇供电电源一般在以下几种方案中选择：

①区域电力系统供电；

②区域电力系统供电为主，小城镇发电站供电为辅；

③独立小城镇发电站供电；

④小城镇小水电供电为主，区域电力系统供电为辅。

一般来说，小城镇区域电力系统供电与小型电站供电方案经济技术比较，当前者投资高、运行费用低，后者投资低、运行费用高时，偿还年限较短时宜选前者方案，偿还年限较长，则后者方案有利。经济技术比较的抵偿年限按下式考虑：

$$T = \frac{Z_1 - Z_2}{F_2 - F_1}$$

式中　Z_1、Z_2——分别为方案1和方案2的投资（万元）；

　　　F_1、F_2——分别为方案1和方案2的年运行费用（万元）；

　　　T——偿还年限。

6.4.2　电力电量平衡

小城镇电源规划中的电力电量平衡，一是根据小城镇电力负荷发展需要和小城镇现有变电所、发电厂的供电能力，进行电力电量平衡，框算出规划期内电力电量的余缺情况，以及规划期内需要增加变电所和发电厂的装机总容量；二是根据方案比较确定的供电电源方案，再进行电力电量平衡，测算出规划期内小城镇发电站新增装机容量和变电所建设容量。

小城镇电力电量平衡应注意以下方面：

（1）应有备用负荷，一般可取供电最大负荷的3%~5%；

（2）电力电量平衡，酌情考虑最大负荷月份或水电站出力最小月份的两种电力平衡。

（3）在电力平衡计算中，火电厂的工作容量一般当设备不受任何条件限制时，就是它的设备容量；否则，应从设备容量中减去因故不能发电的容量。对于水电站，一般按照设计枯水年进行电力平衡，其工作容量是指水电站设计枯水年参加电力平衡月份的工作出力加备用容量。

（4）在电力电量平衡中，由区域电力系统供电时，应以电力平衡为主，电量平衡为辅；在独立电网，特别是以小水电为主的电网中，其电力电量均应进行平衡。

表6.4.2为县（市）域和小城镇电力电量平衡表。

县（市）域、小城镇电力电量平衡表

单位：kW、kWh　　　　　　　　　表 6.4.2

序号	分项	近期		中期		远期		备注
		电力	电量	电力	电量	电力	电量	
(1)	规划区供电最大负荷和电量							
(2)	发电设备工作容量和发电量 1) 现有水电 2) 现有火电 3) 规划水电 4) 规划火电							
(3)	厂用电							
(4)	电厂供电能力							
(5)	区域电力系统供给的电力和电量							
(6)	电力盈亏 (4)+(5)-(1)							
(7)	备用率% [(4)+(5)]×100%							

注：电力电量包括向邻近地区供电的电力电量。

6.4.3　发电厂与变电站选址与规划技术指标

（1）小城镇水电站站址选择与规划技术参数

1) 选址条件

小城镇水电站站址选择应主要考虑以下方面：

①距离小城镇较近。

②在便于拦河筑坝的河流狭窄处，或水库下游处。厂址标高应高于水库溃坝水位以上。

③厂址符合建厂工程地质要求，地质条件良好，地耐力高，非地质断裂带及影响地段。

2) 规划技术参数

表 6.4.3-1 为水电站规模划分

水电站规模划分　　　　　　表6.4.3-1

规模	大型	中型	小型
装机容量（万kW）	>15	1.2~1.5	<1.2

向小城镇供电小型水电站规模多数为几万kW至几千kW。表6.4.3-2为1000kW以下水电站主要技术指标。

1000kW以下水电站主要技术指标　　表6.4.3-2

项目	主要设备			发电机 (kVA/台)
	水轮机			
	水头 (m)	流量 [m³/(s·台)]	出力 (kW/台)	
2×64kW 水电站	3.75~4.5	2.42~2.65	74.2~97.4	80
2×64kW 水电站	2.5~3.25	3.1~3.52	63.5~94.2	80
2×64kW 水电站	6~8	1.13~1.31	56~86	80
2×64kW 水电站	8~13	0.64~0.82	42~86	80
2×120kW 水电站	4.5~5	2.65~2.8	97.4~114	150
2×120kW 水电站	3.25~3.75	3.52~3.79	94.2~117	150
2×120kW 水电站	13~21	0.82~1.04	86~177	150
2×120kW 水电站	22.5~32.5	0.45~0.54	80~147	150
2×192kW 水电站	3.75~5.5	5.48~6.3	170~228	240
2×192kW 水电站	32.5~43.5	0.59~0.62	147~220	240
2×192kW 水电站	42.5~57.5	0.62~0.72	147~344	240
2×280kW 水电站	25~35	1.0~1.18	212~350	350
2×384kW 水电站	35~45	1.18~1.34	352~514	480
2×384kW 水电站	57.5~65	0.72~0.76	334~414	480
2×600kW 水电站	45~62.5	1.34~1.58	514~857	750
10~12kW 水电站	1.5	0.968	10.5	15
15~20kW 水电站	2.5	0.966	18	25
25~30kW 水电站	3.5	1.140	30	35
35~45kW 水电站	4.5	1.295	43	50
40~50kW 水电站	6	1.1	49	60

(2) 小城镇火电厂厂址选择与主要技术参数

1) 厂址选择条件

①小城镇发电厂选址应根据县（市）域电力系统规划和小城镇总体规划，因地制宜考虑。

②输煤、输电距离较短（热电厂同时考虑热力负荷及距离要求）。尽量避免建造桥梁与隧道。

③节约用地，尽量用荒地、空地和劣地。

④厂址标高应高于百年一遇的洪水位。如厂址标高低于上述洪水位时，厂区应有可靠的防洪措施，或采取措施使主要建筑场地地坪不要低于上述要求。防洪堤堤顶标高应超过百年一遇洪水位 0.5～1.0m，并应一次建成。厂址靠山区时，应有防、排山洪的措施。

⑤充分掌握厂址范围内的地质构造和区域地质情况。在保证建筑物和构筑物安全和正常使用的前提下，尽量采用天然地基。

⑥应避开滑坡、岩溶发育地带、活动层和 9 度以上地震区，不选在有开采价值的矿藏上和有文化遗址以及需要大量拆迁建筑物的地区。厂址靠近山区时，应尽量避开有危岩、滚石地段。

⑦供水水源，必须落实可靠。在确定水源的供水能力时，应充分掌握当地农业、工业和生活用水情况，在规划部门的统一安排下，合理分配用水，并应考虑水利规划对水源变化的影响和水利资源的综合利用。直流供水应靠近水源。

⑧燃煤发电厂应有贮灰场。贮灰场可分期建设，其容量应能存放 10 年以上按规划容量计算的灰渣量。电厂选址同时考虑灰渣综合利用的用地。

⑨充分考虑出线条件，留有适当的出线走廊。

⑩充分考虑环境影响，满足环境保护要求。厂址应在城镇主导风向的下风向，并应有一定的防护距离，满足表

6.4.3-3 要求。

2）规划技术参数

发电厂卫生防护距离（m） 表6.4.3-3

燃料工作质的灰分 A_p（%）	飞灰收回量为25%时的燃料消耗量（t/h）		
	3～12.5	12.6～25	26～50
10以下	100	100	300
10～15	100	300	500
16～20	100	300	500
21～25	100	300	500
26～30	100	300	500
31～45	300	500	1000

表6.4.3-4为火力发电厂规模划分表。

火力发电厂规模划分 表6.4.3-4

规模	大型	中型	小型
装机容量（万kW）	>25	2.5～25	<2.5

表6.4.3-5、表6.4.3-6分别为中、小型发电厂厂址选择主要技术参数。

表6.4.3-7为中小型发电厂和相应的蒸汽参数。

中型发电厂厂址选择主要技术数据 表6.4.3-5

机组机型	装机台数	总容量（MW）	最大利用小时数	煤耗量（万t/a）	厂区用地（公顷）	电厂最大耗水量		灰渣量（万方/年）	
						直流供水（t/s）	循环供水（t/h）	多管式除尘器（η=70%）	水膜式或电除尘器（η=95%）
31—6	4	24	4000	7.6	5～8	$\dfrac{1.21～1.62}{1.75～2.02}$	$\dfrac{304～388}{370～464}$	—	—
	6	36	4000	11.5	8～10	$\dfrac{1.81～2.42}{2.62～3.02}$	$\dfrac{456～562}{555～681}$	1.78	2.2

6.4 电源规划

续表

机组机型	装机台数	总容量(MW)	最大利用小时数	煤耗量(万t/a)	厂区用地(公顷)	电厂最大耗水量 直流供水(t/s)	电厂最大耗水量 循环供水(t/h)	灰渣量(万方/年) 多管式除尘器(η=70%)	灰渣量(万方/年) 水膜式或电除尘器(η=95%)
31—12	4	48	4500	15.7	8~10	$\frac{2.13~2.86}{3.12~3.6}$	$\frac{420~600}{640~720}$	2.44	3.01
	6	72	4500	23.6	10~12	$\frac{3.2~4.3}{4.67~5.4}$	$\frac{780~900}{960~1080}$	3.66	4.51
31—25	4	100	5000	31.3	10~13	$\frac{4.2~5.58}{6.06~7.0}$	$\frac{968~1120}{1196~1352}$	5.35	6.56
	6	150	5000	51.4	12~16	$\frac{6.24~8.37}{9.09~10.5}$	$\frac{1452~1680}{1794~2028}$	7.98	9.83
31—50	4	200	5500	64.6	15~20	$\frac{8.5~11.4}{12.4~14.4}$	$\frac{1864~2180}{2340~2656}$	10.02	12.34
51—25	4	100	6000	36.9	10~13	$\frac{3.8~5.02}{5.4~6.2}$	$\frac{886~1016}{1084~1216}$	5.72	7.05
	6	150	6000	55.4	12~16	$\frac{5.7~7.5}{8.2~9.4}$	$\frac{1329~1524}{1628~1824}$	8.61	10.59
51—50	4	200	6000	70.6	15~20	$\frac{6.46~8.7}{9.44~10.9}$	$\frac{1460~1702}{1824~2064}$	10.95	13.51

注：①耗水量一栏表示 $\frac{冬季我国北部地区—南部地区}{夏季我国北部地区—南部地区}$

②循环供水量，在缺水地区可按减少10%考虑。

③灰分按 $A_p=20\%$ 计算。

小型发电厂厂址选择主要技术数据　表6.4.3-6

类型	容量(kW)	装机台数	装机总容量(kW)	用水量(t/h) 一次循环方式	用水量(t/h) 二次循环方式	厂区用地(公顷)	出线走廊宽度(m)	备注
凝汽式发电厂	750	2	1500	720	50	1~2	10~30	
		4	3000	144	100	2~3	10~30	
	1500	2	3000	1100	60	3~4	20~50	
		4	6000	2200	120	4~5	20~50	

续表

类型	容量(kW)	装机台数	装机总容量(kW)	用水量(t/h) 一次循环方式	用水量(t/h) 二次循环方式	厂区用地(公顷)	出线走廊宽度(m)	备注
凝汽式发电厂	2500	2	5000	1800	90	4~5	20~50	
		4	10000	3600	180	5~6	20~50	
		6	15000	5400	270	5~7	20~50	
	6000	2	12000	2600~3100	200~220	4~6	50~100	
		4	24000	5200~6200	400~440	6~8	50~100	
		6	36000	7800~9300	600~660	8~10	50~100	
热电厂	1500	2	3000	37	37	3~5	20~50	供热能力40t/h
	6000	4	24000	1600	200	6~8	50~100	供热能力100t/h

中小型电厂容量和相应蒸汽参数　　表6.4.3-7

电厂分类	汽压(大气压) 锅炉	汽压(大气压) 汽轮机	气温(℃) 锅炉	气温(℃) 汽轮机	电厂和机组容量
低温低压电厂	14	13	350	340	1万kW以下的小型电厂(1500~3000kW机组)
中温中压电厂	40	35	450	435	1~20万kW中小型电厂(6000~50000kW机组)

（3）小城镇35~220kV电源变电站站址选择与规划技术参数

区域电力系统给小城镇供电的电源主要是35kV变电站、110kV变电站和220kV变电站。

1）选址条件

①根据县（市）域电力系统规划和小城镇总体规划用地布局和电力工程规划，选址接近用电负荷中心或网络中心，同时，酌情考虑220kV、110kV变电站的联建共享。

②便于各级电压线路的引入和引出,进出线走廊与所址同时决定。

③交通运输方便,尽量靠近公路。

④节约用地,尽量用荒地、空地和劣地,不占或少占耕地。

⑤具有适宜的地质条件,避开滑坡、溶洞、断裂带,不选在有开采价值的矿藏上,避开文化遗址。

⑥尽量不设在污秽地区,如无法避免时,宜设在污源的上风侧。

⑦变电站站址不应为积水所渗浸,以免发生冲刷塌陷等情形。枢纽变电站站址地面标高应在百年一遇洪水位之上。其他变电站地面标高一般在百年一遇洪水位之上,否则应采取防护措施。

⑧站址选择应考虑对通信设施的干扰,与通信规划应协调。

⑨站址应有生产和生活用水的水源。

2)规划技术参数

变电站的用地面积与主变压器台数、容量、出线回路数、电气主接线形式,以及平面布置的条件有关。

表6.4.3-8为35~220kV变电站用地与相关技术参数。

35~220kV 变电站用地与相关技术参数　　　　表 6.4.3-8

电压 (kV)	主变压器台数及容量 (MVA)	出线回路数	母线接线	用地面积 (长×宽)(m²)
35	1×0.56~5.6	"T"接或线路变压器组		25×20
	2×0.56~5.6	"T"接或线路变压器组		40×32
	2×0.56~5.6	2	桥形接线	50×42
		4	单母线分段	53×52

续表

电压(kV)	主变压器台数及容量(MVA)	出线回路数	母线接线	用地面积(长×宽)(m²)
110	1×5.6~15	110kV 1 35kV 2	"T"接或线路变压器组	61×57
110	2×5.6~15（双）	2	桥形接线	76×65
110	2×5.6~15	110kV 2 35kV 4	桥形接线	103×78
110		110kV 4 35kV 4	单母线分段	120×97
110	2×20~60	110kV 6 35kV 6	双母线带旁路	202×119
220	2×120（单相）	220kV 6 110kV 4~6	双母线带旁路	253×182
220	2×90	220kV 4 110kV 5	单母线分段带旁路	143×93
220	2×120	220kV 4 110kV 4	单母线分段带旁路	154×100

表6.4.3-9为变电站、发电厂选址出线走廊宽度要求。

变电站、发电厂选址出线走廊宽度要求　　表6.4.3-9

线路电压（kV）		35	110	220
杆型		π型杆	π型杆	铁塔
杆塔标准高度（m）		15.4	15.4	23
水平排列两边线间的距离（m）		6.5	8.5	11.2
杆塔中心至走廊边缘建筑物距离（m）	Ⅰ	17.4	18.4	26.5
	Ⅱ	8.3	11.3	14.6
两回杆塔中心线之间的距离（m）	单回水平排列	12	15	20
	单回垂直排列	8~10	10	15
	双回垂直排列	10	13	18

注：Ⅰ：表示按倒杆要求计算。适用于线路通过规划区，而目前尚无房屋。

　　Ⅱ：表示按《电力线路防护规程》要求计算，适用于线路通过时已受建筑限制。

6.5 电力网规划

6.5.1 电力网规划应考虑的运行方式与联网

电力网规划首先要考虑电力网正常运行方式与事故运行方式。系统中有水电厂时,则应分别考虑设计枯水年、平水年、丰水年的系统运行方式。在技术经济比较时,以平水年的运行方式为基础,枯水年及丰水年作为系统供电可靠性及供电质量的校核。

小城镇电力网多数为区域大电网的组成部分,一些分散小城镇尚为独立的农村电力网。后者规划应考虑联网的可能性,促进联网运行。联网有下列作用:

1) 提高供电可靠性和电能质量

联网后的农村电力网至少有 2 个以上的电源和多台机组。当任何 1 台机组故障或计划检修时,仍能连续供电,供电可靠性显著提高,而备用容量可以减少。联网后,系统容量很大,个别负荷的变动不致造成电压与频率的明显波动,在保证供电质量和电压水平的同时,降低网络损耗。

2) 实行经济调度,充分利用小城镇动力资源

电能不能储存,分散小城镇的单独电厂(电站),不联网就往往造成容量大时电站发电无处用,容量小又不够用的情况。如能联网,进而和区域电力系统并列运行,实行经济调度,可使农村动力资源得到充分利用;同时可通过合理的调度负荷出力,削峰填谷,采用不同的运行方式调剂负荷余缺,提高电站运行率和设备利用率,使小城镇电力网的运行水平经济合理。

6.5.2 电力网电压等级的选择与确定

(1) 小城镇电力网电压等级应符合国家标准电压等级。

各级电压级间的级差不宜太小,一般选择:110kV 以下电压级差在 3 倍以上,110kV 以上电压级差在 2 倍左右。

表 6.5.2-1 为 220kV 以下发电机、变压器、受电设备额定电压。

发电机、变压器、变电设备额定电压 表 6.5.2-1

受电设备额定电压交流(kV)	发电机线间电压交流(kV)	变压器线间电压(交流 kV)	
		一次线圈	二次线圈
3	3.15	3 及 3.15	3.15 及 3.3
6	6.3	6 及 6.3	6.3 及 6.6
10	10.5	10 及 10.5	10.5 及 11
—	15.75	15.75	—
35	—	35	38.5
66	—	66	69
110	—	110	121
(154)	—	154	169
220	—	220	242

注:①变压器一次线圈栏为 3.15kV、6.3kV、10.5kV 及 15.75kV 电压,适用于直接连于母线或发电机线端的升压变压器及降压变压器。
②变压器二次线圈栏内 3.3kV、6.6kV 及 11kV 电压,适用于阻抗电压在 7.5% 及以上的降压变压器。
③如证明在技术上和经济上有特殊优点时,水力发电机的额定电压允许采用非标准电压。

(2) 选择电网的电压,应根据电网内线路送电容量的大、小和送电距离,进行方案比较,低电压方案优点不大或高、低电压两方案技术经济指标相近,应采用高电压方案,以利电网发展。

(3) 在输送容量和距离一定的条件下选择电压等级时,应能保证电力与电能损失较小和供电的电压质量。

(4) 新电压级的选择必须考虑与原有电压互相配合,以及实现逐步过渡的可能性与经济性。

一般电压等级初选,可以采用直接查表法。

表 6.5.2-2 为小城镇电网各级电压的输送容量和输送距离。

小城镇电网各级电压的输送容量和输送距离　　表 6.5.2-2

额定电压（kV）	输送容量（kW）	输送距离（km）
0~38	100 以下	0.6 以下
3	100~1000	1~3
6	100~1200	4~15
10	200~2000	6~20
35	2000~10000	20~50
63	3500~30000	30~100
110	10000~50000	50~150
220	100000~500000	100~300

对于 220kV 及以上电压级,当送电距离较长时,应按照系统稳定条件确定送电能力。在初步估算时,可按下式计算:

$$p_{jx} = k_1 \cdot k_2 \cdot p_{zr}$$

式中　p_{jx}——线路极限送电功率,万 kW;

　　　k_1——线路极限送电容量与距离的关系参数;

　　　k_2——串联电容不同补偿度的极限送电容量与未补偿前的送电容量的关系参数;

　　　p_{zr}——线路的自然功率。

上述 k_1、k_2、p_{zr} 可参阅有关专业资料,查图表求取。

实用中,可在查表初选的基础上,采用负荷矩校验选择,即在一定控制条件下,用负荷矩(输送容量和输送距离的乘积)校验选择电压等级。负荷矩法是在保证电压质量和一定输送容量及输送距离的前提下,使输电线路的电力和电能损失较小,小城镇电网一般采用允许电压降作为控制条件。

表 6.5.2-3 为 6kV、10kV 架空线路在电压降 10% 时的负荷矩。

表 6.5.2-4 为 35kV、110kV 架空线路在电压降 10% 时的负荷矩。

6kV、10kV 架空线路在电压降 10% 时的负荷矩 表 6.5.2-3

电压 导线型号 \ cosφ	6kV							10kV						
	1.0	0.95	0.9	0.85	0.8	0.75	0.7	1.0	0.95	0.9	0.85	0.8	0.75	0.7
LGJ—16	1836	1724	1672	1630	1580	1550	1520	5100	4780	4640	4520	4380	4300	4240
LGJ—25	2840	2590	2466	2384	2300	2230	2160	7880	7140	6840	6620	6400	6200	6020
LGJ—35	3960	3460	3300	3160	3020	2900	2790	11000	9600	9160	8760	8400	8060	7760
LGJ—50	5720	4800	4440	4180	4000	3780	3600	15900	13300	12300	11600	11100	10500	10000
LGJ—70	8000	6320	5800	5620	5000	4740	4440	22200	17500	16100	15600	14000	13200	12500
LGJ—95	10900	8140	7280	6660	6160	5720	5320	30300	22600	20200	18500	17100	15900	14800
LGJ—120	13320	9480	8340	7560	6920	6240	5920	37000	26300	23200	21000	19200	17600	16400

35kV、110kV 架空线路在电压降 10% 时的负荷矩 表 6.5.2-4

电压 导线型号 \ cosφ	35kV							110kV				
	1.0	0.95	0.9	0.85	0.8	0.75	0.7	1.0	0.95	0.9	0.85	0.8
LGJ—35	135	117	110	104	99	95	91					
LGJ—50	195	160	147	137	129	123	116	1920	1580	1420	1340	1260
LGJ—70	272	209	190	174	162	151	141	2690	2040	1840	1690	1570
LGJ—95	371	265	234	212	194	179	166	3560	2580	2270	2050	1880
LGJ—120	453	306	266	238	216	198	182	4480	2980	2580	2300	2090
LGJ—150	583	362	308	272	244	222	202	5760	3510	2980	2620	2350
LGJ—185	720	415	346	302	269	242	219	7120	4010	3330	2900	2580
LGJ—240								9060	4630	3760	3220	2840
LGJ—300								11300	5180	4130	3500	3070
LGJ—400								15100	5950	4630	3880	3350

6.5.3 容载比及其选择

国内外一般采用容载比来估算电网的供电能力,因而容载比是反映城镇电网供电能力的重要技术经济指标。

变电容载比是城镇变电容量(kVA)在满足供电可靠性基础上与对应的负载(kW)之比值。变电容载比是宏观控制变电总容量的指标,也是电力规划设计布点安排变电容量的依据。

在小城镇电力网规划中也可根据小城镇用电负荷预测和变电容载比的选择来确定其电网各电压等级的规划容量。

容载比的选择直接关系到电力网建设的投资与效益。容载比过大,电网建设早期投资增大,效益得不到应有发挥;容载比过小,电网适应性差,调度困难,甚至发生"卡脖子"现象。

变电容载比大小与计算参数有关,也与布点位置、数量、相互转供能力有关,即与电网结构有关。通过调整电网结构,例如增加变电站主变台数,次级电网增加转移负荷能力,借助运动和自动化减少转移负荷倒闸操作时间,以及提高各变电站的负荷预测和变电容量配置的准确性等可降低容载比要求,同时提高供电可靠性。

变电容载比可按下式估算:

$$R_s = \frac{k_1 \cdot k_4}{k_2 \cdot k_3}$$

式中 R_s——变电容载比值;

k_1——负荷分散系数;

k_2——功率因素;

k_3——变压器最大负荷率;

k_4——备用系数。

一般情况下，城镇电网 k_1 可取 1.05～1.15，对单个变电站可取 1，k_2 可取 0.9～0.95，k_3 可取 0.65～0.8，k_4 可取 1.05～1.2。

对照《城市电力网规划设计导则》的要求，考虑小城镇的特点和不同地区、不同类别、不同规模小城镇电力网结构的不同情况和供电可靠性的不同要求，县城镇、中心镇和经济发达地区较大规模的一般镇电力网规划的容载比可按以下要求参考选择：

220kV 电网为 1.6～1.8；

110kV 电网为 1.7～2.0；

10kV 电网为 1.8～2.5。

小城镇近期规划容载比可取下限，远期规划可取高一点，经济欠发达地区小城镇近中期容载比可酌情适当低于下限。

6.5.4 小城镇一次送电网规划

一次送电网包括与小城镇电网有关的 220kV 送电线路和 220kV 变电站或 110kV 的送电线路和 110kV 变电站，与小城镇电网有关的 220kV 或 110kV 送电网既是电力系统的组成部分，又是小城镇电网的电源。

一次送电网的结线方式应根据电力系统的要求和电源点（220kV 或 110kV 变电站和地区发电厂）的地理位置分布情况而确定。

由区域电力系统供电的小城镇电力系统规划，应根据小城镇规划各规划期的负荷预测和电力平衡，提出由区域电力系统供电的规模，并且一般根据县（市）域范围的电力规划，或相关较大范围区域电力规划，整体考虑确定供电小城镇的单独电源点或小城镇和其相邻地区的共同电源点的位置、变电站的电压等级、规模，以及相应电压等级的送电线路，在小城镇规划区范围的电源点选址在考虑选址条件时，应同时考虑小城镇规划用地布局及与通信等相关规划的协调，同时确定规划预留用地与线路敷设方式及规划高压线路走廊，在规划图上表明供电小城镇电源变电站送电线路与区域电力网的结线联系。

县城镇和中心镇的供电可靠性一般按城网的供电可靠性要求考虑，送电网的结构应满足"$n-1$"原则，即当电源点的一条电源送电线路或1台主变压器或地区发电厂内1台最大机组因检修或事故停电时，应能保持向所有用户正常供电。县城镇、中心镇电源点之间应按区域电力系统规划设计要求，加强和扩大网络联系。

小城镇电网电源点应尽量接近负荷中心，220kV变电站一般在镇区边缘布置，相邻小城镇共用电源220kV变电站宜整体统一布局。220kV变电站一般宜有两回电源进线，2台主变压器，在其中1台主变计划检修或事故停运时，可依靠必要的次级电压电网的结构解决负荷的转移。近期规划或初期电网建设，电源可能先是一回进线、一台主变时，则更应在次级负荷侧加强与外来电源的联系，取得必要备用。

6.5.5 小城镇高压配电网规划

高压配电网也就是二次送电网，包括110kV、66kV、35kV的线路和变电所。

从简化变压层次、优化网络结构考虑，高压配电网电压等级最好选用一级，我国东北地区统一确定为66kV，其他地区多为110kV、35kV，用电负荷较大的小城镇一般为110kV或110kV和35kV并存，但远期规划宜逐步过渡到110kV，避免重复变压。规模小、用电负荷较小的小城镇一般为35kV。

6 小城镇电力工程规划

小城镇高压配电网应能接受电源点所供出的全部容量,并能满足二次中压配电网的全部负荷。小城镇火力发电厂、水电站,由于容量不大,可直接接入相应的高压配电网,并宜简化电网结构,避免电磁环网,电厂的各段母线宜以放射线方式分别接入高压配电网的一个变电所,并设置解列点。

县城镇、中心镇高压配电网结构宜满足下列安全准则:当任何一条 35~110kV 线路或一台主变压器计划检修停运时或事故停运时能保持向用户连续供电、不过负荷、不限电。

高压配电网的 35~110kV 变电站一般应有两回进线,这两回进线可来自不同电源点或同一电源点的不同母线段,可以酌情考虑环网结线,开环运行,变电站一般配置 2 台同容量主变及相应电源进线。变压器在一定条件下,允许过负荷 30%,满足安全准则,规划中 2 台主变的利用率可取 65%。进线容量应与主变的过负荷能力相适应。

小城镇电力规划中,确定高压配电网结构,应与小城镇总体规划的用地规划相协调,在高压配电网优化的基础上,选择确定 35~110kV 变电站的位置和进出线走廊,以及预留控制用地。

35~110kV 变电站布点和网络优化可以应用数学模型、计算机辅助。按高压配电网中综合费用最小,数学推导可以得出,变电站的经济容量与供电距离及一定供电范围变电站的合理数量与负荷密度如下关系:

$$P = k_1 \sigma^{\frac{1}{3}};$$

$$d = k_2 \sigma^{-\frac{1}{3}};$$

$$N = k_3 \sigma^{\frac{2}{3}}$$

式中　　P——变电站经济容量;
　　　　d——供电距离;

N——一定供电范围的合理变电所数量；

σ——负荷密度；

k_1、k_2、k_3——分别为相关系数。

上述关系式是静态模型推导得出来的，也即把规划期负荷密度 σ 看作不变值，实际上电力负荷密度 σ 是随空域（不同用地地块、地段）、时域（不同规划期限、年限）变化的二维问题，而且决定经济、合理的变电站容量和数量还必须同时考虑用地、进出线走廊等等多种其他相关制约因素。静态求解可以得出一定条件下的最优解，但特别对高负荷密度城市地区或对高负荷密度远期规划，存在变电所容量偏小、个数偏多、建设困难的问题。动态求解是在某些假设下，把空域问题转化为时域问题求解。

根据动态规划的最优化原理，最优策略是对任何一个时段 k，在满足负荷需要的前提下，使在其后各时段的投资和运行费用折算到 k 时段初的贴现值之和为最小，可以得出：

$$f_{(N_k)} = \min\{A(N_k, \Delta N_k) + B(N_k, \Delta N_k) + \beta^t f(N_{k+1})\} \quad (1)$$

式中 $f(N_k)$、$f(N_{k+1})$ 分别为第 k、$k+1$ 时段，投资和运行费用折算到 k 和 $k+1$ 时段初的贴现值；

$A(N_k, \Delta N_k)$ 为第 k 时段新建设备的投资折算到第 k 时段初的贴现值；

$B(N_k, \Delta N_k)$ 为原有的设备在第 k 时段发生的运行费用折算到本时段开始时的贴现值；

β 为与投资收效率 i 有关设定值 $\beta = \dfrac{1}{1+i}$；

t 为规划期分为几个时段，每个时段的年数。

同时假定，规划期外的状态对规划期内的决策不影响。即

$$f(N_{n+1}) = 0 \quad (2)$$

由式（1）、（2）构成函数递推方程动态规划模型。求解

动态规划模型得到的110kV变电站主变经济容量和合理变电站个数则更接近实际。

上述相关规划理论方法在应用规划软件的情况下,能使规划方案优化更加科学。

较简单的小城镇高压配电网规划,通常可根据负荷预测和容载的要求,确定设备容量,调查对比分析同类规划变电站的合理供电半径,结合小城镇总体规划用地布局、负荷密度和负荷分布特点,划分35~110kV变电站供电范围,作多方案比较,选择确定变电站位置,确定变电站容量和预留用地面积,以及结线方式。

在同时具有110kV和35kV两种高压配电网的小城镇,10kV的电压宜由110kV或35kV直降,避免重复降压,亦应尽量避免采用110/35/10kV的三线圈变压器。

高压配电线路主要为高压变电站的进线或变电站间联络线,采用架空线路时,以二回路为宜,采用电缆线路时,可为多回路。

高压配电网的高压进线原则接线如图6.5.5-1~图6.5.5-4,可按实际情况,灵活组合。

(1) 单侧电源

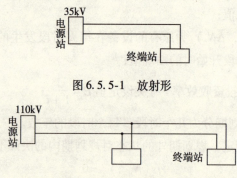

图6.5.5-1 放射形

图6.5.5-2 放射形双T接

(2) 双侧电源

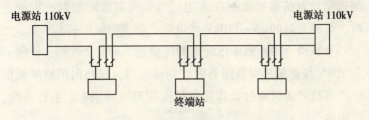

图 6.5.5-3　环形 T 接

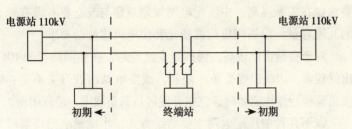

图 6.5.5-4　由二端单侧电源放射形单 T 接
过渡到双侧电源 T 接的结线

当 T 接 3 个及以上变电站时，宜双侧有电源，并且回路应分段。

规划区 35～110kV 架空线路应预留走廊。

6.5.6　小城镇中、低压配电网规划

中、低压配电网包括 10kV 线路、变配电站、开闭所和 380/220V 线路。

(1) 中压配电网规划

较大规模和用电负荷的小城镇中压配电网应根据高压变电站布点、负荷密度和小城镇总体规划用地布局，划分供电分区，避免交错供电、近电远送。每个分区一般应有二路电源供电，供电分区的划分要考虑便于近期与远期的衔接与调整。

中压配电网的结构应有较大适应性、主干线的导线截面宜按远期规划负荷密度一次选定。当负荷密度增加到一定程度时，可插入新的 35～110kV 变电站，使主网结构基本不变。

县城镇、中心镇中压配电网应满足下列安全准则：任何一条 10kV 线路的出口断路器因计划停役时，保持向用户继续供电，事故停运时通过操作能保持向用户继续供电、不过负荷、不限电。

随着小城镇建设发展，小城镇负荷增长较快，供电可靠性要求也在不断提高，中压配电网规划新建与改造要考虑有较大的互通容量，以适应负荷的变化和供电可靠性的要求。

对于负荷密度较高，诸如开发区规划，在相同路径的 10kV 出线较多，出线走廊受条件限制，或变电站出线开关不足，转供负荷运行操作需要时，宜在开发区负荷集散中心建开闭所。

以下几种中压配电网主要结线方式，小城镇电力规划可根据不同地区、不同类型、不同性质、小城镇的供电规模不同要求，在技术方案比较的基础上，选择确定。

1）以高压变电站为中心的放射树枝形架空线结线方式，如图 6.5.6-1。适用于一般小城镇。为了缩小线路自身检修和事故时的停电范围，应用断路器或隔离开关分段。分段距离应

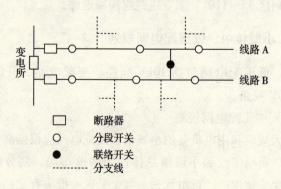

图 6.5.6-1　以高压变电站为中心的放射树枝形架空线结线

根据电网结构和负荷决定,各分段尽可能从不同的变电所或同一变电所的不同母线受电。

2)自不同高压变电站(或开闭所)或同一高压变电站的不同母线段引出的单环网结线方式,一般适用于供电可靠性要求较高的县城镇、中心镇。如图 6.5.6-2,图 6.5.6-3。

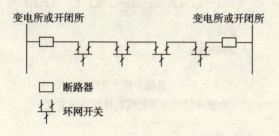

图 6.5.6-2　自不同高压变电站(或中压开闭所)
引出的单环网结线

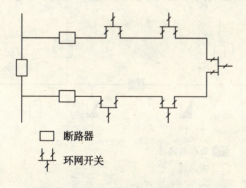

图 6.5.6-3　自同一高压变电站不同
母线段引出的单环网结线

3)自两个高压变电站、中间经中压开闭所(在开闭所开环运行)的双射线双环网结线方式,适用于供电可靠性要求更高的如某些开发区的供电。为了加强环网结构,保证某一条线路出现故障时,各用户仍有较好的电压水平,或为了增加网络的灵活性和倒闸操作的方便,保证在更严重的故障情况下的供电可靠性。如图 6.5.6-4。

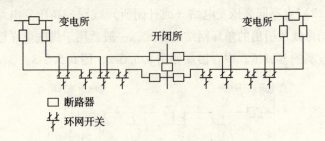

图 6.5.6-4 自两个高压变电站经中间电压开闭所的双射线双环网结线方式

4) 开闭所结线方式

自同一开闭所不同母线段的放射形结线,要求开闭所母联开关可以并列操作,或自投时先切开关1或2。如图 6.5.6-5。

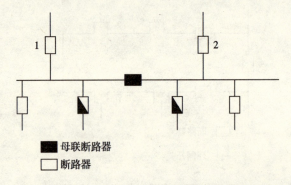

图 6.5.6-5 自同一开闭所不同母线段的放射形结线

(2) 小城镇低压配电网规划

低压配电线路停运只造成少量负荷的停电,小城镇低压配电网规划宜力求结线简单,安全可靠,一般采用以 10kV 变配电站为中心的单回路或二回路放射式,以及树枝放射式网。

低压配电网规划一般在小城镇市政工程规划设计和建筑单

体设计中考虑。

低压配电网规划也应有其明确的供电范围,一般不跨越街区供电。

6.6 小城镇主要供电设施规划的相关要求

6.6.1 35~220kV 变电站规划的相关要求

(1) 35~220kV 变电站的选址要求 [详 6.4.3 (3)]

(2) 35~220kV 变电站的类型选择要求

小城镇区域电力系统供电的电源变电站和高压配电变电站一般采用户外型或半户外型布置,少数占地困难、环境要求高的情况也可考虑户内型。户内型 35~110kV 变电站的用地面积一般不宜超过表 6.6.1-1 的数值。

户内型 35~110kV 变电站用地控制面积　　表 6.6.1-1

变电站变电电压 (kV)	110/35/10	110/10	63/10	35/10
用地控制面积 (m²)	4000	2500	1000	800

(3) 变电站的主变压器台数与单台变压器容量选择要求

变电站的主变压器台数(三相)不宜少于 2 台或多于 4 台;单台变压器(三相)容量一般不宜大于下列数值:

220kV　　180MVA;
110kV　　63MVA;
63kV　　31.5MVA;
35kV　　20MVA。

在一个小城镇电网中,同一级电压的主变压器单台容量不宜超过 3 种,在同一变电站中同一级电压的主变压器宜采用相同规格。

当变电站的容量已达到规划的最终容量后,如负荷继续增大,一般不宜采用在原变电站内扩建增容的措施。

(4) 变电站布置的不同环境噪声要求

布置镇区的变电站的噪声应按照国标 GB 3096—82 的规定,满足表 6.6.1-2 的要求。

变电站的噪声要求　　　表 6.6.1-2

变电站 所在范围	限制噪声（dB）		
	白天 7:00~21:00	早晨/晚间 5:00~7:00 21:00~23:00	午夜 23:00~5:00
住宅区	50	45	40
住宅、学校区	55	50	45
商业、住宅区	60	55	50
工业、商业、住宅一般街区	65	60	55
主要街道两侧	75	65	55

(5) 变电站布置的相关防灾要求

小城镇镇区变电站的变压器室的耐火等级应为二级；配电装置室,电容器室及电缆夹层应为二级；变电站与邻近建筑应符合消防防火间距要求。

小城镇镇区变电站的建筑物及高压电器设备均应根据其重要性按国家地震局公布的所在地区地震烈度等级设防。7 级及 7 级以上地震烈度地区的变电站建筑设计,应满足预防次生灾害的相关要求,电器设备应选用符合抗震技术条件要求的设备。

6.6.2 架空高压送、配电线路相关要求

(1) 架空高压送、配电线路敷设的相关要求

经过小城镇镇区的架空高压送电、配电线路规划控制走廊

应符合表 6.6.2-1 的规定。

一般城镇 35~500kV 高压线路走廊规划控制宽度　　表 6.6.2-1

线路电压等级（kV）	走廊宽度值（m）	线路电压等级（kV）	走廊宽度值（m）
35	12~20	330	35~45
66~110	15~25		
220	30~40	500	60~75

注：表值为一般情况下的规划控制宽度。特殊情况和实际工程的线路走廊宽度应按工程设计计算确定。

通过镇区的高压配电线路，可采用双回路同杆架设。

经过镇区架空送电线路及高压配电线路的杆塔结构造型、色调应与环境协调，并适当增加高度、缩小档距、提高导线对地距离。

通过镇区的架空送、配电线路的杆塔选型应充分考虑减少走廊占地面积。

35kV 线路一般采用钢筋混凝土电杆；

63kV、110kV 线路可采用窄基铁塔或钢管型杆塔。

通过镇区的架空送、配电线路应适应小城镇的发展，积极采用新技术及新型设备器材。

（2）架空高压送、配电线路主干线导线截面选择的相关要求

小城镇的架空送电线路及高压配电线路主干线的导线截面选择除按电气、机械条件校核外，在同一电网内应力求一致，每个电压等级可按表 6.6.2-2 选用两种规格。

35~220kV 架空送、配电线路导线截面　　表 6.6.2-2

电压（kV）	导线截面面积（mm²）				备　注
35	240/185	150	120	95	导线截面面积系按钢芯铝绞线考虑
66	300	240	185	150	
110	300	240	185		
220	400	300	240		

6.6.3 10(6)kV 变配电站与中低压配电线路规划的相关要求

(1) 10(6)kV 变配电站规划的相关要求

小城镇 10(6)kV 变配电站应配合镇区改造和新区开发同时建设,变配电站布局与预留用地应在小城镇详细规划中落实。

小区规划一般考虑独建式 10(6)kV 变配电站,预留用地约 $80\sim200m^2$;在县城镇、中心镇、大型一般镇中心区主要街道、路间绿地及主要住宅小区或建筑群中,也可采用电缆进出线的组合式箱式变电站。

小城镇 315kVA 及以下的配电变压器宜采用杆架式变压台,户外安装。

小城镇开发区等规划的 10(6)kV 开闭所的结线应力求简化,一般采用单母线分段结线,两路进线。开闭所宜结合变电站建设。高压侧进出线装置应优先采用环网单元。

(2) 中低压配电架空线路规划的相关要求

小城镇镇区中、低压配电架空线路应同杆架设;同杆并架的线路应同一电源。

小城镇镇区中、低压配电架空线路架设应与园林主管部门协商,通过适当提高导线对地高度和合理选择行道树树种,以及及时修剪树枝,确保导线对树枝的安全距离。县城镇、中心镇和其他有条件的小城镇宜采用绝缘架空线。

小城镇镇区道路至少有一侧考虑为电力线路的专用走廊,同侧人行道下为需考虑的电力电缆走廊。

小城镇镇区中、低压配电线路主干线导线截面不宜超过两种,并宜按表 6.6.3 选择。

中、低压配电线路导线截面　　　表6.6.3

电压等级(kV)	线路类别	导线截面（mm²）				备注
0.38/0.22	主干线	185/150	120	95	70	导线截面系按铝绞线考虑
10（6）	主干线	240	185	150		
	次干线	150	120	90		
	分支线	不小于50				

（3）中、低压电缆线路规划的相关要求

以下情况中，小城镇中、低压配电线路宜考虑电缆线路：

1）县城镇、中心镇中心区繁华地段及镇容环境有特殊要求的地段；

2）旅游型小城镇的重点风景旅游区段；

3）历史文化名镇的历史街区；

4）供电可靠性要求较高的工业园区用户和其他重要负荷用户；

5）沿海地区易受风暴侵袭的小城镇重要供电区域；

6）其他经技术经济综合比较，采用电缆线路较合适的情况。

小城镇中、低压配电电缆线路路由选择应考虑安全、可行、维护便利及节省投资等条件，并与其他市政管线协调考虑。

小城镇中、低压配电电缆线路应按不同情况，采取不同敷设方式：

1）镇区人行道、公园绿地，以及公共建筑向边缘地带、小区道路一侧，应优先考虑直埋敷设。直埋敷设电缆同路径条数不宜超过6条。

2）不能直埋，且无机动车负载的通道，应采用电缆沟槽敷设，电缆沟槽敷设电缆同路径条数一般以4~8条为宜。

3）当中、低压配电电缆条数较多，且有机动车等重载的地段,如穿越道路电缆线路段,宜采用排管敷设。排管敷设电缆同路径条数一般以 6~18 条为宜。

4)当中、低压配电电缆线路跨越河流时,应尽量利用已有的桥梁结构;新建桥梁工程规划设计应同时考虑电力电缆等敷设要求。

5)水下敷设安装方式应根据具体工程特殊设计。

6.7 附 录

6.7.1 附录1

见表 6.7.1。

35~500kV 变电站站区用地面积参考值 表 6.7.1

变电站电压等级(kV)	主变压器容量及台数 MVA(台数)	变电站站区用地面积(公顷)			备注
		户外型	常规户内型	小型户内型	
35/10	6.3~20/2~3		1500	800	小型户内式变电站用地面积系简化结线、多层布置的变电站建筑面积
110(66)/10	20~50/2~3		2500	1000	
220/110(66、35)	90~180/2~3		4000	2000	
220/35/10	90~18/2~3		5000		
220/110(66、35)/10	90~180/2~3		6000		
330/110/10	90~240/2	4.8			
330/220/10	90~240/2	5.2			
500/200	750/2 组	12			

6.7.2 附录2

见表 6.7.2。

35～500kV变电站主变压器一般设置范围　　表6.7.2

变电站电压等级（kV）	主变压器设置范围（台数×MVA）
500	2×500～4×1500
330	2×90～4×240
220	2×90～4×240
110	2×20～4×63
35	2×6.3～4×20

6.7.3　附录3　电力变压器型号说明

电力变压器型号由两段组成，如型号 SSPSZL—240000/220。

型号第一段：表示变压器的型式及材料。

第一部分：表示相数

S——三相；

D——单相。

第二部分：表示冷却方式

J——油浸自冷；

F——油浸风冷；

S——油浸水冷；

N——氮气冷却；

P——强迫油循环；

FP——强迫油循环风冷；

SP——强迫油循环水冷；

G——干式。

第三部分：表示卷数

S——三卷（双卷不表示）。

第四部分：表示变压器的特性

Z——带负荷调压；

Q——全绝缘；

O——自耦,"O"放在型号第一位表示降压自耦变压器,"O"放在最后一位表示升压自耦变压器;

L——铝芯(铜芯不表示)。

型号第二段:表示变压器容量和电压

分子——额定容量(kVA);

分母——额定电压(kV)。

6.7.4 附录4 6kV标准与非标准容量系列变压器技术参数

见表6.7.4-1,表6.7.4-2。

6kV标准容量系列变压器　　　表6.7.4-1

型号及容量(kVA)	低压侧额定电压(kV)	连接组	损耗(kW) 空载	损耗(kW) 短路	阻抗电压(%)	空载电流(%)	总重(t)	轨距(mm)	参考价格(万元)
SJL$_1$—20	0.4	Y/Y$_0$—12	0.12	0.59	4	8	0.2	无	0.12
SJL$_1$—30	0.4	Y/Y$_0$—12	0.16	0.83	4	6.6	0.26	无	0.14
SJL$_1$—40	0.4	Y/Y$_0$—12	0.19	0.98	4	5.7	0.3	无	0.165
SJL$_1$—50	0.4	Y/Y$_0$—12	0.22	1.15	4	5	0.34	无	0.19
SJL$_1$—63	0.4	Y/Y$_0$—12	0.26	1.4	4	4.6	0.43	无	0.22
SJL$_1$—80	0.4	Y/Y$_0$—12	0.31	1.7	4	4.2	0.48	无	0.24
SJL$_1$—100	0.4	Y/Y$_0$—12	0.35	2.1	4	3.8	0.57	无	0.27
SJL$_1$—125	0.4	Y/Y$_0$—12	0.42	2.4	4	3.2	0.68	无	0.32
SJL$_1$—160	0.4	Y/Y$_0$—12	0.5	2.9	4	3.0	0.81	550	0.39
SJL$_1$—200	0.4	Y/Y$_0$—12	0.58	3.6	4	2.8	0.94	550	0.44
SJL$_1$—250	0.4	Y/Y$_0$—12	0.68	4.1	4	2.6	1.1	550	0.52
SJL$_1$—350	0.4	Y/Y$_0$—12	0.8	5	4	2.4	1.3	550	0.62
SJL$_1$—400	0.4	Y/Y$_0$—12	0.93	6	4	2.3	1.5	660	0.72
SJL$_1$—500	0.4	Y/Y$_0$—12	1.1	7.1	4	2.1	1.82	660	0.77
SJL$_1$—630	0.4	Y/Y$_0$—12	1.3	8.4	4	2.0	2	660	0.91
SJL$_1$—800	0.4	Y/Y$_0$—12	1.7	11.5	4.5	1.9	2.9	820	1.18
SJL$_1$—1000	0.4	Y/Y$_0$—12	2.0	13.7	4.5	1.7	3.44	820	1.35
SJL$_1$—1250	0.4	Y/Y$_0$—12	2.35	16.4	4.5	1.6	4.0	820	1.55
SJL$_1$—1600	0.4	Y/Y$_0$—12	2.85	20	4.5	1.5	5.2	820	2.04

续表

型号及容量 （kVA）	低压侧额定电压（kV）	连接组	损耗（kW） 空载	损耗（kW） 短路	阻抗电压（%）	空载电流（%）	总重（t）	轨距（mm）	参考价格（万元）
SJL$_1$—630	3.15	Y/△—11	1.4	9.3	5.5	2.0	2.17	660	0.91
SJL$_1$—800	3.15	Y/△—11	1.7	11.5	5.5	1.9	2.73	820	1.18
SJL$_1$—1000	3.15	Y/△—11	2.0	13.7	5.5	1.7	3.33	820	1.35
SJL$_1$—1250	3.15	Y/△—11	2.35	16.4	5.5	1.6	3.98	820	1.53
SJL$_1$—1600	3.15	Y/△—11	2.85	20	5.5	1.5	4.72	820	2.04
SJL$_1$—2000	3.15	Y/△—11	3.3	24	5.5	1.4	5.4	1070	2.15
SJL$_1$—2500	3.15	Y/△—11	3.9	27.5	5.5	1.3	6.3	1070	2.63
SJL$_1$—3150	3.15	Y/△—11	4.6	33	5.5	1.2	7.2	1070	3.03
SJ—10	0.4	Y/Y$_0$—12	0.105	0.33	4.5	10	0.16	无	0.105
SJ—20	0.4	Y/Y$_0$—12	0.18	0.6	4.5	9	0.27	无	0.12
SJ—30	0.4	Y/Y$_0$—12	0.25	0.85	4.5	7.5	0.32	无	0.14
SJ—50	0.4	Y/Y$_0$—12	0.35	1.33	4.5	7	0.415	无	0.18
SJ—100	0.4	Y/Y$_0$—12	0.55	2.4	4.5	6	0.67	无	0.29
SJ—1000	0.4	Y/Y$_0$—12	3.5	15	4.5	4	3.5	820	1.4
SJL—1000	3.15	Y/△—11	4.1	14	5.5	5	4.18	820	1.34

6kV 非标准容量系列变压器　　表 6.7.4-2

型号及容量 （kVA）	低压侧额定电压（kV）	连接组	损耗（kW） 空载	损耗（kW） 短路	阻抗电压（%）	空载电流（%）	总重（t）	轨距（mm）
SJL—75	0.4	Y/Y$_0$—12	0.49	1.7	4.5	6.5	0.46	无
SJL—180	0.4	Y/Y$_0$—12	0.95	3.6	4.5	6	1.07	
SJL—240	0.4	Y/Y$_0$—12	1.28	4.5	4.5	6	1.25	
SJL—320	0.4	Y/Y$_0$—12	1.4	5.7	4.5	6	1.59	
SJL—420	0.4	Y/Y$_0$—12	1.7	7.1	4.5	6.5	1.84	
SJL—560	0.4	Y/Y$_0$—12	2.25	8.6	4.5	6	2.33	
SJL—750	0.4	Y/Y$_0$—12	3.35	11.5	4.5	6	3.62	
SJ—75	0.4	Y/Y$_0$—12	0.49	1.88	4.5	6.5	0.58	无
SJ—180	0.4	Y/Y$_0$—12	1.0	4.0	4.5	6	0.91	660
SJ—240	0.4	Y/Y$_0$—12	1.2	4.9	4.5	6	1.17	660
SJ—320	0.4	Y/Y$_0$—12	1.5	6.2	4.5	5.5	1.37	660

续表

型号及容量（kVA）	低压侧额定电压（kV）	连接组	损耗（kW） 空载	损耗（kW） 短路	阻抗电压（%）	空载电流（%）	总重（t）	轨距（mm）
SJ—420	0.4	Y/Y₀—12	1.9	7.7	4.5	5.5	2.1	820
SJ—560	0.4	Y/Y₀—12	2.3	9.4	4.5	5	2.25	820
SJ—750	0.4	Y/Y₀—12	2.85	11.9	4.5	4.5	2.13	820
SJ—1800	0.4	Y/Y₀—12	5.1	22	4.5	3.5	5.34	1070
SJ—3200	3.15	Y/△—11	11	37	5.5	4	10.96	
SJ—5600	3.15	Y/△—11	18	56	5.5	4	15.54	

6.7.5 附录5 10kV标准与非标准容量系列变压器技术参数

见表6.7.5-1、表6.7.5-2。10kV变压器低压侧额定电压有0.4kV、3.15kV、6.3kV 3种。3.15kV、6.3kV的变压器参数相同，只写出6.3kV为代表。

10kV标准容量系列变压器　　表6.7.5-1

型号及容量（kVA）	低压侧额定电压（kV）	连接组	损耗（kW） 空载	损耗（kW） 短路	阻抗电压（%）	空载电流（%）	总重（t）	轨距（mm）
SJL₁—20	0.4	Y/Y₀—12	0.12	0.59	4	8	0.2	无
SJL₁—30	0.4	Y/Y₀—12	0.16	0.83	4	6.6	0.26	无
SJL₁—40	0.4	Y/Y₀—12	0.19	0.98	4	4.7	0.3	无
SJL₁—50	0.4	Y/Y₀—12	0.22	1.15	4	5.4	0.34	无
SJL₁—63	0.4	Y/Y₀—12	0.26	1.4	4	4.6	0.43	无
SJL₁—80	0.4	Y/Y₀—12	0.31	1.7	4	4.2	0.48	无
SJL₁—100	0.4	Y/Y₀—12	0.35	2.1	4	3.8	0.57	无
SJL₁—125	0.4	Y/Y₀—12	0.42	2.4	4	3.2	0.68	无
SJL₁—160	0.4	Y/Y₀—12	0.5	2.9	4	3.0	0.81	550
SJL₁—200	0.4	Y/Y₀—12	0.58	3.6	4	2.8	0.94	550
SJL₁—250	0.4	Y/Y₀—12	0.68	4.1	4	2.6	1.1	550
SJL₁—315	0.4	Y/Y₀—12	0.8	5	4	2.4	1.3	550
SJL₁—400	0.4	Y/Y₀—12	0.93	6	4	2.3	1.5	660
SJL₁—500	0.4	Y/Y₀—12	1.1	7.1	4	2.1	1.82	660

续表

型号及容量 (kVA)	低压侧额定电压 (kV)	连接组	损耗 (kW) 空载	损耗 (kW) 短路	阻抗电压 (%)	空载电流 (%)	总重 (t)	轨距 (mm)
SJL_1—630	0.4	Y/Y_0—12	1.3	8.4	4	2.0	2	660
SJL_1—800	0.4	Y/Y_0—12	1.7	11.5	4.5	1.9	2.9	820
SJL_1—1000	0.4	Y/Y_0—12	2.0	13.7	4.5	1.7	3.44	820
SJL_1—1250	0.4	Y/Y_0—12	2.35	16.4	4.5	1.6	4.0	820
SJL_1—1600	0.4	Y/Y_0—12	2.85	2.0	4.5	1.5	5.2	820
SJL_1—630	6.3	$Y/\triangle$—11	1.4	9.3	5.5	2.0	2.17	660
SJL_1—800	6.3	$Y/\triangle$—11	1.7	11.5	5.5	1.9	2.73	820
SJL_1—1000	6.3	$Y/\triangle$—11	2.0	13.7	5.5	1.7	3.33	820
SJL_1—1250	6.3	$Y/\triangle$—11	2.35	16.4	5.5	1.6	3.98	820
SJL_1—1600	6.3	$Y/\triangle$—11	2.85	20	5.5	1.5	4.72	820
SJL_1—2000	6.3	$Y/\triangle$—11	3.3	24	5.5	1.4	5.4	1070
SJL_1—2500	6.3	$Y/\triangle$—11	3.9	27.5	5.5	1.3	6.3	1070
SJL_1—3150	6.3	$Y/\triangle$—11	4.6	33	5.5	1.2	7.2	1070
SJL_1—4000	6.3	$Y/\triangle$—11	5.5	39	5.5	1.1	8.6	1070
SJL_1—5000	6.3	$Y/\triangle$—11	6.5	45	5.5	1.1	10.2	1070
SJL_1—6300	6.3	$Y/\triangle$—11	7.9	52	5.5	1.0	11.85	1070
SJL_1—8000	6.3	$Y/\triangle$—11	9.4	70	10	0.85	13.7	1435
SJL_1—10000	6.3	$Y/\triangle$—11	11.2	92	12	0.8	16.7	1435
SJL—20	0.4	Y/Y_0—12	0.2	0.6	4.5	10	0.25	
SJL—30	0.4	Y/Y_0—12	0.27	0.84	4.5	9	0.32	
SJL—50	0.4	Y/Y_0—12	0.39	1.3	4.5	8	0.43	
SJL—100	0.4	Y/Y_0—12	0.65	2.3	4.5	7.5	0.69	
SJL—1000	0.4	Y/Y_0—12	4.1	14	4.5	5	4.3	
SJL—1000	6.3	$Y/\triangle$—11	4.1	14	5.5	5	4.2	
SFL—10000	6.3	$Y/\triangle$—11	12	100	12			
SJ—10	0.4	Y/Y_0—12	0.13	0.34	4.5	10	0.16	
SJ—20	0.4	Y/Y_0—12	0.2	0.6	4.5	9	0.27	
SJ—30	0.4	Y/Y_0—12	0.27	0.85	4.5	8.5	0.32	
SJ—100	0.4	Y/Y_0—12	0.6	2.4	4.5	6.5	0.67	
SJ—1000	0.4	Y/Y_0—12	3.5	15	4.5	4	3.5	
SJ—1000	6.3	$Y/\triangle$—11	3.7	15	5.5	5	3.5	

注：8000kV、10000kV 变压器尚有 SFL_1，$SSPL_1$ 两种型号。

10kV非标准容量系列变压器　　　表6.7.5-2

型号及容量(kVA)	低压侧额定电压(kV)	连接组	损耗(kW) 空载	损耗(kW) 短路	阻抗电压(%)	空载电流(%)	总重(t)	轨距(mm)
SJL—75	0.4	Y/Y$_0$—12	0.51	1.7	4.5	7.5	0.46	无
SJL—180	0.4	Y/Y$_0$—12	0.95	3.6	4.5	7	1.07	660
SJL—240	0.4	Y/Y$_0$—12	1.28	4.5	4.5	7	1.26	660
SJL—320	0.4	Y/Y$_0$—12	1.4	5.7	4.5	7	1.59	660
SJL—420	0.4	Y/Y$_0$—12	1.7	7.05	4.5	6.5	1.84	820
SJL—560	0.4	Y/Y$_0$—12	2.25	8.6	4.5	6	2.33	820
SJL—750	0.4	Y/Y$_0$—12	3.35	11.5	4.5	6	3.62	820
SJL—1800	0.4	Y/Y$_0$—12	6.0	22	4.5	4.5	6.77	1070
SJL—1800	6.3	Y/△—11	6.0	22	5.5	4.5	6.17	1070
SJL—3200	6.3	Y/△—11	9.1	34	5.5	4.0	10.53	
SJL—5600	6.3	Y/△—11	13.6	53	5.5	4.0	15.5	
SFL—7500	6.3	Y/△—11	9.3	66.1	10	0.9		
SFL—15000	6.3	Y/△—11	14.3	116	10.5	0.8	20.9	
SJ—75	0.4	Y/Y$_0$—12	0.55	1.88	4.5	7.5	0.53	无
SJ—180	0.4	Y/Y$_0$—12	1.1	4.6	4.5	6	0.91	660
SJ—240	0.4	Y/Y$_0$—12	1.2	5.1	4.5	6	1.17	660
SJ—320	0.4	Y/Y$_0$—12	1.5	6.2	4.5	5.5	1.37	660
SJ—420	0.4	Y/Y$_0$—12	1.9	7.7	4.5	5.5	2.06	820
SJ—560	0.4	Y/Y$_0$—12	2.3	9.4	4.5	5	2.25	820
SJ—750	0.4	Y/Y$_0$—12	2.85	11.9	4.5	4.5	2.93	820
SJ—1800	0.4	Y/Y$_0$—12	15.1	22	4.5	3.5	5.34	1070
SJ—180	6.3	Y/△—11	1.3	4.1	5.5	7	1.03	660
SJ—320	6.3	Y/△—11	2.0	6.2	5.5	6.5	1.58	660
SJ—560	6.3	Y/△—11	2.8	9.4	5.5	6	2.25	820
SJ—750	6.3	Y/△—11	3.3	11.9	5.5	5.5	3.32	820
SJ—1800	6.3	Y/△—11	5.5	22	5.5	4.0	5.34	1070
SJ—3200	6.3	Y/△—11	11	37	5.5	4	10.96	
SJ—5600	6.3	Y/△—11	18	56	5.5	4	15.5	

6.7.6　附录6　35kV标准与非标准容量系列变压器技术参数

35kV变压器低压侧额定电压有0.4kV、3.15（3.3）kV、

6.3（6.6）kV、10.5（11）kV 4 种，3.15（3.3）kV、6.3（6.6）kV、10.5（11）kV 的变压器参数相同，只写 10.5（11）kV 为代表。见表 6.7.6-1、表 6.7.6-2。

1600kVA 以上容量变压器，高压侧额定电压有 35kV（降压变），38.5kV（升压变）两种。

35kV 标准容量系列变压器 表 6.7.6-1

型号及容量（kVA）	低压侧额定电压（kV）	连接组	损耗（kW）		阻抗电压（%）	空载电流（%）	总重（t）	轨距（mm）
			空载	短路				
SJL$_1$—50	0.4	Y/Y$_0$—12	0.3	1.1	6.5	3.53	0.75	无
SJL$_1$—100	0.4	Y/Y$_0$—12	0.43	2.5	6.5	3.53	1.03	无
SJL$_1$—160	0.4	Y/Y$_0$—12	0.59	3.6	6.5	2.8	1.3	550
SJL$_1$—250	0.4	Y/Y$_0$—12	0.8	4.8	6.6	2.3	1.73	550
SJL$_1$—400	0.4	Y/Y$_0$—12	1.1	6.9	6.5	1.69	2.15	660
SJL$_1$—630	0.4	Y/Y$_0$—12	1.57	9.7	6.5	1.91	2.76	820
SJL$_1$—1000	0.4	Y/Y$_0$—12	2.2	14	6.5	1.5	4.08	820
SJL$_1$—1600	0.4	Y/Y$_0$—12	2.9	20.3	6.5	1.2	5.15	820
SJL$_1$—160	10.5	Y/△—11	0.64	3.8	6.5	2.8	1.46	550
SJL$_1$—200	10.5	Y/△—11	0.76	4.4	6.5	2.5	1.7	550
SJL$_1$—250	10.5	Y/△—11	0.88	5.0	6.5	2.3	1.9	550
SJL$_1$—315	10.5	Y/△—11	1.03	6.1	6.5	2.1	2.11	660
SJL$_1$—400	10.5	Y/△—11	1.2	7.2	6.5	1.89	2.4	660
SJL$_1$—500	10.5	Y/△—11	1.43	8.4	6.5	1.65	2.91	660
SJL$_1$—630	10.5	Y/△—11	1.7	9.7	6.5	1.87	3.21	820
SJL$_1$—800	10.5	Y/△—11	1.9	11.7	6.5	1.58	3.7	820
SJL$_1$—1000	10.5	Y/△—11	2.2	14	6.5	1.5	4.17	820
SJL$_1$—1250	10.5	Y/△—11	2.6	17	6.5	1.3	4.67	820
SJL$_1$—1600	10.5	Y/△—11	3.07	20	6.5	1.36	5.47	820
SJL$_1$—2000	10.5	Y/△—11	3.6	24	6.5	1.2	6.3	1070
SJL$_1$—2500	10.5	Y/△—11	4.2	27.9	6.5	1.2	7.04	1070
SJL$_1$—3150	10.5	Y/△—11	5.0	33	7	1.1	8.33	1070
SJL$_1$—4000	10.5	Y/△—11	5.9	39	7	0.9	9.56	1070
SJL$_1$—5000	10.5	Y/△—11	6.9	45	7	0.9	11.2	1070
SJL$_1$—6300	10.5	Y/△—11	8.2	52	7.5	0.7	12.82	1070

续表

型号及容量（kVA）	低压侧额定电压（kV）	连接组	损耗（kW）空载	损耗（kW）短路	阻抗电压（%）	空载电流（%）	总重（t）	轨距（mm）
SFL$_1$—8000	11	Y/△—11	11	57	7.5	1.5	11.75	1435
SFL$_1$—10000	11	Y/△—11	11.8	68	7.5	1.5	13.65	1435
SFL$_1$—20000	11	Y/△—11	22	115	8	1.0	30.1	1435
SFL$_1$—31500	11	Y/△—11	30	117	8	0.7	40.5	1435

注：8000~31500kVA 变压器有 SFL$_1$、SSPL$_1$ 两种型号。

35kV 非标准系列变压器　　　表 6.7.6-2

型号及容量（kVA）	低压侧额定电压（kV）	连接组	损耗（kW）空载	损耗（kW）短路	阻抗电压（%）	空载电流（%）	总重（t）	轨距（mm）
SJL—180	0.4	Y/Y$_0$—12	1.2	3.6	6.5	8	1.62	550
SJL—320	0.4	Y/Y$_0$—12	1.8	5.7	6.5	7.5	2.25	660
SJL—560	0.4	Y/Y$_0$—12	2.75	9	6.5	6.5	3.66	820
SJL—750	0.4	Y/Y$_0$—12	3.75	11.5	6.5	6	4.18	820
SJL—1800	0.4	Y/Y$_0$—12	6.6	22	6.5	5.0	7.82	820
SJL—750	10.5	Y/△—11	3.75	11.4	6.5	6	4.75	820
SJL—1800	10.5	Y/△—11	6.6	22	6.5	5	7.66	820
SJL—3200	10.5	Y/△—11	9.7	34	7	4.5	11.92	1070
SJL—5600	10.5	Y/△—11	14	53	7.5	4.5	16.96	1070
SFL—15000	11	Y/△—11	16.1	92	8	1.0	20.1	1435
SFL—60000	11	Y/△—11			8.5		51.47	1435
SJ—75	0.4	Y/Y$_0$—12	0.7	1.88	6.5	7	1.1	无
SJ—180	0.4	Y/Y$_0$—12	1.5	4.1	6.5	7	1.5	660
SJ—320	0.4	Y/Y$_0$—12	2.3	6.2	6.5	6.5	2.61	660
SJ—560	0.4	Y/Y$_0$—12	2.85	9.4	6.5	6.0	3.01	820
SJ—750	0.4	Y/Y$_0$—12	3.5	11.9	6.5	5.5	3.28	820
SJ—1800	0.4	Y/Y$_0$—12	5.5	22	6.5	4.5	6.6	820
SJ—180	10.5	Y/△—11	1.5	4.1	6.5	7	2.37	550
SJ—320	10.5	Y/△—11	2.3	6.2	6.5	6.5	2.36	660
SJ—560	10.5	Y/△—11	2.85	9.4	6.5	6.0	2.23	820
SJ—750	10.5	Y/△—11	3.5	11.9	6.5	5.5	3.66	820
SJ—1800	10.5	Y/△—11	5.5	22	6.5	4.5	6.6	820

续表

型号及容量 (kVA)	低压侧额定电压 (kV)	连接组	损耗（kW）		阻抗电压 (%)	空载电流 (%)	总重 (t)	轨距 (mm)
			空载	短路				
SJ—2400	10.5	Y/△—11	10	31.5	6.5	4.5	7.58	
SJ—3200	10.5	Y/△—11	11.5	37	7	3.5	9.17	
SJ—4200	10.5	Y/△—11	13	45	7	4.5	12.5	
SJ—5600	10.5	Y/△—11	15.5	52	7.5	4.0	16.1	
SF—7500	10.5	Y/△—11	21	75	7.5	3.5	19.05	
SF—15000	11	Y/△—11	39	122	8	3		
SF—45000	11	Y/△—11	88	224	8	2.2		

6.7.7　附录7　110kV标准与非标准容量系列变压器技术参数

110kV 63000（60000）kVA以上的容量的变压器，非国家定型产品，仅就国内已生产的63000（60000）kVA以上的变压器的一般参数列出供参考。见表6.7.7-1～表6.7.7-4。

变压器低压侧额定电压有6.3（6.6）kV、10.5（11）kV、13.8kV 3种，13.8kV仅用于大容量发电机的升压变压器。6.3（6.6）kV、10.5（11）kV的变压器参数相同，只写出10.5（11）kV为代表。

变压器分接头按国家标准（GB 1094—71）：升压型为$121 \pm 2 \times 2.5\%/38.5 \pm 5\%/6.3$（10.5）kV。降压型为$110 \pm 2 \times 2.5\%/38.5 \pm 5\%/6.6$（11）kV。表中只标出升压型。

三卷变压器阻抗电压的配置有升压型和降压型两种，表中写出升压型为代表。将高—中和高—低互换即为降压型。

如升压型 Uk 高—中 = 17.5%；Uk 高—低 = 10.5%；
　　　　Uk 中—低 = 6.5%。

降压型 Uk 高—中 = 10.5%；Uk 高—低 = 17.5%；
　　　Uk 中—低 = 6.5%。

110kV 标准容量系列双卷变压器　　表 6.7.7-1

型号及容量 (kVA)	低压侧额定电压 (kV)	连接组	损耗 (kW) 空载	损耗 (kW) 短路	阻抗电压 (%)	空载电流 (%)	运输重量 (t)	轨距 (mm)
SFL$_1$—6300	11	Y$_0$/△—11	9.76	52	10.5	1.1	12	1435
SFL$_1$—8000	11	Y$_0$/△—11	11.6	62	10.5	1.1	13.6	1435
SFL$_1$—10000	11	Y$_0$/△—11	14	72	10.5	1.1	15.7	1435
SFL$_1$—16000	11	Y$_0$/△—11	18.5	110	10.5	0.9	19.7	1435
SFL$_1$—20000	11	Y$_0$/△—11	22	135	10.5	0.8	22.4	1435
SFL$_1$—25000	11	Y$_0$/△—11	31.1	190	10.5	0.7		1435
SFL$_1$—31500	11	Y$_0$/△—11	31.1	190	10.5	0.7		1435
SFL$_1$—40000	11	Y$_0$/△—11	41.5	204	10.5	0.7	41.7	1435
SFPL$_1$—50000	11	Y$_0$/△—11	49	250	10.5	0.75	41.7	1435
SFPL$_1$—63000	11	Y$_0$/△—11	60	297	10.5	0.61	56.3	2000×1435
SFZL$_1$—16000	6.3	Y$_0$/△—11	34	120	10.5	1.2	21.7	1435
SSPL$_1$—10000	6.3	Y$_0$/Y—10	14	72	10.5	1.1	15.74	1435
SSPL$_1$—20000	6.3	Y$_0$/△—11	22.1	135	10.8	0.8	22.52	1435
SSPL$_1$—63000	10.5	Y$_0$/△—11	68	300	10.5		55.7	2000×1435
SF—10000	11	Y$_0$/△—11	30	93	10.5	3.5	26.21	1435
SF—20000	11	Y$_0$/△—11	50	160	10.5	3	37.4	1435
SF—25000	11	Y$_0$/△—11						1435
SFP—20000	11	Y$_0$/△—11						1435
SSP—31500	11	Y$_0$/△—11	74	200	10.5	2.7	51.16	1435

110kV 非标准容量系列双卷变压器　　表 6.7.7-2

型号及容量 (kVA)	低压侧额定电压 (kV)	连接组	损耗 (kW) 空载	损耗 (kW) 短路	阻抗电压 (%)	空载电流 (%)	运输重量 (t)	轨距 (mm)
SFPL$_1$—90000	10.5	Y$_0$/△—11	75	440	10.5	0.7	77.3	2000×1435
SFPL$_1$—120000	10.5	Y$_0$/△—11	100	500	10.5	0.65	83.7	2000×1435
SSPL$_1$—90000	13.8	Y$_0$/△—11	85	451	10.4		68.2	2000×1435
SSPL$_1$—150000	13.8	Y$_0$/△—11			13		108	2000×1435
SJ—5600	11	Y$_0$/△—11	25.5	62.5	10.5	4.5	29.6	1435
SJ—7500	11	Y$_0$/△—11	24	75	10.5	4	23.44	1435
SF—15000	11	Y$_0$/△—11	40.5	128	10.5	3.5	31.56	1435
SSP—40500	11	Y$_0$/△—11	110	230	10.5	2.3		1435
SSP—45000	11	Y$_0$/△—11	100	250	10.5	2.6	63.63	1435
SSP—60000	11	Y$_0$/△—11	130	310	10.5	2.5	76.81	1435
SSP—75000	11	Y$_0$/△—11	200	480	10.5	2.4		2000×1435
SSP—90000	11	Y$_0$/△—11	190	430	10.5	3	109.34	2000×1435

表 6.7.7-3

110kV标准容量系列三卷变压器

型号及容量 (kVA)	额定容量比 高/中/低 (%)	额定电压比 高/中/低 (%)	连接组	损耗 (kW) 空载	损耗 (kW) 短路 高—中	损耗 (kW) 短路 高—低	损耗 (kW) 短路 中—低	阻抗电压 (%) 高—中	阻抗电压 (%) 高—低	阻抗电压 (%) 中—低	空载电流 (%)	运输重量 (t)
SFSL₁—6300		121/38.5/11	Y₀/Y₀/△—12—11	12.5	63	63	51	17	10.5	6	1.4	16
SFSL₁—8000		121/38.5/11	Y₀/Y₀/△—12—11	14.2	71.6	88.7	47.4	17.5	10.5	6.5	1.26	
SFSL₁—10000		121/38.5/11	Y₀/Y₀/△—12—11	17	91	89	69	17	10.5	6	1.5	25
SFSL₁—20000		121/38.5/11	Y₀/Y₀/△—12—11	50.2	150.7	131	94.5	18	10.5	6.5	4.1	32.8
SFSL₁—25000		121/10.5/6.3	Y₀/△/△—11—11	42.7	219	224	172	18	10.5	6	2.99	36.3
SFSL₁—31500		121/38.5/11	Y/Y₀/△—12—11	38.4	229	212	181.6	18	10.5	6.5	0.8	40.5
SFSL₁—40000		121/38.5/11	Y₀/Y₀/△—12—11									
SFSL₁—50000		121/38.5/11	Y₀/Y₀/△—12—11	53.2	350	300	255	17.5	10.5	6.5	0.8	
SFSLQ₁—63000		121/38.5/11	Y₀/Y₀/△—12—11	21.5	90	90	68	17	10.5	6	1.6	
SFSLQ₁—10000		121/38.5/11	Y₀/Y₀/△—12—11	30.5	120	120	94	17	10.5	6	1.2	25.6
SFSLQ₁—20000		121/38.5/11	Y₀/Y₀/△—12—11	34	155	150	112	17	10.5	6	1.2	
SFSLQ₁—31500		121/38.5/11	Y₀/Y₀/△—12—11	47.2	207	207	165	17	10.5	6	0.9	
SPSLQ₁—31500		110/38.5/6.3	Y₀/Y₀/△—12—11	47.2	207	207	165	17	10.5	6	0.9	

110kV 非标准容量系列三卷变压器

表 6.7.7-4

型号及容量 (kVA)	额定容量比 高/中/低 (%)	额定电压比 高/中/低 (kV)	连接组	损耗 (kW) 空载	损耗 (kW) 短路 高-中	损耗 (kW) 短路 高-低	损耗 (kW) 短路 中-低	阻抗电压 (%) 高-中	阻抗电压 (%) 高-低	阻抗电压 (%) 中-低	空载电流 (%)	运输重量 (t)
SFSL$_1$—15000		121/38.5/11	Y$_0$/Y$_0$/△—12—11	22.7	120	120	95	17	10.5	6	1.3	29.8
SFSLQ$_1$—15000		121/38.5/11	Y$_0$/Y$_0$/△—12—11	30.5	120	120	94	17	10.5	6	1.2	
SFS—5600		121/38.5/11	Y$_0$/Y$_0$/△—12—11	30	69.5			17	10.5	6	5	
SFS—7500		121/38.5/11	Y$_0$/Y$_0$/△—12—11	32	80			17	10.5	6	4.6	31
SFS—15000		121/38.5/11	Y$_0$/Y$_0$/△—12—11	55	135			17	10.5	6	4	43.45
SFS—40500		121/38.5/11	Y$_0$/Y$_0$/△—12—11	130	290			17	10.5	6	3	61
SFS—45000		121/38.5/11	Y$_0$/Y$_0$/△—12—11	130	300			17	10.5	6	3	81.7
SFS—60000		121/38.5/11	Y$_0$/Y$_0$/△—12—11	147	430			17	10.5	6	3	97.4
SFS—75000		121/38.5/11	Y$_0$/Y$_0$/△—12—11	200	480			20.6	12	7.5	2.5	102.1

6.7.8 附录8 0.22~35kV主干电力电缆截面

见表6.7.8。

0.22~35kV主干电力电缆截面 表6.7.8

电压（kV）	电缆铝芯截面（mm²）			
0.38/0.22	240	185	150	120
10	300	240	185	150
35	300	240	185	150

6.7.9 附录9 不同电压等级导线与地面的最小距离

导线与地面的距离，在最大计算弧垂情况下，不应小于表6.7.9值。

导线与地面的最小距离（m） 表6.7.9

线路经过地区	线路电压（kV）					
	<1	1~10	35~110	220	330	500
人口集中地区	6.0	6.5	7.0	7.5	14.0	14.0
非人口集中地区	5.0	5.0	6.0	6.5	7.5	10.5~11.0
交通困难地区	4.0	4.5	5.0	5.5	6.5	8.5

注：①人口集中地区：居民区、工业企业地区、港口、码头、火车站、城镇等人口集中地区；
②非人口集中地区：上述人口集中地区以外的人口较少的地区；
③交通困难地区：车辆、农业机械不能到达的地区。

6.7.10 附录10 电力线路边导线与建筑物之间的最小安全距离

见表6.7.10。

电力线路边导线与建筑物之间的最小水平距离 表6.7.10

线路电压（kV）	<1	1~10	35	66~110	220	330	500
距离（m）	1.0	1.5	3.0	4.0	5.0	6.0	8.5

6.7.11 附录11 电力架空线与房屋建筑的间距

见表 6.7.11。

电力架空线与房屋建筑的间距　　　表 6.7.11

最小间隔距离	线路额定电压（kV）					
	1~15	20~35	60~110	220	330	500
在最大弧垂时的垂直距离（m）	3.0	4.0	5.0	6.0	7.0	9.0
在最大偏斜时的距离（m）	1.5	2.0	4.0	6.0	7.0	

6.7.12 附录12 中、低压电力直埋电缆与各种设施的最小净距

见表 6.7.12。

中、低压电力直埋电缆与各种设施的最小净距　　　表 6.7.12

敷设条件 项目	平行时（m）	交叉时（m）	敷设条件 项目	平行时（m）	交叉时（m）
建筑物基础	0.5	—	排水明沟（平行时与沟边，交叉时与沟底）	1.0	0.5
电杆	0.6	—	水管，压缩空气管	1.0	0.5
与10kV以上电力电缆之间	0.25	0.5	可燃气体及易燃、可燃液体管道	1.0	0.5
通信电缆	0.5	0.5	道路（平行时与侧面，交叉时与路面）	1.5	1.0
热力管沟（包括石油管理）	2.0	0.5	铁路（电气化铁路除外）	3.0	1.0
树木主干	1.5	—	灌木丛	0.5	—

注：中、低压电力直埋电缆与树木主干的距离，不宜小于0.7m，特殊情况，可与有关部门协商，采取措施解决。

6.7.13 附录13 电力架空线与树木的最小垂直距离

送电线路通过林区，应砍伐出通道。通道净宽度不应小于线路宽度，如林区主要树种高度的2倍。通道附近超过主要树种高度的个别树木，应砍伐。树木自然生长高度不超过2m；导线与树木（考虑自然生长高度）间的垂直距离不应小于表6.7.13值。

电力架空线与树木之间的最小垂直距离　　　表6.7.13

线路电压（kV）	35~110	220	330	500
垂直距离（m）	4.0	4.5	5.5	7.0

6.7.14 附录14 电力架空线与树木间最小净距

电力架空线路通过公园、绿化区与防护林带，其与树木之间的净空距离，在最大计算风偏下，不应小于表6.7.14值。

电力架空线与树木间最小净距　　　表6.7.14

线路电压（kV）	<1	1~10	35~110	220	330	500
距　离（m）	3.0	3.0	3.5	4.0	6.0	7.0

6.7.15 附录15 电力架空线与街道行道树、果树、经济作物林、城镇灌木间的最小垂直距离

电力架空线路通过果林、经济作物林或灌木林，导线与果树、经济作物林、灌木林及街道行道树之间的最小垂直距离不应小于表6.7.15值。

电力架空线与果树、经济作物林、灌木及街道行道树之间的最小垂直距离　　　表6.7.15

线路电压（kV）	<1	1~10	35~110	220	330	500
垂直距离（m）	1.0	1.5	3.0	3.5	4.5	7.5

注：表中35kV及以下架空导线的最小垂直距离为最大计算弧垂情况下的垂直距离。35kV及以下架空导线与街道行道树在最大计算风偏下的水平距离为：35kV线路不应小于3.5m；1~10kV线路，不应小于2.0m；1kV以下线路，不应小于1.0m。

6.7.16　附录16　架空电力线路与电视差转台、转播台的防护间距

不同电压等级的电力架空线路与无线电各波段电视差转台、转播台的防护间距应不小于表6.7.16值。

电力架空线路与电视差转台、转播台的防护间距　　　表6.7.16

	110kV	220kV~330kV	500kV
VHF（Ⅰ）	300mm	400m	500m
VHF（Ⅱ）	150m	250m	350m

6.7.17　附录17　架空电力线路对机场导航台、定向台的防护间距

不同电压等级的电力架空线路与机场导航台、定向台的防护间距不应小于表6.7.17值。

架空电力线路对机场导航台、定向台的防护间距　　　表6.7.17

电压等级（kV）	离开导航台距离（m）	离开定向台距离（m）
35	300	500
66~110	700	
220~330	1000	700
500	1500	
发电厂，有电焊和高频设备的单位	2000	2000

主要参考文献

1. 王锡凡主编. 电力系统优化规划. 水利电力出版社
2. 城市电网规划设计导则. 中国电机工程学会城市供电专委会
3. 电力规划规范 GB 50293—1999
4. 洪向道主编. 小型热电站实用设计手册. 北京：水利电力出版社
5. 电力工程电气设计手册. 西北电力设计院. 北京：水利电力出版社
6. 霍宏烈，李全中编. 农村电力网规划. 北京：水利电力出版社
7. 刘仁根，汤铭潭主编. 小城镇规划标准研究. 中国城市规划设计研究院. 中国建筑设计研究院. 沈阳建筑工程学院编著. 北京：中国建筑工业出版社，2003（电子版）
8. 汤铭潭. 开发区用电负荷预测. 上海：《供用电》1991.4
9. 汤铭潭. 城市新区规划用电负荷预测. 北京：《城市规划》1992.3
10. 汤铭潭. 开发区供电规划的几个问题.《河南电力》1992.3
11. 汤铭潭. 城市供热规划的热源、环境分析与对策研究. 北京：《城市规划》1993.5
12. 汤铭潭. 工业城市电力网电力系统难题破解.《走向新世纪》. 中国致公出版社，2001.《工程建设与设计》2000.12
13. 汤铭潭. 小城镇电力、通信规划技术指标探析.《工程建设与设计》

7 小城镇通信工程规划

7.1 概 述

7.1.1 城镇通信发展与通信工程规划

当今信息社会,通信系统和通信网作为城镇重要基础设施,正在向数字化、智能化、综合化、宽带化和个人化迅猛发展。

现在城镇通信不仅涉及固定电话通信网,而且已越来越广泛地涉及移动通信网、广播电视网、计算机网、多媒体网等通信、信息网络。通信高新技术发展,使得传统的电信网在理论概念、技术、方法、业务、投资、管理和服务业方面,正在产生深刻的转变,对城镇通信规划产生深刻影响。

了解通信与通信网发展对城镇通信规划十分重要。展望通信发展,下一代电信网将是以数据业务,特别是 IP(Internet Protocol)业务为中心的多种业务融合,并将最终支持包括语音在内的所有业务的通信网络。

(1) 电信网络演进与变革

国际上一般将电信网的长途网(长途端局以上部分、长途端局与市话局之间以及市话局之间的部分)称为核心网和转接网,余下的市话端局与用户之间的部分称为接入网;国内将市话端局以上部分称为核心网或转接网,而将市话端局或远端模块以下部分称为接入网。上述两种电信网划分方法基本上一致。

1) 核心网演进

20世纪90年代末，通信业务向宽带化、个人化、分组化发展已日益明显，以Internet和宽带移动通信为代表的数据业务和宽带业务的需求不断增加。

宽带网是通信发展的目标。从传统的电路交换网过渡到以ATM/IP为主导的分组化网，我国需10～15年以上的过渡期。城镇通信规划，近中期规划主要以前一网络为主，远期规划设计则应在不同程度上考虑和解决上述两种网络的融合与互通，最终完成由传统电路交换为基础的电信网向分组化的ATM/IP为基础的数据网的逐步过渡。

需要指出的是，数字技术的发展和全面采用，使电话、数据和图像信号可通过统一的编码，实现传输和交换；而光通信技术的发展，又为综合传送各种业务信息提供了必要的带宽和传输质量，成为三网业务的理想平台。同时，计算机软件技术的发展，使三大网络及其终端，可通过软件支持用户所需的各种不同业务，并且在TCP/IP协议的基础上，各种以IP为基础的业务都能在不同的网上实现互通。

2) 接入网演进

目前核心网，波分复用（WDM）光传送网系统的带宽已达400Gbit/s，网络容量正在高速增长，用户终端CPU性能不断翻番，企事业用户的接入正向IP快速汇聚，带宽快速增长，而中间传统铜缆接入网仅能满足话音和窄带通信，成为现代通信发展和全网带宽的瓶颈。因此，接入网的宽带化和IP化成为通信发展的必然。

（2）移动通信的发展

未来移动通信技术发展的主要趋势是宽带化、分组化、综合化和个人化。

移动通信技术随着有线网络的宽带化，也正向无线接入宽带化方向发展,传输速率从 9.6kbit/s 向第三代移动通信系统的最高速率 2Mbit/s 发展。

随着数据业务量主导地位的形成,如同前述,电路交换逐步过渡到以 IP 为基础的分组化网络,移动通信通用分组无线业务的引入,用户将在端到端分组传输模式下发送和接收数据。

未来网络可通过固定接入、移动蜂窝接入、无线本地环路接入等不同的设备接入核心网,实现用户所需的各种业务,在技术上实现固定通信和移动通信等不同业务的相互融合。

同时,移动 IP 是实现未来信息个人化的重要手段,移动智能网技术与 IP 技术的组合,将进一步推动城市和全球个人通信的发展。

(3) 数据通信网的发展

我国各类数据网用户的年增长速率都在 3 位数。公用数据网先后建立分组数据网(X25)、数字数据网(DDN),帧中继和 ATM 宽带数据网,并且 ATM 网已具有相当的规模。统一的数据网应首先建立在 ATM 技术的基础上,可采用 ATM 多业务接入交换机在靠近用户处实现上述几种数据网数据业务的汇集。

目前 IP 组网方式主要是 IP over ATM(异步传输模式)、IP over SPH(同步数字系列)或 IP over WDM(波分复用)。3 种方式各有自己的定位和适用地方,主要表现在"速率颗粒度"和 QoS(Quality of Service)服务质量上,而 IP over DWDM(数字波分复用)代表着网络体系结构未来的发展方向。

IP 与 ATM 的结合是面向连接的 ATM 与无连接的 IP 的统一;IP 与 SDH 的结合,省掉了中间的 ATM 层,保留了因特网的连接特征,而从长远看,IP over WDM 是最简单直接的体系结构,省去中间的 ATM 与 SDH 层,它不仅可在 IP 层上实现电联网,而且能在光传送网(OTN)层面上实现光联网。

(4) 多媒体通信的发展

多媒体通信是向用户广泛提供声、像、图、文并茂的交互式通信与信息服务。目前电信业是以单一媒体形式提供服务,不同时具备集成性、同步性和交互性,但多媒体发展必将成为城市及其小区信息基础设施的重要组成部分。也是三网融合的目标,多媒体业务有远程教育、远程医疗、家庭购物、家庭办公、视像自选,这些服务对现代化城镇来说,需求将会不断增加。

(5) 其他通信发展

1) 卫星移动通信

卫星移动通信对提供电信接入水平将起到进一步推动作用。正在研制新一代非同步轨道卫星系统可提供通信的全球覆盖,用手机可在全球任何地方通话。

2) 有线电视电话

有线电视电话需要一个统一的网络结构,提供有线电视和语音电话,并增加电信网络的供给能力。

混合光纤/同轴电缆(HFC)和传统的有线电视网不同,HFC 允许双向通信并因此能提供电话和数据通信服务,提供高速 Internet 接入等宽带业务。HFC 中光纤连接到交换机到街区节点(光纤到街区或小区 FTTN),再由同轴电缆连接到用户家庭,用户端不必重新布线,充分利用现有电话设备。我国湖南省邮电管理局已建成 HFC 试验网应用支持双向通信的 750MHz 系统。

3) IP 电话

IP 电话以其低廉的资费吸引着越来越多的用户。目前的 Voice Over IP 都是建立在 IP 专网上的纯语音网络,能通过对全网的带宽情况和路由策略,做及时调整,提供接近电信级别的语音服务。

7 小城镇通信工程规划

我国正处于信息通信需求极其旺盛、通信能力增长速度居世界首位这样一个关键时期。虽然，小城镇通信现状基础与发展较城市尚有较大差距，不同地区、不同类别小城镇间差别也很大，但时代的进步，将加快缩小上述差距，小城镇通信规划，既要从小城镇特点和实际考虑，又要有超前意识。按照技术先进性与经济合理性相统一，速度与效益相统一的原则，因地制宜，采用先进的规划理论与方法，解决好新问题。

7.1.2 小城镇通信规划内容与要求

（1）规划内容

小城镇通信工程规划以电信工程规划为主，同时包括邮政和广播、电视规划的主要内容。

小城镇电信工程规划一般分为总体规划和详细规划两个阶段。总体规划阶段主要规划内容应包括用户预测相关本地网规划、局所规划、传输网规划、线路与管道规划，以及移动通信规划。详细规划阶段主要规划内容除具体落实规划地块涉及的上述规划内容外，尚应包括相关用户接入网、配线网规划内容。

按照城市规划法的规定，城市和县级人民政府所在地镇的总体规划，应当包括市或县的行政区域的城镇体系规划。

县（市）域城镇体系规划中的通信工程规划内容一般包括城镇电信用户预测、本地网发展规划、传输网发展规划，以及主要邮政和广播、电视网络规划。

（2）规划深度要求

1）县（市）域城镇体系规划的通信工程规划

①分析县（市）域通信发展现状，评价与社会经济发展的适应程度；

②根据城镇体系布局和社会经济发展战略及通信事业发展趋

势,以上一级通信网络规划为指导,编制、完善县(市)域本地网、传输网发展规划,以及主要邮政、广播、电视网络规划;

③布局县(市)域主要通信、广播电视设施。

2)小城镇总体规划的通信工程规划

①依据小城镇总体规划,确定近、远期小城镇通信发展总目标,并通过电信需求的宏观预测,确定小城镇近、中、远期电话普及率和局所装机容量;确定移动通信、通信新业务、邮政、广播、电视发展目标和规模;

②依据县(市)域城镇体系布局和小城镇总体布局,提出小城镇通信规划的原则及其主要技术措施;

③通过小城镇信息通信网规划方案的优化选择和局所、管道规划优化,确保主要通信设施布局和网络结构的先进性、合理性、经济性;

④确定电信与邮政局所选址和预留的规划用地;

⑤确定小城镇广播站及县城镇、中心镇电视台、站的配置与选址,拟定有线广播、有线电视网传输主干线路规划和管道规划;

⑥小城镇通信总体规划含远期、近期规划两部分,规划期限与小城镇总体规划期限一致,即远期为20年,近期为5年。近期规划主要是对小城镇近期通信需求作出预测,近期通信设施作出布局和发展规划,明确近期通信建设项目。

3)小城镇详细规划的通信工程规划

①以小区和微观预测方法为主,预测规划小区或规划范围内的通信用户需求;

②提出并优化相关用户接入网规划;

③落实总体规划在本规划范围内的相关局所位置、规模与用地;

④确定接入网规划中 OLT(Optical Line Terminal)光线路终端和 ONU(optical network unit)光网络单元的数量和分布;

4) 确定通信线路路由、敷设方式、管道的位置、管孔数和埋深的基本要求；

5) 落实相关邮政局所等主要营业点，移动通信、广播、电视规划中的相关设施。

7.2 用户预测

预测是计划和决策的依据。小城镇电信设施需求量预测是小城镇电信规划的基础，是规划不可缺少的前期工作。规划的好坏在很大程度上取决于预测工作的好坏，预测数量不足，将不能满足城市社会和经济发展对通信的要求，直接影响进步和经济发展，同时给人们生活带来了很大不便；而需求预测过多，则以其为依据的规划和建设会造成严重的资源滥用和资源浪费。

7.2.1 电信预测基础

(1) 电信预测分类

电信预测按网路和业务分，可分为：

1) 市话网的业务预测；
2) 长话业务预测；
3) 非电话业务量预测；
4) 公用电话业务预测。

小城镇电信预测最基本、最主要的是市话网业务预测。市话网业务预测按使用目的可分为：

1) 电话需求量预测

①县（市）域、小城镇镇区电话需求量预测；

②详细规划范围、一个交换区、小区的电话需求量预测。

按预测的形式可分为：

①宏观预测；

②微观预测；

③小区预测。

按预测的期限可分为：

①近期预测（3~5年）；

②中期预测（10年）；

③远期预测（15~20年）；

④远景预测（30~50年）。

一般情况下，近、中期预测除用于局所近、中期规划外，主要用于交换与线路（含传输）设计。远期及远景预测用于局所、管道规划。

2) 市话话务量预测

市话话务量预测包括市话平均每线话务量预测、长话话务量占市话话务量比例分析预测和市话局间话务量流向比例预测。

此外，还有其他业务对市话线路需求预测。上述业务预测最主要的是电话需求量即市话用户预测。

图7.2.1-1为本地网市内电话业务预测的主要内容。

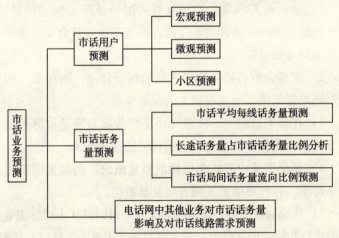

图7.2.1-1 市内电话网业务预测

因市话局间话务流量预测依赖局所规划的结果，图中前期市话话务量预测实际只做市话平均每线话务量预测。

(2) 预测的一般步骤和要点

电信需求预测的一般步骤可分为：

1) 根据不同规划和不同规划期等要求，确定预测的目的和对象；

2) 根据预测目的，收集预测有关的资料；

3) 根据相关分析，分类整理数据，分析数据，同时研究收集的数据对预测需求量变动的影响程度，对数据进行选择取舍，并确定其权数；

4) 分析增长规律和影响预测对象的各个因素及其主次关系；

5) 选择预测方法和建立预测数字模型，并通过数字演算，推算出模型中的参数；

6) 计算预测值，分析讨论预测误差；

7) 比较多种预测，修正并确定预测结果，编写预测报告。

按照预测步骤，在预测过程中要抓住下列要点：

1) 分析相关因素，要注意有关的经济理论和实际经验，只有根据正确的经济理论确定的各经济变量间符合实际情况的关系预测才是可靠的。

2) 注意分析各相关因素之间的相互作用，避免某一因素的影响重复作用，而造成较大的预测偏差。

3) 在预测过程中，注意运用定性分析与定量计算相结合的方法，并根据实际情况，适用合适的预测技术。

4) 预测结果应有一个明确的数量概念，同时也应提出动态条件下，各种可能的预测方案及其量值。

5) 从规划范围按行政区域的预测（可同时从人口、工业等方面进行的社会经济研究）过渡到对应于未来电话区域的预测。

(3) 预测资料的收集

小城镇电信需求预测是一门社会调查、分析与研究的科学，预测首先要收集有关资料。小城镇电信规划资料收集可结合小城镇规划资料的收集而共同进行，许多资料可直接从后者得到。表7.2.1为收集资料的内容和来源。

小城镇电信预测的主要收集资料　　　　表7.2.1

资料类别	资料内容	资料来源
小城镇总体规划、详细规划资料	1. 相关小城镇总体规划、详细规划的文本及图纸； 2. 镇区道路及主要市政和基础设施规划图； 3. 人口密度图	县镇规划管理等部门
国民经济资料	1. 小城镇历年国民经济发展速度； 2. 小城镇历年工业总产值； 3. 小城镇历年人口增长速度，小城镇人口总数、职工总数； 4. 小城镇历年人均国民生产总值	县计划、经济、统计等部门
市内通信网资料	1. 通信网、通信设备历年发展情况； 2. 通信网现状； 3. 现有交换机设备容量和制式、实装率； 4. 话务量资料； 5. 待装用户、潜在用户资料； 6. 其他资料	县电信部门

（4）电话需求量的相关分析

1）电话的分类与电话普及率

电话是同时满足公众的经济方面需要的专业性设备和满足私人要求的家用（或住宅的）设备。其用户可分为住宅用户和专业用户两大类。其中对于工作需要的住宅用户，可以进行更细的分类区别，以使预测得到更高的准确性。

电话普及率一般也是用得最多的是综合普及率，可分为话机普及率和局号普及率两种：话机普及率按每百人拥有电话机数计算，用"部/百人"表示。

局号普及率按每百户拥有的局线数计算，用"局线/百人"表示。

此外，在预测中也常采用分类普及率。主要分住宅用户普及率和专业用户普及率：

住宅用户（或住宅电话）普及率，通常用每 100 个家庭的线对数来表示，也有用"部/百户"表示；

专业用户（或业务电话）普及率，通常用每 100 个职员的线对数来表示，也有用"部/百人"或"部/公顷"表示。

还有占比例很小的公用电话普及率，用"部/千人"或"部/公顷"表示。业务电话普及率还可按行业细分，用"部/行业人口"或"部/单位"表示。

在小区预测和微观预测中，微观电话发展指标或综合电话发展指标，实际上也是普及率的应用。通常按不同部门的在职人数，管理人员，不同用地功能的用地面积，不同建筑的建筑面积等指标计量。

普及率反映网路发展水平，它是从大量持续变化着的统计分析得出来的，对普及率的研究是电信预测工作的核心。

2）电话普及率增长的一般规律

电话普及率增长的一般规律可以借助于电话网发展的 3 个特征阶段来描述。图 7.2.1-2 为电话网 3 个特征发展阶段示意图。

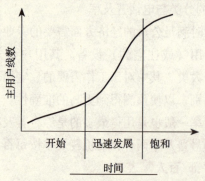

图 7.2.1-2　电话网 3 个特征发展阶段

①开始阶段：缓慢的线性发展阶段。电话普及率低，并且增长缓慢，基本组成是行政机关、公共管理部门与工厂企业的业务电话，住宅电话较少，对广大住户来说，电话是奢侈品，而不是日用品。

②迅速增长阶段：迅速增长，中段直线发展阶段。随着经济的发展，这一阶段除公务电话需求继续增长外，住宅电话已被认为是日用品得到大发展，并成为电话网迅速发展的推动力。

这个阶段新增用户发展很快，往往出现供不应求的情况，出现大量的待装户与潜在待装户。这一阶段电话普及率迅速增长。

这一阶段还可分为向上拐、直线、向下拐三个阶段，其中上拐点和下拐点是电话发展规律曲线的两个重要点。这一阶段的预测工作更为重要，预测对规划的影响更大。预测人员十分重视找出本地区这一阶段电话发展的上拐点和下拐点。

③饱和阶段：减速、平稳发展阶段。住宅电话密度达到80%~100%，电话普及率高，逐渐饱和。网路按照适合于需求的供给量的稳定增长率发展，新的电话需求不再主要是住宅用户而变得更多样化：移机成为需求的重要部分；住宅电话出现第2、第3对线；第三产业、服务性行业的高度发展改变专业公务电话需求。不断发展的新业务是为这一阶段的另一特点，这一阶段用户需求预测方法应作相应变化。

新业务主要有：

①N – ISDN（2B + D、3B + D）业务；

②B – ISDN（6 – 8MB）业务；

③智能用户电报；

④G_4类传真；

⑤可视图文；

⑥可视电话；

⑦会议电视系统业务；

⑧计算机互联网业务；

⑨用户点分布的有线电视网系统业务。

3）需求量若干相关因素分析

①与经济社会发展水平的关系

与经济社会发展水平的关系反映在电话网发展的三个特征阶段的延续时间不同。

②与国内生产总值的关系

国内生产总值和电话密度有密切关系，CCITT根据1975年～1978年有关统计，得出电话密度与人均国内生产总值的关系见图7.2.1-3。

在预测小城镇中期、远期电话增长时，常根据小城镇总体规划的中期和远期国民生产总值作相关预测。

4）与镇区人口及其就业人口比例、工作性质的关系

如前所述，住宅电话和业务电话的普及率一般都用一定人数的线对数表示。根据人口和电话普及率即可求得电话需求总数。在一定的预测期电话普及率下，人口越多，电话需求量就越大；此外，从电话普及率的构成分类可知，就业人口比例越大以及从事管理工作或业务部门工作人员的比例越大，电话需求量也越大。

5）其他相关因素

除上述主要相关因素外，小城镇电信需求或其预测还与下列因素密切相关：

①小城镇的规模、性质、作用和地位；

②镇区用地布局和用地功能；

③小城镇平均家庭生活水平及其收入增长规律；

④第三产业和新部门增长发展规律；

⑤居住小区与公区建筑。

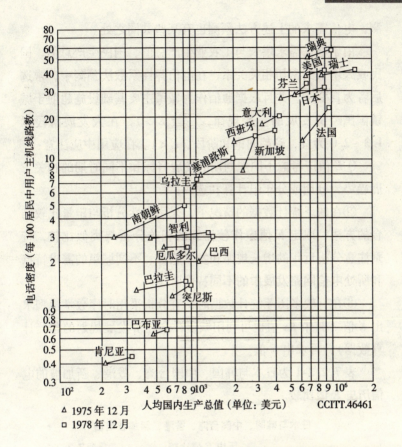

图 7.2.1-3 电话密度与人均国内生产总值的关系

不难发现,小城镇电信需求与上述因素的密切关系在于上述因素反映决定电信需求的通信重要性,或与需求相关的经济状况和经济实力,或潜在需求。

7.2.2 宏观预测方法

(1) 增长率法预测

1) 弹性系数法

6.3.1 节介绍了电力负荷的弹性系数法和平均增长率法预

测,电信需求的上述方法预测也有某些共同之处。

由于电信需求增长与工农业生产总值、国民生产总值、国民收入增长的密切相关关系,在电信弹性系数法预测中,常选后者为自变量,并且根据通信作为城镇主要基础设施超前于城镇国民经济发展的一般规律,一般 $E>1$,在大发展阶段以 1.3~2.0 为宜,到趋向饱和阶段,$E<1$。在应用中应注意:

①E 值应考虑不同规划期的发展目标和不同时期的相关发展趋势,分期或分年限计算和选取;

②在缺乏统计数据的情况下,采用定性分析与定量比较结合的方法,取定 E 值应作较详细的相关分析与类似比较,特别注意分析近年的增长规律和发展趋势、不同城镇的需求特点和所处电信网路发展中的不同特性阶段。

③在有较多历年统计数据时,宜分析采用时序数学模型求出 K 值(其中 Kx 值也可利用城镇社会经济发展规划的预测计算数据),再求出 E 值。

表 7.2.2-1 为日本与韩国、中国台湾、香港、新加坡的电信历史 E 值比较。

日本与韩国、中国台湾、香港、新加坡电信历史 E 值比较 表 7.2.2-1

国家和地区	时期	弹性系数 E
日本	1959~1975 年	1.81
韩国	1949~1960 年	1.69
中国台湾	1958~1984 年	2.10
香港	1958~1978 年	2.32
新加坡	1968~1984 年	1.64

实例 1. 表 7.2.2-2 某市域(本地网)电信规划,用与国民生产总值相关的弹性系数法预测各规划期电信需求。

某市域与国民生产总值相关弹性系数宏观预测

表 7.2.2-2

项目		单位	基础年份		规划年份		
			1980年	1988年	1995年	2000年	2010年
人口		万人	130.1	137.7	153.8	160.3	171.2
人均国民收入		元/(人·年)	254.4	525.9	841	1071	1649
人均国民生产总值		元/(人·年)	300	702	1184	1554	2444
人均国民生产总值年均增长率		%		11.2	7.8	5.6	4.6
电话增长超前系数				0.83	1.6	1.1	1.4
电话增长率		%		9.28	12.5	9.52	6.44
大、小交换机	计算	万门	0.8625	1.7544	3.98	6.30	11.76
	取定				4	6.3	11.8
电话机	计算	万部	0.4984	0.9375	3.18	5.04	9.41
	取定				3.2	5	9.4
话机普及率	计算	部/百人	0.38	0.68	2.08	3.12	5.49
	取定						
备注		1. 2000年全国平均话机普及率预测为2.8部/百人；2. 电话增长超前系数经分析类比确定					

* 基础资料：

	大交换机（门）		小交换机（门）		大交换机实装话机（部）		小交换机实装话机（部）		大小交换机比
	中心城	县镇	中心城	县镇	中心城	县镇	中心城	县镇	
1980年	2900	2930	1020	1775	2216	1163	735	870	5830:2795
1988年	7850	2890	4784	1990	4420	1366	2715	874	10770:6774

2）平均增长率法预测

平均增长率预测法是在统计分析近年市话平均增长率的基础上，采用相关综合分析，包括专家讨论等方式，分阶段确定市话用户的宏观增长率，再计算用户需求的一种方法。

确定市话用户的阶段平均增长率后，用户需求可采用下式计算：

$$Y = M(1+a)^t$$

式中　Y——阶段末用户数；

　　　M——基础年用户数；

　　　a——该阶段平均增长率；

　　　t——该阶段的年数。

（2）普及率和分类普及率预测方法

普及率和分类普及率预测方法是采用电话普及率和分类普及率进行电话需求预测的一种常用预测方法。一般情况，普及率法用于宏观预测；分类普及率法除用于宏观预测外，也用于微观预测和小区预测；普及率和分类普及率可结合用于总体宏观预测。

1）普及率法预测

CCITT提出，电话需求预测应采用普及率法并采用两个普及率进行测算：

①对住宅用户，应用"线数/家庭"测算需求；

②对专业用户（包括各种公务电话、工厂、商业用电话），应用"线数/雇员"测算需求。

表7.2.2-3为香港1984年~1992年电话普及率及其构成。

香港1984年~1992年电话普及率及其构成

表7.2.2-3

年份（年）	人口（万）	局号普及率（%）	主机线数（万线）	专业电话普及率（%）	专业电话所占比例（%）	住房数（万户）	住宅电话普及率（%）	住宅电话所占比例（%）
1984	537	29.3	157.34	7.3	25	119.3	22	75
1985	542	30.7	166.23	7.8	25.5	123.2	22.8	74.5
1986	546	32.3	176.36	8.45	26.3	130	23.8	73.7
1987	553	33.9	187.47	9.2	27.4	134.9	24.6	72.6

续表

年份(年)	人口(万)	局号普及率(%)	主机线数(万线)	专业电话普及率(%)	专业电话所占比例(%)	住房数(万户)	住宅电话普及率(%)	住宅电话所占比例(%)
1988	561	36.0	201.96	10.5	29.2	143.9	25.6	70.8
1989	574	38.2	219.27	12	31.4	151	26.2	68.6
1990	582	40.3	234.55	13.2	32.8	157.3	27.1	66.2
1991	580	42.7	247.66	14.4	33.7	165.7	28.3	66.2
1992	576	45.9	264.38	16	35.1	192	29.8	64.9

实例2. 表7.2.2-4为普及率法宏观预测某市域中心城区、镇区的电话需求及设备容量。

普及率法宏观预测电话需求和设备容量　　表7.2.2-4

年份(年)	主机线普及率		主机线数(万线)			实装率(%)	实装(万门)	全市人口(万人)	全市主机线普及率(%)
	中心城区	镇区	中心城区	镇区	合计				
1995	24.0	11	9.7	10.2	19.9	75	26.6	132.7	15.0
2000	37.2	20	20.49	21.77	42.26	80	52.9	163.9	25.8
2005	54.1	33	37.9	43.64	81.52	85	95.9	202.3	40.3
2010	69.5	45	62.52	72.0	134.52	85	158.3	250	53.8

2) 分类普及率法预测

分类普及率预测法是按分类的普及率进行预测的方法，在绝大多数场合较普及率法预测更切合实际。

分类普及率法先预测规划期内的家庭数（户数）和职员数，再按大量统计、分析和比较得到的线数/家庭和线数/职员的普及率指标，分别测算住宅用户和专业用户，上述两项之和即为预测的电话需求总数。

分类普及率法预测，相关的指标主要有：

居住区人口毛密度或人口净密度；

住宅电话普及率；

各类公务电话普及率；

公用电话普及率。

①居住（小）区人口毛密度或人口净密度

人口毛密度：每公顷居住区用地上容纳的规划人口数量（人/公顷）。

人口净密度：每公顷住宅用地上容纳的规划人口数量（人/公顷）。

居住（小）区人口毛密度或人口净密度用于测算家庭户数。根据居住（小）区用地、住宅用地或规划的居住（小）区用地、住宅用地和人口毛密度或住宅用地人口净密度，即可求得居住人口、户数或规划的人口、居住户数。

②住宅电话普及率

住宅电话用户包括其现有户、待装户和潜在待装户。住宅电话普及率建立在住宅电话宏观预测的基础上，一般是用时间序列法作近期回归预测，用相关法（主要与城市人均收入、国民收入相关）及类比法（与类似小城镇比较）预测中、远期发展。

③公务电话中各类用户普及率

根据我国情况，我国的市话部门按国家机关、制造业、建筑业、科学文化、文体、卫生、农林牧、第三产业分类统计公务电话数据。这些分类用户的普及率在典型调查，分析研究其增长规律的基础上确定，也可采用前述住宅电话普及率的办法确定。

表7.2.2-5为某市公务电话分类普及率指标，可作为小城镇公务电话普及率指标制定典型调查和用户分类方法的适当参考。

某市公务电话分类普及率指标　　表 7.2.2-5

主机线数/百人　年份 用户分类	1990 年	1995 年	2000 年	2020 年
国家机关	16	24	30~32	55~60
制造业、建筑业	10	15	20~22	28~32
科学文化、文体、卫生	7	14	22~25	32~35
农、林、牧	6	10	14~18	25~27
第三产业	8	15	25~30	45~50

3) 公用电话普及率

公用电话一般是设在城镇道路旁，居民（小）区及各营业点、代办点的公用通话设备，包括投币电话和磁卡电话。公用电话占的用户比例很小，但它体现一个城镇电话的服务水平及其方便程度，公用电话普及率的确定基于相关服务水平的预测，也采用类比法确定。

7.2.3 微观预测方法

微观预测是根据用户调查数据、城市用地现状和用地规划等相关资料进行的较小范围、较细的一种预测方法。

微观预测测算的主要方法是分类用户增长率法。其计算公式为：

$$Y = A_1 (1+p)^t + A_2$$

式中　Y——该类用户预测电话数；

A_1——该类用户基年电话数；

p——该类用户预测期的平均增长率；

t——预测期年数；

A_2——该类用户预测期的待装用户数。

预测总户数为预测的各分类用户数之和。另一常用的方法是等密度法。把用户密度图上的方格按其所属地块的用地功能和用地性质分类,每一方格按类别确定净增用户数并据实际修正,根据类别方格数和其每方格净增用户,可计算类别净增用户数。预测期总增加用户数为各类用户净增用户数之和。预测数即为预测范围基年用户数加上总增加用户数。

微观预测的步骤:

①作用户密度图

一般把规划图底图分为边长500m的方格;

②用户调查:实装户,待装户,新发展用户;

③采用测算方法测算;

④调整、确定用户密度图,得出预测结果。

微观预测一般采用计算机辅助预测。

小城镇通信微观计算机辅助预测见7.2.4 (5)。

7.2.4 小区预测方法

小区预测是一种结合现场情况,预测具体点和小区的电话需求的微观预测,亦称现场预测。小区预测是常用的预测方法,一般可直接用于规划和设计。

(1) 预测小区的划分

小区划分的范围越小,预测越细,规划与设计则越准确、方便;但划分越细,预测的工作量也越大。一般其用户分布详略按照城镇详细规划和城镇修建性详细规划用地和建筑布局的详略要求。

日本早已实现固定配线区,其固定配线区也就是预测小区。

我国实现固定交接区配线。固定交接区按河流、绿地、铁路等自然界线及地形、道路、街区等条件和情况划分,一般固定交接区也是自然配线区。因此,从便于规划和工程设计考虑,按固定交接区或自然配线区划分预测小区是比较合适的。

小区划分也可考虑按照用户密度大小划分,用户密度大,小区划分得小一些,而用户密度小,小区则可划分得大一些。根据我国实际情况,一般1个小区在达到满足年限(15~20年)时200~800线是合适的。而对于100线以上的单位,则可视为1个单独小区。

(2) 小区预测的主要方法

当前,我国小区预测主要采用以下方法:

①发函调查和实地调查

每隔3~4年,由电信部门向预测范围内的一些较大用户单位发出业务预测通知,要求用户的负责部门按规定的表格填写近期或若干年内需要的直通电话、中继线及非话业务线数量。一般发函调查取得的资料经过预测人员分析和纠正,可作为小区预测的依据;对重点用户或发函调查未取得满意结果的用户,可通过实地调查,取得较准确的小区预测依据。

②对于现有用户、在建或即将建设的用户,按照分类的用户电话发展指标,估算各规划期的用户需求量。

③对于难以了解掌握的,但为数不少的各类零散用户,一般靠预测人员凭眼力撒点预测。

④对于中、远期的小区预测,一般按城市规划的用地性质和用地功能,自上而下逐级分类分配预测。

⑤现场预测总数与统计预测结果不符时,对照统计预测作自上而下和自下而上的比较修正。

提高小区预测水平应该从较多凭经验预测转到较多逻辑推理预测。对此,日本的小区预测可以作为借鉴。日本现场预测对为数不少的分散的业务电话和住宅电话有一套计算方法。首先把预测小区分为几种标准分类模式,再根据分类及其发展阶段,确定预测期的不同电话需要率。

表 7.2.4-1 为日本预测小区的若干标准分类模式。

日本预测小区的标准分类模式　　表 7.2.4-1

标准模式分类		饱和时每公顷社会单位数		适应场合
		标准值	范围	
商业区	S1	90	60~120	村镇中心地区及相当的商业街
	S2	150	100~200	小城市中心地区及相当的商业街
	S3	200	150~250	中等城市中心地区或繁华商业街
	S4	250	200~300	大都市中心地区或繁华商业街
住宅区	R1	40	30~50	每户居住面积 300m^2 左右
	R2	70	50~90	每户居住面积 150m^2 左右
	R3	90	80~100	每户居住面积 100m^2 左右
商混合住区	SR1	90	60~120	一般住宅区混合商业区
	SR2	150	120~180	繁华商业街混合住宅区

属上述标准模式的小区预测运用需要率增长曲线,它是根据业务电话和住宅电话普及率增长曲线,分解出按商业单位和住宅数随年头变化直至需要电话数接近饱和的需要率增长曲线。运用时以实际情况相符点为起点,找出按预测期增加的年头相应的需要率数据,再乘以按预测期实现的饱和率估算得到的社会单位数或住宅数即为需要预测的电话数。对于混合区,可按比例分别计算预测。

实用中,上述方法还可以运用需要率增长曲线数据表。

日本的预测小区按有无电话分类,可分为有效区和无效区两大类。有效区除分为上述几种标准模式外还可分为:

特殊区:大楼、大工厂、学校、神社、寺院、公共设施;

未来开发区:未来出现的住宅、工厂等建设开发区。

特殊区,按不同类别的标准预测;未来开发区,按规划内容，单独预测或参照相关标准模式预测。

实际上，我国运用不同时期的分类普及率和分类发展指标的小区预测，以及对城镇详细规划中的商住区、行政办公综合居住区和底商楼按比例及按预测年份的规划实现率，测算单类开发面积（用地面积或建筑面积），然后按发展指标单位预测商业用户、办公用户和住宅用户等，均与上述日本小区预测有许多相似之处。

我国城镇差别很大，不同地区、不同类型小城镇差别也十分明显。对于城市和小城镇的小区预测，都需要结合我国城市和小城镇现状和发展规划，在收集、研究和分析大量相关资料的基础上，系统归纳出有普遍代表性的用户分类和分级，并根据其增长发展规律，制定适用性较强的预测办法和不同年份、不同规划期的分类需要率和分类指标。

（3）小区预测指标的制定

小城镇小区预测指标可以按不同地区不同用户分类和用户性质分别制定，并可用分类普及率方法制定。

1）业务电话小区预测指标

单位用户宜按每百人占用电话数或每单位需要电话数作为需要率指标。

表7.2.4-2为某地县城业务电话小区预测指标。

某地县城业务电话小区预测指标　　表7.2.4-2

用户性质分类		每百人需要局号数		
		2000年	2010年	2020年
政府机关		15~25	35~45	50~65
商业	商场	6~12	10~15	12~20
	商店（1~2个门面）	0.8~1	1~2	1.5~2

续表

用户性质分类		每百人需要局号数		
		2000年	2010年	2020年
宾馆、旅馆	高级宾馆	12~20	20~30	28~40
	普通宾馆	6~10	10~15	18~24
	普通旅馆	2~6	4~10	6~18
工厂	100人以下	1~3	3~5	4~8
	100~300人	3~5	5~8	8~14
	300~500人	5~8	10~12	14~18
学校	中学	4~6	7~10	10~18
	小学	2~3	5~8	8~12
	幼托	1~2	1.5~2	2~3

2）住宅电话小区预测指标

住宅电话小区预测指标可以按各类住宅分别制定。一般以每户（家庭）、每百户平均需用电话数作为需要率指标。

住宅电话小区预测指标制定应注意各类住宅的电话增长规律的差别，同时应根据不同城市、不同阶层人均收入及其增长趋势进行细致测算。一般来说，不同类别的住宅反映一定程度人均收入的一定差别，但需结合实际调查。

表7.2.4-3为某地县城各类住宅电话小区预测指标。

某地县城各类住宅电话小区　　　表7.2.4-3

住宅分类	每户（套）局号数		
	2000年	2010年	2020年
别墅	1.5~2	1.8~2.5	2~3
高级住宅	1~1.2	1.2~1.5	1.5~2
普通住宅	0.6~0.9	0.9~1.2	1~1.5

3）公用电话小区预测指标

公用电话小区预测指标可以按不同城镇、不同地段的公用电话服务半径要求制定。

一般在城镇中心公用电话服务半径小一点；在其边缘地区公用电话服务半径大一些；郊区公用电话仅设在人口聚集点。

表 7.2.4-4 为某地县城公用电话小区预测指标。

某地县城公用电话小区预测指标　　表 7.2.4-4

所在城镇地段	预测需要率（局号/M）			备注
	2000 年	2010 年	2020 年	
城镇中心	1/150~200	1/80~120	1/50~80	M 为服务半径
城镇边缘	1/250~300	1/150~200	1/120~150	
主要街道	1/400~500	1/250~300	1/120~150	M 为沿街长度
其他公共场所	根据设计要求			

（4）按建筑面积测算的小区预测方法

按建筑面积测算电信需求的小区预测方法是根据城镇用地规划或实际建筑，预测具体建筑点和小区电话需求的小区预测方法之一。可直接用于城市和小城镇电信工程的规划与设计。

我国香港特区和一些国家在 20 世纪 50 年代就开始采用，到 20 世纪 70 年代已是城镇电信需求的主要测算方法之一。其道理很简单，因为建筑有人住，有人办公，就会有电话需求。同样也总会有通信、信息等新业务需求。

这种方法特别适用于城镇规划的新区、开发区、城镇详细规划和城镇修建性详细规划的电话用户需求的预测。城镇新区和开发区没有历史统计资料，预测的主要依据是规划开发建设的各类不同性质和功能的建筑，并在城镇修建性详细规划中，有详细的建筑布局、建筑性质和建筑面积，在城镇详细规划中，有详细的用地布局、用地功能、用地性质、用地面积和容积率，因此，在上述情况下，按建筑面积测算的小区预测方法作为主要的预测方法，应该说是恰到好处的。

规划用地面积通过规划的容积率可以换算成预测采用的规划建筑面积。容积率即建筑面积毛密度，是每公顷居住用地上拥有的各类建筑的建筑面积（m^2/公顷）也即总建筑面积与居住区用地面积的比值。容积率也表示用地的开发强度，在一定的前提下，也隐含电信用户需求潜在力的大小。

按建筑面积测算的小区预测指标可以采用类比法，由同类普及率指标或小区预测指标换算得到。

表7.2.4-5为按建筑面积测算的若干城市综合的小区预测指标。表中指标以2005年为预测年，并在调查、综合分析和预测若干城市相关用户需求的基础上得出。选择的若干城市综合分析有一定的典型性和代表性，但不可能代替标准制定必须的大量调查、综合分析。值得指出的是，表7.2.4-5的指标仍然是着重于预测方法的引述。在目前无相关标准的情况下，可供相关规划设计的小区预测参考使用，表中数据可采用相关的实际城市规划指标，如实际规划的别墅的每户建筑面积，公寓的每套建筑面积等作适当调整，并宜根据不同城市、不同规划的实际情况修正，以选取指标更切合实际。

按建筑面积测算的若干城市综合的小区预测指标

表7.2.4-5

建筑、用户性质分类			需要率指标	
			①经济发达城市	②一般城市
住宅电话	别墅	①400~500m^2/户	2.5~3 线/400~500m^2	1.8~2 线/300~400m^2
		②300~400m^2/户		
		①200~300m^2/户	1.8~2.4 线/200~300m^2	1.3~1.5 线/200~250m^2
		②200~250m^2/户		
	公寓	120~140m^2/套	2~2.5 线/120~140m^2	1.8~2 线/120~140m^2
		80~120m^2/套	1.7~2.0 线/80~120m^2	1.3~1.5 线/80~120m^2
	楼房	140m^2/户	1.6~1.8 线/140m^2	1.3~1.5 线/140m^2
		110~120m^2/户	1.2 线/110~120m^2	0.9~1 线/110~120m^2
		60~90m^2/户	0.9~1 线/60~90m^2	0.8~0.9 线/60~90m^2

续表

建筑、用户性质分类			需要率指标	
			①经济发达城市	②一般城市
业务电话	写字楼	高级	1部/25m²	1部/30m²
		普通	1部/35m²	1部/40m²
	行政办公楼	高级	1部/30m²	1部/35m²
		普通单位	1部/40m²	1部/45m²
	商业楼	大商场	1线/60~100m²	1线/80~130m²
		贸易市场	1线/30~35m²	1线/40~45m²
		商店	1线/25~50m²	1线/25~55m²
		金融大厦	1部/25m²	1部/30m²
		宾馆	1部/20~25m²	1部/25~30m²
		旅馆	1部/40~45m²	1部/45~50m²
	大工厂厂房	轻工业类	1部/100~150m²	1部/120~160m²
		重工业类	1部/150~180m²	1部/150~200m²

注：①写字楼、行政办公楼、金融大厦、宾馆、旅馆、大工厂厂房的话机需要率换算为主线需要率应考虑小交换机。

②住宅电话可由建筑面积换算为不同类别户数预测。

表7.2.4-5中写字楼、行政办公楼、金融大厦、宾馆、旅馆、大工厂的电话，一般在大于200门时，都装有用户小交换机，其话机需要率换算为主线需要率，应考虑小交换机影响。可以先分析计算其典型调查的话机分机与面积的关系，从分机数量确定小交换机容量，再计算中继线数，加上一定的直通电话与专线数即为预测主线数（一般可考虑每10门配一对中继线，一对直通线），然后从预测的主线数和计算建筑面积，推算出其主线需要率指标。

表7.2.4-6为按单位建筑面积用户指标测算的小城镇电话需求。

7 小城镇通信工程规划

按单位建筑面积测算小城镇电话需求分类用户指标（线/m²） 表 7.2.4—6

小城镇经济地区分类	写字楼办公楼	商店	商场	旅馆	宾馆	医院	工业厂房	住宅楼房	别墅、高级住宅	中学	小学
经济发达地区	1/25~35	1/25~50	1/70~120	1/30~35	1/20~25	1/100~140	1/100~280	1/户面积	1.2~2/200~300	4~8线/校	3~4/校
经济一般地区	1/30~40	0.7~0.9/25~50	0.8~0.9/70~120	0.7~0.9/30~35	1/25~35	0.8~0.9/100~140	1/120~200	0.8~0.9/户面积		3~5线/校	2~3/校
经济欠发达地区	1/35~45	0.5~0.7/25~50	0.5~0.7/70~120	0.5~0.7/30~35	1/30~40	0.7~0.8/100~140	1/150~250	0.5~0.7/户面积		2~3线/校	1~2线/校

* 经济发达地区主要是东部沿海地区、京、津、甬地区，发达地区之间的经济发展一般地区，现状农民人均年纯收入一般大于 3300 元左右，第三产业占总产值比例大于 30%。

经济发展介于经济发达地区、欠发达地区之间的经济发展一般地区，现状农民人均年纯收入一般大于 3300 元左右，西部地区，现状农民人均年纯收入一般在 2000~3300 元左右，第二产业占总产值比例约 20%~30%。

经济欠发达地区主要是西部、边远地区，现状农民人均年纯收入一般在 2000 元以下，第三产业占总产值比例小于 20%。

表 7.2.4-6 是在编者完成《城市通信动态定量预测和设施用地研究》课题的基础上，结合四川、重庆、湖北、广东、海南、福建、浙江、山东、河北等省市小城镇的有关调查和规划资料，综合分析研究、推算得出。可作为相关标准制定前，提供小城镇电信规划设计预测参考，其表值选取应结合小城镇的规模、性质、作用和地位、经济社会发展水平、居民平均生活水平及其收入增长规律、公共设施建设水平和第三产业发展水平等因素，综合分析比较选取。

(5) 计算机辅助预测

计算机辅助预测不仅采用数学模型可进行宏观辅助预测，而且也同样可进行微观辅助预测和小区辅助预测。

1) 微观预测计算机辅助预测

市话用户微观预测，一般统计计算工作量都很大，采用计算机辅助预测，首先根据预测流程，设计编制计算机程序，可以帮助整理基础数据，得出用不同色彩表示的密度图，调整和预测，并将预测结果汇总、打印和显示，同时，也为密度图的滚动修改创造便利条件。

图 7.2.4 为计算机辅助微观市话需求预测的计算流程框图。

2) 小区预测计算机辅助预测

小区预测计算机辅助设计，采用等面积的方格密度图，一般近期预测方格边长代表实际距离 200m，远期 300m。

同时，采用用地性质分区矩阵。一般是在用不同颜色表示的用地分类的县城镇、中心镇用地规划图上，画上密度图标准方格，并根据小城镇用地分类和方格覆盖的地块，在方格中填入相应的地块用地性质代号，即可得用地性质矩阵。

小区计算机辅助预测一般采用微观预测方法中的等密度法，也可采用等密度饱和上限法。

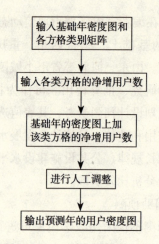

图 7.2.4　计算机辅助微观市话需求预测计算流程框图

等密度法数学模型为

$$Y = A + \Delta A_i$$

式中　A——该类地块方格基年值；

　　　ΔA_i——该类地块方格预测年增长值。

等密度饱和上限法采用如下增长曲线数学模型预测：

$$Y = \begin{cases} A_1 & M_i \leq A_1 \\ \dfrac{M_i - A_1}{1 + T_i e^{-\alpha_i t}} & M_i > A_1 \end{cases}$$

式中　A_1——该类用户的基年值；

　　　M_i——该类用户的饱和上限值；

　　　T_i——该类用户的饱和年限；

　　　α_i——该类用户的调整系数。

值得指出的是，在城市规划中，同一用地性质的不同地块，由于所处地段不同，可能会有不同的容积率等差别，也即会有不同电话用户密度的差别，因此，此种情况在等密度法预测中，应该注意酌情考虑不同分类，或者在人工调整中注意适当调整。

人工调整一般考虑以下原则：

①在城镇中心和主要大街两侧的方格，容积率较大，用户密度较高，用户数应适当增加。

②城镇边缘方格，用户数应适当减小。

③邻近两小区的方格，用户数逐渐增减，而不是突变。

④一般城镇新区，开发区要比旧城、旧镇改造区的方格用户数要大一些。

7.3 小城镇相关本地网规划

本地网原指一城一镇的电话网，随着通信发展，本地网现指在同一编号区域范围内，由若干端局，或者由若干端局和汇接局所组成的电话网，也即以长途终端电路管辖范围为一体的电话网。

7.3.1 本地网的类型

（1）我国的通信网结构

图 7.3.1 给出我国通信网结构及其三大组成部分。

长途电话网的结构是等级网，由一、二、三、四级长途交换中心及五级交换中心（即端局）组成。一级交换中心之间相互连接构成网状网；以下各级交换中心以逐级汇接为主，辅以一定数量的直达电路，构成复合型的结构。

一级交换中心在与国际网有关的京、津、沪、穗特大城市；二级、三级交换中心一般指在省级、地级城市；四级交换中心在县城。

凡属长途终端电路管辖范围，不论其从属哪一级交换中心，均属同一本地网；而四级交换中心以下，则不论内部组织结构、信息交换方式如何,均属同一本地网。

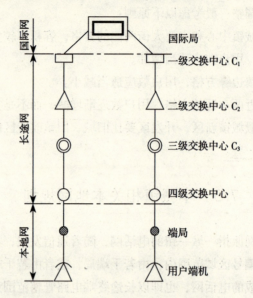

图 7.3.1 通信网的三大组成部分

(2) 本地网类型

根据原邮电部"调整长途编号区及长途区号的暂行规定",我国的本地网可分为下述 5 种类型:

①京、津、沪、穗特大城市本地网;
②大城市本地网;
③中等城市本地网;
④小城市本地网;
⑤县本地网。

其中县本地网的服务范围是县域及所辖乡村。

随着通信事业的发展,我国农村电话网交换技术从人工到自动,从机电制到程控,从有人值守到无人值守。

我国小城镇电话网,主要属所属中等城市或地区(即小城镇所属地级市或地区)或直辖市的本地电话网;部分属所在县（市）的本地电话网，后者发展趋势亦多属中等城市或地区的本地网。

7.3.2 本地网规划

本地网由基层网组成。县城网、县城外的其他小城镇网，以及乡镇网都是基层网。

县（市）域本地网含有若干个基层网，其中1个是县城城网，其余是县城外其他小城镇（或乡镇）网。

中等城市（地级市）本地网有较多基层网，其中一个地级城市网，其他为县城网和小城镇（或乡镇）网。

基层网含有1个或若干个交换局所，县城型基层网可以有1个或几个局所，其他小城镇（或乡镇）型基层网一般只有1个交换局所。乡镇网一般采用远端数字模块，乡镇端局为C_5级。

基层网汇接局汇接网内端局间的出入话务。汇接局的有无或多少，与网的规模和设备制式有关。县城网和乡镇网无论作为本地网的基层网或为独立的市话网，均没有设汇接局的必要，但县（市）本地网也可在只有1个端局的基层网之间设置汇接局。汇接局的数量和位置根据电话网结构需要而定，可以设在县城和路由方便的乡镇，并与当地端局设在一起。

本地网的模块局一般设置在距离远、电话密度较低的郊区和乡镇。

图7.3.2-1为有城市型基层网的本地网。

图7.3.2-2为未设汇接局的县本地网结构。

图7.3.2-3为设汇接局的县本地网结构。

县（市）本地网，所有端局都有中继线通向县城的长途终端局，县城可设置长市合一局。

7 小城镇通信工程规划

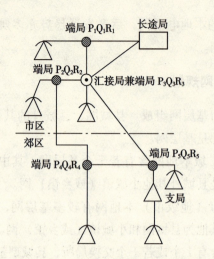

图 7.3.2-1 有城市型基层网的本地网

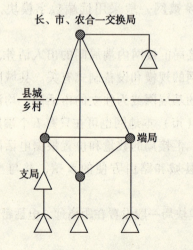

图 7.3.2-2 未设汇接局的县本地网的网路连接示意图

小城镇的相关本地网规划除依据小城镇总体规划外，主要应以所属县（市）域本地网规划或所属地（市）范围本地网规划为依据和指导，落实本镇基层网规划。

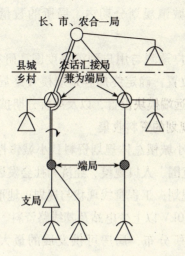

图 7.3.2-3 设有汇接局的县本地网的网路连接示意图

7.4 小城镇局所规划

7.4.1 规划内容和相关资料的收集

局所规划是本地网规划的核心。只有局所规划确定局所数量、终期容量、局址后,才能确定网络结构、传输规划、管道规划和线路网规划。

县城及县城外小城镇基层网的局所规划涉及小城镇局所用地和相应的管线系统,制约因素较多,应与小城镇用地规划密切配合。

局所规划又是市话线路网设计中的一个重要组成部分,它对市话线路网的构成和发展有着直接的影响。局所规划的目的是根据业务预测对局所作出长远的总体布局,为用户线路网规划、管道规划、传输规划和包括局间中继方式以及编号规划在内的市话网结构规划打下基础。

(1) 局所规划的主要内容

1）研究小城镇规划分期内，局所的数量、位置及分区范围；

2）根据用户预测与用户预测密度图，研究线路网中心，勘定新建局所位置，确定终局容量规模（终局容量考虑期限至少30年）和远端模块设置，以及局所分期扩建方案。

（2）局所规划的资料收集

1）依据的小城镇总体规划资料：小城镇性质、特点、用地布局、规划范围、人口规模、经济和社会发展目标、分期建设；镇区道路规划；工程管线现状与规划；地形图。

2）镇区110kV以上变电站及其线路资料。

3）原有局所分布，局房可供发展的最大容量、交换区界、线路及设备资料。

局所规划通常采用的方法是在最经济局所容量的基础上，结合考虑其他相关因素，初步划出交换区界，然后寻找线路网中心，根据线路网的位置修正交换区界，并重新寻找线路网中心，这样反复几次，直到得出符合最经济局所容量、交换区界划分和理想线路网中心要求的局所分区方案。然后结合原有局所分布情况和动态变化情况，论证局所分区方案的合理性和可行性，再进一步勘定局址、确定局所的终局容量，按终局容量规划预留用地面积，作出各规划期的新建、扩建方案。

7.4.2 最经济局所容量

最经济局所容量直接关系到局所规划的优化和经济效益。在局所数量不同的情况下，为用户线路、中继线路、交换设备、局房建筑等支付的各项费用和总费用也不相同。最经济局所容量是指总投资或总年经费现值最小时的平均局所容量。

市话网的投资总费用 A 可用下式表示：

$$A = A_1 + A_2 + A_3 + A_4$$

式中 A_1——用户线（含管道）费用；

A_2——市话中继线费用；

A_3——交换设备、电源及公用设备费用；

A_4——局房建筑费用。

图 7.4.2-1 为局所数量与设备费用的关系图。表示在一定交换区范围内和一定的用户密度下，各种设备投资费用与局所数量的关系，并得出最经济局所数量。图中细线为采用用户光缆后的总投资和用户线路费用。

在相同交换区面积的条件下，用户数增加，用户密度增大，用户线投资将正比增加。最经济投资，就需增加局所数量。图 7.4.2-2 为不同用户密度的最经济局所数量投资曲线示意图（图中虚线表示采用光缆情况下，不同用户密度的最经济局所数量投资曲线）。

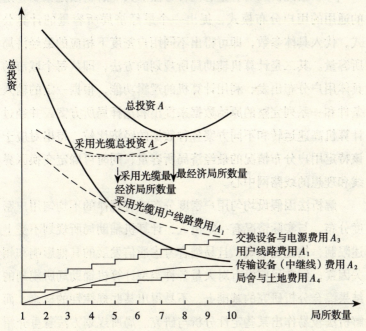

图 7.4.2-1　局所数量与设备费用的关系

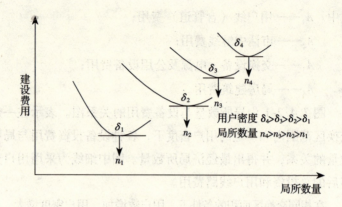

图7.4.2-2 不同用户密度时，最经济局所数量投资曲线示意图

（1）解析法寻求最经济局所容量

寻求最经济局所容量有两种方法。其一解析法是根据一定的通用的用户分布模式，提出一个最经济局所容量的计算公式，代入具体参数，即可得出不同用户密度下相应的最经济局所容量。其二是计算机辅助局所规划的方法，即从每个城市的具体用户分布出发，利用计算机的逻辑功能，根据一定的输入条件和一系列完整的原始数据来提出和选择局所方案，并经过计算机高速运转和不同方案各种数据的经济比较，得出对应于该特定用户分布情况的最经济局所容量，同时可确定交换区界线和理想的线路网中心。

解析法因假设均匀用户密度分布或有规律的不均匀用户密度分布，与实际情况有一定出入，计算机辅助局所规划不受上述限制，描述更准确，且易结合考虑通信发展的其他影响和相关因素，但在目前没有对大量各种类型计算机辅助局所规划的结果综合分析研究的基础上，不易得出某些规律性的概念，而解析法较易作出某些定性分析与研究。局所规划方法着重介绍解析法，基础概念较清楚。

用户线平均长度

减小用户线的平均长度,可明显减少局所的用户线投资。

在均匀用户密度下,对于局所位于几何中的长方形交换区(图7.4.2-3),当用户密度为 σ 时有:

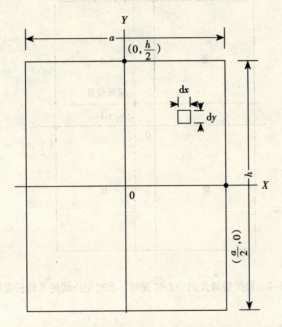

图7.4.2-3　局所在几何中心位置时,求得用户线的平均长度原理图

全交换区用户线总长度

$$L = 4\int_0^{\frac{h}{2}}\int_0^{\frac{a}{2}} (x+y) \cdot \sigma \cdot dxdy$$

$$= \frac{\sigma}{4}(a^2h + ah^2)$$

- 用户线的平均长度

$$L_{平均} = \frac{\frac{\sigma}{4}(a^2h + ah^2)}{\sigma ah} = \frac{a+h}{4}$$

当局所偏离几何中心（图7.4.2-4），而其他条件不变时，计算可得用户线的平均长度为：

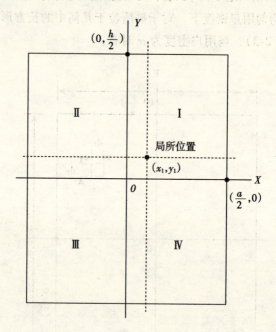

图7.4.2-4 局所偏离几何中心位置时，求得用户线的平均长度原理图

$$L_{平均} = \frac{a+h}{4} + \frac{x_1^2}{a} + \frac{y_1^2}{h}$$

可见局址偏离中心，用户线平均长度增加，并随偏离值的平方而增加。

上述公式是在均匀的用户密度的基础上得到的，实际工作中，往往由于交换区的形状不规则，用户密度不均匀，用户线实际长度往往大于理论值，因而实际工作中常采用在电缆配线图上对全部用户线长度进行统计后，求得用户线实际的平均长度，用作规划依据。

假设在一长方形的规划范围中，局所是均匀分布的，各局之间个个相连，任意两局所之间的中继线束的容量都相同（图7.4.2-5），可推得中继线的平均长度：

$$L_{(中继线平均)} = \frac{A}{3} \cdot \frac{mn - \frac{m}{n}}{mn - 1} + \frac{H}{3} \cdot \frac{mn - \frac{n}{m}}{mn - 1}$$

当 $m = n$ 时

$$L_{(中继线平均)} = \frac{A + H}{3}$$

上式表明，在以上假设条件下，中继线的平均长度仅与规划范围的边长有关而与局所数量无关，并且进一步分析表明，如果 $\frac{A}{H} = 1$，$\frac{n}{m} = 1 \sim 2$ 时，上述结论与实际差别不大。这一结论对建立最经济局所容量的计算公式或进行投资估算是很有用的。

在实际工作中，由于用户密度分布是不均匀的，带来局所分布、中继线的数量也不均匀。根据一些统计，80%以上的用户集中于10%左右的城镇中心区，中继线的平均距离实际较小。

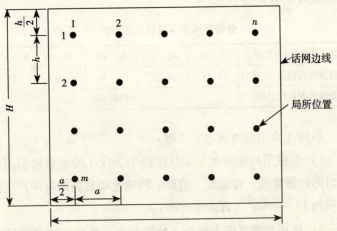

图7.4.2-5　mn 个局所分布于长方形市话网范围

(2) 解析法寻求最经济局所容量的应用

表 7.4.2-1 为通过解析法寻求最经济局所容量的典型实例分析。选取用户线、中继线总投资最小值时的局所容量为最经济局所容量，得出可作一定参考的最经济局所容量。

最经济局所容量及最佳交换区面积参考　　表 7.4.2-1

用户密度（户/公顷）	5	10	20	30	40	50
*最经济局所容量（户）	8000	10000	15000	20000	29000	35000
交换区面积（km²）	16	10	7.5	7.3	7.1	7

* 表中局所容量为实装用户数。

表 7.4.2-1 是在市话网营业区面积 $400km^2$、纵横制交换机与模拟传输条件下推算得出的，不同情况要具体分析：采用程控交换，局所容量增大、设备成本下降，是最经济且容量增大的方法；中继线采用光缆，成本大幅下降，但中继器较贵，最经济局所容量略增。实用中，尚应通过综合因素分析，得出最经济局所容量。表 7.4.2-2 为上述综合因素分析得出的规划局所最经济容量参考值。

最经济局所容量规划参考值　　表 7.4.2-2

用户密度（户/公顷）	5~20	30~40	50~60	70~80	80~120
最经济局所容量（万门）	2~3	4~5	6~8	10	15
交换区面积（公顷）	500~1000				

解析法应用应考虑以下步骤：

1）根据用户预测在 1:10000 或 1:25000 的规划地形图上绘出用户密度图，按地形、道路、用地地块划分的每用户小区面积约 $15~30km^2$（郊区可大些）。

2）从用户密度图上统计，计算每个交换区与该交换区内基本营业区的面积和用户，并计算交换区的全部用户数及基本营业区的主要用户数和上述两区的用户密度。

3）比较全区及基本营业区的用户数与用户密度，如二者接近取全区数值，如差别大，则应取基本营业区数值，但其数不应低于总用户数的80%，否则重新调整基本营业区，同时注意不同规划期营业区的动态变化。

4）确定新局

求出市话网规划范围平均用户密度，查出局所最经济容量，计算规划范围局所数。

$$规划期局所数 = \frac{规划范围的总用户数}{规划范围局所最经济容量}$$

7.4.3 计算机辅助局所规划

计算机辅助局所规划的一种方法是模型优化，根据局所数量（或局所最经济容量）与设备费用等的函数关系，建立数学模型，直到确定局所最经济容量、局所最佳数量、局址、交换区、网络结构；另一种方法是采用启发式算法，从工程角度出发，在工程误差允许范围内简化一些计算步骤去求得上述一些结果。

启发式算法，从图 7.4.3 局所数量与设备的关系图出发，在总投资曲线接近二次曲线的基础上，采用逐步递增局所的方式，寻找全网的最佳局所数（可分别求出近期、中期、远期的局所最佳数），以及各局所容量。

图 7.4.3 为局所优化总程序框图。

总程序由多个子程序组成，主要子程序有：

局址优化程序；

交换局界程序；

多局制下的局所优化程序；

双因子法计算中继线数程序；

7 小城镇通信工程规划

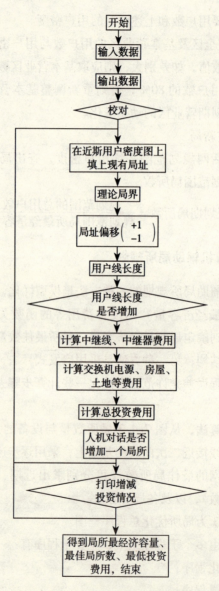

图 7.4.3 局所优化总程序框图

远端模块优化程序；
传输方式优化程序；
用户小区预测程序；
设备费用计算程序。

7.4.4 交换区界划分

交换区界划分应遵循以下原则：

1）交换区界应保持相对稳定，不能随意变动；

2）交换区界的划分应结合自然条件，如河流、湖泊、道路、铁路、绿化带、山脉等作为交换区界，使线路避免迂回绕道或穿越障碍物地带。原有交换区界没有结合自然条件，可结合扩建工程，并以远期局所规划为指导，逐步调整趋向合理。

3）交换区界应尽可能位于局间等距线上，以节省线路费用。

4）避免交换区呈狭长型和边缘过于曲折，交换区形状以接近正方形或正六角形较为经济。

7.4.5 寻找理想线路网中心

理想线路网中心也是用户密度中心。局址规划在这一中心点上，用户费用最省。寻找理想线路网中心是规划和勘定局址的基础，也是局所规划的主要内容之一。

（1）单局制市话网寻找理想线路网中心

单局制市话网一般按地理条件寻找理想线路网中心。

1）道路为方格状

道路为方格状，区内无特别的自然地形时，可直接用坐标法求出用户线路网中心，即按道路的走向，分别作 x 轴和 y 轴，使 x、y 坐标轴两边的用户数量相等或接近，原点 O 即为理想线路网中心，如图 7.4.5-1。上述应在给出本交换区用户密度图（图 7.4.5-2）的基础上进行。

确定理论中心位置的步骤如下：

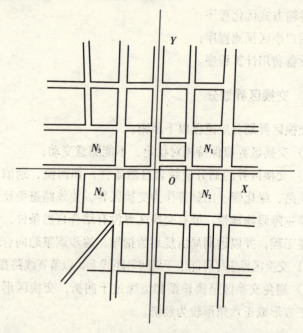

图 7.4.5-1　道路为方格状且没有障碍物时求线路网中心

①在带比例尺的交换区地图上划分出许多相等的正方形；
②将交换区内远期预测用户数填入相应的各正方形格内，市内中继线和长途电路数可换算为等效用户数填入；
③计算每行和每列总用户数；
④在图上划一条垂直线，使左右两边的预测用户数相等；
⑤在图上划一条水平线，使图中上下两边的预测用户数也相等；
⑥两直线交点即为理论的线路网中心，但这种方法未考虑现有的用户电缆；
⑦为确定实际局址可选择一个或多个试验点。选择最终局址，必须将现有电缆路由、障碍物和新的道路等因素考虑在

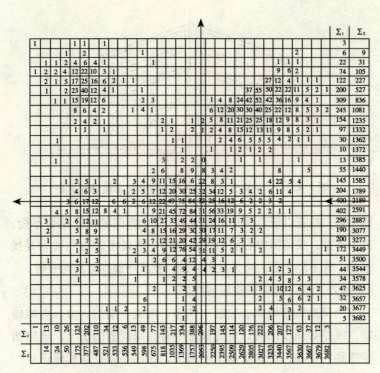

Σ_1=每行或每列的和
Σ_2=行或列累加和
总用户数=3682
试验点是在 3682/2=1841 附近,它在行和列的 Σ_2 的交叉点(由箭头表示)。

图 7.4.5-2　用户密度图

内,然后慎重地加以判断。

2) 道路为放射状和环状

以环向道路为 x 轴,与其垂直的放射状道路为 y 轴,向左右、上下平行移动,如图 7.4.5-3 所示,若坐标轴两边用户数量相等或相近,两轴交点即为所求理想线路网中心。

3) 道路无规律

路网不规则,如图 7.4.5-4,可先以任意坐标轴找初步线路

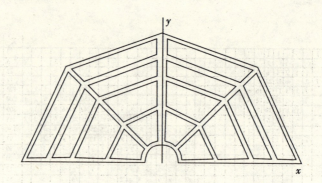

图7.4.5-3 道路分布呈放射状与环状时求线路网中心

网中心，检查以该点为中心的道路12个方向的出线是否平衡，如不平衡，线路网中心应沿道路向用户数较多的方向移动寻找平衡，若不能平衡，应另设坐标轴，重复寻找直至找到平衡。

4）交换区有障碍物阻碍线路

当交换区有城墙、公园、铁路、河流、湖泊、山丘等障碍物，线路必须迂回时，可先假定不存在障碍物的情况，求出初步线路网中心，然后根据不同情况，作出不同处理和修正：

①障碍物骑象限、形状简单、范围较小或仅在一角（一个象限）或在边缘时，一般不需要修正；

②障碍物较大，其范围跨越两个及以上象限，用户线必需绕过障碍物，使线路平均长度增加，应将需要迂回线路的用户设在障碍物的绕过点，重定新的线路网中心，直至找到接近理想的线路网中心。

图7.4.5-5（a）在障碍物的端点A处作切线AA'，其下线路都需经过A点，可作为A点用户修正线路网中心，O_1点为修正后的线路网中心。

图7.4.5-5（b）引到障碍物另一侧的用户线路，分别需绕过障碍物两端点A或B处，可先作切线AA'和BB'，并使AA'至x轴与BB'至CC'轴距离相等，这样N_1的用户线路绕过

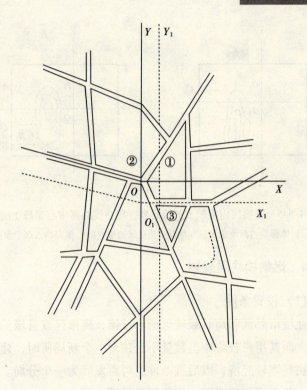

图 7.4.5-4 道路毫无规则时,求线路网中心

A 点,N_2 的用户线路绕过 B 点,用户线的平均长度(用户线路至原点距离)最短,N_3 可归到上面一个象限,重新求得修正后的线路网中心 O_1,以 O_1 点为基础,重复上述步骤,直至得到理想线路网中心。

(2)多局制市话网理想线路网中心的寻求方法

多局制市话网中各交换区线路网中心的寻求方法尚要考虑局间中继线的影响。可以将局间中继线越过交换区界的那一点作为中继线的等效用户数所在的地点,再按寻找单局制线路网中心的方法得出线路网中心,在计算等效用户数时,应考虑到中继线与用户线在线径上的区别。

7 小城镇通信工程规划

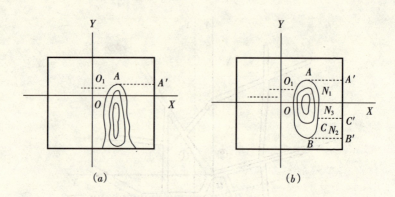

图 7.4.5-5 交换区内有较大的障碍物，用户线路网中心要修正的情况
(a) 障碍物占两个象限且一端到交换区域边缘；(b) 障碍物占两个象限

7.4.6 远端模块局规划

(1) 设置条件

在城市郊区和离县域较远的小城镇，离市区或县域的局所较远，而其用户较集中但数量不足建设一个新局所时，建设远端模块局则较经济，以后视条件也可再发展为一个分局。

一般在下列情况下，宜规划建设模块局：

1) 离局所超过经济距离，现有用户已超过 200 户，或经济技术比较，模块局较其他方式经济时；

2) 虽在经济距离以内，由于管道不足和新设电缆困难，安装模块能带来较大经济效益的无线或缺线地区；

3) 作为新建、扩建局所的过渡。

(2) 最经济距离

采用模块局的费用计算公式（包含交换设备、房屋、电源及空调配线电缆及接口等费用）：

$$C_m = D \cdot n + 14.8 \cdot n \cdot \sqrt{\frac{n}{\sigma}}$$

D——常数（1000 门时 $D = 1640.7$，4000 门时 $D =$

1535.7）；

n——用户数；

σ——用户密度（线/公顷）。

而采用直达线路时的费用计算公式

$$C'_m = 1093n + 1.2C \cdot n \cdot X + 95n \cdot X$$

n——用户数；

C——常数；

X——离母局距离（$X<3\text{km}$ $C=92.3$；$3<X<3.9$ $C=124$；$3.9<X<4.8$ $C=182$；$4.8<X<5.8$ $C=254$）。

当 $C_m = C'_m$ 时，X 即为最经济距离。

$$X = \frac{D - 1093 + 14.8\sqrt{\dfrac{n}{\sigma}}}{95 + 1.2C}$$

表7.4.6-1 为不同容量与用户密度下的临界经济距离。

（3）最经济容量与最经济服务面积

用户模块的容量越大，服务面积也越大。由模块局到用户配线电缆的平均长度就越长，电缆的平均年经费越大，而用户模块设备本身及相应的电源、房屋等项平均每户所需的年经费却随集线容量的加大而减少。找出两者年经费之和为最小值的用户模块局的容量即为用户模块局最经济容量。

可以推得模块局的最经济容量为

$$n_{opt} = \delta \cdot S_{opt} = 2.52 \sqrt[3]{\delta \cdot \left(\frac{a_{c1} + a_{c2}}{b_L}\right)^2}$$

式中 δ——用户密度（户/km²）；

a_{c1}——用户模块交换设备不变费用部分；

a_{c2}——电源设备、空调、房屋等的不变费用部分；

b_L——电缆年经费费用。

模块局的最佳面积 S_{opt}

7 小城镇通信工程规划

不同容量与用户密度下临界经济距离

表 7.4.6-1

模块局容量（线） \ 用户密度 σ（线/公顷）	0.5	0.7	1	2	3	4	5	7	10	15	20
200	0.5 线径 3.46	0.5 线径 3.27	0.5 线径 3.11	0.5 线径 2.85	0.5 线径 2.74	0.5 线径 2.68	0.5 线径 2.63	0.4 线径 3.04	0.4 线径 2.98	0.4 线径 2.92	0.4 线径 2.89
400	3.96	3.70	3.46	3.11	2.95	2.85	2.79	0.5 线径 2.71	0.5 线径 2.68	3.03	2.98
600	0.6 线径 3.38	0.6 线径 3.13	3.73	3.30	3.11	2.99	2.91	2.81	2.72	0.5 线径 2.63	0.5 线径 2.58
800	3.64	3.34	3.96	3.46	3.24	3.11	3.01	2.90	2.79	2.69	2.63
1000	3.86	3.53	0.6 线径 3.24	3.60	3.35	3.21	3.11	2.97	2.85	2.74	2.67
1200	3.73	3.37	3.05	3.31	3.03	2.86	2.76	2.61	2.48	2.36	2.29
1400	3.91	3.52	3.18	3.42	3.13	2.95	2.83	2.67	2.53	2.42	2.32
1600	4.08	3.67	3.31	3.53	3.22	3.03	2.91	2.73	2.58	2.44	2.36
1800	4.25	3.81	3.42	3.64	3.31	3.10	2.97	2.79	2.63	2.48	2.39
2000	4.41	3.94	3.52	3.74	3.38	3.17	3.03	2.84	2.67	2.52	2.42
2200	4.55	4.06	3.63	3.83	3.46	3.24	3.09	2.89	2.72	2.55	2.45

续表

用户密度 σ (线/公顷) 模块局容量 (线)	0.5	0.7	1	2	3	4	5	7	10	15	20
2400	4.68	4.18	3.73	0.6 线径 3.05	3.53	3.32	3.15	2.94	2.76	2.58	2.48
2600	0.7 线径 3.78	4.29	3.82	3.12	3.60	3.36	3.20	2.99	2.79	2.62	2.51
2800	3.88	4.40	3.91	3.18	3.67	3.42	3.25	3.03	2.83	2.65	2.53
3000	3.97	4.50	4.00	3.24	3.74	3.48	3.30	3.07	2.87	2.67	2.56
3500	4.20	4.75	4.21	3.39	3.89	3.61	3.42	3.17	2.94	2.74	2.62
4000			4.40	3.52	0.6 线径 3.13	3.73	3.53	3.27	3.03	2.81	2.67
5000			4.75	3.77	3.34	3.96	3.74	3.44	3.17	2.92	2.78
6000				4.01	3.52		3.92	3.59	3.31	3.03	2.87
7000				4.21	3.67			3.74	3.42	3.13	2.95
8000				4.40	3.85			3.87	3.53	3.22	3.03

用户线衰耗是按全部 7dB 设计的全塑电缆的传输衰耗 0.4mm 为 1.89dB/km，0.5mm 为 1.48dB/km，0.6mm 为 1.2dB/km，0.7mm 为 1dB/km，分配为主干为 80%，配线为 20%，即 5.6dB，即 1.4dB。

$$S_{opt} = 2.52 \sqrt[\frac{2}{3}]{\frac{a_{c1} + a_{c2}}{b_L \delta}}$$

表 7.4.6-2 为分析参考的不同用户密度模块局最经济容量与服务面积。

模块局最经济容量与服务面积表　　表 7.4.6-2

用户密度　户/公顷	1	3	5	7	10	15	20	25	30	40	50
最经济容量（线）	1053	1519	1802	2016	2270	2599	2860	3080	3273	3603	3882
模块局交换区最经济服务面积（km²）	10.53	5.06	3.60	2.88	2.27	2.17	1.43	1.23	1.09	0.90	0.78

一般应考虑减小用户配线电缆的长度，服务面积不要太大。当用户密度为 5~10 户/公顷时选择较好的服务范围为 150~200 公顷，最佳容量为 1000~2000 门；当用户密度大于 15 户/公顷时，服务面积约为 100 公顷，最佳容量为 2000~3000 门。如果服务面积较大，应多设几个小型模块。

上述适用代替主干电缆的远端模块，如果模块局可能发展为端局或可能代替母局功能，则其容量除外。

7.4.7　局所选址及其交换区界划分

通信局所选址一般原则，应考虑环境安全、服务方便、技术合理和经济实用。电话交换局址选定尚应考虑：

（1）接近计算的线路网中心；

（2）避开靠近 110kV 以上变电站和线路的地点，避免强电对弱电干扰；

（3）避开地质危险地段，不利抗震地段，易受洪水、雨水淹灌地段、雷击区和有腐蚀气体或产生粉尘、烟雾、水气较多工厂的常年下风侧；

（4）便于进局电缆两路进线和电缆管道的敷设；

（5）兼营业服务点的局所，一般宜在城镇中心区、商业区等有利于营业的地方选址，单局制局所一般宜在临近城镇中心选址；

（6）考虑近、远期结合，以近期为主，顾及远期，局所规模和占地范围宜留有发展余地。

在整个规划期内，市话局所分区方案应能适应各个时期城镇建设的发展计划，且能合理地满足不断发展的用户需要。

局所交换区域界线的划分，应结合自然地形特点，如河流、铁路、湖泊、公园、城墙和宽阔的绿化带等。使市话线路避免迂回绕道，以达到技术和经济的合理统一。交换区域的形状尽可能成矩形，最好接近正方形。

勘定各分区的线路网中心，同时考虑近期设局和远期用户的发展。

7.4.8 局所预留用地

局所预留用地面积，在参照有关规定和大量统计调查分析和计算设施各功能组成的建筑面积要求的基础上，研究平面布置和适宜建筑密度，并结合代表性城市多个实例分析计算初步得出，可供相关规划参考。

表 7.4.8-1 为小城镇电信局所各种生产机房面积要求。

小城镇电信局所各种生产机房面积要求　表 7.4.8-1

局所规模（门） 建筑面积（m²）	≤2000	3000～5000	5000～10000	30000	60000	100000
市话程控交换机房	20～30	50	60～100	200	350	550
*长话程控交换机房	（500路50m²，1000路60～80m²，>1000路时每增加1000路20m²）					
文件室、控制室	20	20	40	120	140	160
空调机房		柜式空调	柜式空调	100	150	230
*汇接局			（300）	（450）	（600）	（700）
*有移动通信时		基站（30）	基站（40）	基站与交换（60）	（100）	（150）

续表

局所规模（门） 建筑面积(m^2)	≤2000	3000~5000	5000~10000	30000	60000	100000
计算机等	20	40	40	200	300	400
备用机房				420	640	940
话务员座席室监控室		40	60	座席数量多时，话务员席室按$4\sim5m^2$/席计算		
电池	20	20	30	40	80	135
电力	20	20	30	32	60	95
变配电			100	230	415	500
柴油机			50	70	85	100
电源值班				30	40	50
测量室（MDF）	30	40	40	60	120	192
PCM传输设备室			20	49	78	117
小计	130~140	230	470~510	1551	2458	3469
备注	局所有长话、汇接、移动、交换时应各增加的面积。					

表7.4.8-2为小城镇电信局所辅助生产建筑面积的要求。

小城镇电信局所辅助生产建筑面积的要求　　表7.4.8-2

局所规模（门） 建筑面积（m^2）	≤2000	3000~5000	5000~10000	30000	60000	100000
职能办公室	30	40	60	150	210	260
会议室、值班室			100	200	300	400
*线路维护班			150	300~400	550	800
维护办公室		35	50	50	60	60
生活用房、车库		40	100	700	960	1200
小计	30	115	310	1100	1530	1920
备注	区间大局、中心局时应加线路维护班用房面积					

表7.4.8-3为小城镇常用规模电信局所预留用地。

小城镇常用规模电信局所预留用地　　表 7.4.8-3

局所常用规模（门）	≤2000	3000~5000	5000~10000	30000	60000	100000
用地面积 m²	1000~2000		2000~3000	4500~5000	6000~6500	8000~9000
备注	1. 用地面积同时考虑兼营业点需要； 2. 当局所为电信枢纽局（长途交换局、市话汇接局）时，4~7万路端用地：20000~23000m²，2~3万路端用地：15000~17000m²； 3. 表中所列规模之间大小的局所，预留用地可比较酌情预留					

7.5 小城镇及其相关的传输网、互联网与宽带网规划

小城镇电信网是以核心城市为中心的本地网的组成部分，其传输网也是上述传输网的组成部分。小城镇特别是城市郊区小城镇与所属城市传输网有更多的延伸关系。

传输网按传输制式可分为无线传输网、有线传输网，前者主要为卫星传送网、数字微波传输网和移动通信网，后者主要为电缆和光缆传输网。

按网络分可分为长途干线网（省际、省内干线网）、中继传输网和用户接入网。

随着通信发展，长途干线网主要是省际、市际骨干光缆网。

中继传输网规划宜在本地网、移动通信网、数据通信网的网络优化基础上，结合现状，得出规模容量再确定传输手段、制式、系统配置和设备。

中继传输网和用户接入网是城市电信网络的主要部分，其光缆网主要分核心骨干层与接入层。

核心骨干层：多数采用光缆，部分采用电缆（一般传输速率为2Mb/s及其倍数）。主要采用下列方式。

（1）同步传输：传输速率155Mb/s、622Mb/s、2.5Gb/s、10Gb/s。

（2）ATM传输。

（3）FDDI传输，一般为高速数据传输。

接入层：

（1）一般每个中心局配建2~4个光缆环，每环3~8个节点。

（2）节点的服务区宜结合行政区、中心区划分，服务人口以8000~12000为宜，边缘区可适当减少，郊区以乡范围为宜。

从发展看，有条件的县域镇、中心镇中远期规划也要考虑互联网、宽带网规划。鉴于这方面国内实践很少，以下肇庆等城镇互联网、宽带网规划实践经验可供相关规划思路参考：

（1）互联网、宽带网统筹规划应依据城市规划和全社会业务需求预测，考虑宽带通信未来发展，语音、数据、视频图像的三网合一，并重点考虑电路交换网和ATM/IP为主导的分组化网的融合、互通和过渡。

（2）互联网、宽带网规划以光传输网为基础，建立资源共享的宽带通信平台，光缆传输网由中国电信核心主干网、含其他网络公司的骨干网和光接入网两大部分组成并分层规划。

（3）核心光缆主干网提供接入网或局域网前一级的包括互联网、宽带网业务在内的通信平台，核心网路由、光缆容量、光缆数量及其敷设管道应满足各网络运营商业务发展需要，提供各家网络运营商资源有偿共享。

（4）其他网络骨干网路由应向核心主干网的环形网主体靠拢，各网络交换局等中心节点，宜选近主体网的两个不同的路由，双线接入主体环，以既节省网络和管道建设投资，实行主体环的资源共享,又有利于形成其他网络本身的自愈环路,确保网络运行安全。

(5) 接入网逐步实行光纤到路边、光纤到小区和光纤到用户,在有丰富网络资源的中国电信和有线电视网的基础上,区别小区不同用户的需求,以及相关网络公司经营的业务,考虑必要增加的光缆和管道容量。

(6) 核心主干(骨干)层网和接入层网可同一路由,但一般不宜同一光缆,以便接入层可能的经常割接和维护,以及保证核心网的安全。

(7) 合理利用和发挥现有光缆、管道设施的作用,包括现有光缆,主网及其接入点的合理改造利用的出租,以节省建设投资。

(8) 接入网,每个环一般有 4~8 个 OLT,市中心区每 400~800m 接入一个 OLT,边缘区每 600~1200m 接入一个 OLT,各网络运营商应充分利用规划接入网,将各自经营相关业务接入到用户或基站。

(9) OLT 以下配线光缆。配线光缆接到各个大楼边、小区中心、移动基站控制点、CATV 分配器。配线光缆采用星型结构点点相连,各网络运营商设备不尽相同,宜采用大型 ODF(配线架),各设接入点。

(10) OLT 接入点一般选择原有小交换机用户,新建大楼与小区中心,及较大企事业单位等。

7.6 接入网规划与其相关的规划变革

7.6.1 接入网及其发展趋势

接入网(Access Network)是由业务节点接口和相关用户

网络接口之间的一系列传送实体（如线路设施和传输设施）所组成，为传送电信业务提供所需传送承载能力的实施系统，可经由 Q3 接口进行配置和管理。它可将不同的业务通过业务节点连接到电信网中，不但能支持现有的各种业务和数字承载能力，同时也能支持宽带业务。接入网实际物理配置可以有各种不同程度的简化，针对目前的电话网来讲通常是指本地交换或远端交换模块至用户之间的部分。

电信网中由不同物理网络支撑的不同业务（话音、数据、图文）使得网络的资源很难得到共享，因而经营和维护的费用都很昂贵。从发展看，接入网作为连接核心网和用户终端之间的网络应与传送的业务无关，最终形成一个可承载包括话音、数据、图像、多媒体等各种业务的接入网络，即全业务网。全业务网将连接本地电话交换机、CATV 网前端、图像和信息服务设施以及移动交换机等，使用户能从各种不同服务器接入各种相应的业务。从而也将使电信网得到最大简化。

目前，我国接入网中数字化比例远比长途网和本地网低。小城镇电信网业务仍以电话业务为主，以模拟的铜缆双绞线为主，但随着小城镇建设和电信网的不断发展，小城镇各种新业务不断增加，要求电信网能够提供端到端的数字传输趋势也将成为必然。我国东部和中部的部分农村地区已基本上实现光纤到乡镇，并逐步实现光纤到村，小城镇也应考虑接入网规划。

7.6.2　小城镇接入网的模型与拓扑结构

- 接入网范围

电信网由局间交换网、传输网和接入网组成，实现网络的信息传送是由许多交换机（电话、数字数据分组、移动电话等）、传输设备（有线传输设备、无线传输设备等）和用户终端设备组成。各种交换机之间的信息传送是由局间中继传输网完成的，而交换机到用户之间的信息传送则由接入网进行。因此，一个交换机或交换局覆盖的用户范围也即一个接入网范围。

宏观上讲接入网范围可以是一个城镇特定区域，微观上讲接入网范围可以是一个具体的交换区，如商业区、行政区、住宅区等。不同城镇、不同小区对电信业务的需求不同，接入网的接入模式和网络拓扑结构也不同。如业务需求要求较高的金融等商业区网路拓扑结构多采用环形，而住宅区网路拓扑结构则多采用星形。

- 县城镇、中心镇接入网模型与网络拓扑结构

县城镇是县域政治、经济、文化中心，中心镇是县域中较大范围的农村经济、文化中心。我国东部经济发达地区一些县城镇和中心镇对通信的需求除总量相对较小外，业务种类需求与大中城市差别不大。中西部地区小城镇多为经济一般和欠发达地区小城镇，目前主要还是提高电话普及率，满足电话业务需求。

县城镇、中心镇一般设置 1~2 个电话交换局，大型县城镇设置 2~3 个电话交换局，县城周边的乡镇应根据情况选用光纤接入设备就近入局，相应的交换区服务半径一般为 5~15km。

根据相关分析研究，考虑发展与可靠性，县城镇、中心镇接入网的拓扑结构有条件时宜采用环形，也可酌情采用星形。主干光缆芯数应大于 24 芯，可考虑采用单模光缆，并留有一定数量的芯数作为保护。

对于县城镇、中心镇内的住宅区，如果能与广电部门联建 CATV 网络，则宜采用同缆分纤的方式。同时为兼顾电话和视频业务的通信质量，还应合理选择光节点的位置和每个光节点的用户数量。

对于县城镇、中心镇的工业、科技园区应尽量采用光缆环路。

7.6.3 小城镇接入网接入方式

接入网接入方式分有线接入方式和无线接入方式。前者包括铜缆接入、光纤接入、混合光纤铜缆接入，后者包括蜂窝无线接入、微波一点多址接入和卫星接入等。

小城镇接入网接入方式应根据不同地区、不同类别小城镇接入网接入方式的技术经济比较确定。一般可按以下不同分类考虑：

- 东部经济发达地区小城镇

（1）有线+无线接入

综合利用有线（主要是光纤）的容量与带宽的优势以及无线覆盖所带来的灵活性，迅速满足用户近期窄带综合业务的需要。

（2）光纤接入

满足宽带业务需要。

（3）全程无线（蜂窝）接入

在水网、岛屿地区可考虑长远代替有线接入，在台风、洪涝灾害地区作为辅助和保护手段。

在急需的情况下临时提供服务，将来用光纤接入代替，无线设备移作他用。

- 中部经济发展一般地区小城镇

（1）全程无线（蜂窝）接入

充分发挥无线本地环路的固有优势，使整个接入网的组成更加灵活、可靠。既可作为有线接入的备用，又可作为独立接入手段。

（2）全程无线（微波或微波+蜂窝接入）

因地理条件和用户聚居地限制，采用微波设备可不受上述环境的制约,灵活组网。适合资金缺乏、用户数量较少的该类农村地区。

- 西部经济欠发达地区

(1) 全程无线(微波或微波+蜂窝)接入

利用各种无线本地环路代替有线接入,无论从经济、技术比较都适合该类地区中较多的地理、气候特殊性要求。

(2) 全程无线(卫星)接入

利用卫星通信解决该类地区内位置偏远、人口稀少的牧区通信,其覆盖距离远的优势是其他接入手段不可比拟的。

上述中部、西部地区大城市郊区小城镇和其他有条件的小城镇也可考虑有线+无线接入方式和光纤接入方式。

7.6.4 接入网相关的电信网规划变革

接入网发展趋势是通信新业务发展的必然结果和未来全业务网发展的需要。通信技术发展、接入网概念引入,传统规划观念在许多方面不能适应未来的发展方向,以下许多方面的规划将发生变革:

(1) 预测趋向多业务

传统预测只注重单一电话用户需求,而现在用户需求不仅是电话,还有语音、数据和视像等多方面的需求,同时依据历史数据进行电话用户数预测等的传统预测方法也不适应业务需求的变化,预测方法也需变革,如预测业务分类应根据新业务需求的特点,按业务需求进行分类调整、归并以及不同分类。

(2) 局所规划趋向少局所、大容量、多模块

传统用户接入主要是考虑铜缆,而铜线的传输距离短,因而局所的设置较密,局点较多。为了提高传输的质量,保证网路的可靠性,一般采用全覆盖的中继方式,导致网结构十分复杂;引入接入网概念后,将使局界扩大,局容量增加,局数减

少,从而使中继网和传输网的结构简化,网路管理更加容易。离开县城较远、规模较小的小城镇应尽量采用具有标准速率接口的远端模块,结合实际发展交换机远端模块,作为光纤延伸到用户的重要手段,在小城镇有其广泛应用,并在减少局所数量和优化网络结构以及方便推护管理方面起到重要作用。

另一方面,电话用户对局所的影响将不再是决定局址的关键因素,随主要业务成分变化,依据电话用户密度中心确定局所位置的方法将逐渐被寻找用户业务的密度中心所替代。

(3) 网络融合,联合建设

我国有线电视网正在覆盖到广大农村地区,农民对有线电视的需求一般高于对电话的需求,小城镇通信规划应考虑电信网与广播电视网、计算机网的融合,特别是电信网与CATV网联合建设,尽量实现光纤到村,既满足农民对电视需求,又带动电话普及率的提高,同时为将来实现窄带和宽带综合业务网接入创造条件。

(4) 规划应为业务发展留有充分余地

接入网一般分为主干和配线两部分,主干部分和配线部分的网络结构根据用户分布、业务量大小等因素可分为环形和星形。主干部分在建设初期可以采用大芯数光纤,光纤芯数应该考虑预留备用和扩容的需要。局所重点局房传输机房的面积要增加,出局管孔的选择要考虑光缆需要留有充分余地。

(5) 引入接入网概念的相关小城镇电信设施

引入接入网概念,小城镇传统电信设施发生变化。适应接入网发展趋势,对应的小城镇电信设施有:

1) 本地网中心局

较大规模县城镇和县级小城市一般设1~2个中心局,其中心局容量一般为6~10万门。中心局有一个较大的服务范围。

中心局之上有长途枢纽局和汇接局,设在本地网的中心城市。长途枢纽局一般设2个以上,设2个长途枢纽局时,一般一主一辅或二主互补互备。汇接局的功能有:

国内长途或国际长途汇接;

市话汇接;

互联网汇接或数据汇接。

2) 市话端局

县城镇外较大规模小城镇一般设端局。端局的服务范围称为营业区。端局与中心局区别不大,上面的中心局也可称为端局。

3) 模块局或OLT通信节点

模块局是端局向用户分配的第1个节点,其服务人口一般为4000~12000人。规模较小的小城镇一般设模块局。

模块局把电路交换的用户级尽量靠近用户的一方,采用光缆及大容量高速复用与选组级链接,较大幅度地减少用户线,节省用户线投资。

模块局容量一般4000~6000门,并不超过8000门,初期依据用户需要常采用500~3000门,当需要容量超过8000门时,应改建为端局。

中远期接入网规划可采用OLT (Optical Line Terminal) 光线路终端,连接各OLT节点的光缆环网,形成宽带通信平台,也即汇聚层,为各种业务提供自愈电路,各种通信业务(话音、数据、图像)均通过OLT接到ONU (optical distribution network) 光网路终端,也即用户接入点。

4) 用户接入点ONU

接入点ONU相当于话音通信中的交接间或交接箱,也相当于一个较大单位的用户交换机房,通过ONU连接用户终端设备。

表7.6.4为中远期规划小城镇OLT、ONU对应局所设施。

小城镇 OLT、ONU 对应市话设施   表 7.6.4

对应市话设施	OLT		模块局(远端模块)	ONU 交接箱或交接间,部分远端模块
	模块局(远端模块)			
对应小城镇	较大规模建制镇	较小规模建制镇	一般建制镇	一般小城镇
备注	初期为模块局后期上升为端局,一般4~5万门	少数后期上升为端局,一般1~2万门	模块局,一般2000~6000门	模块局,一般2000门以下

7.6.5 光接入网的应用和规划设施优化

(1) 光接入网的应用

光接入网 OAN(Optical access network)是采用光纤传输技术的接入网。光接入网采用基带数字传输技术,并以传输双向交互式业务为目的,同时能以数字或模拟技术传输宽带广播式和交互式业务的接入传输系统。

光接入网是更新现有铜缆接入网,解决电信网发展瓶颈的重要途径,也是实现城市数字化的必经之路。光接入网把城市数字化推向路边、大楼和住宅。在城市和小区规划和建设中应用日益广泛。

1) 应用目标

光接入网的应用目标主要以下几个方面:

①支持新业务,特别是多媒体和宽带新业务;

②延长传输距离,逐步减少小型交换机和远端交换模块,使电信网节点较少,覆盖区较大,结构更加简单;

③减少铜缆的维护运行费用,降低故障率,并为配线网提供经济的宽窄带混合接入结构;

④带宽可在用户间重新分配,不影响业务。

⑤光缆容量大,管孔数少,节约城市地下管道空间,并延长传输覆盖距离。

2) 光接入网的应用类型

光接入网应用分为光纤到路边（FTTC）、光纤到楼（FTTB）和光纤到户（FTTH）或光纤到办公室（FTTO）三种类型。

①光纤到路边（FTTC）：光纤到路边（Fiber to the carb）是指光网络单元设在路边的人孔或杆上分线盒，有时也可设在交接箱处。FTTC主要是点到点或点到多点树形一支分拓扑结构，用户为住宅用户和小企业用户。由于光纤靠近用户，具有光纤化带来的许多优点，对2Mbit/s以下的窄带业务来说，最经济。

②光纤到楼（FTTB）：光纤到楼（Fiber to the Building）是指光网络单元在楼内，是点到多点结构，适用于远期规划和城市新区建设。

③光纤到户（FTTH）或光纤到办公室（FTTO）：光纤到户（Fiber to the Home）是点到多点结构的全光纤网络。带宽、传输技术等没有限制，适用新业务和发展长远目标；FTTO是点到点或环形结构的全光纤网络，主要用于大企事业单位和远期规划。

(2) 光接入网相关规划设施优化

图7.6.5为国际电联ITU提出的光接入网功能参考配置图。

图中光接入网的主要设施OLT、ODN、ONU及其优化和接入网相关局所及优化在下面作分别介绍。

图中，SN为业务节点，SNI为业务点接口，UNI为用户网络接口，AF为适配设施，S为发送参考点，R为接收参考点，a为ONU与AF间参考点，V为用户接入网与业务接点间参考点，T为用户网络接口参考点，Q_3为网管接口。

● 局所

规划和维护有时将端局至用户间的电信网统称接入网，而且局所规划受接入网规划的影响较大，二者关系密切。

1) 新建局所原则与选址

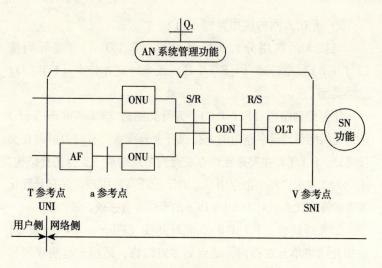

图 7.6.5 光接入网功能参考配置

下列情况应规划新建局所：

①原有局所容量不足、原地扩建困难；

②安全要求；

③新区开发；

④网络结构的需要。

局址宜选在全网或新区的用户中心，并宜选在繁华商业区，靠近十字路口主要道路一侧。

2）局所优化的其他要求

①局所数量减少，规模增大，大城市终局容量宜在 20 万以上；

②应有多个大型局房，便于更换新型交换机；

③主干馈线至少有 50% 采用光缆传送，MOF 机架与出局管孔数及局前主干道孔数可减少很多；

④应考虑用户线传输室、接入设备机房及各种新设备机房，如大型计算机房、电视会议室、遥测、遥控、远程教学、

远程医疗等设施用房。

- OLT

OLT 是光线路终端（Optical Line Teminal），其作用是为光接入网提供网络侧与本地交换机之间的接口，并经一个或多个 ODN 与用户侧的 ONU 通信，OLT 与 ONU 之间是主从通信关系。OLT 可以分离交换和非交换业务，管理来自 ONU 的信令和监控信息，为 ONU 和本身提供维护和指配功能。OLT 可以直接设置在本地交换机接口处，也可以设置在远端，与远端集中器或复用器接口。

1）服务范围、服务人口

OLT 有一定的适宜服务范围，过大时增加配线投资，过小时由于 OLT 寻址安装困难，增加维护等费用。OLT 适宜服务范围主要考虑下列两个因素：

①服务人口

通常情况下，OLT 平均服务人口以 8000～10000 人为宜，大城市市中心人口密度在 300 人/ha 以上较大时，OLT 服务人口可增至 20000 人。

②与行政区或交换区、交接区相对应。

中小城市市区、郊区和农村应以居住区、镇、乡为 OLT 点。

规划应与现有设备改造一致：多数模块局和小容量的端局经改造即为 OLT 点，大多数原用户交换机容量大的（2000 门以上）也可改造为 OLT 点；容量小的可改造为 ONU 点，交接间大多可改为 ONU 点。

小城镇应设 OLT 点，规模较大镇如中心镇也可考虑设 2 个以上 OLT 点，OLT 点最终容量可以发展到 10000～30000 门。

2）设施用地与建筑面积

OLT 带有 ONU，应有 ONU 的一定数量的配线，一般约为 2000～4000 线，最多不超过 8000 线，最大出局线对 10000 对，按 800 对一列共需 12 列，MDF 需 3m 长（每米 4 列）。

考虑接入设备的传输、用户级共 2 列，主机房面积约需 20m^2，MDF 面积约 15m^2（10000 线），电源及其他设备 15m^2，可以综合考虑规划 OLT 预留建筑面积 80~100m^2。一般宜在商业、行政区选公建底层，居住区选独立通信间，并且容量可扩大，但不应超过 20000 对线，预留建筑面积约 300m^2。

- ONU

ONU 是光网络单元（Optical network unit），其作用为光接入网提供直接的或远端的用户侧接口，位于 ODN 的用户侧。

ONU 的主要功能是终结来自 ODN 的光纤、处理光信号并为若干个小单位用户和居民住宅用户提供业务接口。ONU 的网络侧是光接口而用户侧是电接口，需要有光/电和电/光转换功能，还要完成对语声信号的数/模和模/数转换、复用、信令处理和维护管理功能。

ONU 可装在住宅楼，也可设在路边的人孔或线杆上的分线盒，有时也可设在交接箱处。ONU 到用户仍为双绞线铜缆，铜缆距离越短越好，市中心区不宜大于 500m，边缘区不大于 1000m，远郊农村不大于 3000m。主要视当地经济、社会发展水平而定。而传送宽带图像业务一般用同轴电缆。

ONU 点容量范围为 120~7000 线，有 128、256、512、1024、N×1024（N 为 1、2、3、4、5、6、7）多种型号供选择。

通常 1 个单位宜设置 1 个 ONU，128 型号 ONU 可以调整用户板，实际用户可为 6~128 线。公共建筑一个楼装置一个 ONU 是合适的，ONU 后的双绞线、同轴电缆综合布线，提供不同速率的业务。

住宅小区一般考虑 1~3 幢住宅楼设置 1 个 ONU。

- ODN

ODN 是光配线网（Optical distribution network）。ODN 为

OLT 与 ONU 之间提供光传输手段，其主要功能是完成光信号功率的分配任务，它由无源光元件如光缆、光连接器和光分路器等组成，网络通常为树形——分支结构。

ODN 的配置为点到多点的方式，多个 ODN 通过与光纤放大器结合起来延长传输距离和扩大用户数目。

OND 有单星形结构、树形结构、总线结构和环形结构，除单星形结构 ONU 与 OLT 间按点到点配置外，其余 3 种均按点到点配置，其中树形和总线形结构是两种基本的结构。ODN 的结构选择主要考虑用户所在地的分布、OLT 与 ONU 之间距离、不同业务的光通道、可用技术等多种因素。

7.6.6　光接入网的主干网与分配网规划

（1）光接入网主干光缆与配线光缆及其结构型式

电信网从端局到用户这一段称之用户环路，光接入网是由传统的用户环路发展而来，是用户环路的升级。

光接入网中从端局到用户，对应于主干（馈线）电缆、配线电缆是主干（馈线）光缆、配线光缆。原分路点或交接箱由远端或远端节点 RT/RN 代替，光纤继续向用户推进，目前主要是光纤到路边的分线盒，即业务接入点 SAP，该处设置光网络单元 ONU，以及完成光/电变换和分用等功能，最终目标则是将光纤推进到住宅用户，并且 ONU 也将设置在住宅处，也即完成光纤到户。

光接入网可由主干网和分配网组成。主干网可以由 3~8 个 OLT 点（最多不超过 12 个）连接成环形网即主干环。OLT 点有一定的服务范围和服务人口，在城市中心区主要考虑服务人口在城市边缘区，宜将服务人口与范围两者结合考虑。

光分配网 ODN（optical distribution network）有星形、树形、总线和环形 4 种型式。ODN 是从 OLT 到 ONU 并由无源光元件组成的光分配网络。

金融大厦、行政大楼等可设 1 个或几个 ONU，一般住宅楼和较小办公楼近期可几个楼设 1 个 ONU，中远期单独设 ONU，实现光缆到楼、光缆到户。

（2）光接入网主干网规划

图 7.6.6-1 为中小城市城区或近郊的典型接入网主干规划示意图。

城市边缘或近郊区可以考虑环形与星形结合的接入网拓扑结构。

图 7.6.6-2 为县域接入网主干网规划示意图。

县域小镇接入网主干网采用以环形及环形与星形结合的拓扑结构。

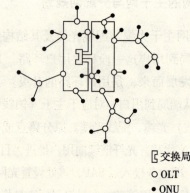

▣ 交换局
○ OLT
● ONU

图 7.6.6-1 中小城市城区和近郊区的典型接入网主干网示意图

光缆芯线规划设计

一般大中城市的中心局所服务面积为 $10\sim20\text{km}^2$，服务人口 $10\sim30$ 万人，接入网采用 $2\sim4$ 个光缆环，OLT 点约 $8\sim32$ 个，每个 OLT 点的服务人口约 $8000\sim30000$ 人。

大城市市区中心每环服务人口 $6\sim12$ 万人，农村区域每环服务人口 $8\sim16$ 万人，光缆环采用 2.5Gbit/s；每环服务人口

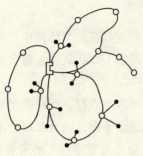

图 7.6.6-2　县域小城镇接入网主干网示意图

小于 8 万人口的采用 622Mbit/s。

采用 2.5Gbit/s 光缆系统,提供 3 万话路,按 1:4 集成比考虑,12 万话路,2 芯即满足电话需求,一般留有余地采用 4 芯,考虑初期投资不宜太大,可采用 622Mbit/s,今后再提升。数据通信约过 5 年将超过话音通信,中期规划 10 年考虑,则需 10~12 芯,初期考虑宽带普及率尚较低,一般需要 6~8 芯。

表 7.6.6-1 为按 2.5Gbit/s 光缆系统考虑的规划光纤芯数。

2.5Gbt/s 光缆系统规划光纤芯数　　表 7.6.6-1

服务人口/万人	光纤芯数(芯)						
	话路	数据	宽带	其他	公共芯	小计	采用
16	4	8	8	4	24	48	96
8	2	4	4	2	12	24	48

价格分析:

按光缆网两终端 4 个分插复用器计算,价格为:

SDH 2.5Gbit/s　共 351 万元,计每话路 117 元;

SDH 622Mbit/s　共 174.5 万元,计每话路 231.2 万元;

SDH 155Mbit/s　共 75.2 万元,计每话路 397.9 元。

上述价格为 1998 年的价格,现价因集成电路价格降低而降低。

根据上述分析,近期规划在一个环路中,小于 7000 话路,可采用 $1 \times 155 \mathrm{Mbit/s}$;若达 14000 话路,需 $2 \times 155 \mathrm{Mbit/s}$,则应采用 $622 \mathrm{Mbit/s}$。

目前,特别是城市郊区与农村,用户光缆环首先是满足电话需求,对于城市来说,由于电话网大部分已由铜缆满足,光缆环主要满足数据、IP 业务与宽带业务的需求。

上述三网光缆芯数规划考虑:

①光纤分成3部分,近期5年内各占 $\frac{1}{3}$,中远期 10~15 年数据、IP 与宽带芯数的比例约 1:2:3。远期 15 年以后宽带大增长,而电话已趋饱和。

②光纤分成4部分,即电话、移动通信、IP 与宽带(B – ISDN、VOD、CATV)近期各占 $\frac{1}{4}$,中远期 1:1:2:3,15 年后前 3 个比例基本不变,宽带则占 4(倍)以上。

考虑光缆更新,光缆满足期为 10~15 年,表 7.6.6-2 为小城镇相关本地网不同规模城市城郊光缆网规划芯数参考。

不同规模城市城郊光缆网规划芯数参考 表 7.6.6-2

光缆网规模	特大城市			大城市			中城市			小城市(含县域)	
	中心城区	边缘区	郊区(郊县)	中心城区	边缘区	郊区(郊县)	中心城区	边缘区	郊区	城区	郊区
3~4 个 OLT	96	24~36	24	72~96	24	24	24	24	24	12	24
5~8 个 OLT	144	36~48	36	96~120	36	36	36	36	24	24	24
9~12 个 OLT	192	48~72	48	120~144	48	48	48	48	36		

注:①特大城市、大城市有 50% 的光缆芯为公共芯,若公共芯少,则规划芯数应减少。

②郊县传输距离远,传输速率不小于 2.5Gbit/s。

(3) 光接入网的分配网规划

ODN 的网络结构

1) 星形结构

ONU 与 OLT 间专一光链路点到点配置，中间没有光分路器（OBD），传输距离远大于点到多点配置。

2) 树形结构

点到多点配置的基本结构，利用 OBD 对下行信号进行分路，传给多个用户，同时也通过 OBD 将上行信号结合在一起传到 OLT。

3) 总线结构

也是点到多点配置的基本结构，利用一系列串联的非平衡光分路器件从总线中检出 OLT 发送的信号，又能将每一 ONU 发送信号插入点线送回 OLT。

4) 环形结构

也是点到多点配置，无源环形结构可视为无源总线结构的特例，提高网络的可靠性。

图 7.6.6-3 为 ODN 的 4 种结构图。

光接入网主干网和分配网规划中的 OLT 和 ONU 规划见 7.6.4。

7.6.7 县域小城镇环形接入网规划案例分析
——以山东省曹县光接入主干网为例

曹县位于山东省菏泽地区，面积 1974km^2，人口 136.65 万人（城镇 18.67 万人，农村 117.98 万人），近年来曹县经济开始较快发展，曹县通信接入主干网规划方法与探讨分四部分内容：

- 规划步骤

(1) 准备与调研阶段

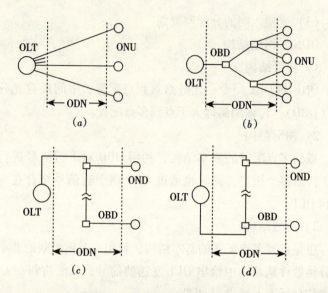

图 7.6.6-3 ODN 的 4 种结构

(a) 星形结构；(b) 树形结构；(c) 总线结构；(d) 环形结构

1）根据任务书，与地方部门商定规划原则，确定规划目标；

2）规划范围（县城、县郊、镇、乡）的实地察勘，资料收集（人口、用户、乡镇企业、单位）。

（2）方案阶段

1）现状分析与用户调查；

2）确定接入网网路结构，路由；

3）确定 OLT 数量；

4）配合接入网规划，县城酌情做新局所规划，着重选址、规模、交换区界。

（3）中间成果汇报及方案完善阶段

1）按环分工、补充调研；

2）修正网路结构，确定和调整 OLT 位置、数量及其分期建设；

3) 中间成果汇报、论证与完善。
(4) 最终成果阶段
1) 完成规划图纸;
2) 编写规划说明书。
- 需求预测

人口预测宜尽量采用地方统计部门和城市规划管理部门提供的数据,表 7.6.7-1 为曹县相关人口预测。

2005 年预测分析:县城住宅电话按 80% 家庭有电话考虑,办公电话,按工作就业人员占人口 55%,并考虑外来企业与从业人员,平均每 6 人一线,公共电话按 5 线/1000 人预测;郊区住宅电话普及率 40%,办公电话就业人员每 15 人 1 线;镇区住宅电话普及率 60%,办公电话就业人员每 10 人一线;农村按普及率增长预测。

非话业务在固定电话普及后,将有较大发展,近期主要考虑城镇,以及经济较快发展的村和少数专业户;窄带 ISDN 对照国内城镇相关发展,预测曹县 2005 年约 1.5%~2%。

曹县城区、郊区、镇区、农村人口预测/万人　　表 7.6.7-1

年份	城区	郊区	镇区	农村	备注
2000	8.2	3.7	10.8	114.3	
2005	15	6.0	15	103	
2010	23	7.0	19	93	
2030	35	8.0	25	80	

表 7.6.7-2 为曹县相关主线普及率预测。

曹县城区、郊区、镇区、农村主线普及率预测/%　　表 7.6.7-2

年份	城区	郊区	镇区	农村	备注
2000	12	10	9	0.65	曹县城区 2010 年接近北京 2000 年水平,全县达到全国预测当年平均水平
2005	32.2	13.6	20	7	
2010	43	20	30	15.4	
2030	70	40	50	33.8	

7 小城镇通信工程规划

- **乡镇接入主干网规划**

曹县乡镇远期接入网规划如图7.6.7。

远期规划从实行光缆到乡，高起点，结合曹县人口密度较大和便于各乡镇行政和生产管理要求的实际考虑，选择环形结构。

全县乡镇远期光接入主干网分3个环网，2个支环网。每环设4~12个OLT，每个乡镇和建制镇设OLT并分别组成安全自愈网。OLT以下到用户网路采用星形结构。

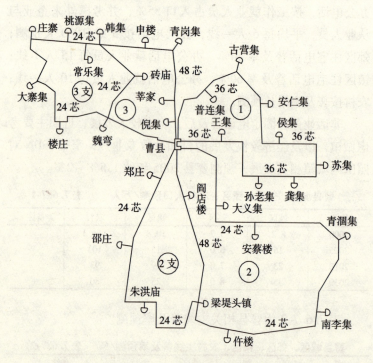

图7.6.7 曹县远期接入网规划

光环容量测算主要基于固定电话主线测算，新业务测算结合地区实际，采用相关比较预测和增长规律预测。

光环芯数：

1环2005年采用155Mb/s华为设备，每2芯7296路，考虑光缆60%实用率，需16芯（提供58368路，利用率56.6%），2芯用于CATV，2芯用于移动通信，4芯用于专网，备用2芯，共24芯，拟选36芯，2010年采用622Mb/s。

表7.6.7-3为各环乡镇主线预测。

曹县乡镇主线预测　　　　表7.6.7-3

环 名	乡 镇	主线预测/线		备 注
		2005年	2010年	
1环	1 普连集	6500	12685	8镇共76000人，最小6235人，最大12793人
	2 古营集	4700	9245	
	3 安仁集	3200	6235	
	4 侯集	4800	9460	
	5 苏集	6500	12793	
	6 龚楼	3500	6880	
	7 孙老集	5800	11395	
	8 王集	3700	7310	
	小计	38700	76003	
2环	1 大义集	4700	9230	7镇共77800人，最小8800人，最大13600人
	2 安蔡楼	6800	13260	
	3 青集	6600	12670	
	4 南集	4400	8490	
	5 仵楼	4400	8490	
	6 梁堤头镇	5600	10860	
	7 阎店楼	6400	12350	
	小计	38900	75350	
2支环	1 朱洪庙	4200	8100	3镇共33600人，最小8400人，最大12800人
	2 邵庄	6400	12350	
	3 郑庄	6200	12030	
	小计	16800	32450	

续表

环 名	乡 镇	主线预测/线		备 注
		2005年	2010年	
3环	1 倪集	5300	10180	7镇共65600人，最小6800人，最大13600人
	2 莘家	3700	6810	
	3 青岗集	4400	8490	
	4 申楼	3410	6580	
	5 韩集	5500	10670	
	6 砖庙	3700	7140	
	7 魏弯	6800	13120	
	小计	32810	62990	
3支环	1 桃源集	4500	8690	5镇共43600人，最小4800人，最大13000人
	2 常乐集	4700	9120	
	3 庄寨	6500	12670	
	4 大寨集	2400	4750	
	5 楼庄	3700	7250	
	小计	21800	42480	

3支环按上述方法计算话路共需10芯（36480话路，利用率59.8%），2芯用于CATV，4芯用于移动通信，6芯用于专网，共22芯，拟选24芯。

2环、3环、2支环均拟选24芯。

2、3环中的公共部分为48芯。

- 城、郊接入主干网规划

曹县的城区和郊区接入主干网规划因不是本次规划的重点，只提出考虑原则：

城、郊接入主干网采用环形与星形结合的网络结构，城区规划南、北两个环网，城郊采用星形环；由城区环网接出。

- 借鉴与思考

曹县的乡镇接入主干网规划，与一般农村接入主干网规划主要采用星形或星形与环形结合的结构模式不同，而采用全部乡镇设 OLT，分组成环模式，通过投资、功能分析，这种模式为原经济和通信基础薄弱、现正处在较快发展阶段的县域小城镇现代通信建设提供了有益借鉴，其主要优点在于：

(1) 光缆线路代替常规建设的电缆线路，规划设施的高起点，不仅解决当前农村电话的普及与设施扩容，又为数据、图像通信新业务的发展创造条件，有利于通信快速发展的更新换代。

我国经济和通信基础落后，但正在较快发展的许多小城镇，如同曹县的一些小城镇，电话通信亟待加快普及。现有多数乡镇只有500门规模和3～4个通村方向电缆线路，每条线路容量只有100～200对线，远不能满足需求，按常规需敷设新的电缆线路，本次规划光缆直接代替电缆基于3个方面考虑：

一是避免几年后乡镇电缆到光缆的线路重复建设；二是建设成本投资分析得出，现采用架空光缆投资 ONU128、512 平均每线投资1300～1500元，且用户增加后，成本将降为700～800元，地方部门表示，根据当地现在经济发展，完全能够承受建设投资；三是受周边地区城镇通信快速发展的带动和本身通信潜在需求的影响，上述小城镇近、中期新业务也会开始较快增长，提早实现光缆到乡，为乡镇近中期数据、图像通信的新业务发展创造有利条件，有利于通信快速发展的更新换代。

(2) 适应小城镇政治、经济体制改革的需要，同时便于镇区通信设备的运行维护。

每个乡镇设一个 OLT，星形连接多个 ONU 到乡镇用户。乡镇所在地也即乡镇范围的电话、数据、广播电视、声像等通信中心，这样便于乡镇政府机构与基层之间行政、经济等通信联系，同时也便于镇区通信设备的运行维护。

(3) 便于形成安全自愈网。

随着光缆成本下降，光缆环路的光缆投资占整个通信基础设施投资的比例已经较小，接入主干网的环形结构，对经济、社会正在较快发展的小城镇来说是可取的。环形结构，便于形成安全自愈网，有利于提高县域通信的可靠性。

7.7 管道规划

7.7.1 通信管道及其分类

通信管道是电缆和光缆等多种信息传递介质的载体，通信管道规划基于通信线路网规划。

通信管道主要分通信主干管道和通信配线管道。

主干管道主要敷设主干电缆（光缆）、中继电缆（光缆）、长途电缆（光缆），以及各种专线电缆（光缆）。

配线管道主要敷设配线电缆、用户光缆，以及广播电视电缆（光缆）。

7.7.2 管道规划原则

（1）满足通信发展局间核心主干网线路地下敷设的需要；

（2）满足通信发展局与 OLT 间的接入网线路地下敷设的需要；

（3）满足 OLT 到 ONU、交接箱间及 ONU 到用户的用户线路地下敷设的需要；

（4）统筹规划下满足各家通信线路和广播电视网线路地下敷设的需要；

（5）依据道路网规划并与各工程专业管线相协调的原则；

（6）"光进铜退"的规划原则；

长距离敷设电缆的成本要比长距离敷设光缆并同时结合小范

围敷设电缆的成本要高得多,后者还有效节约有色金属和管道地下空间资源,而且缩短与用户间的距离,有利于更好地开展数据业务。随着通信技术的发展,将有更多场合光缆代替铜缆;

(7) 统筹规划、联合建设原则。

7.7.3 主干管道规划

(1) 主干管道。一般采用局向用户辐射或环状建设方式。主干管道敷设有铜缆和光缆,前者一般采用树型结构和管孔逐渐递减的方式。

(2) 目前,新设局所宜设电缆的主干长度一般不超过2km,超过2km则经济和传输质量以光缆为优。

(3) 主干管道路由按电信网网路(中继、长途、专用网路)优化路由,结合局所位置、小城镇道路网规划、管道现状,用户用地分布选择。

(4) 局前管道规划设计。

小城镇2万门以下局所,一般应采用两端(方向)和单路由出局,如图7.7.3-1。

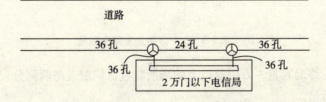

图7.7.3-1 两方向与单路由出局

3~6万门局所,一般采用两端(方向)和双路由出局,如图7.7.3-2。

8万门以上局所应采用3个以上方向,包括楼前、楼后、楼左、楼右,以降低每路出局孔数,保障路由安全,局所应尽

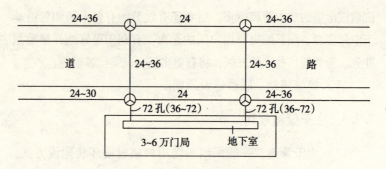

图 7.7.3-2 两方向与双路由出局

量在十字路口与丁字路口布置,如图 7.7.3-3。

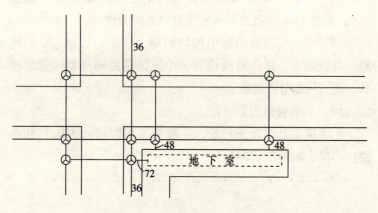

图 7.7.3-3 3个方向及多路由出局

终局容量 4 万门及以上的局所应考虑局前道路两侧分设出局管道。

(5) 主干管道管孔数的计算与分配应考虑局所终局容量、局所分布、道路两侧相关用户分布和用户业务预测、相关路由远期预留光缆比例等多种因素而确定。

用户电缆对数是按树枝形递减的,每到 1 个交叉路口递减 1 次。离局越远电缆平均对数越小,表 7.7.3 为近局管道理论计算的管孔需要数。

7.7 管道规划

近局管道理论计算的管孔需要数 表 7.7.3

容量(万门)	$\frac{1}{3}$总出局线对数(主干管道用户线对数)	$\frac{1}{3} \times \frac{1}{2}$总出局线对数	离局700m以内(按近期计算)		离局700m以外(按近期计算)		建议采用管孔数	
			平均线对数	需要管孔数	平均线对数	需要管孔数	离局700m以内	离局700m～1500m
1	7000	3500	700	10	500	7	1×6+1×12	1×12
2	14000	7000	820	17	570	13	2×6+1×12	1×6+1×12
3	21000	10500	940	23	630	17	3×6+1×12	2×6+1×12
4	28000	14000	1080	26	780	20	3×6+1×12	2×6+1×12
5	35000	17500	1200	29	710	23	4×6+1×12	3×6+1×12
6	42000	21000	1300	33	820	26	5×6+1×12	3×6+1×12
8	56000	28000	1400	40	880	32	7×6+1×12	5×6+1×12
10	70000	35000	1500	47	940	37	7×6+1×12	5×6+1×12

注：①表中管孔数为全部采用电缆时管孔数，考虑光缆，可分别按所占比例计算；

②采用"$\frac{1}{3}\times\cdots$"系出局按2方向4路由计算；

③离局700m以外，如仍为4路由，则应按表中孔数×0.6取值；

④表中孔数已考虑其他所需孔数。

（6）主干管道规划考虑一次性投资建设需要，一般按30~50年考虑。

7.7.4 配线管道规划

（1）配线管道主要敷设接入点到用户的配线电缆、用户光缆，也包括广播电视用户线路；

（2）配线管道采用辐射建设方式；

（3）配线管道一般采用12孔以下塑料管；

（4）配线管道规划应与局所（含模块局）、OLT和大型ONU规划相一致；

（5）在主干管道的上面建设配线管道，如图7.7.4。一般主干管道埋深大于800mm，因而在其上方建设配线管道有足够的余地，这种方法扩建配线管道不必破坏主干管道和新建人孔，因而节省投资，方便施工，减少接头。

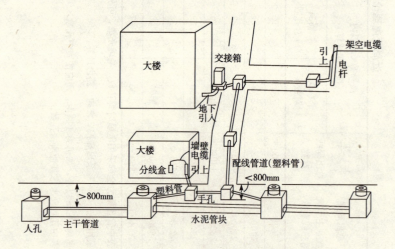

图7.7.4 主干管道与配线管道建设方式示意图

7.8 邮政工程规划

7.8.1 邮政通信网和主要邮政设施

邮政通信网是邮政支局所及其他设施和各级邮件处理中心，通过邮路相互连接所组成的传递邮件的网络系统。邮政支局所是基本服务网点，其他邮政设施是邮政支局所功能的补充和延伸，以及服务范围的扩大，是邮政通信必不可少的物质基础。

县城镇邮政工程规划应主要考虑邮政处理中心和邮政局等邮政设施，其他镇邮政工程规划应主要考虑邮政支局和邮件转运站等邮政设施。

7.8.2 邮件处理中心设置与规模

邮件处理中心即邮件封发中心，也是邮政枢纽。

不同邮件处理中心的建筑规模应符合《邮件处理中心工程设计规范》（YD 5013—95）的规定。

邮件处理中心建筑用房由生产用房、辅助生产用房、生产管理用房、生活用房和公用建筑等组成。

邮政通信枢纽局址除通信局所一般选址原则外，在邮件主要依靠铁路运输的情况下，应优先考虑在客运火车站附近选址，局址应有方便接发火车邮件的邮运通道，有方便出入枢纽的汽车通道；在主要靠公路和水路运输时，可在长途汽车站或港口码头附近类似选址；在上述选址困难时，可在较大规划范围内根据小城镇总体布局要求，交通方便及环境等要求进行多址比较选定，但在火车站或港口码头应有必要的转运场地。

7.8.3 邮政局所规划

(1) 邮政局是县邮政部门的行政机关,邮政局一般共建邮政营业大楼,较多在县城中心区设置。

(2) 邮政(电)支局所

小城镇邮政(电)支局的局址选择应以其邮电服务网点规划要求为主,既要着眼于方便群众,又要讲求经济效益;既要照顾到布局的均衡,又要利于投递工作的组织管理;既要考虑现状,又要符合长远发展要求。

邮政支局所设置要按服务半径、服务人口、业务收入3项基本因素考虑。

邮政支局(含邮政所)局所址选择应考虑以下原则:

①局所址应设在镇行政、商业中心区、居民集中的居住小区、规模较大的工业园区、旅游小城镇文化游览区,以及其他较大公共活动场所等方便群众的地方;

②局所址应有适合邮电局所建设的场地和地形;

③局所址设置应在交通便利,运输邮件车辆易于进出的地方;

④选址应考虑投资费用较少、经济合理的原则。

小城镇邮政(电)支局选址应纳入小城镇总体规划,其预留用地面积应结合当地实际情况按表7.8.3分类规定范围选取。

小城镇邮电支局预留用地面积(m^2) 表7.8.3

支局级别 用地面积 支局名称	一等局业务收入 1000万元以上	二等局业务收入 500~1000万元	三等局业务收入 100~500万元
邮电支局	3700~4500	2800~3300	2170~2500
邮电营业支局	2800~3300	2170~2500	1700~2000

7.9 广播电视规则

7.9.1 广播电视网及广播电视主要设施

广播电视网是小城镇现代通信网组成之一。远期广播电视网应与小城镇电信网、计算机网按三网合一统筹规划。

县城镇广播电视规划应考虑电视发射台（转播台）和广播、电视微波站，其选址应结合总体规划布局和相关标准技术要求。其他镇相关规划应考虑设广播站。

广播、电视台站选址要求：

（1）广播、电视台（站）应有安全的环境。应选择地势平坦，土质坚实的地段，应远离易燃、易爆的建筑物或堆积场附近。不应选择在易受洪水淹灌的地区。

（2）广播、电视台（站）应有较好的卫生环境，应远离散发有害气体、较多烟雾、粉尘、有害物质的工业企业。

（3）广播、电视台（站）址距重要军事设施、机场、大型桥梁等的距离不小于5km；无线电场地边缘距主干铁路不小于1km；距电力设施防护间距见表7.9.1。

架空电力线路、变电所对电视差转台
转播台无线电干扰的防护间距标准（m）　　表7.9.1

频段	架空电力线			变电所、站		
	110kV	220~330kV	500kV	110kV	220~330kV	500kV
VHF（Ⅰ）	300	400	500	1000	1300	1800
VHF（Ⅱ）	150	250	350	1000	1300	1800

架空电力线路经过电视差转台、转播台附近时，应尽量从电视差转台、转播台非主要接收方面一侧通过。

架空电力线路在局部地段可采用降低导线表面电场强度的措施,在变电所中可采用降低母线及设备引线表面电场强度的措施。

在沿海盐雾较严重的地区,不得减少防护间距。详见国际《架空电力线路与调幅广播收音台的防护间距》(GB 7495—87)。

7.9.2 广播电视线路规划

广播电视网规划应结合电信网规划考虑,广播电视网线路路由应同时结合小城镇电信网路由规划考虑,线路走向应避开与其无关的地区。

广播电视线路敷设可与通信电缆同管道,但不宜共管孔,也可与架空通信电缆同杆架设。

7.10 附录:若干规划技术经济指标

7.10.1 电信局所与干扰源的安全距离要求

电信局所与广播电视、雷达、电力、铁路安全间距如表 7.10.1。

电信局所与广播电视、雷达、电力、铁路安全的距离 (m)

表 7.10.1

广播电视	雷达	电力架空		电站		铁路		高速公路
		110kV	>220kV	发电站	变电站	电力机车	内燃机车	
300	500	100	300	500	500	500	300	100

7.10.2 通信地埋管道的埋深和坡度

管道埋深(管顶至路面)不宜小于0.8m,当水泥管、石棉水泥管和塑料管通信管道埋深无法满足表 7.10.2 路面至管顶最小深度时,可选用钢管,并满足表 7.10.2 相关埋深要求。管道埋深不宜超过 1.2m,管道埋深同时还应考虑与其他地下管线交叉时的间距、地下水高度与冻土层深度对管道的影响。

管道敷设应有 3‰~4‰ 的坡度,坡度不得小于 2.5‰,以利渗入管内的地下水流入人孔,便于排水。

路面至管顶的最小深度(m)　　　　表 7.10.2

类别	人行道下	车行道下	与电车轨道交叉 (从轨道底部算起)	与铁道交叉 (从轨道底部算起)
水泥管、石棉水泥管和塑料管 1	0.5	0.7	1.0	1.5
钢管	0.2	0.4	0.7	1.2

7.10.3 通信管道的人孔与手孔

(1) 人(手)孔井的构造

人(手)孔井是管道的中转或终端建筑。地下光、电缆的接续、分支、引上、加感点以及再生中继器等都设置在人(手)孔井中或从人(手)孔井中接出去。它除了要适应布放光、电缆时的施工操作和日常维护以及对光、电缆检测的要求外,人(手)孔井在结构上还必须承载顶部覆土和可能出现的堆积物的压力,以及承受地面机动车辆高速行驶时产生的冲击力。

人孔井由上覆、四壁、基础以及有关的附属配件,如人孔口圈、铁盖、铁架、托板拉环及积水罐等组成。其外形的立体构造如图 7.10.3 所示。

常用的人孔有砖砌人孔、混凝土人孔、装配式人孔 3 种构造。

砖砌人孔一般用于无地下水,或地下水位很低,而且在冻土层以下。在地下水位很高,冻土层又很深的地区,或土质和地理环境较差的地点,多使用混凝土或钢筋混凝土的人孔。

装配式人孔能在较短的时间内完成现场装配工作,减少施工对道路交通的影响。随着施工机械的改进,结构紧密、重量较轻的树脂混凝土装配式人孔目前已得到广泛应用。

7 小城镇通信工程规划

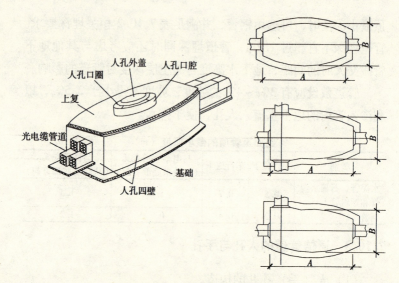

图 7.10.3 人孔及其与管道的结合

(2) 人(手)孔井的结构尺寸

各种型号人(手)孔结构尺寸如表 7.10.3。

各型通用设计人(手)孔结构尺寸 (cm)　　表 7.10.3

人(手)孔型号		内部净空			上复厚	墙壁厚		基础厚	端壁宽			容纳管道最大孔数
		长 A	宽 B	高		砖砌	钢筋混凝土		直通端	拐弯端	进局端	
小号	腰鼓形直通	180	120	175	12	24	10	12	80			12
	腰鼓形拐弯	210	120	175	12	24	10	12	80	60		12
	腰鼓形十字	210	120	180	12	24	10	12	80	60		12
	局前	250	220	180	12	37	12	12	90		80	24
	长方形直通	180	120	175	12	37	10	12	120			12
大号	腰鼓形直通	240	140	175	12	24	10	12	100			24
	腰鼓形拐弯	250	140	175	12	24	10	12	100	80		24
	腰鼓形十字	250	140	180	12	24	10	12	100	80		24
	局前	437	220	180	12	37	12	12	100	100	80	48

续表

人（手）孔型号		内部净空			上复厚	墙壁厚		基础厚	端壁宽			容纳管道最大孔数
		长 A	宽 B	高		砖砌	钢筋混凝土		直通端	拐弯端	进局端	
大号	长方形直通	240	140	175	12	37	10	12	140			24
扇形	30°扇形	180	140	175	12	24	10	12	100			24
	45°扇形	180	150	175	12	24	10	12	100			24
	60°扇形	180	160	175	12	24	10	12	100			24
36孔大型	直通形	250	160	180	20	24	10	15	120			36
	分歧形	360	194	180	20	24	10	15	120	100		36
	十字形	360	194	180	20	24	10	15	120	100		36
	丁字形	310	194	180	20	24	10	15	120	100		36
48孔特大型	直通形	300	180	200	20	24	10	15	140			48
	分歧形	390	210	200	20	24	10	15	140	110		48
	十字形	390	210	200	20	24	10	15	140	110		48
	丁字形	350	210	200	20	24	10	15	140	110		48
特殊形（长方形缺一角）		220	200	180	12	37	10	12	100	80		24
手孔		120	90	110	12	24		12	90			4

注：①腰鼓形人孔内宽系指人孔中间最宽处的尺寸；
②扇形人孔的长度是指弯曲边的弦长。

7.10.4 通信管道常用管群组合

通信管道常用管群组合如表7.10.4。

通信管道常用管群组合　　　　表7.10.4

管孔数	管孔排列	管群组合尺寸（mm）		管群排列示意
		高度	宽度	
2	2孔卧铺	140	250	○○
3	3孔卧铺	140	360	○○○

续表

管孔数	管孔排列	管群组合尺寸（mm）		管群排列示意
		高度	宽度	
4	4孔平铺	250	250	
6	6孔立铺	360	250	
6	6孔卧铺	250	250	
8	8孔立铺	515	250	
8	8孔并铺	250	515	
9	9孔立铺	405	360	
10	10孔立铺	625	250	
12	12孔立铺	735	250	
12	12孔卧铺	515	360	
12	12孔并铺	360	515	
16	16孔叠铺	515	515	

7.10 附录：若干规划技术经济指标

续表

管孔数	管孔排列	管群组合尺寸（mm）		管群排列示意
		高度	宽度	
18	18孔叠铺	780	360	
18	18孔并铺	360	780	
20	20孔立铺（甲式）	625	515	
20	20孔卧铺（乙式）	515	625	
24	24孔立铺（甲式）	735	515	
24	24孔卧铺（乙式）	515	735	
30	30孔（乙式）	780	625	
30	30孔（丁式）	670	735	
36	36孔（乙式）	780	735	

注：表中所列为混凝土组装管孔，目前在我国城市规划及建设通讯管道中，由于PVC、PE波纹管和梅花管等新型管材具有运输、安装方便，不渗漏、不堵塞、不易损坏等优点，已取代混凝土组装管孔。但上表所列安装尺寸对PVC、PE波纹管和梅花管仍具有指导意义。

7.10.5 邮政所设置标准

小城镇邮政局所设置标准如表 7.10.5。

小城镇邮政所设置标准　　　　表 7.10.5

人口密度（万人/km²）	800~2500	2500~5000	5000~10000	10000~20000	20000~30000
服务半径（km）	3.0~1.5	1.5~1.1	1.1~0.7	0.7~0.6	0.6~0.5

主 要 参 考 文 献

1　通信网规划手册．CCITT．人民邮电出版社
2　中国通信学会主编．韦乐平编著．光同步数字传输网．人民邮电出版社
3　中国通信学会主编．韦乐平编著．接入网．人民邮电出版社
4　纪越峰．综合业务接入技术．北京邮电大学出版社
5　中国城市规划设计研究院．中国建筑设计研究院．沈阳建筑工程学院编著．刘仁根，汤铭潭主编．小城镇规划标准研究．北京：中国建筑工业出版社，2003（电子版）
6　侯文超．经济预测．商务出版社
7　陈锡康等．经济数学方法与模型．中国财政经济出版社
8　汤铭潭．城市通信需求动态定量预测和设施用地研究．中国城市规划设计研究院．1999，12
9　汤铭潭．城市和小区现代信息网规划设计．专利《工程建设与设计》，2001
10　唐叔湛，汤铭潭．县域小城镇的环形接入主干光缆网规划探讨——以曹县光接入主干网规划为例．《工程建设与设计》，2001
11　汤铭潭．按建筑面积测算的城镇电信小区预测．《中国科技发展精典文库》Ⅱ卷．言实出版社，2003
12　我国接入网规划建设若干问题的研究．邮电部规划研究院，1996，12
13　汤铭潭．城市通信基础设施选址和用地剖析．《城市规划》，2000，5
14　汤铭潭．小城镇基础设施合理水平和量化指标编制研究．《工程建设与设计》2002，5

15 汤铭潭. 新型工业城市公用网与专用网统筹规划. 《电信工程技术与标准化》, 1992, 3
16 汤铭潭. 论城市规划的多方法多方案预测研究. 《工程建设与设计》, 2002, 1